"十二五" 高等学校机械类专业规划教材

数字电子与微型计算机原理
（非电类）

任天平　主　编

刘德平　苏宇锋　副主编
张　瑞　白国长

中国铁道出版社

CHINA RAILWAY PUBLISHING HOUSE

内 容 简 介

本书对数字电子技术、微机原理和接口技术三方面的内容进行了整合，从数字电子技术过渡到微型计算机原理及应用，叙述了微型计算机电子技术和数字逻辑的基础。本书主要内容包括微型计算机基础，微处理器，存储器，8086 的指令系统，汇编语言程序设计，微型计算机的 I/O 接口技术，总线技术，中断技术，数－模、模－数转换器的接口等。本书既涉及微型计算机的共性技术，也涉及计算机系统中各类常用外围设备的接口技术，内容丰富、层次分明、实例丰富，便于教学、自学和应用。

本书既可作为高等学校工科机械类相关专业本科生的教材，也可作为相关专业研究生及从事科研及工程技术人员的自学参考书。

图书在版编目（CIP）数据

数字电子与微型计算机原理：非电类/任天平主编 . —北京：
中国铁道出版社，2013.10

"十二五"高等学校机械类专业规划教材

ISBN 978-7-113-16903-9

Ⅰ. ①数… Ⅱ. ①任… Ⅲ. ①数字电路－电子技术－
高等学校－教材②微型计算机－理论－高等学校－教材
Ⅳ. ①TN79②TP36

中国版本图书馆 CIP 数据核字（2013）第 216187 号

书　　名：数字电子与微型计算机原理（非电类）
作　　者：任天平　主编

策　　划：巨　凤　　　　　　读者热线：400－668－0820
责任编辑：王占清　　　　　　特邀编辑：王　冬
编辑助理：绳　超
封面设计：一克米工作室
责任印制：李　佳

出版发行：中国铁道出版社（100054，北京市西城区右安门西街 8 号）
网　　址：http://www.51eds.com
印　　刷：北京市昌平开拓印刷厂
版　　次：2013 年 10 月第 1 版　　　2013 年 10 月第 1 次印刷
开　　本：787 mm×1 092 mm　1/16　印张：20　字数：484 千
书　　号：ISBN 978-7-113-16903-9
定　　价：38.00 元

前 言

　　本书是作者在总结多年教学和科研实践的基础上，吸取国内外先进的理论、方法和技术，经过多次使用和反复修改而成的。

　　本书在内容组织上既注重全面性和实用性，又强调系统性与新颖性。全书由浅入深、全面系统地介绍了微型计算机的基础知识、组成、工作原理、接口电路和典型应用等，使读者建立微型计算机系统的整体概念，掌握微型计算机系统软硬件开发和初步方法，以便在微处理器和微型计算机的应用上打下坚实的基础。各章都有大量的例题和综合应用实例。

　　全书以 8086CPU 为背景，内容分为四部分：计算机的基础知识 ［数字电子（即数字电子技术）和数字逻辑］；计算机硬件的组成和工作原理；8086CPU 的指令系统及汇编语言程序设计；实用的 I/O 接口技术。本书从非计算机专业的特点出发，以信息在微型计算机的流动过程为主线，以理解计算机的工作过程为目的，以集成芯片的外部特性和应用为重点来讲述。

　　全书由任天平任主编，刘德平、苏宇锋、张瑞和白国长任副主编，陶征、陈小辉参与了本书的编写。

　　计算机内容涵盖的知识面深且广，计算机的发展日新月异，教学改革任重道远。限于编者的水平和能力，书中不妥之处在所难免，恳请批评指正，以便我们今后不断地完善和改进本书。

编　者

2013 年 7 月

目 录

CONTENTS ▶▶▶

第1章 微型计算机基础

微型计算机简称"微机"或"微型机",由于其具备人脑的某些功能,所以也称其为"微电脑"。其是由大规模集成电路组成的、体积较小的电子计算机。它是以微处理器为基础,配以内存储器及输入/输出(I/O)接口电路和相应的辅助电路而构成的裸机。特点是体积小、灵活性大、价格便宜、使用方便。因此,微型计算机的构成基础是大规模集成电路,而大规模集成电路又是以电子技术为基础的。

1.1 电子技术基础

在计算机的世界中,从核心级的微控制器、微处理器到加入外围部件的微型计算机系统,以及在规模和能力上不断扩大的小型、中型、大型以及超大型计算机系统,数字电路都是组成它们的基础。为此,首先要对数字电路的基本内容进行学习与了解。数字电路的学习可以从两个层次进行:器件层和逻辑应用层。器件层主要学习数字电路基本元器件和门电路以及它们的性能参数;逻辑应用层主要学习如何采用逻辑分析的方法,在基本器件和门电路的基础上构建能完成复杂功能的数字电路。因此,器件层是逻辑应用层的物理实现基础,逻辑应用层使得器件通过逻辑组合完成具有实用功能的逻辑电路,两个层面相辅相成。本章亦是从这两个层面出发,对数字电路的知识进行梳理,并为微型计算机系统的硬软件学习打下基础。

1.1.1 半导体器件与基本门电路

数字电路的基本功能是完成二位变量的逻辑运算。二位变量的取值只有逻辑0、逻辑1两个,对应两种互斥的状态(如开关的打开和闭合)。基本的逻辑运算有三个,分别是与运算、或运算和非运算。以这三种基本运算为基础,可以搭建出各种逻辑运算,如与非、或非、异或、同或等。从硬件实现的角度而言,实现这三种基本运算的方法有很多种,如普通电路开关的串联可实现与运算,开关的并联可实现或运算;又如机电式继电器触点的串、并联也可以实现与、或运算,通过继电器线圈通电控制和常开常闭触点的选择可以实现非运算。这些方法虽然在实现上比较简单,但却存在体积庞大、速度缓慢等缺点。而随着半导体技术的不断发展,当今在数字电路中所采用的实现方法,都是基于半导体器件的。本节即从半导体器件入手,逐步介绍数字电路的基本门电路。

1. 基本器件的开关特性

在数字电路中常用的基本半导体器件有以下几种:二极管、晶体管、场效应管等。同时在数字电路中使用的是它们的开关特性。下面分别对这几种器件的基本工作原理和开关特性进行简单的介绍。

1）二极管

二极管具有单向导电性，图1-1中指示出二极管导通和截止状态。二极管正向偏置是指二极管阳极电压高于阴极电压（偏置是指控制半导体器件的导通或关断的电压），此时二极管导通，图中箭头方向为电流允许方向；二极管反向偏置则电流截止，二极管关断，这是因为其阳极电压等于或小于阴极电压。

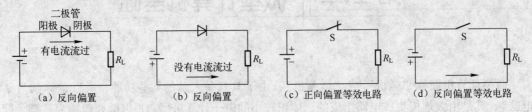

（a）反向偏置　　　　（b）反向偏置　　　　（c）正向偏置等效电路　　　（d）反向偏置等效电路

图1-1　二极管工作电路

在理想分析时，一般将二极管视为一个理想的开关，正向偏置时二极管短路，反向偏置时二极管开路。但在实际工作中的情况并不是这样。这可从图1-2所示的硅二极管电压-电流曲线中看出。

正向偏置时，在二极管两端的电压 u_D 达到 0.5 V 导通电压之前，二极管中没有电流流过。超过该点后，u_D 基本保持在 0.7 V 左右。电流 i_D 的大小主要根据电路中限流电阻 R_L 值的大小来确定。从图1-2中还可以看出，在二极管反向偏置时，二极管中始终有反向的漏电流流过，因此，二极管和一

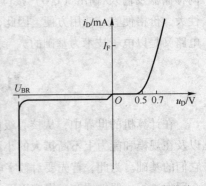

图1-2　硅二极管电压-电流曲线

个理想的开关还是有些差别的。但在输入电压比较大，R_L 上正向电流比二极管反向漏电流大很多的条件下，二极管可以当成一个开关来看待。图1-3说明了二极管对电子电路的影响。

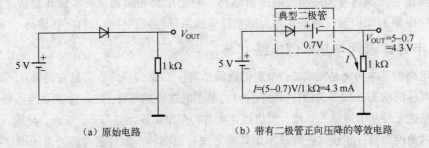

（a）原始电路　　　　　　　　（b）带有二极管正向压降的等效电路

图1-3　二极管电路计算

二极管在作为开关应用时，它的动作时间要比一般的继电器、接触器的动作时间短很多，但总还是需要一定的开关时间。二极管的开关时间包含从反向截止转变到正向导通所需的开启时间和从正向导通转变为反向截止的关闭时间。开关时间的存在，使二极管不失真，工作频率有所限制。

2）晶体管

晶体管是由两个 PN 结背靠背构成的半导体器件。以 NPN 型晶体管为例，其理论模型如图1-4（a）所示，图1-4（b）为其工作连接方式，图1-4（c）为晶体管输出特性曲线。当晶

体管三个电极加有不同电压时，两个 PN 结的状态也不同，进而决定了晶体管不同的工作方式。表 1-1 表示了 NPN 晶体管的工作状态、对应的工作条件和特点。

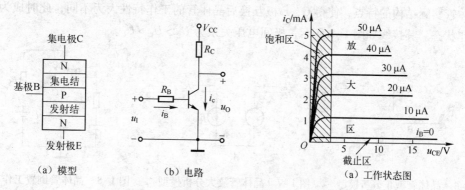

（a）模型　　　　　　　（b）电路　　　　　（a）工作状态图

图 1-4　晶体管模型、连接及输出特性曲线

表 1-1　晶体管工作状态

晶体管工作状态	BE 结状态	BC 结状态	电位关系	电流关系	理想等效电路
截止	反偏	反偏	$U_C > U_E > U_B$	$I_B = 0$，$I_C = 0$	C、E 极间断路
放大	正偏	反偏	$U_C > U_B > U_E$	$I_C = \beta I_B$	受控电流源
饱和	正偏	正偏	$U_B > U_C > U_E$	$I_C < \beta I_B$	C、E 极间短路

当晶体管工作于饱和区时，I_B 较大，晶体管中流有对应于 R_C 电阻的最大集电极电流。若继续增大基极电流，集电极电流也不会有显著增加，晶体管失去放大能力。此时，发射结和集电结均为正向偏置，且 U_{CE} 和 U_{BE} 都很小（硅管饱和集射结压降 $U_{CES} = 0.3\,\text{V}$，发射结压降 $U_{BES} = 0.7\,\text{V}$）。

假设晶体管刚进入饱和（临界饱和）时的基极电流为 I_{BS}，这时的集电极电流 $I_{CS} = (V_{CC} - 0.3)/R_C \approx V_{CC}/R_C$，且尚满足 $I_C = \beta I_B$ 的放大规律，则 $I_{BS} \approx V_{CC}/\beta R_C$。当晶体管饱和时，虽然 $I_B > I_{BS}$，而 I_{CS} 不再增加，即不再遵循 $I_C = \beta I_B$（或 $I_B = I_C/\beta$ 的规律），仍然约为 V_{CC}/R_C，它只取决于 V_{CC} 与 R_C，基极电流的增加只是使饱和深度加深。由于 U_{CES} 很小（可以认为近似为 0 V），相当于 C、E 极间有一个开关被控制而合上一样。分析晶体管饱和时的电路，可用图 1-5 的模型来表示一个晶体管。一般规定硅管的 U_{BE} 在导通后均为 0.7 V。

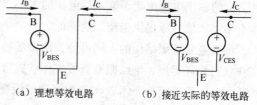

（a）理想等效电路　　（b）接近实际的等效电路

图 1-5　晶体管饱和分析模型

当晶体管截止时，基极电位很低，使得 $U_{BE} < 0$（一般小于门槛电压 0.5 V 晶体管就截止了），$U_{BC} < 0$，即发射结和集电结均处于反偏。这时只有很小的漏电流通过，若忽略漏电流，则 $I_B \approx 0$，$I_C \approx 0$，$I_E \approx 0$，晶体管如同开关断开一样。晶体管断开时的分析模型如图 1-6 所示。晶体管截止时，集电极电位 U_C 与所接电源电压 $+V_{CC}$ 相等，即 $U_C = +V_{CC}$。

当晶体管处于放大状态时，U_{BE} 大于门槛电压 0.5 V，晶体管的基极导通，出现了基极电流 I_B 和集电极电流 I_C，但 $I_B \leqslant I_{BS}$。这时满足 $I_C = \beta I_B$ 的放大规律。集电极电位 $U_C = V_{CC} - I_C R_C = V_{CC} - \beta I_B R_C$，将随着 I_B 的变化而变化，对于发射结的导通压降仍然是二极管导通压降 0.7 V，即 $U_{BE(ON)} =$

0.7 V，晶体管放大分析模型如图1-7所示。

从晶体管的理论模型［图1-4（a）］上看，当把C、E极互换后，其工作性能应该不变。但由于晶体管实际结构的特点，使得C、E极互换后晶体管的工作特性大为不同，此时成为晶体管倒置工作状态。其接线如图1-8所示，极间电压关系为$U_E > U_B > U_C$。

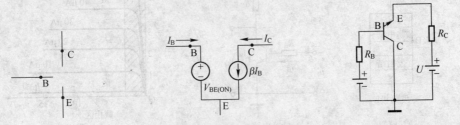

图1-6　晶体管截止分析模型　　图1-7　晶体管放大分析模型　　图1-8　晶体管倒置工作状态

晶体管在结构上有三个特点，第一是发射区的掺杂浓度要远大于基区的掺杂浓度；第二是基区做得很薄，它的厚度要比基区中少数载流子的扩散长度短得多，一般只有几微米。第三是集电区面积大但掺杂少，便于更多地收集发射极发射的载流子。这就使得晶体管倒置状态与正常的连接状态在性能上是完全不同的。

以NPN型晶体管为例，倒置状态的晶体管其工作原理与放大状态相似。集电结正偏时，集电区发射电子，一部分自由电子在基区和空穴复合形成基极电流，另一部分电子被反偏的发射结"收集"形成发射极电流。倒置时由于晶体管集电区掺杂浓度不高，发射的电子少，同时由于发射区面积小，最终收集的电子也少，形成的电流很小，因此晶体管没有放大能力。倒置状态的晶体管β是很小的，一般为0.01左右。当增大"倒置"晶体管的基极电流时，倒置的晶体管也可以进入饱和状态，但这时基极电流较大，同时管子的导通压降比正接时要小得多。

3）场效应管

场效应管的外形与普通晶体管相似，但两者的控制特性却截然不同。场效应管是电压控制元件，它的输出电流决定于输入端电压的大小，它的输入电阻很高，可达到$10^9 \sim 10^{14}\ \Omega$，因此基本上不需要信号源提供电流，能耗低。

场效应管按照结构的不同可分为结型场效应管和绝缘栅型场效应管两种类型。其中结型管的工作状态为耗尽型。绝缘栅型管按工作状态可以分为增强型与耗尽型两种，每类又有N沟道和P沟道之分。下面简单介绍N沟道增强型绝缘栅型场效应管的工作原理。

图1-9所示为N沟道增强型绝缘栅型场效应管的结构示意图。用一块掺杂浓度较低的P型薄硅片作为衬底（基片B），其上扩散两个相距很近的高掺杂N^+型区，并在硅片表面生成一层薄薄的SiO_2绝缘层。再在两个N^+型区之间的SiO_2表面及两个N^+型区的表面分别安装三个电极：栅极G、源极S和漏极D。由图可见，栅极和其他电极及硅片之间是绝缘的，所以称为绝缘栅场效应管，或称为金属–氧化物–半导体场效应晶体管，简称MOS（Metal Oxide Semiconductor）场效应管。由于栅极是绝缘的，栅极电流几乎为零，栅源电阻（输入电阻）R_{GS}很高。

从图1-9可见，N^+型漏区和N^+型源区之间被P型衬底隔开，漏极和源极之间是两个背靠背的PN结，当栅–源电压$U_{GS} = 0$时，不管漏极和源极之间所加电压的极性如何，其中总有一个PN结是反向偏置的，反向电阻很高，漏极I_D电流近似为零。

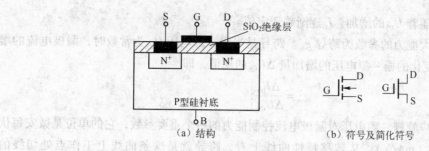

（a）结构　　　　　　　　（b）符号及简化符号

图 1-9　N 沟道增强型绝缘栅场效应管的结构及其表示符号

　　如果把源极 S 和衬底 B 连接起来接地，在栅极和源极之间加正向电压 U_{GS}，即在栅极和衬底之间形成的电容上加上电压，产生了垂直于衬底表面的电场。P 型衬底中的电子受到电场力的吸引到达表层，填补空穴形成负离子的耗尽层；当 U_{GS} 大于一定值时，就会在 P 型衬底的上表面形成一个 N 型层，称为反型层（见图 1-10）。这个反型层就是沟通源区和漏区的 N 型导电沟道。形成导电沟道后，在漏 - 源电压 U_{DS} 的作用下，将产生漏极电流 I_D，管子导通，如图 1-11 所示。

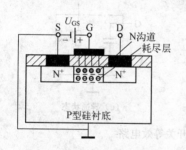

图 1-10　N 沟道增强型绝缘栅场
效应管导电沟道的形成

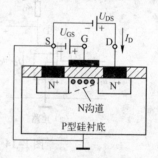

图 1-11　N 沟道增强型绝缘
栅场效应管的导通

　　在漏 - 源电压 U_{DS} 一定时，使管子由不导通变为导通的临界栅 - 源电压称为开启电压，用 $U_{GS(th)}$ 表示。很明显只有当 $U_{GS} > U_{GS(th)}$ 时，I_D 才随栅极电位的变化而变化，这就是 N 沟道增强型绝缘栅场效应管的栅极控制作用。图 1-12 和图 1-13 分别称为管子的转移特性曲线和输出特性曲线。所谓转移特性，就是栅 - 源电压 U_{GS} 对漏极电流 I_D 的控制特性。

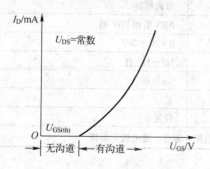

图 1-12　N 沟道增强型 MOS
场效应管的转移特性曲线

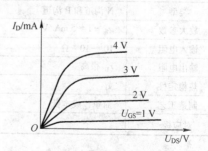

图 1-13　N 沟道增强型 MOS
场效应管的输出特性曲线

　　从输出特性上还可以看出，当栅 - 源电压 U_{GS} 一定时，漏 - 源电压 U_{DS} 对漏极电流 I_D 亦有一定的控制作用，但是随着 U_{DS} 的增加，I_D 逐渐趋于定值。

表征场效应管放大能力的参数为跨导 g_m。跨导是当漏－源电压 U_{DS} 为常数时，漏极电流的增加量 ΔI_D 对引起这一变化的栅－源电压的增加量 ΔU_{GS} 的比值，即

$$g_m = \frac{\Delta I_D}{\Delta U_{GS}}\bigg|_{U_{DS}}$$

跨导是衡量场效应管栅－源电压对漏极电流控制能力的一个重要参数，它的单位是微安每伏（μA/V）或毫安每伏（mA/V）。从转移特性曲线上看，跨导就是这条曲线上工作点处切线的斜率。

场效应管工作电路如图 1-14（a）所示。图 1-14（b）和图 1-14（c）表示了场效应管的开关等效电路。当 $u_I < U_{GS(th)}$（开启电压）时，没有形成导电沟道，MOS 场效应管截止，漏极和源极之间的沟道电阻约为 10^{10} Ω，相当于开关断开。当 $u_I > U_{GS(th)}$ 时，$U_{GS(th)}$ 为 $1.5 \sim 2$ V，MOS 场效应管完全导通，相当于开关闭合。这时漏极和源极之间的沟道电阻最小，约为 1 kΩ。

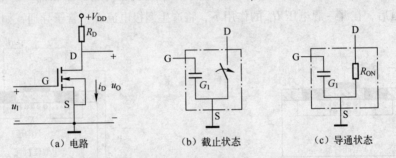

（a）电路　　　　　　　（b）截止状态　　　　　　（c）导通状态

图 1-14　场效应管的工作电路及开关等效电路

对于场效应管与晶体管（双极型晶体管）的区别如表 1-2 所示。

表 1-2　场效应管与双极型晶体管的比较

器件名称 项目	场 效 应 管	双极型晶体管
载流子	只有一种极性的载流子（电子或空穴）参与导电，故又称单极型晶体管	两种不同极性的载流子（电子与空穴）同时参与导电，故又称双极型晶体管
控制方式	电压控制	电流控制
类型	N 沟道和 P 沟道	NPN 型和 PNP 型
放大参数	$g_m = 1 \sim 5$ mA/V	$\beta = 20 \sim 200$
输入电阻	$10^7 \sim 10^{14}$ Ω	$10^2 \sim 10^4$ Ω
输出电阻	r_{DS} 很高	r_{CE} 很高
热稳定性	好	差
制造工艺	简单，成本低	较复杂
对应极	基极－栅极，发射极－源极，集电极－漏极	

2. 分立元件门电路

基于半导体器件的开关特性即可实现基本的数字逻辑门电路。在逻辑门电路中，二位变量 0、1 可通过电位的高低来表示。若用逻辑 1 表示高电位（高电平），逻辑 0 表示低电位（低电平），则是正逻辑体制；而低电位用逻辑 1 表示，高电位用逻辑 0 表示是负逻辑体制。对同一个

电路，既可采用正逻辑体制，也可采用负逻辑体制，但实现的逻辑功能就不同了。本书一般采用正逻辑体制，在实际电路中，有可能既用正逻辑又用负逻辑，即使用混合逻辑。

实际电路中，高、低电平都不是一个固定的数值，往往都有一个变化范围，如果电平在此范围内就判定为逻辑1或逻辑0，图1-15表示了一个正逻辑TTL电平的变化范围。由于高电平过低或低电平过高都会破坏逻辑功能，因此高电平不能低于其下限值，低电平不能高于其上限值。

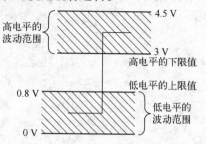

图 1-15　高、低电平变化范围

1）二极管与门电路

实现与逻辑关系的电路称为与门电路。由二极管组成的与门电路如图1-16（a）所示，图1-16（b）所示为其逻辑符号。图中 A、B 为信号输入端，Y 为信号输出端。

当输入变量 A 和 B 全为 "1" 时，设逻辑1的电平下限为3V，$u_A = u_B = 3\,V$，VD_A 和 VD_B 两管都处于正向偏置而导通，电源经电阻 R 向两个输入端流通电流，若考虑二极管的正向压降0.7V，则输出端 Y 的电位为 u_A（或 u_B）$+0.7 = 3.7V$，因此输出变量 $Y = 1$。

当输入变量不全为1，有一个或两个输入为0时，即该输入端的电位在0V附近。例如，$A = 0$，$B = 1$，则随着 VD_A 的导通，VD_B 承受反向电压而截止，输出端 Y 的电位在0.7V左右，因此输出变量 $Y = 0$。只有当输入变量全为1时，输出变量才为1，这符合与门的要求，即 $Y = A \cdot B$。

2）二极管或门电路

图1-17（a）所示为二极管或门电路，与图1-16（a）相比较可以看出，或门二极管的极性跟与门接的相反，其阴极相连经电阻 R 接地。

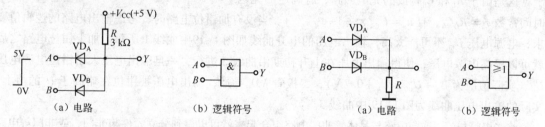

图 1-16　二极管与门电路及逻辑符号　　　　图 1-17　二极管或门电路及逻辑符号

当输入变量只要有一个为1时，如 $A = 1$，$B = 0$，即 $u_A = 5\,V$，$u_B = 0\,V$，则 VD_A 导通，VD_B 因承受反压而截止，输出端 Y 的电位为 $u_A - 0.7\,V = 4.3\,V$，因此输出变量 $Y = 1$。只有当输入变量全为0时，输出变量才为0，这符合或门的要求，即 $Y = A + B$。

同时从这两个门电路也可以看出，为了使输入和输出都符合逻辑变量对电平的要求，对输入电平也是有一定的要求的。对于二极管与门电路，输入为逻辑0时，低电平不能太高；对于二极管或门电路，输入为逻辑1时，高电平不能太低。否则都会使输出电平不在逻辑电平要求的范围之内，从而造成逻辑混乱。

3）晶体管非门电路

图1-18所示的是晶体管非门电路，晶体管在非门电路中的工作状态是从截止转为饱和，或从饱和转为截止。非门电路只有一个输入端 A，当 A 为1时（设其电位为3V），晶体管 VT 导通，且 I_B 足够大使 VT 饱和，则输出 Y 接近0V（硅晶体晶体管饱和时 $U_{CE} = 0.3\,V$），即 $Y = 0$。当 A 端

的输入电平为 0 V 时（$A = 0$），VT 管截止，输出端 $Y = 1$（其电位近似等于 U_{cc}）。所以非门电路又称反相器，即 $Y = \overline{A}$。加入负电源 U_{BB} 是为了使晶体管快速可靠截止。

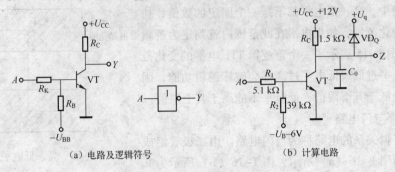

（a）电路及逻辑符号 　　　　　　　　（b）计算电路

图 1-18　晶体管非门电路

若考虑晶体管从截止转换为导通时间以及杂散电容 C_0 的影响［见图 1-18（b）］，当输入由 1 变为 0 时，输出并不能立即由 0 变为 1，需经 R_c 对 C_0 充电过程，才能使输出端达到稳定的高电平状态，输出值比输入值变化有一个延迟时间。可以增加由二极管 VD_Q 和稳压电源 U_q 组成的箝位电路，并可适当提高 U_{cc} 的值，通过改变了输出波形的上升沿，提高非门输出电压转换的快速性。

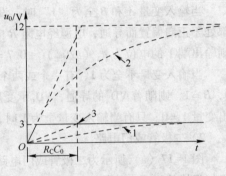

图 1-19　非门输出波形

这是由于 R_c 和 C_0 构成的充电回路，有确定的充电时间常数 $\tau = R_c C_0$，且 $u_c = U_{cc} \times [1 - e^{(-t/\tau)}]$。当没有加钳位电路时，考虑输出电路的逻辑值要求，电源电压 U_{cc} 不可能太高，输出电压的上升曲线如图 1-19 中曲线 1 所示。加上钳位电路之后就可以提高电源电压，使得输出电压在上升初期沿曲线 2 进行，一旦输出电压大于钳位电源电压 U_q（实际值应为 $U_q + U_{DQ} = U_q + 0.7$ V），二极管 VD_Q 导通，输出电压被钳位在略高于 U_q 的值上，实际的输出电压曲线为图 1-19 中曲线 3 所示。

将二极管与门、或门电路与晶体管非门电路组合起来就可以得到分立元件与非门、或非门等电路形式，如图 1-20（a）和图 1-20（b）所示。因此，分立元件就可以完成所需要的各种逻辑功能。但是在长期实践中也发现了分立元件逻辑电路一系列的问题，如定型试验周期长、焊点多易出错、功耗大、体积大等。随着集成电路的出现，集成化门电路以体积小、质量轻、功耗小、价格低、可靠性高、速度快等特点，迅速替代了分立元器件门电路。下面就对其中的代表电路进行简单的介绍。

3. TTL 集成门电路

TTL（Transistor-Transistor Logic）为晶体管－晶体管集成逻辑电路的简称，可以构成与、或、非、与非、或非、与或非等多种门电路。在中、小规模集成电路中至今仍是应用最广的一种。其中最典型的电路就是 TTL 反相器。它的电路组成、工作原理、电气特性和主要特点在 TTL 集成电路中都具有代表性。

1）TTL 反相器

图 1-21 为 TTL 反相器的典型电路，由三部分组成，VT_1 和 R_1 构成输入级。VT_2、R_2、R_3 构成中间级，中间级也成为倒相级，其集电极和发射极产生相位相反的信号，即 u_{c2} 与 u_{E2} 总是状态相

反。VT_3、VD、VT_4、R_4 构成输出级，采用了推拉式结构，VT_3 和 VT_4 分别由倒相级 VT_2 的集电极电压和发射极电压来控制，因此 VT_3 和 VT_4 的工作状态是相反的。即当 VT_3 饱和导通时 VT_4 截止；当 VT_3 截止时 VT_4 饱和导通。这种结构的优势在于可以减小电路的输出电阻，因此反相器常在电路中用作缓冲器，以改变电路的输出电阻，提高带负载的能力。图 1-21 中，A 是输入端、Y 是输出端，输入电压 u_1 低电平为 0 V（$A = 0$），高电平为 3 V（$A = 1$）。

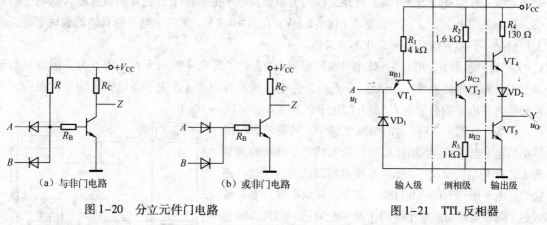

（a）与非门电路　　　（b）或非门电路

图 1-20　分立元件门电路　　　　　　图 1-21　TTL 反相器

（1）工作原理：

① $u_1 = 0$ V 时（$A = 0$），VT_1 发射结正向导通，基极电位被钳位在 0.7 V。在正常工作情况下，由于 VT_2 的基极电流不会向外流，即 VT_1 不可能为 VT_2 基极提供电流，故 VT_2、VT_4 截止，VT_3、VD 均导通，在输出端空载时，流过晶体管 VT_3 和二极管 VD 的仅是 VT_4 的漏电流，所以

$$u_{B3} \approx V_{CC} = 5 \text{ V}$$

$$u_O = u_{B3} - u_{BE3} - u_D = 5 - 0.7 - 0.7 = 3.6 \text{ (V)}$$

即输出电压 u_O 为高电平，$Y = 1$。

② $u_1 = 3$ V（$A = 1$）时，由于 VT_1 的基极经电阻 R_1 与电源 V_{CC} 相连，可以假设 VT_1 发射结正向导通，则

$$u_{B1} = u_{BC1} + u_{BE2} + u_{BE4} = 0.7 + 0.7 + 0.7 = 2.1 \text{ (V)}$$

u_{B1} 被钳位在 2.1 V。此时 $u_{C1} = u_{BE2} + u_{BE4} = 0.7 + 0.7 = 1.4$ V。晶体管 VT_1 各级的电压情况为 $u_{E1} = 3$ V，$u_{B1} = 2.1$ V，$u_{C1} = 1.4$ V。VT_1 发射结反向偏置，集电结正向偏置，工作在倒置状态。此时，虽然 VT_1 的电流放大倍数 β_1 很小，但也给 VT_2 注入了基极电流，并使 VT_2 处于饱和导通状态，VT_3、VD 截止，VT_4 饱和导通 $u_O = U_{CES4} \leqslant 0.3$ V，即输出为低电平，$Y = 0$。

综上所述，$A = 1$ 时，$Y = 0$；$A = 0$ 时，$Y = 1$，该电路实现了反相功能。

（2）主要性能参数。图 1-22 表示了 TTL 反相器的电压传输特性，即输出电压 u_O 与输入电压 u_1 之间的关系，它是通过实验得出的。

从传输特性中可得到的一些关于电压的参数有：

① 输出高电平电压 U_{OH} 和输出低电平电压 U_{OL}。输出

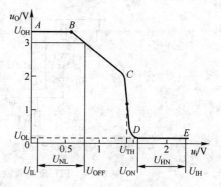

图 1-22　TTL 反相器的电压传输特性

高电平电压是对应于 AB 段的输出电压；输出低电平电压是对应于 DE 段的输出电压。它们都是在额定负载下测出的。一般来说 $U_{OH} \geqslant 2.4\text{ V}$，$U_{OH} \leqslant 0.4\text{ V}$。

② 阈值电压 U_{TH}。电压传输特性曲线转折区（CD 段）中点所对应的 u_i 值称为阈值电压 U_{TH}（又称门槛电平）。通常 $U_{TH} \approx 1.4\text{ V}$。

③ 开门电平 U_{ON} 和关门电平 U_{OFF}。在保证输出为额定低电平的条件下，允许的最小输入高电平的数值，称为开门电平 U_{ON}；在保证输出为额定高电平的条件下，允许的最大输入低电平的数值，称为关门电平 U_{OFF}。一般要求 $U_{ON} \leqslant 1.8\text{ V}$；$U_{OFF} \geqslant 0.8\text{ V}$。这两个电平值具体地表达了在正常工作情况下，输入信号电平变化的极限值。

④ 噪声容限 U_{NL} 和 U_{NH}。低电平噪声容限 U_{NL} 表达了低电平正向干扰范围，为关门电平与输入低电平典型值之差（$U_{NL} = U_{OFF} - U_{IL}$）；高电平噪声容限 U_{NH} 表达了高电平负向干扰范围，为电路输入高电平的典型值 U_{IH} 与开门电平之差（$U_{NH} = U_{IH} - U_{ON}$）。

例如，在图 1-23 所示的级联电路中，只要前级门的输出低电平电压 U_{OL} 不超过后级门输入低电平电压的典型值 U_{IL}（即 $U_{OLmax} \leqslant U_{IL}$），低电平噪声容限就表达了这一连接对低电平噪声干扰的允许值。同理，高电平噪声容限就表达了级联电路对高电平噪声干扰的允许值。因此，噪声容限又称抗干扰能力，反映了门电路在多大的干扰电压下仍能正常工作。U_{NL} 和 U_{NH} 越大，电路的抗干扰能力越强。

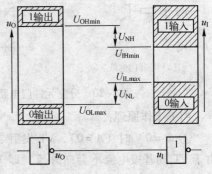

图 1-23　噪声容限

TTL 电路的输入特性主要表现在输入电流上。当输入 $u_i = 0\text{ V}$ 时，从输入端流出的电流称为输入短路电流 I_{IS}，TTL 电路的典型值为 1.1 mA。当输入为高电平时，从输入端流入的电流称为高电平输入电流 I_{IH}，TTL 电路的 I_{IH} 值很小，约为 10 μA 左右。

反映输出电压 u_O 与输出电流 i_O 之间定量关系的曲线称为输出特性，它能够形象地反映出器件的带负载能力。

在数字电路中，负载可分为灌电流和拉电流两种类型：当输出为低电平时负载电流 i_O 流进反相器，称为灌电流负载；当输出为高电平时，负载电流从反相器流出，称为拉电流负载。

图 1-24 表示了 TTL 反相器输出高电平时的输出级等效电路和输出特性曲线。此时为拉电流负载。可以看出此时负载电流 i_L 不可过大，否则输出高电平会降低。

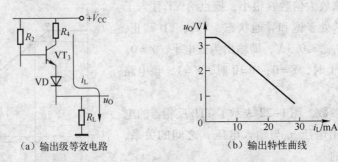

（a）输出级等效电路　　　　（b）输出特性曲线

图 1-24　TTL 反相器输出高电平时的输出级等效电路和输出特性曲线

图 1-25 表示了 TTL 反相器输出低电平时的输出级等效电路和输出特性。此时为灌电流负载，此时负载电流 i_L 亦不可过大，否则输出低电平会升高。

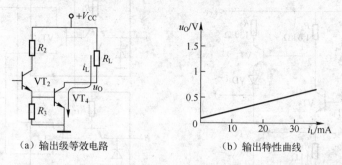

（a）输出级等效电路　　　　　　（b）输出特性曲线

图 1-25　TTL 反相器输出低电平时的输出级等效电路和输出特性曲线

输出特性曲线表示，负载电流会对反相器的工作带来影响，过高的低电平或过低的高电平都会使电路的逻辑功能遭到破坏。在实践中，通常采用扇出系数 N 来表示门电路的负载能力。

扇出系数是指其在正常工作情况下，所能驱动同类门电路的最大数目。分为拉电流负载时的扇出系数 N_H 和灌电流负载时的扇出系数 N_L。

TTL 门输出为高电平时，拉电流负载扇出系数 N_H 为：输出为高电平时的输出电流 I_{OH} 与输入为高电位时的流入电流 I_{IH} 之比，即

$$N_{OH} = |I_{OH}/I_{IH}|$$

TTL 门输出为低电位时，灌电流负载扇出系数 N_L 为：输出为低电平灌入电流 I_{OL} 与输入为低电平时的流出电流 I_{IL} 之比，即

$$N_{OL} = |I_{OL}/I_{IL}|$$

扇出系数 N 取 N_{OH} 和 N_{OL} 中较小的值。

门电路器件的速度和功耗是设计数字电路时的重要参数。集成门电路的速度参数主要有转换时间和传输延迟时间。在输入信号 u_1 的驱动下，TTL 反相器需要一定的时间才能完成状态的转换，实现信号的传输。集成电路的功耗是当电源给集成电路供电时，集成电路所消耗的功率，功耗水平由线路结构、制造工艺、集成度和外部使用条件决定，主要包括静态功耗和动态功耗两个方面。

2）其他 TTL 门电路

在 TTL 门电路的定型产品中，还有与非门、或非门、OC 门、三态门、与或非门、异或门等。它们的功能不同，但输入/输出端的电路结构均与 TTL 反相器基本相同。

（1）TTL 与非门。图 1-26 表示了 TTL 与非门电路。当 A 和 B 至少有一个为 0.3 V 时（A、B 中至少有一个为逻辑 0），$u_{B1} = 1.0\text{V}$，VT_5 截止，VT_4 导通，$u_O = U_{OH}$，$Y = 1$；在 A 和 B 同时为高电平时，$u_{B1} = 2.1\text{ V}$，VT_4 截止，VT_5 导通，$u_O = U_{OL}$，$Y = 0$。所以该电路实现了与非操作 $Y = \overline{A \cdot B}$。

（2）TTL 或非门。图 1-27 表示了 TTL 或非门电路。它的输入电路与反相器输入电路完全一样，由于 VT_2 和 VT'_2 的输出并联，所以 A、B 任何一个为 1 均可使 VT_5 导通，VT_4 截止，$u_O = U_{OL}$，$Y = 0$；只有 A、B 同时为 0，才有 VT_5 截止，VT_4 导通，$u_O = U_{OH}$，$Y = 1$，实现了或非操作 $Y = \overline{A + B}$。

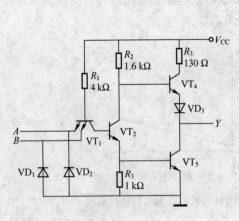

图 1-26　TTL 与非门

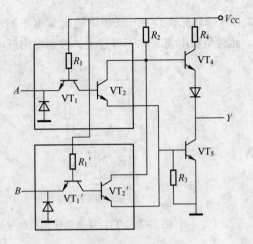

图 1-27　TTL 或非门

（3）OC 门。集电极开路输出的门电路（OC 门）的输出级跟普通 TTL 门电路相比，少了 VT₃ 晶体管，并将输出管 VT₄ 的集电极开路，如图 1-28 所示，简称 OC（Open Collector）门。工作时，VT₄ 的集电极（即输出端）外接电源和电阻，作为 OC 门的有源负载。因此，OC 门的输出端可以直接接负载。并能将多个 OC 门的输出直接相连，再加上有源负载，实现"线与"功能。

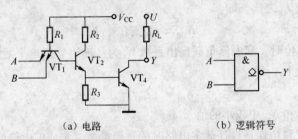

（a）电路　　　　　　　　（b）逻辑符号

图 1-28　集电极开路与非门电路及其逻辑符号

（4）三态门（TSL）。三态门简称 TSL 门，它是在普通门电路的基础上，加上使能信号和控制信号构成的。所谓三态门，是指其输出有三种状态，即高电平、低电平、高阻态（开路状态）。

TSL 门电路如图 1-29（a）所示，当控制端 EN = 1 时（EN 为高电平），二极管 VD 截止，与

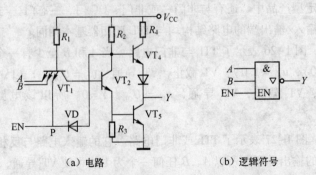

（a）电路　　　　　　　　（b）逻辑符号

图 1-29　TSL 输出门电路及其逻辑符号

非门为正常工作状态。当 EN = 0 时，二极管 VD 导通，由于 EN 还控制 VT_1，所以不管输入 A、B 的状态如何，VT_1 和 VT_4 的基极都是低电平，致使 VT_2、VT_4、VT_5 都截止，电路处于高阻态，其逻辑符号如图 1-29（b）所示。

3）TTL 门电路的正确使用

（1）输入端的扩展。每个门电路输入端的数目是有限的，当需要的输入端个数多于一个门所有的输入端数目时，可以利用在门电路的扩展端外接扩展器来解决，这种方法有时要比用普通门电路去组合简便。通常使用的有与扩展器和与或扩展器。

（2）多余输入端的处理。为防止干扰、增加工作的稳定性，与非门多余输入端一般不应悬空（悬空相当于逻辑 1），而应将其接正电源或固定的高电平，也可以接至有用端。或门和或非多余输入端可直接接地。

（3）TTL 门电路使用中的注意事项：

① 对已经选定的元器件一定要进行测试，参数的性能指标应满足设计要求，并留有裕量。要准确识别各元器件的引脚，以免接错造成人为故障甚至损坏元器件。

② TTL 门电路的电源电压不能高于 + 5.5 V，使用时不能将电源与"地"引线端颠倒错接，否则将会因为电流过大造成器件损坏。

③ 电路的各输入端不能直接与高于 + 5.5 V、低于 - 0.5 V 的低内阻电源连接，因为低内阻电源能提供较大电流，会因过热而烧毁器件。

④ 除 TSL 门和 OC 门之外，输出端不允许并联使用，OC 门线与时应按要求配好上拉负载电阻。

⑤ 输出端不允许与电源或"地"短路，否则会造成器件损坏，但可以通过电阻与电源相连，提高输出高电平。

⑥ 在电源接通情况下，不要移动或插入集成电路，因为电流的冲击会造成集成电路的永久性损坏。

⑦ 一个集成块中一般包括几个门路，为了降低功耗，可将不使用的与非门和或非门等器件的所有输入端接地，并且将它们的输出端连接到不使用的与门输入端上。

⑧ 为了防止动态尖峰或脉冲电流通过公共电源内阻耦合到逻辑电路造成干扰，在电源与地线间通常接入 10 ～ 100 μF 的低频去耦滤波电容。大电容器有分布电感，不能滤除高频干扰，因此每一芯片电源端还应加接 0.1 μF 电容器，以滤除高频开关噪声。

⑨ 为了减少噪声，应将电源"地"和信号"地"分开。先将信号"地"汇集一点，然后用最短的导线将二者连在一起。如果系统中含有模拟和数字两种电路，同样应将二者的"地"分开，然后再选一合适的公共点接地。必要时可设计模拟和数字两块电路板，各备直流电源，然后将二者的"地"恰当地连接在一起。

4. CMOS 集成门电路

CMOS 集成门电路是目前应用最为广泛的集成电路之一。CMOS 集成门电路的许多最基本的单元，都是用 P 沟道增强型 MOS 场效应管和 N 沟道增强型 MOS 场效应管按照互补对称形式连接起来构成的，故称为互补型 MOS 集成电路，简称 CMOS 集成门电路。它具有静态功耗低、抗干扰能力强、工作稳定性好、开关速度较高等特点。近年来在产品数量和质量方面都有了飞速的发展。

1）CMOS 反相器

CMOS 反相器是 CMOS 集成门电路的典型，它的电路组成、工作原理、电气特性和主要特点都具有代表性。

（1）工作原理。图 1-30 所示为 CMOS 反相器电路图，是 CMOS 电路的基本单元。它是由一个 P 沟道增强型 MOS 场效应管 VTP 和一个 N 沟道增强型 MOS 场效应管 VTN 构成的互补对称结构电路。它们的栅极连起来构成反相器的输入端 u_I，漏极连起来构成反相器的输出端 u_O。VTP 源极接电源 $+V_{DD}$，VTN 源极接地。一般情况下，要求电源电压 V_{DD} 大于 VTP、VTN 开启电压绝对值之和。在实际应用中，V_{DD} 通常取 +5V，以便于和 TTL 电路兼容。

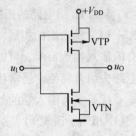

图 1-30　CMOS 反相器

当输入信号是低电平（$u_I = 0V$）时，VTP 的栅源极电压 $u_{GSP} = -V_{DD}$，故 VTP 导通，输出端与 V_{DD} 相连；而 $u_{GSN} = 0V$，VTN 截止，输出端与地断开。因此，输出电平 $u_O = V_{DD}$，即输出为高电平。当输入信号是高电平（$u_I = V_{DD}$）时，VTP 的栅源极电压 $u_{GS(th)} = 0V$，故 VTP 截止，输出端与 V_{DD} 断开；而 $u_{GSN} = V_{DD}$，VTN 导通，输出端与地相连。因此，输出电平 $u_O = 0V$，即输出为低电平。因此电路实现了非逻辑运算。同时，无论输入是高电平还是低电平，两个管子始终有一个处于截止状态，因此静态功耗较小。

（2）主要性能参数。图 1-31 是 CMOS 反相器电压传输特性。从中可以看出输出高电平电压 U_{OH} 就是电源电压 V_{DD}；输出低电平电压就是 0V。阈值电压 U_{TR} 大约是电源电压的一半（$U_{TR} \approx V_{DD}/2$）。CMOS 电路的低电平噪声容限 U_{NL} 和高电平噪声容限 U_{NH} 一般均不小于电源电压的 30%。

CMOS 电路的输入电流很小，一般可以忽略不计，静态功耗很低。但由于输入电容的存在使得 CMOS 电路的转换时间和传输延迟时间比 TTL 门电路大，影响电路工作的快速性。同时电容器充放电亦影响动态功耗。

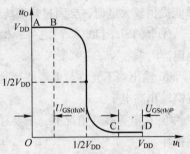

图 1-31　CMOS 反相器电压传输特性

图 1-32 所示为 CMOS 反相器的输出特性，不难看出，CMOS 反相器具有对称的输出驱动能力，即 $I_{OL} = |I_{OH}|$。由于 CMOS 电路的输入电流很小，所以扇出系数比较大，一般带同类负载 $N \geq 50$。

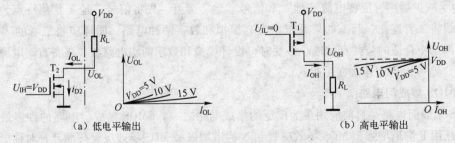

（a）低电平输出　　　　　　　（b）高电平输出

图 1-32　CMOS 反相器输出特性

一般来讲，CMOS 门电路的功耗小；TTL 门电路的工作速度快，输入电流较大。

2）常用 CMOS 逻辑门电路

（1）CMOS 与非门。CMOS 与非门由两个串联的 N 沟道增强型 MOS 场效应管 T_1 和 T_2，以及两个并联的 P 沟道增强型 MOS 场效应管 T_3 和 T_4 构成，如图 1-33 所示。T_1 和 T_3 的栅极相连作为输入端 A，T_2 和 T_4 的栅极相连作为输入端 B，Y 为输出端。

当输入端 A、B 都是低电平时（$A = B = 0$），T_1 和 T_2 截止，T_3 和 T_4 导通，故 Y 为高电平（$Y = 1$）；当 A、B 中有一个为低电平，另一个为高电平时（$A = 0$，$B = 1$ 或 $A = 1$，$B = 0$），T_1 和 T_2 截止，T_3 和 T_4 必有一个导通，故 Y 仍为高电平（$Y = 1$）；输入端 A、B 都是高电平时（$A = B = 1$），T_1 和 T_2 导通，T_3 和 T_4 截止，Y 为低电平（$Y = 0$）。由此可见，电路实现的是与非逻辑功能。

（2）CMOS 或非门。CMOS 或非门电路也是由两个 N 沟道增强型 MOS 场效应管 T_1 和 T_2，以及两个 P 沟道增强型 MOS 场效应管 T_3 和 T_4 构成。其中 T_1 和 T_2 并联，T_3 和 T_4 串联。T_1 和 T_3 的栅极相连作为输入端 A，T_2 和 T_4 的栅极相连作为输入端 B，Y 为输出端，如图 1-34 所示。

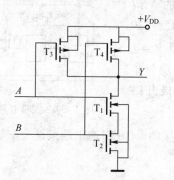
图 1-33　CMOS 与非门

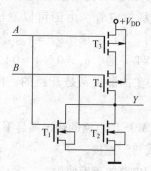
图 1-34　CMOS 或非门

不难分析，只要 A、B 有一个或一个以上为高电平，则 Y 输出为低电平；只有当 A、B 同时为低电平时，Y 输出为高电平，所以电路实现了或非逻辑功能。

（3）COMS 传输门（TG 门）。CMOS 传输门也是 CMOS 电路的基本单元，是一种既可以传输数字信号又可以传输模拟信号的可控开关，它由一个 P 沟道和一个 N 沟道增强型 MOS 场效应管并联而成，如图 1-35 所示。图中的输入端和输出端可以互换，所以传输门又称双向开关。C 和 $\overline{C}$ 是一对互补的控制信号。

若 $C = 1$（接 V_{DD}）、$\overline{C} = 0$（接地），则当 $0 < u_I < V_{DD} - U_{TN}$ 时，VTN 导通；当 $U_{TP} < u_1 < V_{DD}$ 时，VTP 导通。u_1 在 $0 \sim V_{DD}$ 之间变化时，VTP 和 VTN 至少有一个导通，TG 门导通，传输信号。若 $C = 0$（接地）、$\overline{C} = 1$（接 V_{DD}），u_1 在 $0 \sim V_{DD}$ 之间变化时，VTP 和 VTN 均截止。传输门截止。在数字电路中，可以使用 TG 门做三态门使用。

（4）CMOS TSL 门。图 1-36 所示为 CMOS TSL 门电路，EN 为三态控制输入端，A 是信号输入端，Y 是输出端。

当控制端 EN 为 1 时，T_1'、T_2' 始终导通，中间的两个 CMOS 场效应管构成反相器；控制端 EN 为 0 时，T_1'、T_2' 始终截止，中间的两个 CMOS 场效应管构成反相器在电源与地之间断开，不会形成回路，呈现高阻态。

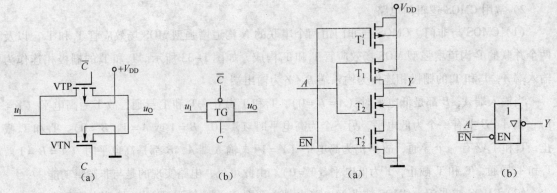

图 1-35 传输门的电路及逻辑符号　　　　　图 1-36 CMOS TSL 输出门

（5）漏极开路门电路（OD 门）。图 1-37 是漏极开路输出与非门的电路图，其输出级是一只漏极开路的 N 沟道增强型 MOS 场效应管。由图可以看出 $P = A \cdot B$，当 $P = 0$（接地）时，VT 截止，$u_Y = V_{DD}$（$Y = 1$）；当 $P = 1$（接 V_{DD}）时，VT 导通，$u_Y = 0$（$Y = 0$）。该电路实现与非逻辑，输出级 VT 的漏极又是开路的，所以称为漏极开路输出与非门。

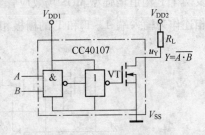

图 1-37 漏极开路与非门

对于普通 CMOS 门电路的输出端是不允许直接相接的。OD 门输出端只是一个 N 沟道管，这样可以进行"线与"连接。

3）CMOS 门电路的正确使用

CMOS 门电路输入端都设置了二极管保护电路，但它承受的静电电压和脉冲功率还是有限的，所以使用中应注意以下几点：

（1）注意输入端的静电防护：

① 存放 CMOS 集成电路时要屏蔽，一般放在金属容器内，也可以用金属箔将引脚短路。

② 组装、测试时，电烙铁、仪表、工作台应良好地接地。操作人员的服装、手套等应选用无静电材料制作。

③ 多余的输入端绝对不能悬空，否则会因受干扰而破坏逻辑关系。可以根据逻辑功能需要，分情况对多余输入端加以处理。

（2）注意输入电路的过流保护：

① 在输入端接低内阻信号源时，应在输入端与信号源之间串入限流电阻器，以保证输入保护二极管导通时，电流不超过 1 mA。

② 输入端接有大电容器时，应在输入端与电容器之间接保护电阻器 R_P，其阻值可按 $u_C/1\ \mathrm{mA}$ 计算。

③ 在输入端接有长线时，可能会因分布电感、分布电容而产生寄生振荡，亦应在长线与输入端之间加限流电阻器。

（3）注意电源电压极性，防止输出短路。装接 CMOS 电路时，电源电压极性不可接反，否则保护二极管会因过流而损坏。如果系统有两个以上电源（如还有信号源和负载电源），各电源开、关顺序应遵循"启动时先接通 CMOS 电路的电源，关机时后切断 CMOS 电路的电源"这一原则。

5. CMOS 门电路与 TTL 门电路的互连

通常需要将不同类型的 TTL 门电路和 CMOS 门电路进行连接，这就需要确认两种电路的高电平、低电平应该相同。同时还要确定驱动门能够吸收或发出足够大的电流以满足被驱动门电路的输入电流需要。

1）TTL 连接 CMOS

通常 TTL 最大低电平输出允许值很低（典型值为 0.4 V）。而 CMOS 在供电电压 V_{DD} 为 5 V 的情况下，其输入将 1.67 V（$V_{DD}/3$）以下的电平均看作低电平输入。因此 TTL 驱动 CMOS 门电路时，低电平输出不存在问题。

对于高电平，TTL 输出端的高电平下限值为 2.4 V，而 CMOS 高电平输入值最低为 3.33 V。因此 2.4 V 不会被 CMOS 电路接受，落入不确定区，可在 CMOS 输入端和电源 V_{DD} 之间接入上拉电阻来解决高电平输入问题，如图 1-38（a）所示。

连接上拉电阻之后，TTL 输出引脚不用输出电流，CMOS 输入引脚的高电平输入电流可由 V_{DD} 经 R_P 直接提供。但需要验证 TTL 输出引脚的灌电流参数是否满足上拉电阻电流（V_{DD}/R_P）与 COMS 输入引脚输入短路电流之和。一般情况下，TTL 都能满足这个要求。

另外可以采用集电极开路的驱动门，其输出端晶体管耐压较高，如图 1-38（b）所示。

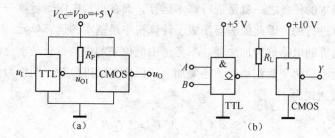

图 1-38　TTL 驱动 COMS 电路

2）CMOS 连接 TTL

当使用 CMOS 驱动 TTL 时，因为 CMOS 的最低输出高电平接近电源电压（典型值为 4.95 V），最高输出低电平接近地（典型值为 0.05 V），所以 CMOS 可以直接驱动 TTL 门电路。

但在驱动电流方面需要进行验证并采用相应的措施。一般来说，CMOS 门电路输出引脚的高电平输出电流（拉电流）能够满足 TTL 输入引脚高电平输入电流的要求。而 CMOS 门电路输出引脚的低电平输出电流（灌电流）往往小于 TTL 输入引脚的输入短路电流，为了解决这一问题，可以采取的措施有：

（1）在 CMOS 输出端增加 CMOS 同相或反相输出缓冲器电路或作为驱动门［见图 1-39（a）］。

（2）由晶体管构成的电流放大器作为接口电路。只要合理选取放大器的电路参数，就能使电流放大器的低电平输出电流满足 TTL 输入引脚的输入短路电流的需要［见图 1-39（b）］。

（3）采用漏极开路的 COMS 驱动门，它能吸收较大的负载电流［见图 1-39（c）］。

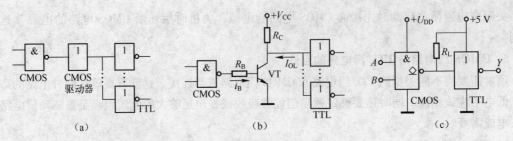

图 1-39 CMOS 连接 TTL

1.1.2 数字逻辑应用

数字电路按逻辑功能和电路结构的特点分为组合逻辑电路和时序逻辑电路两类。组合逻辑电路是指任何时刻的输出仅取决于该时刻输入信号的组合，而与电路原有的状态无关的电路，它是构成其他各种逻辑电路的基础。

1. 组合逻辑电路

从逻辑功能上分析，组合逻辑电路没有存储和记忆作用，它由门电路构成，不含记忆单元，只存在从输入到输出的通路，没有反馈回路。从输入端和输出端看，组合逻辑电路可以有一个或多个输入端，也可以有一个或多个输出端。下面首先学习计算机系统中常用的中规模集成组合逻辑电路。

1) 加法器

数字计算机最基本的任务之一就是进行算术运算，而在机器中四则运算——加、减、乘、除都是分解成加法运算进行的，因此加法器便成了计算机中最基本的运算单元。

能够实现加法运算的电路称为加法器。不考虑由低位来的进位，只是本位两个二进制数位相加，称为半加器。除本位两个数相加外，还要加上从低位来的进位数，则称为全加器。

半加器的逻辑表达式为

$$\begin{cases} S_n = \overline{A_n}B_n + A_n\overline{B_n} = A_n \oplus B_n \\ C_n = A_nB_n \end{cases}$$

式中：S_n 为本位和，C_n 为本位和的进位。

全加器的逻辑表达式为

$$\begin{cases} S_n = A_n \oplus B_n \oplus C_{n-1} \\ C_n = (A_n \oplus B_n)C_{n-1} + A_nB_n \end{cases}$$

全加器简称 FA，它的逻辑图和逻辑符号如图 1-40 所示。对多位数的加法，可以将多位全加器连接起来，这一连接可以是逐位进位，也可以是超前进位。逐位进位又称串行进位，它的优点是逻辑电路简单，缺点是速度较低，图 1-41 示出了一个 4 位逐位进位全加器。

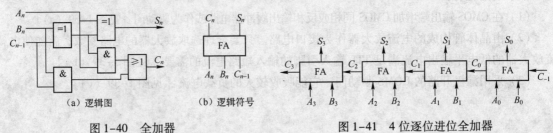

（a）逻辑图　　　（b）逻辑符号

图 1-40 全加器

图 1-41 4 位逐位进位全加器

（1）二进制补码加法/减法电路。在微型计算机系统中，减法运算可通过补码的加法来实现。将逐位进位全加器电路上增加 4 个可控反相器（异或门）就可以得到如图 1-42 所示的二进制补码加法/减法电路。因为这个电路既可以作为加法器电路（当 SUB = 0），又可以作为减法器电路（当 SUB = 1）。

对于图 1-42 电路输入端的两个二进制数，$A = A_3 A_2 A_1 A_0$ 和 $B = B_3 B_2 B_1 B_0$。

当 SUB = 0 时，各位异或门的输出与 B 的各位相同，电路做加法运算：$A + B$，和的结果为 $C_4 S = C_4 S_3 S_2 S_1 S_0$。

当 SUB = 1 时，各位异或门的输出是 B 的各位取反，且 $C_0 = \text{SUB} = 1$，运算结果为

$$S = A + \bar{B} + 1$$
$$= A_3 A_2 A_1 A_0 + \overline{B_3 B_2 B_1 B_0} + 1$$
$$= A + [B]_{\text{补}}$$
$$= A - B$$

电路做减法运算：$A - B$。此时，C_4 如果不等于 0，则要被舍去。

（2）算术逻辑单元（ALU）。二进制补码加法/减法电路就是最简单的算术部件，再利用适当的软件配合，乘法也可以变成加法进行运算，除法也可变成减法进行运算。如果增加一些门电路，也可使这个简单的算术部件进行逻辑运算。所谓逻辑运算就是指"与"运算、"或"运算和"非"运算。为了不使初学者陷入复杂的电路分析之中，本书不在逻辑运算问题上展开讨论。

ALU 的符号如图 1-43 所示，A 和 B 为两个二进制数，S 为其运算结果，control 为控制信号（见图 1-42 中的控制端 SUB）。

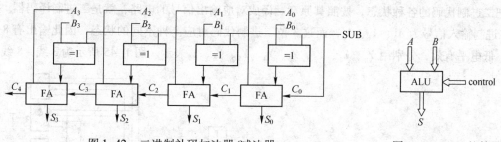

图 1-42　二进制补码加法器/减法器　　　　图 1-43　ALU 的符号

2）编码器

在数字电路中，编码就是把二进制代码按一定规律编排，使每组代码具有特定的含义（如代表某个数或者某个控制信号）。实现编码逻辑功能的电路称为编码器。

实现各种信息的二进制编码是计算机工作的基础，编码器实现了将某一输入转换成二进制编码，从而可以用编码表示这一输入所代表的含义。编码器分为二进制编码器、二 - 十进制编码器、优先编码器等。

二进制编码器由 n 位二进制代码组成，有 2^n 个状态，可表示 2^n 个信息。图 1-44 所示的编码器电路有 8 个输入端、3 个输出端，该编码器是 8 线 - 3 线编码器。8 个输入逻辑变量为低电平有效，3 个输出逻辑变量是原码有效，真值表见表 1-3。当某一个输入端为低电平时，就输出与该输入端对应的编码。

表 1-3 8 线 -3 线编码器真值表

输　入								输　出		
$\bar{I}_0$	$\bar{I}_1$	$\bar{I}_2$	$\bar{I}_3$	$\bar{I}_4$	$\bar{I}_5$	$\bar{I}_6$	$\bar{I}_7$	Y_2	Y_1	Y_0
0	1	1	1	1	1	1	1	0	0	0
1	0	1	1	1	1	1	1	0	0	1
1	1	0	1	1	1	1	1	0	1	0
1	1	1	0	1	1	1	1	0	1	1
1	1	1	1	0	1	1	1	1	0	0
1	1	1	1	1	0	1	1	1	0	1
1	1	1	1	1	1	0	1	1	1	0
1	1	1	1	1	1	1	0	1	1	1

由表 1-3 可列出编码器的函数表达式，并得到编码器的电路图如图 1-44 所示。

$$Y_0 = \overline{\bar{I}_1 \cdot \bar{I}_3 \cdot \bar{I}_5 \cdot \bar{I}_7}$$

$$Y_1 = \overline{\bar{I}_2 \cdot \bar{I}_3 \cdot \bar{I}_6 \cdot \bar{I}_7}$$

$$Y_2 = \overline{\bar{I}_4 \cdot \bar{I}_5 \cdot \bar{I}_6 \cdot \bar{I}_7}$$

3）译码器

译码是编码的逆过程。一般每一种二进制代码的状态都有特定的含义，即表示一个确定的信号。译码是把表示特定意义信息的二进制代码翻译出来。译码器就是把二进制代码转换为相应的输出信号的电路。常见的译码器电路有二进制译码器、二 - 十进制译码器、显示译码器等。

把二进制代码的各种状态，按照其原意翻译成对应输出信号的电路，就是二进制译码器。设 3 位二进制输入信号为 A_2、A_1、A_0，而这 3 位二进制代码对应 8 种不同的状态，因此输出有 8 个信号，低电平有效，分别用 Y_0、Y_1、Y_2、Y_3、Y_4、Y_5、Y_6、Y_7 表示。图 1-45 所示为 3 线 -8 线译

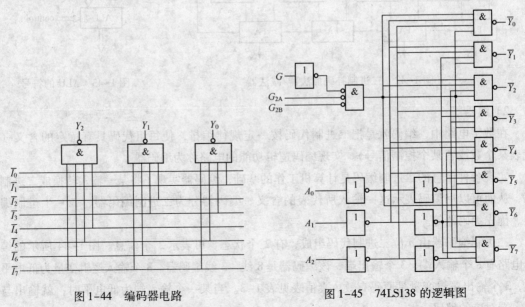

图 1-44 编码器电路　　　　　　　　图 1-45 74LS138 的逻辑图

码器 74LS138 的逻辑图，它有 3 个代码输入端，3 个控制输入端，这 3 个控制输入端也称为片选端，作为扩展功能或级联时使用。表 1-4 列出了其真值表，有效输出为低电平有效。

表 1-4　译码器 74LS138 真值表

使能端			输入端			输出端							
G_1	$\overline{G_{2A}}$	$\overline{G_{2B}}$	C	B	A	$\overline{Y_0}$	$\overline{Y_1}$	$\overline{Y_2}$	$\overline{Y_3}$	$\overline{Y_4}$	$\overline{Y_5}$	$\overline{Y_6}$	$\overline{Y_7}$
×	0	1	×	×	×	1	1	1	1	1	1	1	1
×	1	0	×	×	×	1	1	1	1	1	1	1	1
×	1	1	×	×	×	1	1	1	1	1	1	1	1
0	×	×	×	×	×	1	1	1	1	1	1	1	1
1	0	0	0	0	0	0	1	1	1	1	1	1	1
1	0	0	0	0	1	1	0	1	1	1	1	1	1
1	0	0	0	1	0	1	1	0	1	1	1	1	1
1	0	0	0	1	1	1	1	1	0	1	1	1	1
1	0	0	1	0	0	1	1	1	1	0	1	1	1
1	0	0	1	0	1	1	1	1	1	1	0	1	1
1	0	0	1	1	0	1	1	1	1	1	1	0	1
1	0	0	1	1	1	1	1	1	1	1	1	1	0

　　译码器在微型计算机系统中的地址选择在电路中起着重要的作用。

　　4）显示器

　　（1）数码显示器。数码显示器按显示方式分为分段式、点阵式和重叠式，按发光材料的不同分为半导体显示器、荧光数字显示器、气体放电显示器和液晶显示器。目前工程上用得最多的是分段式半导体显示器，通常称为七段发光二极管（LED）显示器，以及液晶显示器（LCD）。

　　图 1-46 所示为七段字符显示器，或称为七段数码显示器。它由七段可发光的线段拼合而成。利用其不同组合显示"0～9"的十进制码。

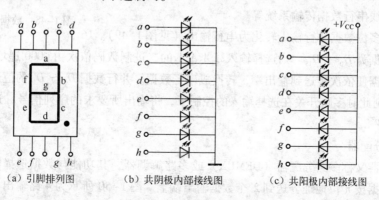

（a）引脚排列图　　　（b）共阴极内部接线图　　　（c）共阳极内部接线图

图 1-46　七段数码显示器

　　七段数码管器件有共阴极和共阳极两种。图 1-46（b）为共阴 LED 的内部接线图。共阴数码管的译码输出某段码为高电平时，相应的发光二极管就导通发光，显示相应的数码。这种显示器可用输出高电平有效的译码器来驱动。图1-46（c）为共阳LED的内部接线图，共阳数码管工作原理不再赘述。

（2）显示译码器。图1-47所示为共阴七段显示译码器74LS48与七段数码显示器BS201A的连接图，74LS48为BCD－七段锁存/译码/驱动器。该译码器地址输入端A_3、A_2、A_1、A_0输入BCD码0000～1001时，对应输出Y_a～Y_g，显示阿拉伯数字0～9。

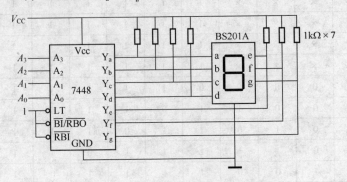

图1-47　74LS48与BS201A的连接图

5）数据选择器

数据选择器（Multiplexer，MUX）又称"多路开关"或"多路调制器"，它的功能是在选择输入（又称"地址输入"）信号的作用下，从多个数据输入通道中选择某一个通道的数据（数字信息）传输至输出端。

图1-48所示为4选1数据选择器的功能示意图，不难看出，输入地址（A_1和A_0）有4种状态，输入数据也有4个，4选1数据选择器是从4路输入数据中选择1路输出。4选1数据选择器的逻辑表达式可表示为

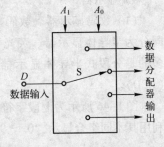

图1-48　数据选择器原理框图

$$Y = \overline{A_1 A_0}D_0 + \overline{A_1}A_0 D_1 + A_1 \overline{A_0}D_2 + A_1 A_0 D_3$$

数据选择器在数字电路中应用较广泛，可以完成数据传输，也可以构成总线串行数据传输系统等。

例如，将多位数据并行输入转化为串行输出（见图1-49）。16位并行输入数据为D_0～D_{15}。当选择输入$A_3 A_2 A_1 A_0$的二进制数码依次由0000递增至1111，16个通道的并行数据便依次传送到输出端，转换成串行数据。并行数据D_0～D_{15}的值通过开关各自预先置0或1，则此时多路开关在选择输入的控制下，将输出所要求的序列信号，这就是"可编序列信号发生器"。

6）数据分配器

数据分配器又称多路分配器（DEMUX）或多路解调器，其功能与数据选择器相反，它可以将一路输入数据按n位地址分送到2^n个数据输出端上。图1-50所示为4路输出的数据分配器功能示意图。分配器的输出选择受地址变量A_1、A_0控制。

数据分配器可将串行输入的信号拼装成并行输出，这在串并行通信转换时很有用处。图1-51示出了一种多通道数据分时传送电路。并行的输入数据经数据选择器转为串行信号送出，数据分配

器又将接收到的串行信号拼装成并行信号输出。输入信号和输出信号将不是同步传输，从而完成了多通道数据分时传送。

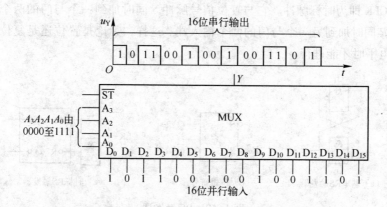

图 1-49　16 位数据并行输入转化为串行输出框图及波形图

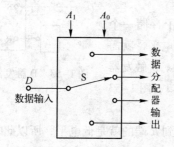

图 1-50　数据分配器原理框图

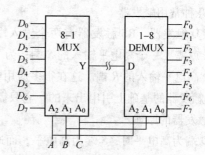

图 1-51　多通道数据分时传送

2. 触发器

触发器（Trigger）是计算机记忆装置的基本单元，也可说是记忆细胞。触发器可以组成寄存器，寄存器又可以组成存储器。寄存器和存储器统称计算机的记忆装置。

下面对 RS 触发器、D 触发器和 JK 触发器进行简要的介绍，这些类型的触发器是计算机中最常见的基本元件。

1）RS 触发器

（1）基本 RS 触发器。基本 RS 触发器又称 RS 锁存器，它是构成各种触发器最简单的基本单元，有两个稳定状态（简称稳态）用于表示逻辑 0 和 1。

基本 RS 触发器的逻辑图如图 1-52（a）所示。逻辑符号如图 1-52（b）所示。由两个与非门构成，两个输出端，一个为 Q，一个为 $\overline{Q}$。正常情况下，两个输出端是逻辑互补的，即一个为 0 时，另一个为 1。有两个输入端，即 R 和 S。S 端一般称为置位端，使 $Q=1$（$\overline{Q}=0$），R 端一般称为复位端，使 $Q=0$（$\overline{Q}=1$）。

基本 RS 触发器的特性方程为

$$\begin{cases} Q_{n+1} = S + \overline{R}Q_n \\ RS = 0 \end{cases}$$

（2）时标 RS 触发器。为了使触发器在整个机器中能与其他部件协调工作，RS 触发器经常有外加的时标脉冲，如图 1-52（c）所示。

此图中的 CLK 即为时标脉冲。它与置位信号脉冲 S 同时加到一个与门的两个输入端；而与复位信号脉冲 R 同时加到另一个与门的两个输入端。这样，无论是置位还是复位。都必须在时标脉冲端为高电平时才能进行。

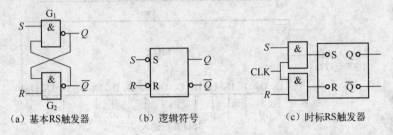

（a）基本RS触发器   （b）逻辑符号   （c）时标RS触发器

图 1-52 RS 触发器

2）几种常用触发器

（1）D 触发器。RS 触发器有两个输入端 S 和 R。为了存储一个高电平，就需要一个高电平输入的 S 端；为了存储一个低电平，就需要另一个高电平输入的 R 端。这在很多应用中是不方便的。D 触发器是在 RS 触发器的基础上引申出来的，它只需一个输入端口，图 1-53 就是 D 触发器的原理。

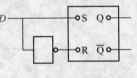

图 1-53 D 触发器原理

当 D 端为高电平时，S 端为高电平，而通过非门后加到 R 端的就是低电平，所以此时 Q 端就是高电平，称为置位。当 D 端为低电平时，S 端为低平位，同时 R 端变为高电平，所以 Q 端是低电平，称为复位。D 触发器特性方程为 $Q_{n+1} = D$。

无时标的 D 触发器是不能协调运行的，图 1-54 所示是为 D 触发器加上时标的电路。此图和图 1-52（c）的道理是一样的，也是增加两个与门就可以接受时标脉冲 CLK 的控制。

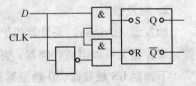

图 1-54 时标 D 触发器

时标脉冲 CLK 一般都是方波，在 CLK 处于正半周内的任何瞬间，触发器都有翻转的可能。这样计算机的动作就不可能整齐划一。通常，总是想由时标 CLK 来指挥整个机器的行动。因此，采用时标边缘触发的方式就可以得到准确划一的动作。图 1-55 是边沿触发 D 触发器的电路原理图。

图 1-54 与图 1-55 的区别仅为增加了一个 RC 微分电路，它能使方波电压信号的前沿产生正尖峰，后沿产生负尖峰。这样，在 D 端输入信号建立之后，当时标脉冲的前沿到达的瞬间，触发器才产生翻转动作。如果 D 输入端的信号是在时标脉冲前沿到达之后才建立起来的，则虽然仍在时标脉冲的正半周时间内，也不能影响触发器的状态，而必须留到下一个时标脉冲的正半周的前沿到达时才起作用。这样就可以使整个计算机运行在高度准确的协调节拍之中。

触发器的置位和复位。在一些电路中，有时需要预先给某个触发器置位（即置1）或复位（即置0），而与时标脉冲以及 D 输入端信号无关，这就是所谓置位和复位。这种电路很简单，只要在图 1-55 所示电路中增加两个或门就可以实现，如图 1-56 所示。

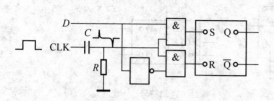

图 1-55　边沿触发的 D 触发器

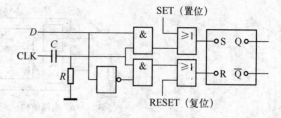

图 1-56　边沿触发的 D 触发器 2

边缘触发的 D 触发器在计算机电路图中常用图 1-57 的符号来表示。

图 1-57（a）所示为正边缘触发的符号，而图 1-57（b）为负边缘触发的符号。这两个符号的差别在于后者增加了一个所谓气泡 "○"。这实际上是在 D 触发器的时标 CLK 的微分电路之后再串联一个非门（反相器）的简化符号。图 1-57（c）与图 1-57（a）和图 1-57（b）的差别，也在于其增加了两个 "○"，这也是代表了增加两个非门于置位和复位端。这样，就必须是低电平到来才能经非门转换成高电平进行置位和复位作用。

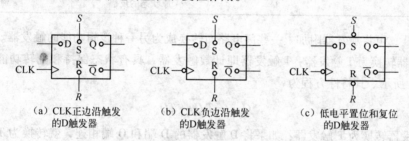

（a）CLK正边沿触发
　　的D触发器

（b）CLK负边沿触发
　　的D触发器

（c）低电平置位和复位
　　的D触发器

图 1-57　正负边沿触发的 D 触发器

（2）JK 触发器。在 RS 触发器前增加两个与门，并从输出（Q 和 $\overline{Q}$）到输入（与门的输入端）做交叉反馈，即可得到 JK 触发器，如图 1-58（a）所示。图中的 CLK 输入端串有 RC 电路也是为了获得正边缘触发的工作方式。它可以完成触发器的置 0、置 1、保持和翻转功能。JK 触发器的特性方程为

$$Q_{n+1} = J\,\overline{Q_n} + \overline{K}Q_n$$

当 $J=0$，$K=0$ 时：将使 S 和 R 也是低电平，所以不会改变 Q 和 $\overline{Q}$ 的状态，此时称为保持闭锁状态。

当 $J=0$，$K=1$ 时：S 不可能为高电平，所以无置位（即 $Q=1$）的可能。此时，无论 $Q=1$ 还是 $Q=0$，都会使触发器处于复位状态（$Q=0$，$\overline{Q}=1$）。

当 $J=1$，$K=0$ 时：R 不可能为高电平，所以无复位（即 $Q=0$）的可能。此时无论 $Q=1$ 还是 $Q=0$，都会使触发器处于置位状态（$Q=1$，$\overline{Q}=0$）。

当 $J=1$，$K=1$ 时：若原来的状态为 $Q=0$，$\overline{Q}=1$，则在这种情况下，当 CLK 正边缘脉冲到达时，就会翻转到 $Q=1$，$\overline{Q}=0$。反之，如果原来的状态为 $Q=1$，$\overline{Q}=0$，当 CLK 正边缘脉冲到达时，就会翻转到 $Q=0$，$\overline{Q}=1$。所谓翻转，即触发器的状态改变。JK 触发器的动作状态如表 1-5 所示。JK 触发器的符号如图 1-58（b）所示。

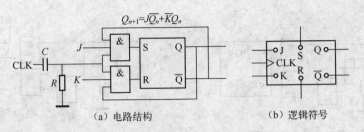

（a）电路结构　　　　　　（b）逻辑符号

图 1-58　边沿触发的 JK 触发器

表 1-5　JK 触发器的动作状态

J	K	Q	动　作
0	0	保持原态	自锁状态
0	1	0	复位
0	1	1	置位
1	1	原状态的反码	翻转

根据需要，可将触发器附加上一些门电路而转换成为另一种逻辑功能的触发器。

JK 触发器转换为 T 触发器：T 触发器即计数触发器，具有状态保持和翻转功能，转换逻辑图如图 1-59 所示。其特性方程为

$$Q_{n+1} = T\,\overline{Q_n} + \overline{T}Q_n$$

D 型触发器转换为 T′ 触发器：如果将 D 触发器的 D 端和 $\overline{Q}$ 端相连，就转换为 T′ 触发器。T′ 触发器仅有状态翻转功能，如图 1-60 所示。其特性方程为

$$Q_{n+1} = \overline{Q_n}$$

T′ 触发器具有计数功能。

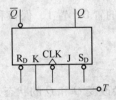

图 1-59　T 触发器转换逻辑图

图 1-60　T′ 触发器

3. 时序逻辑电路

由触发器就可以构成多种时序逻辑电路，所谓时序逻辑电路是在任一时刻的稳定输出，不仅取决于该时刻的输入，还与电路原来的状态有关。时序电路主要有寄存器、计数器等。

1）寄存器

寄存器由于在计算机中的作用不同而具有不同的功能，从而被命名为不同的名称。常见的寄存器有：缓冲寄存器——用以暂存数据；移位寄存器——能够将其所存的数据一位一位地向左或向右移；累加器——用以暂存每次在 ALU 中计算的中间结果。

由于一个触发器只能寄存 1 位二进制数，要寄存多位数时，需用多个触发器。常用的有 4 位、8 位、16 位等。

寄存器存放和取出数据的方式有并行和串行两种。并行方式就是数据各位同时从各对应位输入端输入到寄存器中，或同时出现在输出端；串行方式就是数码逐位从一个输入端输入到寄存器中，或由一个输出端输出。

（1）缓冲寄存器。这种寄存器只有寄存数码和清除数码的功能。图 1-61 所示是由 D 触发器组成的 4 位数码寄存器。该数码寄存器的工作方式为并行输入和并行输出。

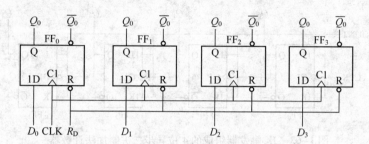

图 1-61　D 触发器组成的 4 位数码寄存器

（2）移位寄存器。其不仅能存放数据而且有移位功能。根据数据在寄存器内移动的方向又分为左移移位寄存器和右移移位寄存器。

在移位寄存器中，数据的存入或取出也有并行和串行两种方式。

图 1-62 是由 JK 触发器组成的 4 位左移移位寄存器。F_0 接 D 触发器，数码由 D 端串行输入；也可由 $D_0 \sim D_3$ 做并行输入（与清零端配合做双拍移位）。从 4 个触发器的 Q 端得到并行的数码输出；也可从 Q_3 端逐位串行输出。

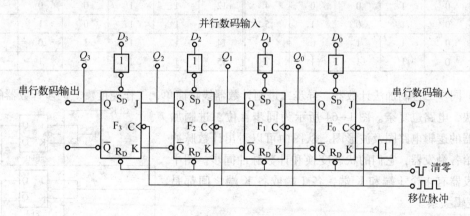

图 1-62　JK 触发器组成的 4 位左移移位寄存器

2）计数器

计数器是最常用而又典型的时序逻辑电路，其分析方法即为一般时序逻辑电路的分析方法。常用计数器有多种类型，常见的有以下几种：

（1）二进制计数器。该计数器能按二进制的规律累计脉冲的数目，它也是构成其他进制计数器的基础。一个触发器可以表示 1 位二进制数，表示 n 位二进制数需用 n 个触发器。

（2）异步二进制加法计数器。图 1-63 所示逻辑电路是由 4 个 JK 触发器组成的 4 位异步二进制加法计数器。图中各触发器 JK 输入端均连在 COUNT 端。因此只有当 COUNT 为 "1" 时，电路才是计数状态。只要有时钟脉冲就会翻转，但前级触发器的输出作为后级触发器的时钟脉冲，只有在前级触发器翻转后，后级触发器才能翻转，故为异步计数器。其状态真值表见表 1-6。当 COUNT 为"0"时，触发器不可能翻转，就不能进入计数状态了。所以这种计数器又称可控计数器。当第 16 个时钟脉冲到来后，计数器将循环一周回到原态，因此又称十六进制计数器。由图 1-63 可知，各触发器输出端 Q_0、Q_1、Q_2、Q_3 的脉冲频率分别为时钟脉冲的 1/2、1/4、1/8、1/16，又称分频器。

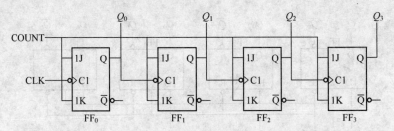

图 1-63　JK 触发器组成的 4 位异步二进制加法计数器

表 1-6　二进制加法计数状态表

计数脉冲	计数器状态				十进制数	计数脉冲	计数器状态				十进制数
	Q_3	Q_2	Q_1	Q_0			Q_3	Q_2	Q_1	Q_0	
0	0	0	0	0	0	8	1	0	0	0	8
1	0	0	0	1	1	9	1	0	0	1	9
2	0	0	1	0	2	10	1	0	1	0	10
3	0	0	1	1	3	11	1	0	1	1	11
4	0	1	0	0	4	12	1	1	0	0	12
5	0	1	0	1	5	13	1	1	0	1	13
6	0	1	1	0	6	14	1	1	1	0	14
7	0	1	1	1	7	15	1	1	1	1	15

（3）同步二进制加法计数器。异步二进制计数器线路简单，工作速度慢。同步计数器的工作速度较快，电路也复杂。图 1-64 所示为同步 4 位二进制加法计数器的逻辑电路图及波形图。从图中可以看出计数脉冲同时供给各触发器，它们的状态变换和计数脉冲同步。图中每个触发器有多个 J 端和 K 端，各 J 端或各 K 端之间都是"与"逻辑关系。

各触发器输入端的逻辑表达式（驱动方程）为

$$J_0 = K_0 = 1$$

$$J_1 = K_1 = Q_0$$

$$J_2 = K_2 = Q_1 Q_0$$

$$J_3 = K_3 = Q_2 Q_1 Q_0$$

该计数器的状态表和波形图与异步 4 位二进制加法计算器相同。由分析可知，n 位二进制加法计数器能计的最大十进制数为 $2^n - 1$。

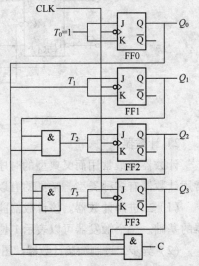

图 1-64　同步 4 位二进制加法计数器

将多个触发器构成的计数器做在一块中规模芯片上可以构成集成计数器，用它可构成所需模数的各种计数器。

（4）环形计数器（Ring Counter）也是由若干个触发器组成的。不过，环形计数器与上述计数器不一样，它仅有唯一的一位为高电位，即只有一位为1，其他各位为0。图1-65是由D触发器组成环形计数器的电路原理图。

当R端有高电平输入时，除右边第1位（LSB）外，其他各位全被置0（因复位电平R都接至其R端），而右边第1位则被置1（因复位电平R被引至其S端）。这就是说，开始时$Y_0 = 1$，而Y_1、Y_2、Y_3全为0。因此，D_1也等于1，而$D_3 = D_2 = D_0 = 0$。在时钟脉冲正边缘来到时，则$Y_0 = 0$，而$Y_1 = 1$，其他各位仍为0。第2个时钟脉冲前沿来到时，$Y_0 = 0$，$Y_1 = 0$，而$Y_2 = 1$，Y_3仍等于0。这样，随着时钟脉冲而各位轮流置1，并且是在最后一位（左边第1位）置1后又回到右边第1位，这就形成环形置位，所以称为环形计数器。环形计数器的符号如图1-65所示。

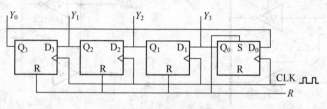

图1-65　环形计数器

环形计数器不是用来计数的，而是用来发出顺序控制信号的。它在计算机的控制器中是一个很重要的部件。

3）累加器

累加器（Accumulator，A）也是一个由多个触发器组成的多位寄存器。累加器似乎容易产生误解，以为是在其中进行算术加法运算。事实上它并不进行加法运算，而是作为ALU运算过程的代数和的临时存储处。这种特殊的寄存器在微型计算机的数据处理中担负着重要的任务。

累加器除了能装入及输出数据外，还能使存储其中的数据左移或右移，所以它又是一种移位寄存器。累加器（A）的符号如图1-66所示。

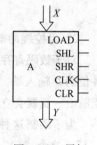

图1-66　累加器的符号

1.2　数字电路与微型计算机

一个实际的微型计算机的电路结构是相当复杂的。要了解其工作原理就必须将其分解为若干电路环节，或若干大块；每大块又由若干电路部件组成；每个电路部件又由若干微电子元器件组成……因此，要想在初步学习时就全部掌握，是非常困难的。同时，为了使读者能够了解数字电路与微型计算机的关系，本节将构建一个简化了的微型计算机，以使大家对微型计算机有一个初步的了解。

1.2.1　总线结构

微型计算机这种基本功能从电路原理来理解就是信息在各个部件间的流通问题。微型计算机中的信息传递是通过总线完成的。总线实质上就是导线，要想实现多个信号在一条导线上的传输而不发生混乱，就必须实现信号的传输的可控与管理。

1. 用于总线结构的寄存器

1）总线 TSL 门

能够实现多个信号或在一条导线上可控传输的基本器件就是 TSL 门，如图 1-67（a）所示。只要让各个 TSL 门的控制端 EN 轮流有效，即任何时间只能有一个 TSL 门处于工作状态，而其余 TSL 门均处于高阻状态，这样总线就会轮流接受各 TSL 门的输出信号。这种用总线来传递信号的方法，在计算机中被广泛使用。

图 1-67（b）的电路形式构成信号的双向传输，每个信号的传输方向由 EN 完成。

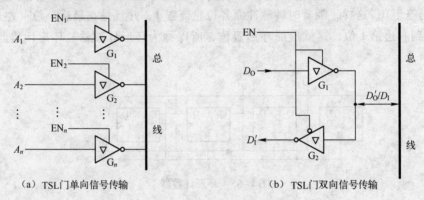

（a）TSL门单向信号传输　　　　　　　（b）TSL门双向信号传输

图 1-67　TSL 门总线

2）可控缓冲寄存器

对于数码寄存器，其信号 X 输入到 Q 只是受 CLK 的节拍管理，即只要将 X 各位加到寄存器各位的 D 输入端，时标节拍一到，就会立即送到 Q。也就是说信号的输入是比较自由的，在 CLK 正前沿一到就会立即被来到的数据 X 替代掉。

为了限制这种自由性，必须为这个寄存器增设一个可控的 "门"。这个 "门" 的基本原理如图 1-68 所示，它是由两个与门、一个或门以及一个非门所织成的。

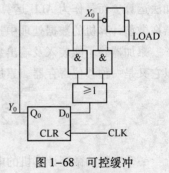

当 LOAD 端（以下简称为 L 端）为低电位（$L=0$），则 Q_0 信号形成自锁，即既存的信号能够可靠地存在其中而不会随 CLK 节拍到来而丢失，Y_0 始终不会发生变化。如 L 端为高电平（$L=1$），则自锁解除，而 X_0 可以到达 D_0 端。只要 CLK 的正前沿一到达，X_0 即被送到 Q_0，Y_0 的值被新值取代，这就称为装入（LOAD）。一旦装入之后，L 端又降至低电平，则电路恢复自锁状态，X_0 信号稳定地保存在 Q_0（Y_0）中。

图 1-68　可控缓冲
寄存器单元电路

3）用于总线结构的寄存器

将 TSL 门与可控缓冲寄存器结合起来就构成了用于总线结构的寄存器，如图 1-69 所示。L 控制端负责将 $X_0X_1X_2X_3$ 信号装入，E 控制端决定是否将信号 $Y_0Y_1Y_2Y_3$ 输出去。

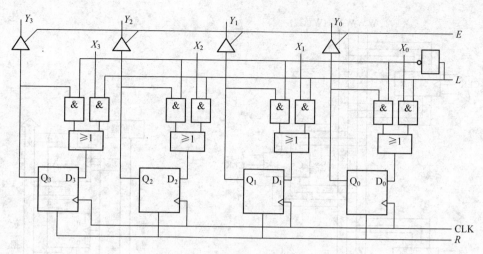

图 1-69　用于总线结构的寄存器

2. 总线结构

设有 A、B、C 和 D 4 个寄存器，它们都有 L 和 E 控制端，其符号分别附以 A、B、C 和 D 的下标。它们的数据位数，设有 4 位，这样只要有 4 条数据线即可沟通它们之间的信息来往。图 1-70 是总线结构的原理图。

如果将各个寄存器的 L 端和 E 端按次序排成一列，则可称其为控制部件 CON，即

$$\mathrm{CON} = L_A E_A L_B E_B L_C E_C L_D E_D$$

为了避免信息在公共总线 W 中游离，必须规定在某一时钟节拍（CLK 为正半周），只有一个寄存器 L 端为高电平，另一寄存器的 E 端为高电平。其余各寄存器的控制端则必须为低电平。这样，E 端为高电平的寄存器的数据就可以流入到 L 端为高电平的寄存器中去。如表 1-7 所示，控制字中哪些位为高电平，哪些位为低电平，将由控制器发出并送到各个寄存器上去。

表 1-7　控制字的意义

控 制 字 CON								信息流通
L_A	E_A	L_B	E_B	L_C	E_C	L_D	E_D	
1	0	0	1	0	0	0	0	数据由 B→A
0	1	1	0	0	0	0	0	数据由 A→B
0	1	0	0	1	0	0	0	数据由 A→C
0	1	0	0	0	0	1	0	数据由 A→D
0	0	1	0	0	0	0	1	数据由 D→B
1	0	0	0	0	1	0	0	数据由 C→A

为了简化作图，不论总线包含几条导线，都用一条粗线表示。在图 1-71 中，有两条总线，一条称数据总线，专门让信息（数据）在其中流通。另一条称为控制总线，发自控制器，它能将控制字各位分别送至各个寄存器。控制器也有一个时钟，能把 CLK 脉冲送到各个寄存器上去。

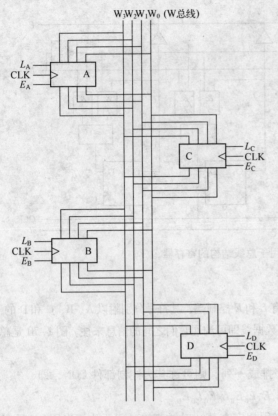

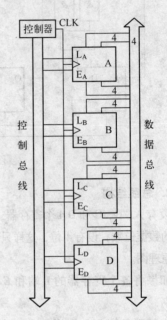

图 1-70　总线结构的信息传递　　　　　图 1-71　总线结构符号图

1.2.2　微型计算机的简化结构

微型计算机的基本功能可概括为"三能一快"：能运算（加、减、乘、除）、能判别（大于、小于、等于、真、假）及能决策（根据判别来决定下一步的工作），速度快（电子信号处理速度极快）。所有这些功能都是通过具体电路来实现的，下面先介绍一个简化了的微型计算机，如图 1-72 所示。

其硬件结构特点如下：

（1）功能简单：只能做两个数的加减法。

（2）内存量小：只有一个 16×8PROM（可编程序只读存储器）。

（3）字长 8 位：二进制 8 位显示。

（4）手动输入：用拨动开关输入程序和数据。

虽然如此简单，但已具备了一个可编程序计算机的雏形。尤其是有关控制矩阵和控制部件的控制过程和电路原理的分析，更有助于初学者领会计算机的原理。下面简单介绍一下各个部件的构成和功能。

1.　程序计数器

程序计数器（Program Counter，PC）可采用同步计数器，它不但可以从 0 开始计数，也可以将外来的数装入其中，这就需要一个 COUNT 输入端，也要有一个 LOAD 门。本结构中程序计数器的计数范围为 0000 ～ 1111（用十六进制可记作 0 ～ F）。每次运行之前，先复位至 0000。当取出一条指令后，程序计数器应加 1。

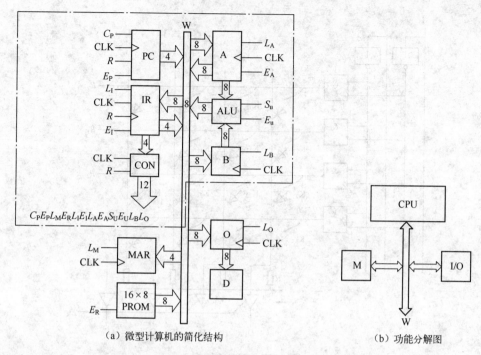

（a）微型计算机的简化结构　　　　　　　　　（b）功能分解图

图 1-72 微型计算机的简化结构及其功能分解图

2. 存储地址寄存器 MAR

接收来自程序计数器的二进制程序号，作为地址码送至 PROM。

3. 可编程只读存储器 PROM

其原理如图 1-73 所示。这是一个 4×4 PROM，每条横线与竖线都有一条由开关和二极管串联的电路将它们连接起来。因此，只要拨动开关，即可使该数据位置 1 或置 0，从而达到使每个存储单元"写入"数据的目的。存储器单元通过地址线 A_1A_0 进行选择，存储单元中的数据通过数据线 $D_3D_2D_1D_0$ 读出。这里为了简化作用而只用 4×4 PROM 的图，若为 16×8 PROM，则其横线应为 16 条（$R_0\sim R_{15}$），竖线为 8 条（$D_7D_6\cdots D_0$），地址码线则相应地应为 4 条（$A_3A_2A_1A_0$）。

4. 指令指针寄存器

指令指针寄存器（IR）从 PROM 接收到指令字（当 $L_I=1$，$E_R=1$），同时将指令字分送到控制部件 CON 和 W 总线上去。

这里的指令字是 8 位的，左 4 位为最高有效位（高 4 位），称为指令字段；右 4 位为最低有效位（低 4 位），称为地址字段。

5. 控制部件 CON

其功能如下：

（1）每次运行前，CON 先发出 $R=1$，使有关的部件清 0。此时，PC = 0000，IR = 0000 0000。

（2）CON 有一个同步时钟，能发出脉冲 CLK 到各个部件，使它们同步运行。计算机系统是一个同步时序系统。

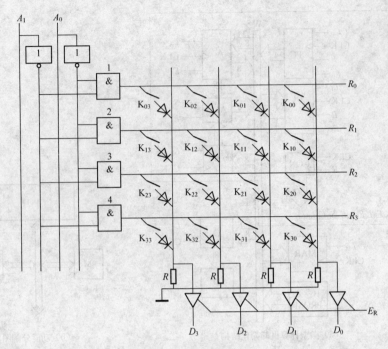

图 1-73　PROM 结构

（3）在 CON 中有一个控制矩阵 CM，能根据 IR 送来的指令发出 12 位的控制字，即

$$\text{CON} = C_P E_P L_M E_R \quad L_I E_I L_A E_A \quad S_U E_U L_B L_O$$

根据控制字中各位的置 1 或置 0 情况，计算机就能自动地按指令程序有秩序地运行。

6. 累加器 A

其用以储存计算机运行期间的中间结果。它能接收 W 总线送来的数据（$L_A = 1$），也能将数据传送到 W 总线上（$E_A = 1$）。它还有一个数据输出端，将数据送至 ALU 进行算术运算。这个输出是双态的，即是立即地送去，而不受 E 端的控制。

7. 算术逻辑部件 ALU

它只是一个二进制补码加法器/减法器（见图 1-42）。当 $S_U = 0$，ALU 进行加法运算 $A + B$；当 $S_U = 1$，ALU 进行减法运算 $A - B$，即 $A + [B]_{\text{补}}$。

8. 寄存器 B

将要与累加器 A 相加减的数据暂存于此寄存器。它到 ALU 的输出也是双态的，即无 E 端控制。

9. 输出寄存器 O

计算机运行结束时，累加器 A 中存有答案。如要输出此答案，需送入 O。此时 $E_A = 1$，$L_O = 1$，则 $O = A$。

典型的计算机具有若干个输出寄存器，称为输出接口电路。这样就可以驱动不同的外围设备，如打印机、显示器等。

10. 二进制显示器 D

这是用发光二极管（LED）组成的显示器。每一个 LED 接到寄存器 O 的一位上。当某位为高电平时，则该 LED 发光。因为寄存器 O 是 8 位的，所以这里也由 8 个 LED 组成显示器。

这种结构，一般可分成三大部分，如图 1-72（b）的功能分解图所示：

（1）CPU（包括 PC、IR、CON、ALU、A 及 B）；

（2）记忆装置 M（MAR 及 PROM）；

（3）输入及输出接口 I/O（包括 O 及 D，D 也可称为其外围设备）。

中央处理器（Central Processing Unit，CPU）是将程序计数功能（PC）、指令寄存功能（IR）、控制功能（CON）、算术逻辑功能（AIU）以及暂存中间数据功能（A 及 B）集成在一块电路器件上的集成电路（IC）。实用上的 CPU 要比这里的图例复杂得多，但主要的基本功能是一样的。

存储器 M（Memory）在此图例中只包括存储地址寄存器（MAR）及可编程存储器（实际还包括了地址译码功能），这就是微型计算机的"内存"。实际的"内存"要包括更多的内容（如 ROM、RAM 及 EPROM 等）和更大的存储容量。

输入及输出接口（I/O）是计算机实行人机对话的重要部件。本简例中的输入将是人工设定 PROM，而没有输入电路接口，只有输出有接口（O）。实际微型计算机的输入设备多为键盘等，输出则为监视器，因而必须有专用的输出接口电路。

从以上部件的组成可以看出，数字计算机无非是由计数器（PC）、寄存器（MAR、IR、A、B、O）、运算器（ALU）、控制器（CON）、显示器（D）、存储器（PROM）等基础数字电路构建的，在统一的节拍下协调工作的同步时序电路系统。

1.3　计算机中数的表示方法及运算

计算机最基本的功能是进行大量"数"的计算与加工处理，但计算机只能"识别"二进制数。所以，二进制数及其编码是所有计算机的基本语言。在微型计算机中还采用了八进制和十六进制表示法，它们对二进制的表达起到了简化的作用。

1.3.1　计算机中的数制

数制是人们利用符号来记数的科学方法。数制所使用的数码的个数称为基；数制每一位所具有的值称为权。

十进制（Decimal System）的基为"10"，即它所使用的数码为 0、1、2、3、4、5、6、7、8、9 共 10 个。十进制各位的权是以 10 为底的幂，如下面这个数：

2	3	9	0	1	7
10^5	10^4	10^3	10^2	10^1	10^0
十万	万	千	百	十	个

其各位的权为个、十、百、千、万、十万，即以 10 为底的 0 次幂、1 次幂、2 次幂等。故有时为了简便而顺次称其各位为 0 权位、1 权位、2 权位等。

二进制（Binary System）的基为"2"，即其使用的数码为 0、1，共两个。二进制各位的权是以 2 为底的幂，如下面这个数：

二进制	1	0	1	1	0	1
	2^5	2^4	2^3	2^2	2^1	2^0
十进制	32	16	8	4	2	1

其各位的权为 1，2，4…，即以 2 为底的 0 次幂、1 次幂、2 次幂等。故有时也依次称其各位为 0 权位、1 权位、2 权位等。

八进制（Octal System）的基为"8"，即其数码共有 8 个：0、1、2、3、4、5、6、7。八进制的权为以 8 为底的幂，有时也顺次称其各位为 0 权位、1 权位、2 权位等。

十六进制（Hexadecimal System）的基为"16"，即其数码共有 16 个：0、1、2、3、4、5、6、7、8、9、A、B、C、D、E、F。十六进制的权为以 16 为底的幂，有时也称其各位的权为 0 权位、1 权位、2 权位等。

1. 用二进制的理由

电路通常只有两种稳态：导通与阻塞、饱和与截止、高电平与低电平等。具有两个稳态的电路称为二值电路，即数字电路。因此，用二值电路来计数时，只能代表两个数码：0 和 1。如以 1 代表高电平，则 0 代表低电平（即通常所说的正逻辑，反之则为负逻辑）。所以，采用二进制，可以利用电路进行计数工作，这也是计算机采用二进制的原因。

2. 十进制数转换成二进制数的方法

将一个十进制数转换成二进制数，可用 2 除该十进制数，得商数及余数，则此余数为二进制代码的最小有效位（LSB）。再用 2 除该商数，又可得商数和余数，则此余数为 LSB 左邻的二进制数代码。用同样的方法继续用 2 除，就可得到该十进制数的二进制代码。

【例 1.1】 求 13 的二进制代码。其过程如下：

$$
\begin{array}{r|l}
2 & 13 \quad 1 \\
2 & 6 \quad\ \ 0 \\
2 & 3 \quad\ \ 1 \\
2 & 1 \quad\ \ 1 \\
& 0
\end{array} \uparrow
$$

由下往上读，可从左至右写出二进制代码，结果如下：

1101

例 1.1 是十进制整数转换成二进制数的"除 2 取余法"。如果十进制小数要转换成二进制小数，则要采取"乘 2 取整法"。

一个十进制的小数乘 2 后可能有进位使整数位为 1（当该小数大于 0.5 时），也可能没有进位，其整数位仍为零（当该小数小于 0.5 时）。这些整数位的结果即为二进制的小数位结果。举例如下：

【例 1.2】 求十进制数 0.625 的二进制数。

用乘法的竖式计算。当计算至十进制小数部分为零时，就不用再计算了，本例结果为 0.101。如果乘 2 后结果小数位不是 0.00，则需继续乘下去，直至变成 0.00 为止。因此，一个十进制小数在转换为二进制小数时有可能无法准确地转换。如十进制数 0.1 转换为二进制数时为 0.0001100110…。因此，只能近似地以 0.00011001 来表示。

$$
\begin{array}{r}
0.625 \\
\times\quad 2 \\
\hline
1.25
\end{array}
$$
整数部为 1，即二进制小数点后第一位为 1

$$
\begin{array}{r}
0.25 \\
\times\quad 2 \\
\hline
0.5
\end{array}
$$
整数部为 0，即二进制小数点后第二位为 0

$$
\begin{array}{r}
0.5 \\
\times\quad 2 \\
\hline
1.0
\end{array}
$$
整数部为 1，即二进制小数点后第三位为 1

由上向下写出小数部分。

为了表达数的数制，在数字后面加上下标（2）、（8）、（10）、（16）来表示这个数是二进制、八进制、十进制或十六进制，如 $1000_{(2)}$、$10_{(8)}$、$8_{(16)}$、$8_{(10)}$。也有用字母符号来表示这些数制的：B——二进制，H——十六进制，D——十进制，O 或 Q——八进制。通常如果通过上下文可以理解所写的数是用什么数制表示时，就不必附加数制符号。

3. 二进制数转换成十进制数的方法

二进制数各位的权与各位的数（0 或 1）的乘积之和得到十进制数。

【例1.3】 求二进制数 101011.101 的十进制数。

$$
\begin{array}{ccccccccc}
1 & 0 & 1 & 0 & 1 & 1 & 1 & 0 & 1 \\
\end{array}
$$

权： 2^5 2^4 2^3 2^2 2^1 2^0 2^{-1} 2^{-2} 2^{-3}

乘积： 32　0　8　0　2　1　0.5　0　0.125

累加： 43　　　　　　　0.625

结果如下：

43.625

由此可得出两点注意事项：

（1）一个二进制数可以准确地转换为十进制数，而一个带小数的十进制数不一定能够准确地用二进制数来表达。

（2）带小数的十进制数在转换为二进制数时，以小数点为界，整数和小数要分别转换。

4. 二进制与八进制、十六进制之间的转换

1）二进制与八进制之间的转换

每3位二进制数对应1位八进制数，所以二进制数转换为八进制数的方法是，以小数点为界，分别向左、右将二进制数每3位分为一组，若不够3位时，可在整数部分最左边，或小数部分最右边添0以补足3位（不影响原数值大小），然后将每3位二进制数用1位八进制数表示即可完成转换。

八进制数转换成二进制数的方法是，将1位八进制数用相应的3位二进制数替换即可完成转换。

【例1.4】 求二进制数 1111101.01001111 的八进制数。

$$
\begin{array}{cccccc}
001 & 111 & 101 & .\ 010 & 011 & 110 \\
\downarrow & \downarrow & \downarrow & \downarrow & \downarrow & \downarrow \\
1 & 7 & 5 & 2 & 3 & 6 \\
\end{array}
$$

结果如下：

175.236Q

【例1.5】 求八进制数 642.37Q 的二进制数。

$$
\begin{array}{ccccc}
6 & 4 & 2 & .\ 3 & 7 \\
\downarrow & \downarrow & \downarrow & \downarrow & \downarrow \\
110 & 100 & 010 & 011 & 111 \\
\end{array}
$$

结果如下：

110100010.011111B

2）二进制与十六进制之间的转换

每4位二进制数对应1位十六进制数，依据二进制与八进制间的转换方法，可以进行二进制数与十六进制数的转换。

【例1.6】求二进制数 1110110111. 1101001B 的十六进制数。

$$0011 \quad 1011 \quad 0111 \quad . \quad 1101 \quad 0010$$
$$\downarrow \qquad \downarrow \qquad \downarrow \qquad \qquad \downarrow \qquad \downarrow$$
$$3 \qquad B \qquad 7 \qquad \qquad D \qquad 2$$

结果如下：

3B7. D2H

5. 用八进制和十六进制的理由

用八进制和十六进制既可简化书写，又便于记忆。如下列一些等值的数：

$$1000_{(2)} = 10_{(8)} = 8_{(16)} \text{ 即 } 8_{(10)}$$
$$1111_{(2)} = 17_{(8)} = F_{(16)} \text{ 即 } 15_{(10)}$$
$$110000_{(2)} = 60_{(8)} = 30_{(16)} \text{ 即 } 48_{(10)}$$
$$11111001_{(2)} = 371_{(8)} = F9_{(16)} \text{ 即 } 249_{(10)}$$

从中可以看出用八进制、十六进制表示，可以写得短些，也更易于记忆。

1.3.2 计算机中数的表示方法

在微型计算机中所能处理的数都是二进制数。由于受硬件结构的限制，计算机中的二进制数都是按照一定的字长来表达的。

在微型计算机中，1位二进制数称为位（bit），它是计算机中信息存储的最小单位。8位二进制数称为1字节（Byte），它是存储器容量的基本单位。字（Word）是计算机内部进行数据传递处理的基本单位，通常它与计算机内部的寄存器、数据总线的宽度相一致，一个字所包含的二进制位数称为字长。例如，一个8位字长的计算机，二进制数表达范围为 0000 0000 ～ 1111 1111。

对数本身而言，可以有正数和负数，同时还可以是整数或带小数点的数。这些数在计算机中都只能用二进制来表示，因此需要一定的规则来进行区分。下面讨论整数的表达和带小数点数的表达。

1. 整数的表达

对于一个 n 位字长的数，可以表达两种类型的整数。第一种是无符号数，即计算机字长的所有位都用来表示数值，就称为无符号数。因此，n 位二进制无符号整数可表示的数据范围是 $0 \sim 2^{n-1}$。例如，8位字长无符号整数的数值范围为 $0 \sim 255$。

在微型计算机中，数的正负符号也只能用0、1表示。这样在计算机中表示带符号的数值数据时，符号和数均采用了0、1进行代码化。一般用最高有效位（MBS）来表示数的符号（又称符号位），正数用0表示，负数用1表示。这样的数就成了有符号数。通常，把一个数及其符号在机器中的表示加以数值化，称为机器数。

机器数是有符号数值数据在计算机中的二进制表示形式。对于 n 位字长的计算机，其最高位为符号位，其他位为数字位。机器数根据编码规则的不同又有不同的形式。这样机器数的形式值就不等于真正的数值了，为区别起见，将机器数所对应的实际数值称为机器数的真值。

一般来说，机器数的编码形式有原码、反码和补码3种。

1）原码

原码的表示形式与真值的形式最为接近。原码规定在机器数最高符号位之后的数值部分，是以绝对值的形式给出。例如，真值为 + 101 的数，若计算机字长为 8 位，则该数的原码为 0000 0101；真值为 – 101 数的 8 位原码为 1000 0101。

原码具有以下特点：

（1）数值部分即为该带符号数的二进制值。因此，原码可以直接得到真值。

（2）"0" 有 +0 和 –0 之分，若字长为 8 位，则 $[+0]_{原}$ = 0000 0000；$[-0]_{原}$ = 1000 0000。

（3）8 位二进制原码能表示的数值范围为 1111 1111 ～ 0111 1111，即 – 127 D ～ + 127 D；那么对于 n 位字长的计算机来说，其原码表示的数值范围为 $-2^{n-1}+1 \sim +2^{n-1}-1$。

（4）原码的符号位不能直接参加运算。原码表示简单易懂，但在计算机中进行加减运算时很麻烦。如进行两数相加，必须先判断两个数的符号是否相同，如果相同则进行加法，否则就要做减法。做减法时还必须比较两个数的绝对值大小，再由大数减去小数，差值的符号要和绝对值大的数相一致。要设计能实现这一过程的电路是可以的，但过于复杂。同时，在计算机内部，希望能够把减法统一转换为加法运算，即用一个加法器电路就可以实现加减运算，因此便引入了反码和补码。

2）反码

对于正数，其反码形式与原码相同；对于负数，将其原码除了符号位外，其余各位按位取反，即可得到其反码表示形式。例如，真值为 + 101 的数，其 8 位反码仍为 0000 0101；而真值为 – 101 数的 8 位反码为 1111 1010。

反码的特点有：

（1）"0" 有 +0 和 –0 之分，$[+0]_{反}$ = 0000 0000；$[-0]_{反}$ = 1111 1111。

（2）8 位二进制反码能表示的数值范围为 1000 0000 ～ 0111 1111，即 – 127 D ～ + 127 D；对于 n 位字长的计算机来说，其反码表示的数值范围为 $-2^{n-1}+1 \sim +2^{n-1}-1$。

（3）反码与原码的关系为 $[X]_{原} = [[X]_{反}]_{反}$，并可据此得到反码的真值。

3）补码

为了理解补码的意义，先举一个钟表对时的例子。若标准时间是 6：00，而有一只时钟停在 10：00。要把时钟校准到 6：00，可以倒拨 4 格，也可以顺拨 8 格，这是因为时钟顺拨时，到12：00 就从 0 重新开始计时，相当于自动丢失一个数 12。即 10 + 8 = 12（自动丢失）+ 6 = 6。

这个自动丢失的数（12）是一个循环计数系统中所表示的最大数，称之为"模"。由此可以看出，对于一个模 – 数为 12 的循环计数系统来说，10 减 4 与 10 加 8 是等价的，或者说，（– 4）与（+ 8）对模 12 互为补数。从数学上来讲，（– 4）与（+ 8）除以 12 的余数是相同的。补码的一般定义为：如果有两个整数 a 和 b，当同除以一正整数 M 时，所得余数相等，则称数 a 和 b 对模 M 是同余的。即 a 和 b 在模为 M 时，互为补码。

不难看出，在确定模后，一个负数的补数必等于模加上该负数（或模减去该负数的绝对值）。由此可知，对于某一确定的模，某数减去绝对值小于模的另一数，总可以用某数加上"另一数的负数与其模之和"（即补数）来代替。所以，引进了补码后，减法就可以转换为加法了。

在计算机中对字长为 n 位的二进制数，其模为 2^n。因此，所有的负数（– X）的补码都可由模 $2^n + (-X)$ 来得到。一般地，对于 n 位二进制数，数 X 的补码总可以定义为 $[X]_{补} = 2^n + X$。

而在二进制中，$2^n + (-X)$ 恰好为正数 X 的原码连同符号位按位取反再加 1。由此可得补码的编码规则如下：

正数的补码与其原码相同，即符号位用"0"表正，其余数字位表示数值本身；负数的补码表示为它的反码加 1（即在其低位加 1）。例如，真值为 + 101 的数，其 8 位补码为 0000 0101；而真值为 – 101 数的 8 位补码为 1111 1011。

补码的特点有：

（1）"0"的补码只有一种形式，$[+0]_{补} = [-0]_{补} = 0000\ 0000$。

（2）8 位二进制补码能表示的数值范围为 1000 0000 ～ 0111 1111，即 – 128 D ～ + 127 D。在补码中规定 1000 0000 为 – 128。对于 n 位字长的计算机来说，其补码表示的数值范围为 -2^{n-1} ～ $+2^{n-1}-1$。

（3）符号位可以直接进行运算。

（4）补码与原码的关系为：$[X]_{原} = [[X]_{补}]_{补}$。并可据此得到补码的真值。

2. 带小数点数的表达

在计算机中，用二进制表示一个带小数点的数有两种方法，即定点表示和浮点表示。所谓定点表示，就是小数点在数中的位置是固定的；所谓浮点表示，就是小数点在数中的位置是浮动的。相应地，计算机按数的表示方法不同也可以分为定点计算机和浮点计算机两大类。

1）定点数

由于定点位置不同，一般又分为定点小数和定点整数两种。

（1）定点小数。定点小数是纯小数，约定的小数点位置在符号位之后、有效数值部分的最高位之前。若数据 x 的形式为 $x = x_0 x_1 x_2 \cdots x_n$（其中 x_0 为符号位，$x_1 \sim x_n$ 是数值的有效部分，又称尾数，x_1 为最高有效位），则在计算机中的表示形式为

x_0	x_1	x_2	$\cdots$	x_n

符号位 ↑ ↑ 小数点位置 ⏟数值

通常符号位 0 表示正数，1 表示负数，尾数常以原码表示。如果最末位 $x_n = 1$，前面各位都为 0，则数的绝对值最小，即 $|x|_{min} = 2^{-n}$。如果各位均为 1，则数的绝对值最大，即 $|x|_{max} = 1 - 2^{-n}$。所以定点小数的表示范围为

$$2^{-n} \leqslant |x| \leqslant 1 - 2^{-n}$$

（2）定点整数。定点整数是纯整数，约定的小数点位置在有效数值部分最低位之后。若数据 x 的形式为 $x = x_0 x_1 x_2 \cdots x_n$（其中 x_0 为符号位，$x_1 \sim x_n$ 是尾数，x_n 为最低有效位），则在计算机中的表示形式为

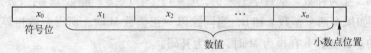

x_0	x_1	x_2	$\cdots$	x_n	

符号位 ⏟数值 小数点位置↑

定点整数的表示范围为

$$1 \leqslant |x| \leqslant 2^n - 1$$

当数据小于定点数能表示的最小值时，计算机将它们做 0 处理，称下溢；当大于定点数能表示的最大值时，计算机将无法表示，称上溢。上溢和下溢统称溢出。在机器中小数点不占位置，因而不能区分是定点小数还是定点整数。小数点的位置是由编程人员预先约定好的。

2）浮点数

小数点在数中的位置是浮动变化的数称为浮点数。任意一个二进制数 N 都可以表示为

$$N = 2^E \times M$$

式中，M 表示了 N 的全部有效数字，称为数 N 的尾数（Mantissa）；E 称为数 N 的阶码（Exponent），它指明了小数点的位置；2 称为阶码的底。E 和 M 均为用二进制表示的数。如果阶码 E 不为 0，且可在一定范围内取值，这样的数称为浮点数。浮点数也要有符号位。因此一个机器浮点数应当由阶码和尾数及其符号位组成，形式为

E_S	$E_1E_2E_3\cdots E_n$	M_S	$M_1M_2M_3\cdots M_m$
↓	↓	↓	↓
阶符	阶码	尾符	尾码

其中，E_S 表示阶码的符号，占 1 位，$E_1 \sim E_n$ 为阶码值，占 n 位，尾符是数 N 的符号，也要占一位。阶码常用补码表示，尾数常为原码（也可以用补码）表示的纯小数。一般来说，增加尾数的位数，将增加可表示区域数据点的密度，从而提高了数据的精度；增加阶码的位数，能增大可表示的数据区域。

例如，十进制数 11.625，其二进制为 $1011.101 = 2^{+100} \times 0.1011101$，以浮点数表示为

0	100	0	1011101

1.3.3　计算机中数的运算

计算机中数的运算主要包括算术运算与逻辑运算，这些运算都是在二进制的基础上进行的。对于有符号数的算术运算，一律采用补码表示，运算结果也是补码。在算术运算中，加减运算又是最基本的运算形式，本节仅介绍补码的加减运算。

1. 补码的加减运算

补码的加减运算是带符号数加减法运算的一种。其运算特点是，符号位与数字位一起参与运算，并且自动获得结果（包括符号位与数字位）。

（1）加法运算。在进行加法运算时，因为 $[X]_{补} + [Y]_{补} = 2^n + X + 2^n + Y = 2^n + (X + Y)$。而在以 2^n 为模时，$2^n + (X + Y) = [X + Y]_{补}$，所以 $[X]_{补} + [Y]_{补} = [X + Y]_{补}$。说明两数补码的和等于两数和的补码。

【例 1.7】已知 $X = +1000000$，$Y = +0001000$，求两数的补码之和，

由补码表示法有：$[X]_{补} = 0100\,0000$，$[Y]_{补} = 0000\,1000$

$$
\begin{array}{r}
[X]_{补} = 0100\,0000 \\
+)\quad [Y]_{补} = 0000\,1000 \\
\hline
[X]_{补} + [Y]_{补} = 0100\,1000
\end{array}
\qquad
\begin{array}{r}
+\ 64 \\
+)\quad +8 \\
\hline
+72
\end{array}
$$

所以 $[X+Y]_{补} = 0100\,1000$，此和数为正，而正数的补码等于该数原码，即

$$[X+Y]_{补} = [X+Y]_{原} = 0100\,1000$$

其真值为 +72；又因 +64 + (+8) = +72，故结果是正确的。

【例 1.8】已知 $X = +000\,0111$，$Y = -001\,0011$，求两数的补码之和。设计算机字长为 8 位。

因为 $[X]_{补} = 0000\,0111$，$[Y]_{补} = 1110\,1101$

$$
\begin{array}{r}
[X]_{补} = 0000\,0111 \\
+)\quad [Y]_{补} = 1110\,1101 \\
\hline
[X]_{补} + [Y]_{补} = 1111\,0100
\end{array}
\qquad
\begin{array}{r}
+7 \\
+)\quad -19 \\
\hline
-12
\end{array}
$$

所以 $[X+Y]_\text{补} = 1111\ 0100$，此和数为负，将负数的补码还原为原码，即

$$[X+Y]_\text{原} = [\,[X+Y]_\text{补}\,]_\text{补} = 1000\ 1100$$

其真值为 -12；又因 $+7+(-19) = -12$，故结果是正确的。

【例 1.9】 已知 $X = -001\ 1001$，$Y = -000\ 0110$，求两数的补码之和。设计算机字长为 8 位。

因为
$$[X]_\text{补} = 1110\ 0111,\quad [Y]_\text{补} = 1111\ 1010$$

$$
\begin{array}{r}
[X]_\text{补} = 1110\ 0111 \qquad -25 \\
+)\quad [Y]_\text{补} = 1111\ 1010 \qquad +)\ -6 \\
\hline
[X]_\text{补} + [Y]_\text{补} = \boxed{1}1110\ 0001 \qquad -31
\end{array}
$$

自动丢失

由于结果超出了计算机的字长，最高位的 1 自动丢失，所以 $[X+Y]_\text{补} = 1110\ 0001$，此和数为负，将负数的补码还原为原码为 $[X+Y]_\text{原} = [\,[X+Y]_\text{补}\,]_\text{补} = 1001\ 1111$，其真值为 -31，又因 $-25+(-6) = -31$，故结果是正确的。

（2）减法运算。在进行减法时，若计算机的字长为 n，因为 $[X]_\text{补} - [Y]_\text{补} = 2^n + X - (2^n + Y) = X - Y = 2^n + X + (2^n - Y) = [X]_\text{补} + [-Y]_\text{补}$。而 $X - Y = 2^n + (X - Y) = [X-Y]_\text{补}$。所以，$[X]_\text{补} - [Y]_\text{补} = [X]_\text{补} + [-Y]_\text{补} = [X-Y]_\text{补}$，即两数补码的差等于两数差的补码。同时由于补码的引入，使正负数的减法运算简化为单纯的加法运算。

对于 $[-Y]_\text{补}$ 的求解，依补码定义，$[-Y]_\text{补} = 2^n - Y$，而 $2^n - Y$ 的结果是将 $[Y]_\text{补}$ 连同符号位在内一起求反再加 1，即 $[-Y]_\text{补}$ 等于对 $[Y]_\text{补}$ 连同符号位在内一起求反加 1。

在进行补码的减法运算时，可以归纳为：先求 $[X]_\text{补}$，再求 $[-Y]_\text{补}$，然后进行补码的加法运算。其具体运算过程与前述的补码加法运算过程一样，请读者自行验证，不再举例说明。

（3）溢出及其判断方法。所谓溢出是指带符号数的补码运算溢出。例如，字长为 n 位的带符号数，用最高位表示符号，其余 $n-1$ 位用于表示数值。它能表示的补码运算的范围为 $-2^{n-1} \sim 2^{n-1} - 1$。如果运算结果超出此范围，则称补码溢出，简称溢出。在溢出时，将造成运算错误。

例如，在字长为 8 位的二进制数用补码表示时，其范围为 $-2^{8-1} \sim 2^{8-1} - 1$，即 $-128 \sim +127$。如果运算结果超出此范围，就会产生溢出。溢出往往产生在同号相加或异号相减的情况下。

【例 1.10】 已知 $X = -111\ 1111$，$Y = -000\ 0010$，进行补码的加法运算。计算机字长为 8 位。

$$
\begin{array}{r}
[X]_\text{补} = \quad 1000\ 0001 \qquad -127 \\
+)\quad [Y]_\text{补} = \quad 1111\ 1110 \qquad -2 \\
\hline
[X]_\text{补} + [Y]_\text{补} = \boxed{1}0111\ 1111 \qquad +127
\end{array}
$$

自动丢失

两负数相加，其结果应为负数，且应该为 -129，但运算结果为正数（$+127$），这显然是错误的，其原因是和数 $-129 < -128$，即超出了 8 位负数所能表示的最小值，也产生了溢出错误。

溢出的判别方法很多，利用双进位的状态是常用的一种判断方法。这种方法是利用符号位相加的进位及数值部分的最高位相加的进位状态来判断。

若将补码减法转换为加法（加减运算均按加法对待），两个 8 位带符号二进制数相加时，如

果 $C_7 \oplus C_6 = 1$，则结果产生溢出。其中，C_7 为符号位（最高位）的相加进位；C_6 为数值部分最高位（次高位）的相加进位。通过这个方法也可以判断出例 1.10 的运算会产生溢出。

在了解溢出时，要与进位的概念相区分，进位是指运算结果的最高位向更高位的进位。它不考虑次高位的情况。发生进位时，不一定会产生溢出，如例 1.9 和例 1.10，不发生进位时也可能发生溢出，两者没有必然的联系。在微型计算机中，进位和溢出都有相应的检测办法。为避免产生溢出错误，可用多字节（加长字长）以使数的范围加大。

2. 二进制数的逻辑运算

除了算术运算之外，微型计算机还要完成一些逻辑运算。逻辑运算都是对位进行的，不存在进位或借位问题，即位与位之间是独立的。

基本的逻辑运算包括 3 种：逻辑加法（或运算）、逻辑乘法（与运算）和逻辑否定（非运算）。由这 3 种基本运算可以导出其他的逻辑运算，如异或运算、同或运算以及与或非运算等。这里只介绍 4 种常用逻辑运算：与运算、或运算、非运算和异或运算。

（1）与运算。与运算通常用符号"×"或"."或"∧"表示。它的运算规则为 $0 \wedge 0 = 0$，$0 \wedge 1 = 0$，$1 \wedge 0 = 0$，$1 \wedge 1 = 1$。

【例 1.11】把二进制数 1011 0101 和 0000 1111 按位相与，则有

$$
\begin{array}{r}
1011\ 0101 \\
\wedge)\quad 0000\ 1111 \\
\hline
0000\ 0101
\end{array}
$$

可见，与运算可以用来将一个字的一部分提取出来，例 1.11 即将一个 8 位二进制数 1011 0101 的低 4 位取出来。简单说就是，与 1 相与保留原值，与 0 相与该位清 0。

（2）或运算。或运算通常用符号"＋"或"∨"表示。它的运算规则为 $0 \vee 0 = 0$，$0 \vee 1 = 1$，$1 \vee 0 = 1$，$1 \vee 1 = 1$。

【例 1.12】把二进制数 1011 0000 和 0000 1001 按位相"或"，则有

$$
\begin{array}{r}
1011\ 0000 \\
\vee)\quad 0000\ 1001 \\
\hline
1011\ 1001
\end{array}
$$

可见，"或"运算可以用来将两个字的各一部分合并为一个字，例 1.12 即将 1011 0000 的高四位和 0000 1001 的低 4 位合并为 1011 1001。简单说就是，与 0 相与保留原值，与 1 相与该位置 1。

（3）非运算。非运算又称逻辑否定，它是在逻辑变量上方加一横线表示非。其运算规则为 $\overline{0} = 1$，$\overline{1} = 0$。非运算即按位取反。

（4）异或运算。异或运算通常用符号"⊕"表示。它的运算规则为 $0 \oplus 0 = 0$，$1 \oplus 0 = 1$，$0 \oplus 1 = 1$，$1 \oplus 1 = 0$。

【例 1.13】把二进制数 1011 0101 和 1100 1001 按位相异或，则有

$$
\begin{array}{r}
1011\ 0101 \\
\oplus)\quad 1100\ 1001 \\
\hline
0111\ 1100
\end{array}
$$

在给定的两个逻辑变量中，只要两个逻辑变量相同，则异或运算的结果就为 0；当两个逻辑变量不同时，异或运算的结果才为 1。简单说就是，同值异或为 0，异值异或为 1；与 0 异或不

变，与 1 异或取反。可用异或自身完成清零操作，或者与 1 异或完成取反操作。

1.3.4 计算机中常用编码

计算机所处理的信息必须以二进制数的形式表示，除了前面已经描述的数值数据信息以外，尚有大量的字母、数字、符号等信息形式，它们在机器中都必须以特定的二进制数码来表示，这就是二进制编码。常用的编码有 BCD 码、ASCII 码、Unicode 码等。

1. BCD 码

BCD（Binary - Coded Decimal）码又称二进码十进数或二 - 十进制代码。用 4 位二进制数来表示 1 位十进制数中的 0 ～ 9 这 10 个数码，是一种用二进制编码的十进制代码。

BCD 码可分为有权码和无权码两类，无权 BCD 码有余 3 码、格雷码等；有权 BCD 码有 8421 码、2421 码、5421 码，其中 8421 码是最常用的。

8421 BCD 码的编码方式和 4 位自然二进制码相似，各位的权值为 8、4、2、1，故称为有权 BCD 码。其与 4 自然二进制码不同的是，它只选用了 4 位二进制码中前 10 组代码，即用 0000 ～ 1001 分别代表它所对应的十进制数，余下的 6 组代码不用。表 1-8 列出了标准的 8421 BCD 编码和对应的十进制数。

表 1-8 BCD 编码表

十进制数	8421BCD 码	十进制数	8421BCD 码	十进制数	8421BCD 码
0	0000	6	0110	12	0001 0010
1	0001	7	0111	13	0001 0011
2	0010	8	1000	14	0001 0100
3	0011	9	1001	15	0001 0101
4	0100	10	0001 0000		
5	0101	11	0001 0001		

另外，BCD 码在计算机中可以采用两种形式进行存储，分别是压缩 BCD 码与非压缩 BCD 码。它们的区别是，压缩 BCD 码的每 1 位用 4 位二进制表示，1 字节表示 2 位十进制数。如 $(1001\ 0110)_{BCD}$ 表示十进制数 96D；非压缩 BCD 码用 1 字节表示 1 位十进制数，高 4 位总是 0000，低 4 位的 0000 ～ 1001 表示 0 ～ 9。例如 $(0000\ 1000)_{BCD}$ 表示十进制数 8。

2. ASCII 码

为了统一常用字母、字符、符号的二进制编码，美国国家标准学会（American National Standard Institute，ANSI）制定了 ASCII 码（American Standard Code for Information Interchange）——美国标准信息交换码。它是一种标准的单字节字符编码方案，用于基于文本的数据。它已被国际标准化组织（International Organization for Standardization，ISO）定为国际标准，称为 ISO 646 标准。适用于所有拉丁文字字母。

ASCII 码使用指定的 7 位或 8 位二进制数组合来表示 128 或 256 种可能的字符。标准 ASCII 码又称基础 ASCII 码，使用 7 位二进制数来表示所有的大写和小写字母、数字 0 ～ 9，标点符号，以及在美式英语中使用的特殊控制字符。表 1-9 列出了标准 ASCII 码表及其对应的符号信息。

表 1-9　美国信息交换标准代码 ASCII 码表（7 位代码）

高位 MSD 低位 LSD		0 000	1 001	2 010	3 011	4 100	5 101	6 110	7 111
0	0000	NUL	DLE	SP	0	@	P	`	p
1	0001	SOH	DC1	!	1	A	Q	a	q
2	0011	STX	DC2	'	2	B	R	b	r
3	0010	ETX	DC3	#	3	C	S	c	s
4	0100	EOT	DC4	$	4	D	T	d	t
5	0101	ENQ	NAK	%	5	E	U	e	u
6	0110	ACK	SYN	&	6	F	V	f	v
7	0111	BEL	ETB	"	7	G	W	g	w
8	1000	BS	CAN	(	8	H	X	h	x
9	1001	HT	EM	)	9	I	Y	i	y
A	1010	LF	SUB	*	:	J	Z	j	z
B	1011	VT	ESC	+	;	K	[	k	{
C	1100	FF	FS	,	<	L	\	l	|
D	1101	CR	GS	-	=	M	]	m	}
E	1110	SO	RS	.	>	N	↑	n	—
F	1111	SI	US	/	?	O	←	o	DEL

注：

NUL	空白	VT	垂直列表
SOH	标题开始	FF	走纸控制（按格式换行）
STX	文本开始	CR	回车
ETX	文本结束	SO	移位输出
EOT	传输结束	SI	移位输入
ENQ	询问	SP	空间（空格）
ACK	应答	DLE	数据链换码
BEL	报警符（可听见的信号）	DC1	设备控制 1
BS	退一格（并删去该字符）	DC2	设备控制 2
HT	横向列表	DC3	设备控制 3
LF	换行	DC4	设备控制 4
SYN	空转同步	NAK	否定应答
ETB	信息组传输结束	FS	文件分隔符
CAN	删去符	GS	组分分隔符
EM	信息结束	RS	记录分隔符
SUB	减	US	单元分隔符
ESC	换码	DEL	作废字符

3. Unicode 码

世界上存在着多种编码方式，同一个二进制数字可以被解释成不同的符号。因此，要想打开一个文本文件，必须知道它的编码方式，否则用错误的编码方式解读，就会出现乱码。为什么电子邮件常常出现乱码，就是因为发信人和收信人使用的编码方式不一样。

可以想象，如果有一种编码，将世界上所有的符号都纳入其中。每一个符号都给予一个独一无二的编码，那么乱码问题就会消失。这就是 Unicode 码，就像它的名字所表示的，这是一种希望包容所有符号的编码。

Unicode 提供了一种简单而又一致的表示字符串的方法。Unicode 字符串中的所有字符都是 16 位（2 B）的。因此共可以得到 65 536 个字符，这样，它就能够对世界各地的书面文字中的所有字符进行编码。目前，已经为阿拉伯文、中文拼音、西里尔字母（俄文）、希腊文、西伯莱文、日文、韩文和拉丁文（英文）字母定义了 Unicode 代码点（代码点是字符集中符号的位置）。这些字符集中还包含了大量的标点符号、数学符号、技术符号、箭头、装饰标志、区分标志和其他许多字符。如果将所有这些字母和符号加在一起，总计约 35 000 个不同的代码点，这样，总计 65 000 多个代码点中，大约还有一半可供将来扩充时使用。

Windows 2000 是使用 Unicode 从头进行开发的，用于创建窗口、文本、进行字符串操作等所有核心函数都需要 Unicode 字符。

1.4 微型计算机的发展及基本工作原理

1.4.1 计算机的发展

世界上第一台电子数字式计算机于 1946 年 2 月 15 日在美国宾夕法尼亚大学研制成功，它的名称叫 ENIAC（埃尼阿克），是电子数值积分式计算机（The Electronic Numerical Integrator and Computer）的缩写。它使用了真空电子管，功率 174 kW，占地 170 m^2，重达 30 t，每秒可进行 5 000 次加法运算。虽然它还比不上今天最普通的一台微型计算机，但 ENIAC 奠定了电子计算机的发展基础，在计算机发展史上具有划时代的意义，它的问世标志着电子计算机时代的到来。

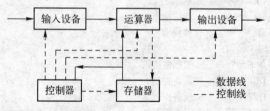

图 1-74 现代计算机的基本结构

ENIAC 诞生后，数学家冯·诺依曼提出了重大的改进理论，主要有两点：其一是电子计算机应该以二进制为运算基础；其二是电子计算机应采用"存储程序"方式工作，并且进一步明确指出了整个计算机的结构应由 5 个部分组成，即运算器、控制器、存储器、输入设备和输出设备（见图 1-74）。这些理论的提出，解决了计算机的运算自动化的问题和速度配合问题，对后来计算机的发展起到了决定性的作用。直至今天，绝大部分的计算机还是采用冯·诺依曼方式工作。

1. 计算机的发展

从第一台计算机诞生到今天，计算机已经历了 4 个发展阶段，这 4 个阶段主要是依据计算机所采用的电子器件的不同来划分的。

（1）第一代计算机：电子管数字计算机（1946—1958 年）。硬件方面，逻辑元件采用真空电子管，主存储器采用汞延迟线、阴极射线示波管静电存储器、磁鼓、磁心；外存储器采用磁带。软件方面采用机器语言、汇编语言。应用领域以军事和科学计算为主。其特点是体积大、功耗高、可靠性差。速度慢（一般为每秒数千次至数万次）、价格昂贵，但为以后的计算机发展奠定了基础。

（2）第二代计算机：晶体管数字计算机（1958—1964 年）。硬件方面，逻辑元件采用晶体管，主存储器采用磁心，外存储器采用磁盘。软件方面出现了以批处理为主的操作系统、高级语言及其编译程序。应用领域以科学计算和事务处理为主，并开始进入工业控制领域。特点是体积缩小、能耗降低、可靠性提高，运算速度提高（一般为每秒数 10 万次，可高达 300 万次），性能比第一代计算机有很大的提高。

（3）第三代计算机：集成电路数字计算机（1964—1970 年）。硬件方面，逻辑元件采用中、小规模集成电路（MSI、SSI），主存储器仍采用磁心。软件方面出现了分时操作系统以及结构化、规模化程序设计方法。特点是速度更快（一般为每秒数百万次至数千万次），而且可靠性有了显著提高，价格进一步下降，产品走向了通用化、系列化和标准化。应用领域开始进入文字处理和图形图像处理领域。

（4）第四代计算机：大规模集成电路计算机（1970 年至今）。硬件方面，逻辑元件采用大规模和超大规模集成电路（LSI 和 VLSI）。软件方面出现了数据库管理系统、网络管理系统和面向对象语言等。特点是 1971 年世界上第一台微处理器在美国硅谷诞生，开创了微型计算机的新时代，应用领域从科学计算、事务管理、过程控制逐步走向家庭。

计算机的发展已经经历了从第一代到第四代的变革。这期间积累了大量的科学技术成果。未来计算机正朝着微型化、网络化、智能化和巨型化的方向发展。目前，新一代计算机正处于理论研究过程中，它突破了传统的冯·诺依曼式机器的概念，舍弃了二进制结构。分子计算机、量子计算机、光子计算机、纳米计算机、生物计算机、神经网络计算机等理念相继提出。这意味着新一代计算机将与前 4 代计算机有着本质的区别，是计算机发展史上的一次重要变革。

2. 计算机的分类

从应用的角度来看，当前数字电子计算机按照规模和处理能力分为巨型计算机、大型机、小型机和微型机、工作站和服务器等。

巨型机通常指最大、最快、最贵的计算机。现在世界上运行速度最快的巨型机已达到每秒万亿次浮点运算。巨型机一般用在国防和尖端科学领域，如战略武器、空间技术、天气预报、社会模拟等。世界上只有少数几个国家能生产巨型机，我国自行研制的"银河"系列巨型机已达到每秒 1 万亿次以上浮点运算的能力。

大型机包括大、中型机，是微型计算机出现之前的主要形式，即大型主机在主机房中，用户在计算中心的终端上工作。大型主机经历了批处理、分时处理阶段，进入了分散处理与集中管理阶段，随着微型计算机与网络的迅速发展，许多计算中心的大型机正在被高档微型机群所替代。

小型计算机一般为中小型企事业单位或某一部门所用，例如，高校的计算机中心一般以一台小型机为主机，配以几十台或上百台终端机。它的运算速度和存储容量都比不上大型机。

微型机是目前发展最快的领域，也是我们重点学习的内容。工作站是介于个人计算机（PC）和小型计算机之间的一种高档微型计算机，具有较强的数据处理能力和高性能的图形功能，主要用于图像处理、计算机辅助设计等领域。服务器是一种可供网络用户共享的，商业性能的计算机，一般具有大容量的存储设备和丰富的外围设备，运行的是网络操作系统。

3. 微型计算机的发展

第四代计算机的一个重要分支是以大规模、超大规模集成电路为基础发展起来的微型计算机。微型计算机的发展主要表现在其核心部件——微处理器的发展上，每当一款新型的微处理器出现时，就会带动微型计算机系统的其他部件的相应发展，如微型计算机体系结构的进一步优化，存储器存取容量的不断增大、存取速度的不断提高，外围设备的不断改进以及新设备的不断出现等。

根据微处理器的字长和功能，可将微型计算机的发展划分为以下几个阶段：

第一阶段（1971—1973 年）是 4 位和 8 位低档微处理器时代，通常称为第一代，其典型产品是 Intel 4004 和 Intel 8008 微处理器和分别由它们组成的 MCS-4 和 MCS-8 微型计算机机。基本特点是采用 PMOS 工艺，集成度低（4 000 个晶体管/片），系统结构和指令系统都比较简单，主要采用机器语言或简单的汇编语言，指令数目较少（20 多条指令），基本指令周期为 20 ～ 50 μs，用于简单的控制场合。

第二阶段（1974—1977 年）是 8 位中高档微处理器时代，通常称为第二代，其典型产品是 Intel 8080/8085、Motorola 公司、Zilog 公司的 Z80 等。它们的特点是采用 NMOS 工艺，集成度提高约 4 倍，运算速度提高约 10 ～ 15 倍（基本指令执行时间 1 ～ 2 μs），指令系统比较完善，具有典型的计算机体系结构和中断、DMA 等控制功能。软件方面除了汇编语言外，还有 BASIC、FORTRAN 等高级语言和相应的解释程序和编译程序，在后期还出现了操作系统。

第三阶段（1978—1984 年）是 16 位微处理器时代，通常称为第三代，其典型产品是 Intel 公司的 8086/8088，Motorola 公司的 M68000，Zilog 公司的 Z8000 等微处理器。其特点是采用 HMOS 工艺，集成度（20 000 ～ 70 000 晶体管/片）和运算速度（基本指令执行时间是 0.5 μs）都比第二代提高了一个数量级。指令系统更加丰富、完善，采用多级中断、多种寻址方式、段式存储机构、硬件乘除部件，并配置了软件系统。这一时期著名微型计算机产品有 IBM 公司的个人计算机。1981 年 IBM 公司推出的个人计算机采用 8088CPU。紧接着 1982 年又推出了扩展型的个人计算机 IBM PC/XT，它对内存进行了扩充，并增加了一个硬磁盘驱动器。1984 年，IBM 公司推出了以 80286 处理器为核心组成的 16 位增强型个人计算机 IBM PC/AT。由于 IBM 公司在发展个人计算机时采用了技术开放的策略，使个人计算机风靡世界。

第四阶段（1985—1992 年）是 32 位微处理器时代，又称第四代。其典型产品是 Intel 公司的 80386/80486，Motorola 公司的 M69030/68040 等。其特点是采用 HMOS 或 CMOS 工艺，集成度高达 100 万个晶体管/片，具有 32 位地址线和 32 位数据总线。每秒可完成 600 万条指令。微型计算机的功能已经达到甚至超过超级小型计算机，完全可以胜任多任务、多用户的作业。同期，其他一些微处理器生产厂商（如 AMD、TEXAS 等）也推出了 80386/80486 系列的芯片。

第五阶段（1993—2005 年）是奔腾（Pentium）系列微处理器时代，通常称为第五代。典型产品是 Intel 公司的奔腾系列芯片及与之兼容的 AMD 的 K6 系列微处理器芯片。内部采用了超标量指令流水线结构，并具有相互独立的指令和数据高速缓存。随着 MMX（Multi Mediae Xtended）微处理器的出现，使微型计算机的发展在网络化、多媒体化和智能化等方面跨上了更高的台阶。2000 年 3 月，AMD 与 Intel 分别推出时钟频率达 1 GHz 的 Athlon 和 Pentium Ⅲ。2000 年 11 月，Intel 公司又推出了 Pentium4 微处理器，集成度高达每片 4 200 万个晶体管，主频为 1.5 GHz。2002 年 11 月，Intel 推出的 Pentium4 微处理器的时钟频率达到 3.06 GHz。

对于个人计算机用户而言，多任务处理一直是困扰的难题，因为单处理器的多任务以分割时间段的方式来实现，此时的性能损失相当巨大。而在双内核处理器的支持下，真正的多任务得以应用，而且越来越多的应用程序甚至会为之优化，进而奠定扎实的应用基础。

第六阶段（2005 年至今）是酷睿（Core）系列微处理器时代，通常称为第六代。"酷睿"是一款领先节能的新型微架构，设计的出发点是提供卓然出众的性能和能效，提高每瓦特性能，也就是所谓的能效比。早期的酷睿是基于笔记本处理器的。酷睿 2：英文名称为 Core 2 Duo，是 Intel 在 2006 年推出的新一代基于酷睿微架构的产品体系统称。于 2006 年 7 月 27 日发布。酷睿 2 是一个跨平台的构架体系，包括服务器版、桌面版、移动版三大领域。其中，服务器版的开发代号为 Woodcrest，桌面版的开发代号为 Conroe，移动版的开发代号为 Merom。

酷睿 2 处理器的酷睿微架构是 Intel 的以色列设计团队在 Yonah 微架构基础之上改进而来的新一代 Intel 架构。最显著的变化在于在各个关键部分进行了强化。为了提高两个核心的内部数据交换效率采取共享式二级缓存设计，两个核心共享高达 4MB 的二级缓存。

1.4.2　微型计算机的分类及应用

1. 微型计算机的分类

微型计算机的分类方法有多种。

按微处理器的位数，可分为 4 位、8 位、16 位、32 位和 64 位机等；按结构，可分为单片机和多片机；按组装方式，可分为单板机和多板机；按外形和使用特点，可分为台式微型计算机和笔记本式微型计算机等。

单片机是最简单的微型计算机，它仅由一块超大规模集成电路组成，CPU、存储器、I/O 接口电路和总线制作在一块很小的芯片上。使用简单的开发装置可以对它进行在线开发。单片机在智能化仪器仪表、家用电器和其他各种嵌入式系统中获得了广泛的应用。

单板机规模比单片机大，它的 CPU 是一块单独的大规模集成电路芯片，存储器和 I/O 接口电路也各是一块或几块大规模集成电路芯片。这些芯片加上若干附加逻辑电路和简单的键盘/数码显示器安装在一块印刷电路板上，便构成一个单板机。单板机结构简单，价格低廉，性能较好，常用作过程控制和各种仪器、仪表、装置的控制部件。因其各组成部分对用户来说是看得见摸得着的，易于使用，便于学习，所以普遍用作学习微型计算机原理的实验机型。

多板机即通常所说的台式计算机，系指由 CPU 芯片、存储器芯片、I/O 接口电路、I/O 适配器和必要的外围设备（键盘、显示器、磁盘和光盘驱动器等）组成的整机系统。CPU、ROM、RAM、I/O 接口都安装在系统板（又称主板）上。系统板上另有一些扩展插槽，用于插入存储板和 I/O 适配板以扩充存储器容量和增加外设。系统板、扩充板、磁盘光盘驱动器和系统电源等一起安装在一个方形机箱中，称之为主机，外加一个键盘、一个显示器，便构成了一台完整的微型计算机。这种微型计算机既可作为通用机，用于科学计算和数据处理；也可作为专用机，用于实时控制和管理等。

笔记本式计算机是一种体积极小、质量极轻，但又是功能很强的便携式完整微型计算机，通常装放在一个公文包式的小盒中。从笔记本式计算机又衍生出掌上型计算机和膝上型计算机。

2. 微型计算机的应用

目前，计算机的应用可概括为以下几个方面：

（1）科学计算（又称数值计算）。现在的微型计算机系统具有较强的运算功能，特别是多个处理器模块构成的系统，其功能可与大型机相匹配，而成本却远远低于大型机。目前，科学计算是微型计算机应用的一个重要领域，如在高能物理、工程设计、地震预测、气象预报、航天技术等领域的应用。

（2）过程检测与控制。利用微型计算机对工业生产过程中的某些信号自动进行检测，并把检测到的数据存入计算机，再根据需要对这些数据进行处理，这样的系统称为微型计算机检测系统。特别是仪器仪表引进微型计算机技术后所构成的智能化仪器仪表，将工业自动化推向了更高的水平。

（3）信息管理（数据处理）。信息管理是目前微型计算机应用最广泛的一个领域。利用微型计算机进行加工、管理与操作任何形式的数据资料，如企业管理、物资管理、报表统计、账目计算、信息情况检索等。近年来，国内许多机构纷纷建设自己的管理信息系统（MIS）；生产企业也开始采用制造资源规划软件（MRP），商业流通领域则逐步使用电子数据交换系统（EDI），即所谓无纸贸易。

（4）微型计算机辅助系统：

① 微型计算机辅助设计（CAD）是指利用微型计算机来帮助设计人员进行工程设计，以提高工作的自动化程度，节省人力和物力。目前，此技术已经在电路、机械、土木建筑、服装等设计中得到了广泛的应用。

② 微型计算机辅助制造（CAM）是指利用微型计算机进行生产设备的管理、控制与操作，从而提高产品质量、降低生产成本、缩短生产周期，并大大改善了制造人员的工作条件。

③ 微型计算机辅助测试（CAT）是指利用微型计算机进行复杂而大量的测试工作。

④ 微型计算机辅助教学（CAI）是指利用微型计算机帮助教师讲授，并有助于学生学习的自动化系统，使学生能够轻松自如地从中学到所需要的知识。

（5）计算机仿真。在对一些复杂的工程问题和工艺过程、运动过程、控制行为等进行研究时，在教学建模的基础上，用微型计算机仿真的方法对相关的理论、方法、算法和设计方案进行综合、分析和评估，可以节省大量的人力、物力和时间。用计算机构成的模拟训练器和虚拟现实环境对宇航员和飞机、舰艇驾驶员进行模拟训练，这也是目前培训驾驶员常用的办法。在军事研究领域，目前也常用计算机仿真的方法来代替真枪实弹、真兵演练的攻防对抗军事演习。

（6）人工智能。人工智能是用微型计算机系统模拟人类某些智能行为的新兴学科技术，它包括声音、图像、文字等模式识别，自然语言理解，问题求解，定理证明，程序设计自动化和机器翻译、专家系统等。

（7）家用电器和民用产品控制。由微处理器控制的全自动洗衣机、空调、冰箱、微波炉等已经是很普通的民用电器了。此外，微处理器控制的自动报警系统、电子眼等也在社会治安、交通等领域得到广泛应用。还有，以位处理器为核心的盲人阅读器则能自动扫描文本，读出文本内容，从而为盲人带来福音。

1.4.3 微型计算机系统的组成

1. 微型计算机系统的层次结构

微处理器、微型计算机和微型计算机系统，这是 3 个层次含义不同但又有着密切依存关系的基本概念。

（1）微处理器。严格意义上讲，微处理器是把 CPU 和一组称为寄存器（Registers）的特殊存储器集成在一片大规模集成电路或超大规模集成电路封装之中的器件。其中的 CPU 是执行运算和控制功能的区域，由算术逻辑部件（ALU）和控制部件两大主要部分组成。但从狭义上讲，往往将微处理器看作 CPU。

CPU 是微型计算机的核心，尽管各种 CPU 的性能指标各不相同，但是有其共同的特点。CPU 一般具有下列功能：可以进行算术和逻辑运算；可保存少量数据；能对指令进行译码并执行规定的运作；能和存储器、外设交换数据；能提供整个系统所需要的定时和控制；可以响应其他部件发来的中断请求。CPU 主要由 ALU、寄存器以及控制器 CU 组成。

（2）微型计算机。微型计算机简称微机，常写作 μC 或 MC（Micro Computer）。以 CPU 为核心，再配上一定容量的存储器（RAM、ROM）、输入/输出接口电路和总线，这 4 部分通过外部总路线连接起来，便组成了一台微型计算机。

（3）微型计算机系统。常写作 μCS 或 MCS（Micro Computer System），它以微型计算机为核心，再配以相应的外围设备、辅助电器和电源（统称硬件）及指挥微型计算机工作的系统软件，便构成了一个完整的系统。

微处理器、微型计算机和微型计算机系统是 3 个含义不同但又有密切关联的基本概念，要特别注意对它们的理解和区别。微型计算机系统的组成如图 1-75 所示。

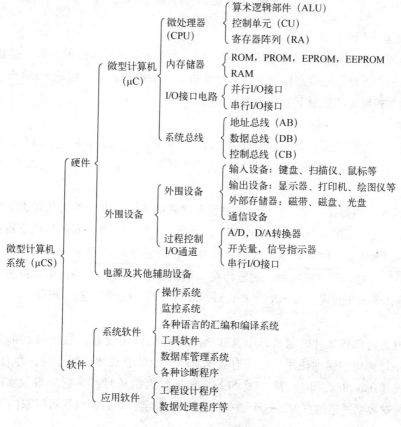

图 1-75　微型计算机系统

一个完整的微型计算机系统由微型计算机硬件（硬件系统）和微型计算机软件（软件系统）两大部分组成。硬件和软件是一个有机整体，二者必须协同工作才能发挥计算机的作用。硬件系统主要由主机（CPU、内存储器等）和外围设备（输入和输出设备、外部存储器等）构成，它是计算机的物质基础。软件是支持计算机工作的程序，软件系统由系统软件和应有软件组成。

2. 硬件系统

一种典型的微型计算机硬件系统结构如图 1-76 所示，系统总线将各个部件连接起来。

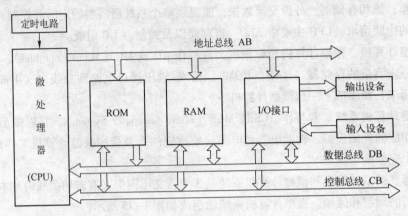

图 1-76 典型的微型计算机硬件系统结构

1）微处理器（CPU）

CPU 由运算器和控制器两部分组成。运算器主要用来完成对数据的运算，包括算术运行和逻辑运算，控制器为整机的指挥控制中心，计算机的一切操作，如数据输入/输出、打印、运算处理等都必须在控制器的控制下方才能进行。

2）存储器

存储器是一个记忆装置，用于存储数据、程序、运算的中间结果和最后结果。其包括随机存取存储器 RAM 和只读存储器 ROM。

3）I/O 接口

输入/输出接口电路是微型计算机与外围设备联系的桥梁，由于外设的种类繁多，工作速度大部分不能和主机相匹配（相对来讲都较慢），因而，主机和外设之间的信息交换都必须经过接口电路加以合理地匹配、缓冲。输入接口连接在主机的输入端，用来将输入设备（如键盘、鼠标等）接收的信息输入到主机内部，而输出接口则接在主机的输出端，用来将主机运算的结果或控制信号输出到输出设备，如 CRT（Cathode Ray Tube）显示器、打印机等。

4）总线

CPU 和机器内部各部件的联系，以及和微型计算机外围设备信息的传递都要通过总线来实现。在微型计算机中通常使用的总线有数据总线、地址总线和控制总线，称为系统三总线。

数据总线（Date Bus，BD）是 CPU 与外界传递数据的信号线。它的根数实际上就决定了CPU 与外部传送数据通道的宽度，这个数值又称 CPU 的字长。数据总线可以双向传递数据信号，是一组双向、三态总线。

地址总线（Address Bus，AB）是由 CPU 输出的一组地址线，用来指定 CPU 所访问的存储器和外围设备的地址。地址总线的条数决定了 CPU 所能直接访问的地址空间。如地址总线为 20 位时，可访问的地址范围为 2^{20} 个，即 000000H ～ FFFFFH。地址总线采用三态输出方式。

控制总线（Control Bus，CB）用来使 CPU 的工作与外部电路的工作同步。其中有的为高电平有效，有的为低电平有效，有的为输入信号，有的为输出信号。通过这些联络线，可以向其他部件发出一系列命令信号，其他部件也可以将工作状态、请求信号发送给 CPU。

5）外围设备

外围设备包括微型计算机的输入/输出设备、外部存储器等，它是微型计算机系统与周围世界（包括使用计算机的人）通信联系的渠道。输入设备是把程序、数据、命令转换成计算机所能识别接收的信息，输入给计算机。输出设备把 CPU 计算和处理的结果转换成人们易于理解和阅读的形式，输出到外部。外围设备主要有显示器、键盘、鼠标、打印机、网卡和扫描仪等。过程控制输入/输出通道主要有模－数转换器、数－模转换器、开关量及信号指示输入/输出器等。这些设备是组成一个微型计算机基本系统必不可少的，它们的选型和性能指标的好坏对计算机应用环境和用户的工作效率有着重大的影响。

6）电源

电源是保证微型计算机系统能正常运行的工作电源。微型计算机的电源将 220 V 交流电压转换成 ±5 V 和 ±12 V 共 4 种直流电压。一般台式计算机的电源功率为 150 ～ 220 W，立式计算机的电源功率为 220 ～ 400 W，电源中由风扇提供对整个系统的冷却。电源应满足安全标准，不产生干扰电视和无线电的电磁辐射。

3. 软件系统

从广义来说，软件包括各种程序设计语言、系统软件、应用程序等。

1）程序设计语言

程序设计语言是人们设计程序的语言，是一种人工语言。它由符号和语法规则构成，通常分为机器语言、汇编语言和高级语言这 3 类。

① 机器语言。人们早期使用的是机器语言，它是一种用二进制代码 "0" 或 "1" 形式来表示，能够直接被计算机识别、理解和执行的语言。由于不用翻译，所以程序紧凑，占用内存少，执行速度快，能充分发挥硬件的功能。它的主要缺点是难记、难编、易出错、调试困难且不同类型的计算机具有不同的机器语言指令系统，互相不通用，因此目前很少用机器语言设计程序。

② 汇编语言。20 世纪 50 年代初，人们发明了汇编语言。它是一种用英文助记符来表示的面向机器的程序设计语言，这种语言比较直观，而且容易记忆和检查。但是，计算机还不能直接识别用汇编语言编写的程序——源程序，源程序要经过汇编程序的加工和翻译，才能变成机器语言表示的目标程序。

汇编语言在实质上与机器语言没有明显的不同，都离不开机器的指令系统，都是面向机器的语言，汇编语言的语句与机器语言的指令是一一对应的，同属于低级语言。对于不同的计算机，针对同一问题所编的汇编语言程序是互不通用的，需要使用者具备较多的专业知识，仍然比较烦琐费时。但由于它执行速度快，占用内存小，能充分发挥硬件的功能，专业程序员常用它来设计系统软件、实时控制程序等。

③ 高级语言。为克服低级语言的弱点，使程序设计语言适合于描述各种算法，而不依赖具

体计算机硬件的逻辑结构和指令系统，20 世纪 50 年代中期，以 FORTRAN 语言为代表的各种计算机高级语言就应运而生。由于高级语言使用人们便于理解的英文、运算符号和十进制来编写程序，其一条语句对应于多条机器指令，所以程序相对简短，易修改，编程效率高。

高级语言的种类很多，目前微型计算机中常用的有 C、BASIC、FORTRAN、PASCAL 及数据库语言等。

2）系统软件

系统软件是指为了方便用户和充分发挥计算机效能，向用户提供的一系列软件，包括监控程序、操作系统、汇编程序、解释程序、编译程序、诊断程序及程序库等。它是我们使用计算机的基础。对一般的微型计算机用户而言，最重要的是微型计算机的操作系统 DOS 或 Windows 及程序设计语言的处理程序。

3）应用程序

应用程序是专门为解决某个应用领域的具体任务而编制的程序。它可以提高工作效率和解决原来难以解决的问题。微型计算机应用软件非常丰富，常见的有字、表处理软件，进行生产过程控制或计算而编制的软件及用于生产的 CAD/CAM、CAE 等。这些应用程序依其功能组成不同的程序包，可减少大量重复劳动。

1.4.4 微型计算机的工作原理

微型计算机的工作过程就是执行程序的过程，而程序由指令序列组成，因此，执行程序的过程，就是执行指令序列的过程，即逐条地执行指令。由于执行每一条指令，都包括取指令与执行指令两个基本阶段，所以，微型计算机的工作过程，就是不断地取指令和执行指令的过程。微型计算机执行程序过程示意如图 1-77 所示。

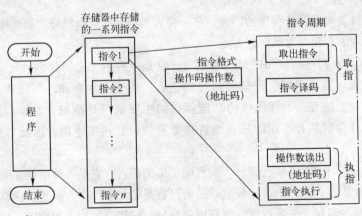

图 1-77　程序执行过程示意图

1. CPU 结构

为了说明微型计算机的具体工作过程，我们以 1.2 节中的微型计算机简化结构为基础，对 CPU 部分进行扩展，得到一个 CPU 的简化模型，如图 1-78 所示。

与 1.2 节中图 1-72 相比，在这个模型中，将控制器分解为指令译码器（Instruction Decoder，ID）和可编程逻辑阵列（Programmable Logic Array，PLA）。将寄存器 B 细化为数据寄存器（Data Register，DR）和寄存器阵列（Register Array，RA），并增加了标志寄存器（Flag Register，FR）。

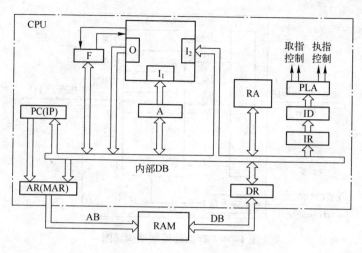

图 1-78　CPU 的简化模型

　　指令译码器用来对指令寄存器中的指令进行译码，以确定该指令应执行什么操作。可编程逻辑阵列用来产生取指令和执行指令所需的各种微操作控制信号。由于每条指令所执行的具体操作不同，所以，每条指令将对应控制信号的某一种组合，以确定相应的操作序列。

　　数据寄存器用来暂存数据或指令，从存储器读出时，若读出的是指令，经数据寄存器暂存的指令通过内部数据总线送到指令寄存器；若读出的是数据，则通过内部数据总线送到有关的寄存器或运算器。向存储器写入数据时，数据是经数据寄存器，再经数据总线写入存储器的。寄存器阵列通常包括若干个通用寄存器和专用寄存器，其具体设置会因 CPU 的不同而不同。

　　标志寄存器用来寄存执行指令时所产生的结果或状态的标志信号。关于标志位的具体设置与功能将视 CPU 的型号而异。根据检测有关的标志位是 0 或 1，可以按不同条件决定程序的流向。

2. 存储器

　　CPU 中的寄存器可以用来存储数据，但是在计算机系统中，大量的数据和程序是靠存储器来完成存储的。在计算机内部，数据和程序都用二进制代码的形式表示。

　　一个存储器可划分为很多存储单元。存储单元中的内容为数据或指令，以一位或多位二进制编码的形式进行表达。为了能识别不同的单元，分别赋予每个单元一个二进制编号。这个编号称之为地址。显然，各存储单元的地址与该地址中存放的内容是完全不同的概念，不可混淆。

　　现假定一个存储器模型有 256 个单元组成，每个单元存储 8 位二进制信息，即字长为 8 位，其结构简图如图 1-79 所示，这种规格的存储器通常称为 256×8 位的随机读/写存储器。从图中可以看出，存储器一般由存储体、地址译码器和控制电路组成。

　　一个由 8 根地址线连接的存储体共有 256 个单元，其地址编号从 00H 到 FFH，即从 0000 0000B 到 1111 1111B。地址译码器接受从地址总线（AB）送来的地址编码，经译码器译码选中相应的某个存储单元，以便从中读出（取出）或写入（存入）信息。控制电路用来控制存储器的读/写操作。

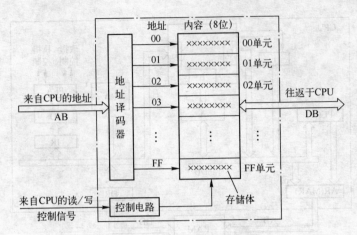

图 1-79　存储器模型结构简图

1）读操作

从存储器读出信息的操作过程如图 1-80（a）所示。假定 CPU 要读出存储器 04H 单元的内容 1001 0111，即 97H，则① CPU 的地址寄存器（AR）先给出地址 04H 并将它放到地址总线上，经地址译码器译码选中 04H 单元；② CPU 发出"读"控制信号给存储器，指示它准备把被寻址的 04H 单元中的内容 97H 放到数据总线上；③在读控制信号的作用下，存储器将 04H 单元中的内容 97H 放到数据总线上，经它送至数据寄存器，然后由 CPU 取走该内容以便使用。

应当指出，读操作完成后，04H 单元中的内容 97H 仍保持不变，这种特点称为非破坏性读出（Non Destructive Read Out，NDRO）。这一特点很重要，因为它允许多次读出同一单元的内容。

2）写操作

向存储器写入信息的过程如图 1-80（b）所示。假定 CPU 要把数据寄存器中的内容 10010111，即 26H 写入存储器 08H 单元，则

① CPU 的地址寄存器先把地址 08H 放到数据总线上，经地址译码器选中 08H 单元；② CPU 把数据寄存器中的内容 26H 放到数据总线上；③ CPU 向存储器发送"写"控制信号，在该信号的控制下，将内容 26H 写入被寻址的 08H 单元。

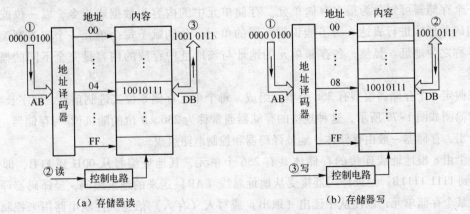

图 1-80　存储器读/写操作过程示意图

应当注意，写入操作将破坏该单元中原来存放的内容，即由新内容 26H 代替了原存内容，原存内容将被清除。

以上类型的存储器称为随机存储器（Random Access Memory，RAM）。所谓"随机存取"即所有存储单元均可随时被访问，既可以读出也可以写入信息。

3. 程序执行过程

下面以一个具体的例子来说明微型计算机的工作。例如，计算机如何具体计算 3 + 4 = ？虽然这是一个相当简单的加法运算，但是，计算机却无法理解。人们必须要先编写一段程序，以计算机能够理解的语言进行识别，直到每一个细节都详尽无误，计算机才能正确地理解与执行。

在编写程序前，必须首先查阅所使用的 CPU 的指令表（或指令系统），它是某种 CPU 所能执行的全部操作命令汇总。不同系列的 CPU 各自具有不同的指令表。假定查到模型机的指令表中可以用 3 条指令求解这个问题。表 1–10 示出了这 3 条指令及其说明。

表 1–10　模型机指令表之一

名　　称	助 记 符	机　器　码		说　　　明
立即数取入累加器	MOV A，n	1011 0000 n	B0 n	这是一条双字节指令，把指令第 2 字节的立即数 n 取入累加器
加立即数	ADD A，n	0000 0100 n	04 n	这是一条双字节指令，把指令第 2 字节的立即数 n 与 A 中的内容相加，结果暂存 A
暂停	HLT	1111 0100	F4	停止所有操作

表中第 1 列为指令的名称。编写程序时，写指令的全名是不方便的，因此，人们给每条指令规定了一个缩写词，或称为助记符。第 2 列即助记符。但 CPU 不认识字母符号表达的助记符，而必须用第 3 列的机器码，机器码和操作数需用二进制或十六进制的形式表示。

这样，3 + 4 = ？的程序，即用助记符和十进制数表示的程序可表达为表 1–11 的第 1 列。对应的二进制操作码和操作数为表 1–11 的第 2 列。

表 1–11　程序列表

助 记 符 程 序	操 作 码 程 序
MOV A，3	1011 0000；操作码（MOV A，n）
	0000 0011；操作数（3）
ADD A，4	0000 0100；操作码（ADD A，n）
	0000 0100；操作数（4）
HLT	1111 0100；操作码（HLT）

注意，整个程序是 3 条指令 5 字节。由于 CPU 和存储器均用 8 位或 1 字节存放与处理信息，因此，当把这段程序存入存储器时，共需要占 5 个存储单元。假设该程序放在从 00H 至 04H 这 5 个单元中，如图 1–81 所示。每个单元具有两组和它有关的 8 位二进制数，其中方框左侧的一组是它的地址，框内的一组是它的内容，切不可将两组数的含义相混淆。在一台微型计算机出产以后，它的地址也就确定了；而单元中的内容则可以随时由于存入新的内容而改变。

开始执行程序时，必须先为程序计数器赋以第 1 条指令的首地址 00H，然后就进入第 1 条指令的取指阶段，其具体操作过程如图 1–82 所示。

地址		指令的内容	助记符表达
十六进制	二进制		
00	0000 0000	1011 0000	MOV A, n
01	0000 0001	0000 0011	03
02	0000 0010	0000 0100	ADD A, n
03	0000 0011	0000 0100	04
04	0000 0100	1111 0100	HLT
⋮	⋮	⋮	
FF	1111 1111		

图 1-81　存储器中的指令

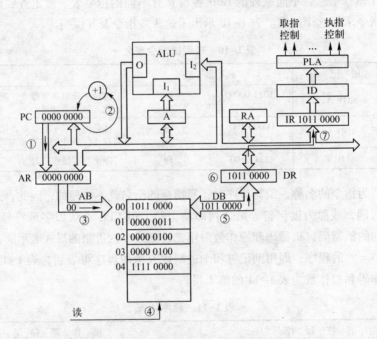

图 1-82　取第 1 条指令的操作示意图

① 把程序计数器的内容 00H 送到地址寄存器；② 当程序计数器的内容可靠地送入地址寄存器后，程序计算器自动加 1 变为 01H，地址寄存器（AR）的内容为 00H；③ 把 *AR* 的内容 00H 通过地址总线送至存储器，经地址译码器译码，选中 00H 存储单元；④ CPU 发出读命令；⑤ 所选中的 00H 单元中的内容，即第 1 条指令的操作码 B0H 读到数据总线上；⑥ 把读出的内容 B0H 经数据总线送到数据寄存器；⑦ 因为是取指阶段，取出的是指令的操作码，故数据寄存器把它送到指令寄存器，然后再送到指令译码器，经过译码由可编程逻辑阵列 PLA 发出执行这条指令的各种控制命令。这就完成了第 1 条指令的取指阶段。此后转入执行第 1 条指令的阶段。

经过对操作码 B0H 译码后，CPU 就"知道"这是一条把下一单元中的操作数取入累加器 A 的双字节指令 MOV A, n。所以，执行第一条指令就必须把指令第 2 字节中的操作数 03H 取出来。取指令第 2 字节的过程如图 1-83 所示。

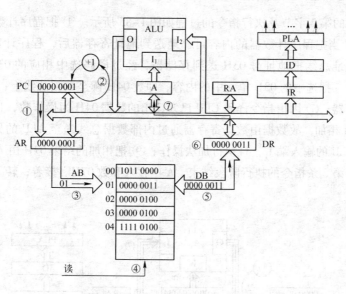

图 1-83 取立即数的操作示意图

① 把程序计数器的内容 01H 送到地址寄存器；② 当程序计数器的内容可靠地送到地址寄存器后，程序计数器自动加 1，变为 02H；③ 地址寄存器通过地址总线把地址 01H 送到存储器，经过译码选中相应的 01H 单元；④ CPU 发出读命令；⑤ 将选中的 01H 单元的内容 03H 读到数据总线上；⑥ 通过 DB 把读出的内容送到数据寄存器；⑦ 因 CPU 已知这时读出的是操作数，且指令要求把它送到累加器 A，故由数据寄存器通过内部数据总线送到累加器 A。至此，第 1 条指令执行完毕，进入第 2 条指令的取指阶段。

取第 2 条指令的过程如图 1-84 所示。它与取第 1 条指令的过程相同，只是在取指阶段的最后一步，读出的指令操作码 04H 由数据寄存器把它送到指令寄存器 IR，经过译码发出相应的控制信息。当指令译码器对指令译码后，微处理器就"知道"操作码 04H 表示一条加法指令，意即以累加器 A 中的内容作为一个操作数。另一个操作数在指令的第 2 字节中，执行第 2 条指令，必须取出指令的第 2 字节。

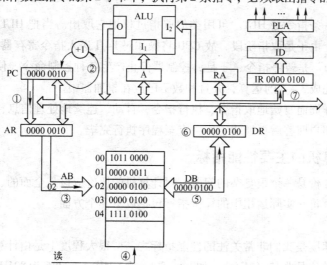

图 1-84 取第 2 条指令的操作示意图

　　取第 2 条指令的第 2 字节及执行指令的过程如图 1-85 所示。① 把程序计数器的内容 03H 送到地址寄存器；② 当把程序计数器的内容可靠地送到地址寄存器后，程序计数器自动加 1；③ 地址寄存器通过地址总线把地址号 03H 送到存储器，经过译码选中相应的 03 号存储单元；④ CPU 发出读命令；⑤ 把选中的 03H 单元中的内容，即数 04H 读至数据总线上；⑥ 数据通过数据总线送到数据寄存器；⑦ 因由指令译码 CPU 已知读出的数据 04H 为操作数，且要将它与已暂存于 A 中的内容 03H 相加，故数据由数据寄存器通过内部数据总线送至 ALU 的另一输入端 I_2；⑧ A 中的内容送至 ALU 的输入端 I_1，且执行加法操作；⑨ 把相加的结果 07H 由 ALU 的输出端又送到累加器。至此，第 2 条指令的执行阶段结束，A 中存入和数 07H。接着，转入第 3 条指令的取指阶段。

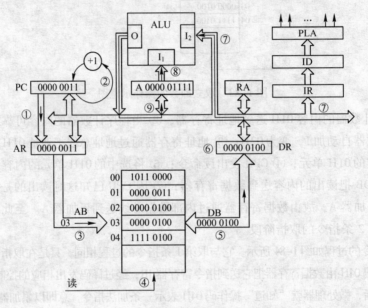

图 1-85　执行第 2 条指令的操作示意图

　　程序中的最后一条指令是 HLT。可用类似取指过程把它取出。当把 HLT 指令的操作码 F4H 取入数据寄存器后，由于是取指阶段，故 CPU 将操作码 F4H 送入指令寄存器，再送指令译码器。经译码，CPU "已知" 是暂停指令，于是，控制器停止产生各种控制命令，使计算机停止全部操作。这时，程序已完成 3 + 4 的运算，并且和数 7 已放在累加器中。

　　计算机就是这样周而复始地取指令、执行指令，自动、连续地处理信息，或者暂时停下来向用户提出问题，待用户回答后再继续工作，直至程序执行完毕。

1.4.5　微型计算机的主要性能指标

　　计算机的性能评价是一个很复杂的问题。对计算机的评价应该是全面的、综合的，而不能只用某几项指标进行评价。实际运用中的评价指标包括以下几个方面。

1. 主频

　　计算机的运算速度是我们非常关注的性能指标之一，很大程度上是由计算机的时钟频率即主频决定的。主频的单位是兆赫（MHz），如 Intel 8086 为 5 MHz，80286 为 8 MHz，80386 为 16 MHz，80486 在 25 ~ 33 MHz 之间，奔腾芯片已接近 2 GHz。

2. 字长

字长指计算机一次运算能直接处理的二进制信息的位数。它标志着计算机处理信息的精度，字长越长，运算精度越高，处理功能越强。字长与计算机内寄存单元有关，所以字长是一个很重要的指标。8086 为 16 位字长，80486 为 32 位字长，奔腾机为 64 位字长。很多微型计算机可以进行双倍字长、四倍字长的运算。

3. 运算速度

运算速度是指机器在每秒钟所能执行的指令条数，运算速度的单位是每秒百万指令数。由于执行不同指令所需的时间不同，这就产生了如何计算运算速度的问题。通常有 3 种方法：一是根据不同类型指令出现的额度乘以不同系数，求得统计平均值，得到平均运算速度；二是以执行时间最短的指令为标准来计算运算速度；三是直接给出每条指令的执行时间。

4. 存取周期

存储器进行一次完整的读/写操作所需的时间，也就是存储器连续进行读/写操作所允许的最短时间间隔，称为存取周期。存取周期越短，则存取速度越快，它是反映存储器性能的一个重要参数。存取周期和运算速度（虽然时间上有重叠）都影响机器运行速度，所以存取周期也是反映微型计算机系统性能的重要参数。由于计算机的主频和运算速度越来越快，存取速度快慢往往决定了运算速度的快慢。

5. 存储容量

存储容量即存储单元的个数，包括计算机的最大内存储器容量和能带最大外存储器容量。以字节为单位，每 8 位二进制数称为一字节，即 1 B，1 024 B 等于 1 KB，1 024 KB 等于 1 MB，1 024 MB 等于 1 GB。内存储器容量的大小反映了信息处理能力的强弱。微型计算机档次越高，存储容量越大，能运行的软件功能越丰富，信息处理能力越强。

6. 兼容性

兼容是广泛的概念，是指设备或程序可以用于多种系统中的性能，包括数据和程序兼容、设备兼容等，兼容使机器易于推广。

7. 可靠性、可维护性和性能/价格比

（1）系统可靠性的重要性是显而易见的，可靠性的指标是由平均无故障时间 MTBF 表示的。当然 MTBF 越大越好。

（2）系统可维护性的含义是发生故障后能尽快恢复正常，因此可以用平均修复时间 MTTR 衡量。

（3）性能指综合性能，包括硬件性能、软件性能、使用性能等。价格包括硬件价格和软件价格等。

习　题　1

1. 在图 1-86（a）和图 1-86（b）两个电路中，试计算当输入端分别接 0 V、5 V 和悬空时输出电压 u_0 的数值，并指出晶体管工作在什么状态。假定晶体管导通以后 $U_{BE} \approx 0.7\,V$，电路参数如图中所注。

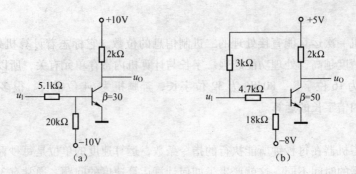

图　1-86

2. 电路如图 1-87 所示，试说明当图 1-87（a）所示电路中的两基极和射极加入信号时，在逻辑上与图 1-87（b）等效（用真值表的形式比较）。

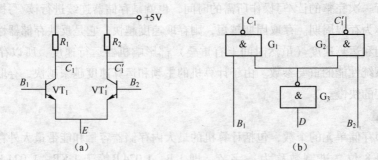

图　1-87

3. 反相器的 3 种原理电路如图 1-88 所示，C_L 是负载电容，设晶体管的饱和导通时的电阻是 0.1 kΩ，图 1-88（c）中 u_{I1}、u_{I2} 为互补输入，试比较这 3 种电路的工作速度。

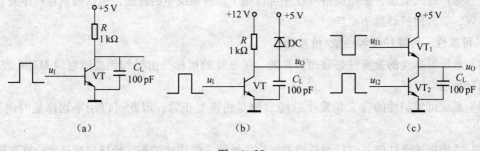

图　1-88

4. 在图 1-89 电路中 R_1、R_2 和 C 构成输入滤波电路。当开关 S 闭合时，要求门电路的输入电压 $U_{IL} \leqslant 0.4$ V；当 S 断开时，要求门电路的输入电压 $U_{IH} \geqslant 4$ V。试求 R_1 和 R_2 的最大允许阻值。G_1 ～ G_5 为 74LS 系列 TTL 反相器，其高电平输入电流 $I_{IH} \leqslant 20$ μA，低电平输入电流 $I_{IL} \leqslant -0.4$ mA。

5. 计算图 1-90 电路中的反相器 G_M 能驱动多少个同样的反相器。要求 G_M 输出的高、低电平符合 $U_{OH} \geqslant 3.2$ V，$U_{OL} \leqslant 0.25$ V。所有的反相器均为 74LS 系列 TTL 电路，输入电流 $I_{IL} \leqslant -0.4$ mA，$I_{IH} \leqslant 20$ μA，$U_{OL} \leqslant 0.25$ V 时输出电流的最大值 $I_{OL(max)} = 8$ mA，$U_{OH} \geqslant 3.2$ V 时输出电流的最大值 $I_{OH(max)} = -0.4$ mA，G_M 的输出电阻可忽略不计。

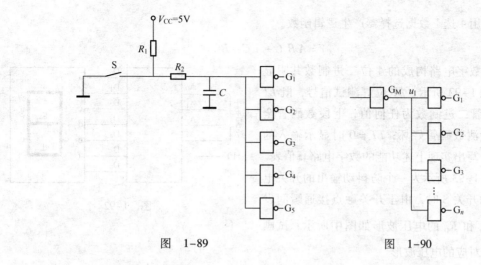

图　1-89　　　　　　　　　　图　1-90

6. 在 CMOS 电路中有时采用图 1-91（a）～图 1-91（d）所示的扩展功能用法，试分析各图的逻辑功能，写出 $Y_1 \sim Y_4$ 的逻辑式。已知电源电压 $V_{DD} = 10$ V，二极管的正向导通压降为 0. 7 V。

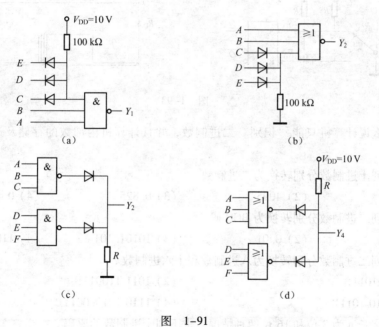

图　1-91

7. 6 题中使用的扩展方法能否用于 TTL 门电路？试说明理由。

8. 在挑选 TTL 门电路时，人们都希望选用输入短路电流比较小的与非门，为什么？

9. 试画出用 3 线 - 8 线译码器 74LS138 和门电路产生如下多输出逻辑函数的逻辑图。

$$\begin{cases} Y_1 = AC \\ Y_2 = \overline{A}\,\overline{B}C + A\,\overline{B}\,\overline{C} + BC \\ Y_3 = \overline{B}\,\overline{C} + AB\,\overline{C} \end{cases}$$

10. 试用 4 选 1 数据选择器产生逻辑函数。

$$Y = A\overline{B}\,\overline{C} + \overline{A}\,\overline{C} + BC$$

11. 用数字电路构成的 4 位二进制数共阴显示电路如图 1-92 所示，LT 位灯测试信号，既 $LT = 1$ 时，不管二进制数为任何值，七段数码管全亮，用来检测数码管好坏；$LT = 0$ 时显示输入的二进制数，写出实现上述功能的数字电路真值表。

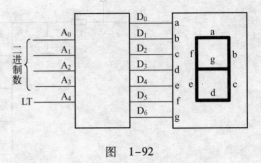

图 1-92

12. 图 1-93 所示为一个防抖动输出的开关电路。当拨动开关 S 时，由于开关触点接通瞬间发生震颤，$\overline{S}_D$ 和 $\overline{R}_D$ 的电压波形如图中所示，试画出 Q、$\overline{Q}$ 端对应的电压波形。

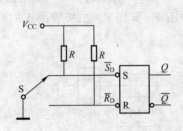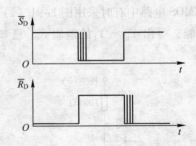

图 1-93

13. 为什么说计算机只能"识别"二进制数，并且计算机内部数的存储及运算也都采用二进制？

14. 将下列十进制数分别转换为二进制数。

(1) 147　　　　(2) 4095　　　　(3) 0.825　　　　(4) 0.15625

15. 将下列二进制数分别转换为 BCD 码。

(1) 1011　　　　(2) 0.01　　　　(3) 10101.101　　　　(4) 11011.001

16. 将下列二进制数分别转换为八进制数和十六进制数。

(1) 1010.1011B　　　　　　　　　(2) 1011 110011B

(3) 0.0110 1011B　　　　　　　　(4) 1110 1010.0011B

17. 选取字长 n 为 8 位和 16 位两种情况，求下列十进制数的原码。

(1) $X = +63$　　(2) $Y = -63$　　(3) $Z = +118$　　(4) $W = -118$

18. 选取字长 n 为 8 位和 16 位两种情况，求下列十进制数的补码。

(1) $X = +65$　　(2) $Y = -65$　　(3) $Z = +127$　　(4) $W = -128$

19. 已知数的补码表示形式如下，分别求出数的真值与原码。

(1) $[X]_{补} = 78H$　　(2) $[Y]_{补} = 87H$　　(3) $[Z]_{补} = FFFH$　　(4) $[W]_{补} = 800H$

20. 设字长为 16 位，求下列各二进制数的反码。

(1) $X = 00100001B$　　　　　　(2) $Y = -00100001B$

(3) $Z = 010111011011B$　　　　(4) $W = -010111011011B$

21. 下列各数均为十进制数，试用 8 位二进制补码计算下列各题，并用十六进制数表示机器运算结果，同时判断是否有溢出。

(1) (－89) ＋67

(2) 89 － (－67)

(3) (－89) － 67

(4) (－89) － (－67)

22. 分别写出下列字符串的 ASCII 码。

(1) 17abc

(2) EF98

(3) AB $ D

(4) This is a number 258

23. 设 X ＝87H，Y ＝78H，试在下述情况下比较两数的大小。

(1) 均为无符号数

(2) 均为带符号数（设均为补码）

24. 选取字长 n 为 8 位，已知数的原码表示如下，求出其补码。

(1) $[X]_{原}$ ＝01010101

(2) $[Y]_{原}$ ＝10101010

(3) $[Z]_{原}$ ＝11111111

(4) $[W]_{原}$ ＝10000001

25. 微处理器、微型计算机以及微型计算机系统有何联系与区别？

26. 微型计算机硬件系统的组成部分包括哪几部分？计算机软件可分为哪几类？硬件与软件的关系如何？

27. 一个最基本的微处理器由哪几部分组成？它们各自的主要功能是什么？

28. 试说明程序计数器在程序执行过程中的具体作用与功能特点。

29. 存储器的基本功能是什么？程序和数据是以何种代码形式来存储信息的？

30. 试说明位、字节以及字长的基本概念及三者之间的关系。

31. 试说明存储器有哪几种基本操作？它们的具体操作步骤和作用有何区别？

32. 微型计算机工作过程的实质是什么？执行一条指令包含哪两个阶段？微型计算机在这两个阶段的操作有何区别？

第2章 | 微处理器

8086CPU 是 Intel 公司在 20 世纪 70 年代后期，采用超大规模集成电路（VLSI）推出的第三代 CPU 芯片。作为微型计算机的核心，CPU 从使用的角度来讲，希望芯片的结构简单、功能全面。但是由于集成电路的技术和制造工艺等方面的实际水平情况，使得 CPU 芯片在引脚数目、芯片面积、制造成本等方面必须有所限制，因此 8086CPU 基本结构具有如下特点：

（1）引脚功能复用：由于引脚数限制，部分引脚设计为功能复用。例如，数据双向传输可由一根"读/写"信号来控制，决定数据处于输入还是输出状态。

（2）单总线、累加器结构：由于芯片面积限制，使 CPU 内部寄存器的数目、数据通路的位数受到限制。因此绝大多数 CPU 内部采用单总线、累加器为基础的结构。

（3）可控三态电路：CPU 外部总线同时连接多个部件，为避免总线冲突和信号串线，采用可控三态电路与总线相连，不工作器件所连的三态电路处于高阻状态。

（4）总线分时复用：由于引脚不够，地址总线和数据总线使用了相同的引脚。采用总线分时复用技术解决了引脚不够的限制，但操作时间增加了。

Intel 8086 CPU 是 16 位 CPU。它采用 N 沟道、耗尽型负载的硅栅工艺（HMOS 工艺）制造，外形为双列直插式，有 40 个引脚。时钟频率有 3 种，8086CPU 为 5 MHz，8086 – 2 型为 8 MHz，8086 – 1 型为 10 MHz。8086CPU 有 16 根数据线和 20 根地址线，直接寻址空间为 2^{20}，即为 1 MB。

8086CPU 有一组强有力的指令系统，内部有硬件乘除指令及串处理指令，可对多种数据类型进行处理。8086CPU 与 8 位 CPU8080 向上兼容，处理能力比 8080 高十倍以上，而相同任务程序代码长度可缩短 20%。8086CPU 可与 8087 协处理器及 8089 输入/输出处理器构成多机系统，以提高数据处理及输入/输出能力。

8088CPU 内部结构与 8086 基本相同，但对外数据总线只有 8 条，称为准 16 位 CPU。

2.1　8086CPU 结构

8086 前的 8 位 CPU，它们指令执行过程中的取指令和执行指令的过程都是串行进行的，从 8086 开始，CPU 将取指令和执行指令的过程并行进行，也就是应用了通常所说的流水线技术。流水线技术之所以在 8086CPU 上能够实施，是因为 8086CPU 在硬件上进行了改造，将指令执行和存储器的地址运算分开进行，并加入了相应的联系环节而实现的。为了说明这一技术的实现，我们从 8086CPU 的功能结构开始学习。

2.1.1　8086CPU 的功能结构

8086CPU 从功能上可分为两部分，即总线接口单元（Bus Interface Unit，BIU）和执行单元（Execution Unit，EU）。其功能结构如图 2-1 所示。

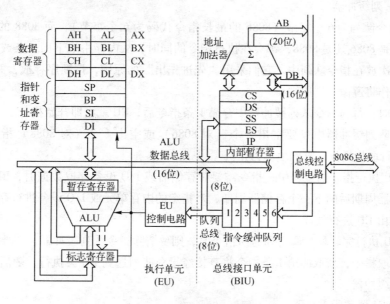

图 2-1　8086CPU 功能结构框图

BIU 负责 8086CPU 与存储器（或 I/O 接口）之间的信息传递。EU 负责指令的执行。BIU 将从内存指定单元取出的指令送至指令对列缓冲器，EU 从指令队列缓冲器中提取指令并执行。在执行指令时所需的操作数，也由 BIU 从内存或 I/O 接口中取出交给 EU 处理。这样，取指部分和执行指令部分是分开进行的。在一条指令的执行过程中，就可以取出下一条（或多条）指令，在指令队列中排队。一条指令执行完成后就可以立即执行下一条指令。取指和执行可以重叠进行，这种重叠操作的技术称为流水线技术。其工作顺序与串行工作顺序的区别如图 2-2 所示。

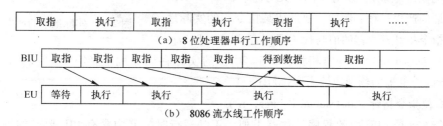

图 2-2　8086CPU 工作顺序与串行工作顺序

从图 2-2 可以看出，流水线技术大大减少了 CPU 等待取指所需的时间，提高了 CPU 的利用率。这样做，一方面可以提高整个程序的执行速度；另一方面降低了与之相配的存储器的存取速度要求。

1. 总线接口单元（BIU）

BIU 由 4 个 16 位的段地址寄存器，即代码段寄存器 CS、数据段寄存器 DS、附加段寄存

ES、堆栈段寄存器 SS、16 位的指令指针寄存器 IP、20 位的地址加法器、6 字节的指令队列和总线控制逻辑组成。

对于 BIU，有以下几点需要说明：

1）指令队列缓冲器

8086 的指令队列为 6 个字节（8086 的最长指令代码为 6 个字节），而 8088 的指令队列为 4 个字节。不管是 8086 还是 8088，都会在执行指令的同时，从内存中取下面 1 条或几条指令，取来的指令就依次放在指令队列中。它们采用"先进先出"的原则，按顺序存放，并按顺序到 EU 中执行。其操作将遵循下列原则：

（1）取指时，每当指令队列缓冲器中存满 1 条指令后，EU 就立即开始执行。

（2）指令队列缓冲器中只要空出 2 个（对 8086）或空出 1 个（对 8088）指令字节时，则 BIU 便自动执行取指操作，直到填满为止。

（3）在 EU 执行指令的过程中，指令需要对存储器或 I/O 设备存取数据时，BIU 将在执行完现行取指存储器周期后的下一个存储器周期，对指定的内存单元或 I/O 设备进行存取操作，交换的数据经 BIU 由 EU 进行处理。

（4）当 EU 执行完转移、调用和返回指令时，则要清除指令队列缓冲器，并要求 BIU 从新的地址重新开始取指令，新取的第 1 条指令将直接经指令队列送到 EU 去执行，随后取来的指令将填入指令队列缓冲器。

2）地址加法器和段寄存器

8086 有 20 根地址线，但内部寄存器只有 16 位，那么如何用 16 位寄存器实现 20 位地址的寻址呢？这里设计师用 16 位的段寄存器与 16 位的偏移量巧妙地解决了这一矛盾。即各个段寄存器分别用来存放各段的起始地址。当由指令指针寄存器提供或由 EU 按寻址方式计算出寻址单元的 16 位偏移地址后，将与左移 4 位后的段寄存器的内容同时送到地址加法器进行相加，形成一个 20 位的实际地址（又称为物理地址），以对存储单元寻址。图 2-3 示出了实际地址的产生过程。例如，要形成某指令码的实际地址，就将指令指针寄存器的值与代码段寄存器（Code Seg-

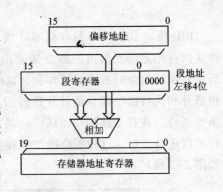

图 2-3 实际地址的产生过程

ment，CS）左移 4 位后的内容相加，得到 20 位的实际存储器地址。假设 CS = FA00H，IP = 0300H，此时存储器的物理地址为 FA300H。

3）16 位指令指针（Instruction Pointer，IP）

其功能与 8 位 CPU 中的程序计数器类似。正常运行时，IP 中含有 BIU 要取的下一条指令（字节）的偏移地址。IP 在程序运行中能自动加 1 修正，使之指向要执行的下一条指令（字节）。有些指令能使 IP 值改变或使 IP 值压进堆栈，或由堆栈弹出恢复原值。

4）总线控制电路

总线控制电路用于产生外部总线操作时的相关控制信号，是连接 CPU 外部总线与内部总线的中间环节。

2. 执行单元（EU）

EU 不与系统直接相连，它的功能只是负责执行指令。执行的指令从 BIU 的指令队列缓冲器中取得，执行指令的结果或执行指令所需要的数据，都由 EU 向 BIU 发出请求，再由 BIU 对存储器或外设存取。EU 由下列部分组成。

（1）ALU：它可以用于进行 8 位或 16 位的二进制算术、逻辑运算，也可以按指令的寻址方式计算出寻址单元的 16 位偏移量。

（2）16 位标志寄存器：它用来反映 CPU 运算的状态特征或存放控制标志。

（3）数据暂存寄存器：它协助 ALU 完成运算，暂存参加运算的数据。

（4）通用寄存器组：它包括 4 个 16 位数据寄存器 AX、BX、CX、DX 和 4 个 16 位指针与变址寄存器 SP、BP 与 SI、DI。

（5）EU 控制电路：它是控制、定时与状态逻辑电路，接收从 BIU 中指令队列取来的指令，经过指令译码形成各种定时控制信号，对 EU 的各个部件实现特定的定时操作。

EU 中所有的寄存器和数据通道（除队列总线为 8 位外）都是 16 位的宽度，可实现数据的快速传送。

8088CPU 内部结构与 8086CPU 的基本相似，只是 8088 BIU 中指令队列长度为 4 个字节；8088BIU 通过总线控制电路与外部交换数据的总线宽度是 8 位，总线控制电路与专用寄存器组之间的数据总线宽度也是 8 位。

2.1.2　8086CPU 的寄存器结构

8086CPU 的内部寄存器共有 13 个 16 位寄存器和 1 个只用了 9 位的标志寄存器。可以简单分为通用寄存器、段寄存器、状态标志寄存器和指令指针。8088 的寄存器结构与 8086 完全相同。

1. 通用寄存器

通用寄存器组多数情况下使用在算术和逻辑运算指令中，用来存放算术逻辑运算的源/目的操作数。8086CPU 内部包含 8 个 16 位的通用寄存器，这 8 个通用寄存器又分为两组：数据寄存器以及指针与变址寄存器。

数据寄存器有 4 个，分别是 AX、BX、CX、DX，这 4 个 16 位的数据寄存器可以当成 8 个 8 位的数据寄存器使用，包括 AL、AH、BL、BH、CL、CH、DL 及 DH，所以既可以用于寄存 16 位数据，也可以存放 8 位数据。

指针与变址寄存器是 4 个 16 位的地址与变址寄存器，分别是 SP、BP、SI 和 DI。

通用寄存器的一般用法如下：

（1）AX（累加器）：使用频率最高，用于算术、逻辑运算以及与外设传送信息等；

（2）BX（基址寄存器）：常用作存放存储器地址；

（3）CX（计数寄存器）：作为循环和串操作等指令的隐含计数器；

（4）DX（数据寄存器）：常用来存放双字长数据的高 16 位，或存放外设端口地址；

（5）SP（堆栈指针）：指示栈顶的偏移地址，不能再用于其他目的，具有专用目的；

（6）BP（基址指针）：数据在堆栈段中的基地址，SP 和 BP 寄存器与 SS 段寄存器联合使用来访问堆栈；

（7）SI（源变址指针）和 DI（目的变址指针）：用于串操作类指令中，常用于存储器寻址时提供地址。

通用寄存器在一定场合有其特定的用法，如 AX 作为累加器，BX 作为基址寄存器。表 2-1 给出了通用寄存器的特殊用法。

表 2-1　通用寄存器的特殊用途

寄存器	特殊用途	隐含性质
AX、AL	输入/输出指令中作为数据寄存器 在乘法指令中存放被乘数或乘积，在除法指令中存放被除数或商	不能隐含 隐含
AH	在 LAHF 指令中，作为目标寄存器	隐含
AL	BCD 和 ASCII 码运算时作为累加器；在 XLAT 指令中使用	隐含
BX	间接寻址时的地址或基址寄存器 在 XLAT 指令中作为基址寄存器	不能隐含 隐含
CX	在循环和串操作指令中作为执行次数计数器	隐含
CL	移位和循环移位指令中作为移位次数寄存器	不能隐含
DX	16 位乘法时积的高位，16 位除法时被除数的高位或余数 输入/输出指令间接寻址时的地址	隐含 不能隐含
BP	间接寻址时作为基址寄存器	不能隐含
SP	堆栈操作时作为堆栈指针	隐含
SI	字符串操作指令中作为源变址寄存器 间接寻址时作为变址寄存器	隐含 不能隐含
DI	字符串操作指令中作为目标变址寄存器 间接寻址时作为变址寄存器	隐含 不能隐含

指针寄存器是指堆栈指针寄存器 SP 和堆栈基址指针寄存器 BP，简称 P 组。变址寄存器是指源变址寄存器 SI 和目的变址寄存器 DI，简称 I 组。它们都是 16 位寄存器，一般用于存放地址的偏移量（即相对于段起始地址的距离，或称为偏置）。这些偏置在总线接口单元 BIU 的地址加法器中和左移 4 位的段寄存器内容相加，便产生 20 位的实际（物理）地址。

指针寄存器 SP 和 BP 都用于指示存取位于当前堆栈段中的数据所在的地址，但 SP 和 BP 在使用上有区别。入栈（PUSH）和出栈（POP）指令是由 SP 给出栈顶的偏移地址。故 SP 称为堆栈指针。BP 则是存放位于堆栈段中一个数据区首单元的偏移地址，故称为基址指针寄存器。

变址寄存器 SI 和 DI 是存放当前数据段的偏移地址的。源操作数地址的偏置放于 SI 中，所以 SI 称为源变址寄存器；目的操作数地址的偏置放于 DI 中，故 DI 称为目的变址寄存器。例如，在数据串操作指令中，被处理的数据串的地址偏置由 SI 给出，处理后的结果数据中的地址偏置则由 DI 给出。

2. 段寄存器

8086CPU 具有寻址 1 MB 存储空间的能力，但是 8086 指令中给出的地址码仅有 16 位，指针寄存器和变址寄存器地址码也只有 16 位，使 CPU 不能直接寻址 1 MB 空间。为此，8086 用一组段寄存器将这 1 MB 存储空间分成若干个逻辑段，每个逻辑段的长度为 64 KB（偏移地址为 16 位所确定）。这些逻辑段可被任意设置在整个存储空间上下浮动。

8086CPU 的 BIU 中有 4 个 16 位段寄存器，由于在段寄存器的内容后直接补上 4 个 0，就是该段的起始单元物理地址，因此段寄存器的内容被称为"段基址"。逻辑段正是通过段寄存器的内容被设置在 1 MB 存储空间的某个位置，并实现浮动的。换句话说，逻辑段在存储器中定位前，CPU 仅根据偏移地址不能寻找到实际的内存地址，逻辑段的定位是通过段寄存器的内容实现的。

8086 的指令能直接访问这 4 个段寄存器。其中，代码段寄存器 CS 用于存放程序当前使用的代码段的段基址，CPU 执行的指令将从代码段取得；堆栈段寄存器 SS 用于存放程序当前所使用的堆栈段的段基址，堆栈操作的数据就在这个段中；数据段寄存器 DS 用于存放程序当前使用的数据段的段基址，一般地说，程序所用的数据就存放在数据段中；附加段寄存器 ES 用于存放程序当前使用的附加段的段基址，它通常也用于存放数据，但典型用法是用于存放处理以后的数据。

3. 标志寄存器 FR

8086CPU 中设置了 16 位标志寄存器，用于存放指令执行结果特征位和对 CPU 运行特点的控制位。记录了指令执行后的各种状态。寄存器只用了 9 位，其余位用来扩展。9 位标志位分为 6 位状态标志位和 3 位控制标志位两类，如图 2-4 所示。

15	14	13	12	11	10	9	8	7	6	5	4	3	2	1	0
				OF	DF	IF	TF	SF	ZF		AF		PF		CF

图 2-4　8086 标志寄存器

6 位状态标志位包括 OF、SF、ZF、PF、CF、AF，用来反映指令对数据作用之后结果的状态，控制后续指令的执行。

3 位控制标志位包括 DF、IF、TF，其值不由数据运算结果决定，而由指令直接赋值，决定后续指令执行情况。

这 9 个标志位的含义、特点及应用场合如表 2-2 所示。

表 2-2　标志寄存器中各标志含义、特点及应用场合

标志类别	标志位	含义	特点	应用场合
状态标志	CF（Carry Flag）	进位标志	CF = 1 时，结果在最高位上产生一个进位（加法）或借位（减法）；CF = 0 时，则无进位或借位产生	用于加、减法运算，移位和循环指令也能把存储器或寄存器中的最高位（左移）或最低位（右移）移入 CF 位中
	PF（Parity Flag）	奇偶标志	PF = 1 时，结果中有偶数个 1；PF = 0 时，则表示结果中有奇数个 1	用于检查在数据传送过程中是否发生错误
	AF（Auxiliary Carry Flag）	辅助进位标志	AF = 1 时，结果的低 4 位产生了一个进位或错位；AF = 0 时，则无进位或借位	用于实现 BCD 码算术运算结果的调整
	ZF（Zero Flag）	零标志	ZF = 1 时，运算结果为零；ZF = 0 时，则表示运算结果不为零	用于判断运算结果和进行控制转移
	SF（Sign Flag）	符号标志	SF = 1 时，运算结果为负数，即最高位为 1；SF = 0 时，则表示运算结果为正数，即最高位为 0	用于判断运算结果和进行控制转移
	OF（Overflow Flag）	溢出标志	OF = 1 时，带符号数在进行算术运算时产生了算术溢出，即运算结果超过了带符号数所能表示的范围；OF = 0 时，则无溢出	用于判断运算结果的溢出情况

续表

标志类别	标志位	含 义	特 点	应 用 场 合
控制标志	TF（Trap Flag）	陷阱标志	若 TF = 1，则 CPU 处于单步工作方式，CPU 执行完一条指令就自动产生一个内部中断，转去执行一个中断服务程度；若 TF = 0，CPU 正常执行程序	为了调试程序方便而设置的
	IF（Interrupt Enable Flag）	中断允许标志	若 IF = 1，允许 CPU 接受外部从 INTR 引脚上发来的可屏蔽中断请求信号；若 IF = 0，则禁止 CPU 接受可屏蔽中断请求信号	控制可屏蔽中断的标志
	DF（Direction Flag）	方向标志	若 DF = 1，字符串操作指令按递减的顺序从高地址到低地址的方向对字符串进行处理；若 DF = 0，字符串操作指令按递增的顺序对字符串进行处理	用于控制字符串操作指令的步进方向

2.1.3　8086CPU 的引脚信号与功能

8086CPU 芯片采用 40 条引脚的双列直插式封装。部分引脚内部设置了若干多路开关，实现了引脚的分时复用。8086CPU 可以工作在两种工作模式（最小模式和最大模式）下，最小模式用于单机系统，系统中所需要的控制信号全部由 8086CPU 直接提供。最大模式用于多处理机系统，系统中所需要的控制信号由总线控制器 8288 提供。这样，24 ～ 31 引脚的 8 条引脚在两种工作模式中具有不同的功能，下面简要地介绍 8086CPU 各引脚的功能。

1. 8086CPU 在最小模式中引脚定义

图 2-5 给出了 8086CPU 外部引脚图。

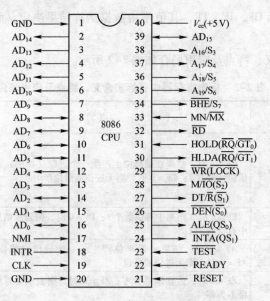

图 2-5　8086CPU 外部引脚图

（1）AD_{15} ～ AD_0（Address Data）。16 条地址/数据总线，分时复用。传送地址时三态输出，传送数据时三态双向输入/输出。在总线周期 T_1 状态，CPU 在这些引脚上输出存储器或 I/O 端口的地址，在 T_2 ～ T_4 状态，用于传送数据。在中断响应及系统总线"保持响应"周期，AD_{15} ～ AD_0 被置成高阻状态。

（2）$AD_{19}/S_6 \sim AD_{16}/S_3$（Address Data/ Status）。地址/状态线，三态，输出，分时复用。在总线周期的 T_1 状态作为地址线用，$A_{19} \sim A_{16}$ 与 $A_{15} \sim A_0$ 一起构成 20 位物理地址。当 CPU 访问 I/O 端口时，$A_{19} \sim A_{16}$ 为 "0"（低电平）。在 $T_2 \sim T_4$ 状态做状态线用，$S_6 \sim S_3$ 输出状态信息。S_6 保持 "0"，表明 8086 当前连在总线上。S_5 取中断允许标志的状态，若当前允许可屏蔽中断请求，则 S_5 置 1，若 $S_5 = 0$，则禁止一切可屏蔽中断。S_4、S_3 用于指示当前正在使用哪一个段寄存器，其编码如表 2-3 所示。

表 2-3　S_4、S_3 状态编码含义

S_4	S_3	含　义
0	0	当前正在使用附加段寄存器 ES
0	1	当前正在使用堆栈段寄存器 SS
1	0	当前正在使用指令代码段寄存器 CS 或者未使用任何段寄存器
1	1	当前正在使用数据段寄存器 DS

当 $S_4 S_3 = 10$ 时，表示当前正在使用 CS 段寄存器对存储器寻址，或者当前正在对 I/O 端口或中断向量寻址，不需要使用段寄存器。当系统总线处于 "保持响应" 状态，这些引脚被置成高阻状态。

（3）$\overline{BHE}/S_7$（Bus High Enable/Status）。高 8 位数据总线允许/状态信号，三态，输出，低电平有效。在存储器读/写，I/O 端口读/写及中断响应时，用 $\overline{BHE}$ 作为高 8 位数据 $D_{15} \sim D_8$ 选通信号，即 16 位数据传送时，在 T_1 状态，用 $\overline{BHE}$ 指出高 8 位数据总线上数据有效，用 AD_0 地址线指出低 8 位数据线上数据有效。

在 $T_2 \sim T_4$ 状态，S_7 输出状态信息（在 8086 芯片设计中，S_7 未赋予实际意义）。在 "保持响应" 周期被置成高阻状态。

（4）$MN/\overline{MX}$（Minimum/Maximum）。最小/最大工作模式选择信号，输入。当 $MN/\overline{MX}$ 接 +5 V 时，CPU 工作在最小模式，CPU 组成一个单处理器系统。由 CPU 提供所有总线控制信号。当 $MN/\overline{MX}$ 接地时，CPU 工作在最大模式，CPU 的 $\overline{S_2} \sim \overline{S_0}$ 提供给总线控制器 8288，由 8288 产生总线控制信号，以支持构成多处理器系统。

（5）$\overline{RD}$（Read）。读选通信号，三态，输出，低电平有效。允许 CPU 读存储器或读 I/O 端口（数据从存储器或 I/O 端口到 CPU）。由 $M/\overline{IO}$ 信号区分读存储器或读 I/O 端口，在读总线周期的 T_2、T_3、T_w 状态，$\overline{RD}$ 均为低电平。在 "保持响应" 周期，被置成高阻状态。

（6）$\overline{WR}$（Write）。写选通信号，三态，输出，低电平有效。允许 CPU 写存储器或写 I/O 端口（数据从 CPU 到存储器或 I/O 端口）。由 $M/\overline{IO}$ 信号区分写存储器或写 I/O 端口，在写总线周期的 T_2、T_3、T_w 状态，$\overline{WR}$ 均为低电平，在 DMA 方式时，被置成高阻状态。

（7）$M/\overline{IO}$（Memory/Input and Output）。存储器或 I/O 端口控制信号，三态，输出。$M/\overline{IO}$ 信号为高电平，表示 CPU 正在访问存储器，$M/\overline{IO}$ 信号为低电平，表示 CPU 正在访问 I/O 端口。一般在前一个总线周期的 T_4 状态，$M/\overline{IO}$ 有效，直到本周期的 T_4 状态为止。在 DMA 方式时，$M/\overline{IO}$

被置为高阻状态。

（8）ALE（Address Latch Enable）。地址锁存允许信号，输出，高电平有效。作为地址锁存器 8282/8283 的片选信号，在 T_1 状态，ALE 有效，表示地址/数据总线上传送的是地址信息，将它锁存到地址锁存器 8282/8283 中。这是由于地址/数据总线分时复用所需要的，ALE 信号不能浮空。

（9）$\overline{\text{DEN}}$（Data Enable）。数据允许信号，三态，输出，低电平有效。在最小模式系统中，有时利用数据收发器 8286/8287 来增加数据驱动能力，$\overline{\text{DEN}}$ 用作数据收发器 8286/8287 的输出允许信号，在存储器读写、I/O 读写或中断响应期间，$\overline{\text{DEN}}$ 变成有效的低电平。在 DMA 工作方式时，被置成高阻状态。

（10）DT/$\overline{\text{R}}$（Data Transmit/Receive）。数据发送/接收控制信号，三态，输出。DT/$\overline{\text{R}}$ 用于控制数据收发器 8286/8287 的数据传送方向。当 DT/$\overline{\text{R}}$ = 1 时，CPU 发送数据，完成写操作；当 DT/$\overline{\text{R}}$ = 0 时，CPU 从外部接收数据，完成读操作。在 DMA 工作方式时，DT/$\overline{\text{R}}$ 被置成高阻状态。

（11）READY（Ready）。准备就绪信号，输入，高电平有效。由存储器或 I/O 端口发来的响应信号，表示外围设备已准备好可进行数据传送了。CPU 在每个总线周期的 T_3 状态检测 READY 信号线，如果它是低电平，在 T_3 状态结束后 CPU 插入一个或几个 T_W 等待状态，直到 READY 信号有效后，才进入 T_4 状态，完成数据传送过程。

（12）RESET（Reset）。复位信号，输入，高电平有效。CPU 接收到复位信号后，停止现行操作，并初始化段寄存器 DS、SS、ES，标志寄存器 FR，指令指针 IP 和指令队列，而使 CS = FFFFH。RESET 信号至少保持 4 个时钟周期以上的高电平，当它变为低电平时，CPU 执行重启动过程。CPU 将从地址 FFFF0H 开始执行指令。通常在 FFFF0H 单元开始的几个单元中存放一条无条件转移指令，将入口转到引导和装配程序中，实现对系统的初始化，引导监控程序或操作系统程序。

（13）INTR（Interrupt Request）。可屏蔽中断请求信号，输入，电平触发，高电平有效。当外设接口向 CPU 发出中断申请时，INTR 信号变成高电平。CPU 在每条指令周期的最后一个时钟周期检测此信号。一旦检测到此信号有效，并且中断允许标志位 IF = 1 时，CPU 在当前指令执行完后，转入中断响应周期，读取外设接口的中断类型码，然后在存储器的中断向量表中找到中断服务程序的入口地址，转入执行中断服务程序。用 STI 指令，可使中断允许标志位 IF 置"1"，用 CLI 指令可使 IF 置"0"，从而可实现中断屏蔽。

（14）$\overline{\text{INTA}}$（Interrupt Acknowledge）。中断响应信号，输出，低电平有效。其是 CPU 对外部发来的中断请求情号 INTR 的响应信号。在中断响应总线周期 T_2、T_3、T_W 状态，CPU 发出两个 $\overline{\text{INTA}}$ 负脉冲，第一个负脉冲通知外设接口已响应它的中断请求，外设接口收到第二个负脉冲信号后，向数据总线上放中断类型码。

（15）NMI（Non-Maskable Interrupt Request）。不可屏蔽中断请求信号，输入，边沿触发，正跳变有效。此类中断请求不受中断允许标志位 IF 的影响，也不能用软件进行屏蔽。NMI 引脚一旦收到一个正沿触发信号，在当前指令执行完后，自动引起类型 2 中断，转入执行类型 2 中断处理程序。经常处理电源掉电等紧急情况。

（16）$\overline{\text{TEST}}$（Test）。测试信号，输入，低电平有效。在 CPU 执行 WAIT 指令期间，CPU 每隔 5 个时钟周期对 $\overline{\text{TEST}}$ 引脚进行一次测试，若测试到 $\overline{\text{TEST}}$ 为高电平，CPU 处于空转等待状态，当

测试到$\overline{\text{TEST}}$有效，空转等待状态结束，CPU 继续执行被暂停的指令。WAIT 指令是用来使处理器与外部硬件同步用的。

（17）HOLD（Hold Request）。总线保持请求信号，输入，高电平有效。在最小模式系统中，表示其他共享总线的部件（如 DMA 控制器）向 CPU 请求使用总线，要求直接与存储器传送数据。

（18）HLDA（Hold Acknowledge）。总线保持响应信号，输出，高电平有效。CPU 一旦测试到 HOLD 总线请求信号有效，如果 CPU 允许让出总线，在当前总线周期结束时，于 T_4 状态发出 HLDA 信号，表示响应这一总线请求，并立即让出总线使用权，将 CPU 的三条总线置成高阻状态。总线请求部件获得总线控制权后，可进行诸如 DMA 数据传送等操作，总线使用完毕使 HOLD 无效。CPU 才将 HLDA 置成低电平，再次获得三条总线的使用权。

（19）CLK（Clock）。时钟信号，输入。由 8284 时钟发生器产生，8086CPU 使用的时钟频率，因芯片型号不同，时钟频率不同。8086 为 5 MHz、8086－1 为 10 MHz、8086－2 为 8MH2。时钟信号为 CPU 和总线控制逻辑电路提供定时手段。8086 要求时钟信号的占空比为 33%，既 1/3 周期为高电平，2/3 周期为低电平。

（20）V_{CC}（ +5 V），GND（地）。CPU 所需电源 $V_{\text{CC}} = +5\text{ V}$。GND 为地线。

2. 80868CPU 在最大模式中引脚定义

8086CPU 在最大模式中，24 ～ 3l 引脚功能重新定义。

（1）$\overline{S}_2 \sim \overline{S}_0$（Bus Cycle Status）。总线周期状态信号，三态，输出。在最大模式系统中，由 CPU 传送给总线控制器 8288，8288 译码后产生相应的控制信号代替 CPU 输出，译码状态如表 2-4 所示。

表 2-4　总线周期状态对应的操作

$\overline{S}_2$	$\overline{S}_1$	$\overline{S}_0$	操 作 过 程	$\overline{S}_2$	$\overline{S}_1$	$\overline{S}_0$	操 作 过 程
0	0	0	发中断响应信号	1	0	0	取指令
0	0	1	读 I/O 端口	1	0	1	读指令
0	1	0	写 I/O 端口	1	1	0	写内存
0	1	1	暂停	1	1	1	无源状态

无源状态：对 $\overline{S}_2 \sim \overline{S}_0$ 来说，在前一个总线周期的 T_4 状态和本总线周期的 T_1、T_2 状态中。至少有一个信号为低电平，每种情况都对应了某种总线操作，称为有源状态。在总线周期的 T_3、T_W 状态，并且 READY 信号为高电平时，$\overline{S}_2 \sim \overline{S}_0$ 全为高电平，此时一个总线操作过程要结束，而新的总线周期还未开始，称为无源状态。

（2）$\overline{\text{LOCK}}$（Lock）。总线封锁信号，三态，输出，低电平有效。$\overline{\text{LOCK}}$有效时，CPU 不允许外部其他总线主控者获得对总线的控制权。$\overline{\text{LOCK}}$信号可由指令前缀 LOCK 来设置，即在 LOCK 前缀后面的一条指令执行期间，保持$\overline{\text{LOCK}}$有效，封锁其他主控者使用总线，此条指令执行完，$\overline{\text{LOCK}}$撤销。另外在 CPU 发出 2 个中断响应脉冲$\overline{\text{INTA}}$之间，$\overline{\text{LOCK}}$信号也自动变为有效，以防止其他总线部件在此过程中占有总线，影响一个完整的中断响应过程。在 DMA 期间，$\overline{\text{LOCK}}$置于高阻状态。

（3）$\overline{RQ}/\overline{GT_1}$、$\overline{RQ}/\overline{GT_0}$（Request/Grant）。总线请求信号输入/总线请求允许信号输出，双向，低电平有效。输入时表示其他主控者向 CPU 请求使用总线，输出时表示 CPU 对总线请求的响应信号，两个引脚可以同时与两个主控者相连。其中$\overline{RQ}/\overline{GT_0}$比$\overline{RQ}/\overline{GT_1}$有较高的优先权。

（4）QS_1、QS_0（Instrution Queue Status）。指令队列状态信号，输出，高电位有效。用于指示 CPU 中指令队列当前的状态，以便外部对 CPU 内部指令队列的动作跟踪。由 QS_1、QS_0 指示的指令队列含义如表 2-5 所示，亦可以让协处理器 8087 进行指令的扩展处理。

表 2-5　指令队列状态信号

QS_1	QS_0	含　义
0	0	无操作
0	1	从指令队列中取走第一个字节
1	0	队列为空
1	1	从指令队列中取走后续字节

3. 8088CPU 与 8086CPU 的不同之处

8088CPU 的内部数据总线宽度是 16 位，外部数据总线宽度是 8 位，所以 8088CPU 称为准 16 位 CPU。图 2-6 为 8088CPU 的外部引脚图。

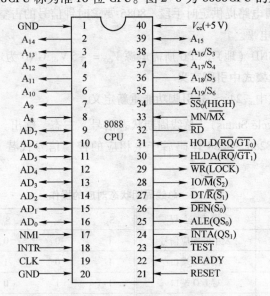

图 2-6　8088CPU 外部引脚图

8088CPU 的内部结构及外部引脚功能与 8086CPU 大部分相同。主要不同之处有下面几点：

（1）8088CPU 的指令队列长度是 4 字节，指令队列中只要出现一个空闲字节，BIU 就会主动访问存储器，取指令来补充指令队列（8086CPU 要在指令队列中至少出现 2 个空间字节时，才预取后续指令）。

（2）8088CPU 中，BIU 的总线控制电路与外部交换数据的总线宽度是 8 位，总线控制电路与专用寄存器组之间的数据总线宽度也是 8 位，而 EU 的内部总线是 16 位。这样，对 16 位数的存储器读/写操作要两个读/写周期才可以完成。

（3）8088CPU 外部数据总线只有 8 条，所以分时复用的地址/数据总线为 $AD_7 \sim AD_0$；而 $AD_{15} \sim AD_8$ 成为仅传递地址信息的 $A_{15} \sim A_8$。

（4）8088CPU 中用 IO/$\overline{M}$ 信号代替 M/$\overline{IO}$ 信号，IO/$\overline{M}$ 低电平时选通存储器；高电平时选通 I/O 接口。此举是为了与 8085 总线结构兼容。

（5）8088CPU 中，只能进行 8 位数据传输，$\overline{BHE}$信号不需要了，改为$\overline{SS_0}$，与 DT/$\overline{R}$、IO/$\overline{M}$一起决定最小模式中的总线周期操作，表 2-6 指出了具体的组合关系。

表 2-6　8088CPU 中 IO/$\overline{M}$、DT/$\overline{R}$、$\overline{SS_0}$ 组合关系

IO/$\overline{M}$	DT/$\overline{R}$	$\overline{SS_0}$	含　义
0	0	0	取指令
0	0	1	读存储器
0	1	0	写存储器
0	1	1	从无源状态
1	0	0	发中断响应信号
1	0	1	读 I/O 端口
1	1	0	写 I/O 端口
1	1	1	暂停

2.1.4　8086CPU 的系统配置

根据使用目的不同，8086/8088 系统可以有最小模式和最大模式两种系统配置方式，两种方式的选择由硬件来设定。当 CPU 的引脚 MN/$\overline{MX}$端接高电平 +5V 时，构成最小模式；当 MN/$\overline{MX}$接低电平时，构成最大模式。最小模式为单机系统，系统中所需要的控制信号由 CPU 提供，实现和存储器及 I/O 接口电路的连接。最大模式可以构成多处理器/协处理器系统，即一个系统中存在两个以上 CPU。每个处理器执行自己的程序，常用的处理器有数值运算协处理器 8087，输入/输出处理器 8089。系统中所需要的控制信号由总线控制器 8288 提供，8086/8088CPU 提供信号控制 8288，以实现全局资源分配及总线控制权传递。

1. 最小模式系统

8086CPU 构成的最小模式系统的典型配置如图 2-7 所示。

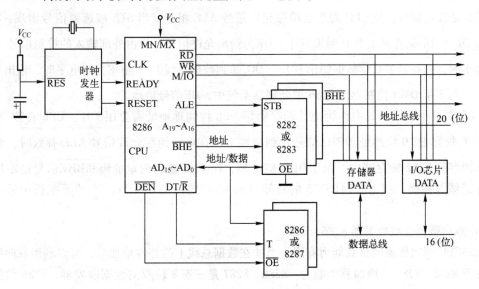

图 2-7　8086CPU 构成的最小模式系统的典型配置

在最小模式系统中，除了 8086CPU、存储器及 I/O 接口芯片外，还要加入 1 片 8284A 作为时钟发生器，3 片 8282、8283 或 74LS373 作为地址锁存器，2 片 8286、8287 或 74LS245 作为双向数据总线收发器，才能配置成一个系统。

1）地址锁存器 8282、8283

CPU 与存储器（或 I/O 端口）进行数据交换时，CPU 首先要送出地址信号，然后再发出控制信号及传送数据。由于 8086 的地址和数据分时复用一组总线，所以要加入地址锁存器，先锁存地址，使在读/写总线周期内保持地址稳定。

8282、8283 是三态缓冲的 8 位数据锁存器，在本系统中用作地址锁存器。8282 的输入和输出信号是同相的，引脚及内部结构图如图 2-8 所示，8283 的输入和输出信号反相。

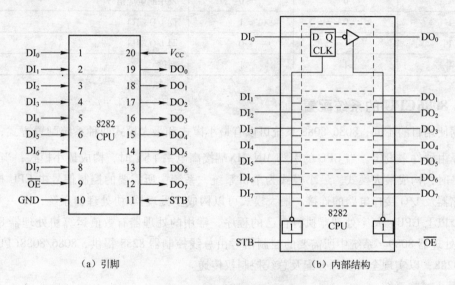

（a）引脚   （b）内部结构

图 2-8   8282 引脚及内部结构图

STB 是选通信号，与 CPU 的地址锁存允许信号 ALE 相连，当 STB 端选通信号出现，8 位输入数据 $DI_7 \sim DI_0$ 锁存到 8 个 D 触发器中。$\overline{OE}$ 为输出允许信号，是由外部输入的控制信号。当 $\overline{OE}$ 为低电平时，锁存器的 8 位数据输出 $DO_7 \sim DO_0$ 送到数据总线上，当 $\overline{OE}$ 为高电平时，输出端呈高阻状态。在不带 DMA 控制器的 8086 单处理器系统中，$\overline{OE}$ 信号接地。

8282 在最小模式系统中作为地址锁存器用。20 位物理地址需要用 3 片。CPU 在读/写总线周期的 T_1 状态把 20 位地址和 $\overline{BHE}$ 信号送到总线上，在地址锁存允许信号 ALE 有效时，将地址和 $\overline{BHE}$ 锁存到 8282 锁存器中。由于 $\overline{OE}$ 引脚接地，使 CPU 输出的地址码和 $\overline{BHE}$ 信号稳定地输出到地址总线及控制总线上。74LS373 的功能与 8282 相同，在 IBM PC/XT 的系统板中做地址锁存器。

2）双向数据总线收发器 8286、8287

8086CPU 驱动数据的负载能力有限，当挂在数据总线上的部件增加时，可以利用双向数据总线收发器 8286、8287 来增加驱动能力。8286、8287 是三态 8 位双向数据收发器，8286 数据输入与输出同相，引脚及单元结构如图 2-9 所示，8287 数据输入与输出反相。

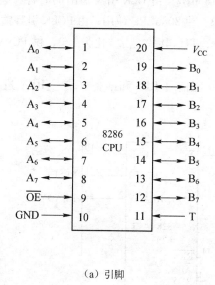

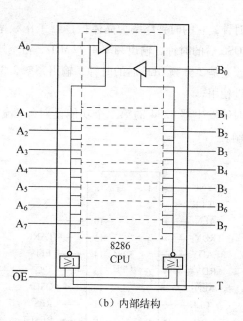

（a）引脚　　　　　　　　　　　　　　　（b）内部结构

图 2-9　8286 引脚及内部结构图

$\overline{EN}$ 是输出允许信号，控制数据收发器的开启，当 $\overline{EN}=0$ 时，允许数据通过 8286，当 $\overline{EN}=1$ 时，禁止数据通过，8286 输出呈高阻状态。在 8086/8088 系统中，$\overline{EN}$ 端与 CPU 的数据允许信号 $\overline{DEN}$ 端相连，允许或禁止 CPU 与存储器或 I/O 端口进行数据交换。

T 信号控制数据传送方向，当 T = 1 时，8 位数据从 $A_7 \sim A_0$ 传送到 $B_7 \sim B_0$，当 T = 0 时，8 位数据反向传送，从 $B_7 \sim B_0$ 传送到 $A_7 \sim A_0$。T 端与 CPU 的数据发送/接收信号端 $DT/\overline{R}$ 相连，控制 8 位数据从 CPU 向存储器或 I/O 端口写入（$DT/\overline{R}=1$），数据由存储器或 I/O 端口向 CPU 读出（$DT/\overline{R}=0$）。

3）时钟发生器 8284

在 8086/8088CPU 内部没有时钟信号发生器，当组成微型计算机系统时，所需的时钟信号需由外部时钟发生器电路提供。8284 就是为 8086/8088 设计的时钟发生/驱动器。

在 8284 中，除具有时钟信号产生电路外，还有 RESET 复位信号和 READY 准备就绪信号同步控制电路。这些电路分别向 8086/8088 系统提供时钟信号 CLK，以及被 CLK 同步的复位信号 RESET 和准备就绪信号 READY。此外，还可向外提供晶振时钟 OSC，以及外设电路所需的时钟信号 PCLK。图 2-10 是 8284 的引脚特性及其与 8086/8088 的连接图。

8284 时钟发生器主要完成 2 种功能。

第一种功能是时钟信号发生功能。当频率/晶体选择引脚 $F/\overline{C}=0$ 时，时钟信号的输入由输入引脚 X_1、X_2 接晶体，由晶体振荡器产生时钟信号。当 $F/\overline{C}=1$ 时，由 EFI 引脚接入外加振荡信号产生时钟信号。

在 IBM PC/XT 机中，$F/\overline{C}$ 接低电平，X_1、X_2 端接晶体振荡器，晶体振荡器工作频率为 14.318MHz，并产生 3 组时钟信号输出供 CPU 及外设使用。3 组时钟信号分别为：由 OSC 引脚输出的时钟，它的时钟频率为晶体振荡器工作频率 14.318 MHz；由 CLK 引脚输出的时钟，它是 3 分频 OSC 后的时钟，输出频率 4.77 MHz，占空比为 1/3，供 8086CPU 使用；由 PCLK 引脚输出的时钟，它是 2 分频 CLK 后的时钟，输出频率 2.385 MHz，TTL 电平，占空比为 1/2，供 PC/XT 机的外设使用。

时钟发生器 8284 的第二个功能是对外部输入的复位信号 RES 和准备好信号 RDY 进行同步控制。

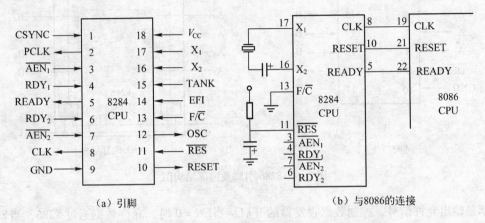

(a) 引脚 (b) 与 8086 的连接

图 2-10 8284 的引脚特性及其与 8086/8088 的连接图

外界的就绪信号 RDY 输入 8284 后，经时钟的下降沿同步后输出 READY 信号作为 8086/8088 的就绪信号 READY；同样，外界的复位信号 RES 输入 8284 后，经整形并由时钟的下降沿同步后，输出 RESET 信号作为 8086/8088 的复位信号 RESET（其宽度不得少于 4 个时钟周期）。在 PC/XT 机中，RES 端接"电源好（Power Good）"信号，使系统一上电就自动复位。外界的 RDY 和 RES 信号何时产生是任意的，但送至 CPU 的 READY 和 RESET 都是经过时钟同步了的信号。

8086 最小模式系统允许接入其他要求共享总线的设备，如 DMA 控制器 8237 芯片。8237 通过 HOLD 引脚向 CPU 发出总线请求信号，CPU 识别 HOLD 信号有效时，在当前总线周期结束后，发出总线响应信号，使 HLDA 信号变成有效，让出总线控制权由 DMA 控制器控制，使外设与存储器之间直接进行数据传送。DMA 控制的数据传送结束，释放系统总线，HOLD 信号变为低电平，CPU 重新获得总线使用权，下一个总线周期继续操作。

2. 最大模式系统

CPU 的引脚 MN/$\overline{\text{MX}}$ 接地时，8086 为最大模式系统，在最大模式系统中需要增加总线控制器 8288 和总线裁决器 8289，以完成 8086CPU 为中心的多处理器系统的协调工作。此时 CPU 输出的状态信号 $\overline{S}_2 \sim \overline{S}_0$ 同时送给 8288 和 8289，由 8288 输出原 CPU 所有的控制信号：存储器读/写控制、I/O 端口读/写控制、中断响应信号等。由 8289 来裁决总线使用权赋给哪个处理器，以实现多主控者对总线资源的共享。图 2-11 给出了 8086CPU 最大模式系统配置。

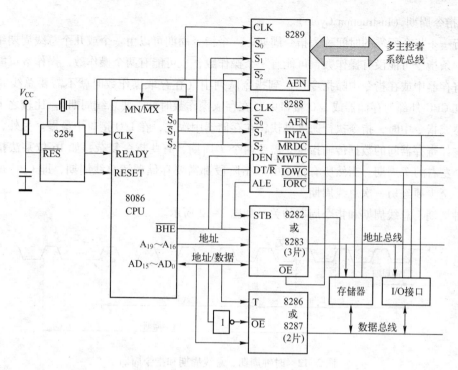

图 2-11　8086 最大模式系统图

2.1.5　8086CPU 的工作时序

CPU 的时序就是 CPU 完成动作的操作顺序和方式。了解 CPU 的时序，一方面能够更好地理解 CPU 中指令的工作过程，另一方面能更好地设计系统。任何一台计算机都是在一个统一的时钟信号控制下有规律、按节拍地工作，而且需要精确的定时。这是由于计算机的工作过程就是执行指令的过程，而完成一条指令需要经过取指、译码、取操作数、执行指令等过程，而每一个过程都需要时间。由于各种指令的功能不同，所占用的字节数不同，操作过程不同，故执行的状态和所用的时间也有所不同。

1. 时钟周期、总线周期和指令周期

CPU 的周期状态可分为 3 种：时钟周期、总线周期和指令周期。

1）时钟周期（Clock Cycle）

时钟周期是相邻两个时钟脉冲信号下降沿之间的时间间隔，用 T 表示，也称 T 状态，或 T 周期，每个 T 状态包括：下降沿、低电平、上升沿、高电平。它是 CPU 基本时间计量单位，也就是 CPU 完成一个微操作所需的时间，它决定了系统的主频。当 CPU 的 T 状态时间为 125 ns 时，CPU 的主频为 8 MHz。

2）总线周期（Bus Cycle）

CPU 通过总线对外部（存储器或 I/O 接口）完成一次访问操作所需的时间，称作一个总线周期。一个总线周期由几个 T 状态组成。8086/8088 总线周期一般由 T_1、T_2、T_3、T_4 四个 T 周期组成。总线周期包括：存储器读/写总线周期、I/O 接口读/写总线周期、中断响应周期、总线请求/响应周期、复位周期等。

3）指令周期（Instruction Cycle）

执行一条指令所需的时间称为指令周期。一个指令周期可以由一个或几个总线周期组成。这是因为一条指令可能没有操作数，可能有一个操作数，也可能有两个操作数，操作数可能在 CPU 内部的寄存器中或在指令中随指令预取到指令队列中（在存取操作数时就不需要总线周期了），也可能在 CPU 外部的存储器或 I/O 接口中（在存取操作数时就需要总线周期）。比较之下，操作在寄存器或指令中时，指令执行速度最快，在存储器中次之，在 I/O 接口中最慢。另外，有些指令简单，如寄存器间的数据传输指令只需要两个 T 周期，有些指令复杂，如 16 位乘法指令需要近 200 个左右的 T 周期。当然所有指令的取指阶段都需要存储器读总线周期，即 CPU 每执行一条指令，至少要经历一次总线周期。

时钟周期、总线周期和指令周期的关系如图 2-12 所示。

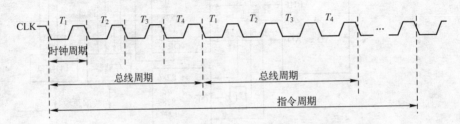

图 2-12 时钟周期、总线周期和指令周期

8088 总线周期与 8086 基本相同，主要区别在于：

① 8088 的 IO/$\overline{\text{M}}$ 与 8086 的 M/$\overline{\text{IO}}$ 信号作用相反；

② 8086 有高 8 位数据线，需要 $\overline{\text{BHE}}$ 选通，8088 无高 8 位数据线，不需要 $\overline{\text{BHE}}$ 信号。

2. 读总线周期

所谓读周期就是 CPU 从存储器或 I/O 接口读入数据，如图 2-13 所示。一般读周期至少由 4 个 T 周期组成。存储器读周期与 I/O 读周期的区别在于，对于 8086 的 M/$\overline{\text{IO}}$ 信号，高电平时为存储器读周期，低电平时为 I/O 读周期，对于 8088 则相反，其余操作相同。图中星号表示的信号，在最小工作模式时信号状态由 CPU 提供，在最大工作模式时信号状态由 8288 总线控制器提供。

读周期的过程如下：

（1）在 T_1 状态的下降沿，根据所执行指令的功能（对存储器读还是对 I/O 接口读）给出 M/$\overline{\text{IO}}$（或 IO/$\overline{\text{M}}$）的状态；然后地址/数据总结 $AD_{15} \sim AD_0$ 提供地址信息，地址/状态总线 $A_{19}/S_6 \sim A_{16}/S_1$ 在对存储器读时提供高 4 位地址信息，而对 I/O 接口读时为高阻状态。同时将地址锁存信号 ALE 置 1，地址信息一起稳定到 ALE 由 1 变 0 以后。如果指令中对高 8 位数据操作，此时 $\overline{\text{BHE}}$ 给出低电平有效状态。总线控制器还使 DT/$\overline{\text{R}}$ 为低电平，表示当前执行读操作。

（2）在 T_2 状态，地址/状态总线 $A_{19}/S_6 \sim A_{16}/S_3$ 上提供状态信息。并持续到 T_4 状态，地址/数据总线 $AD_{15} \sim AD_0$ 浮空（即为高阻状态），读信号线 $\overline{\text{RD}}$ 变为有效。

（3）在 T_3 和 T_4 状态，外部数据应该将数据送上总线，且应保持稳定。如果存储器或 I/O 接口工作速度比 CPU 慢，不能在 T_3 状态期间提供可靠、稳定的数据，那么就应由硬件电路产生请求，使 CPU 在 T_3 和 T_4 之间插入一个或几个 T_W 状态。

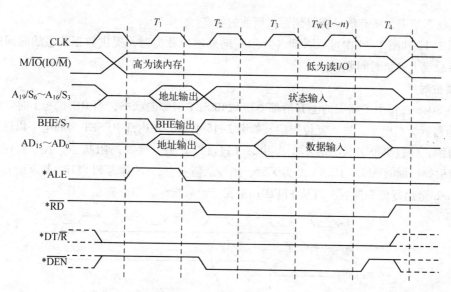

图 2-13　8086/8088 存储器读或 I/O 接口读总线周期

（4）在 T_4 状态中，读信号线 $\overline{RD}$ 由 0 变到 1，从数据总线上获取数据，随后所有信号恢复 T_1 前的状态，准备进入下一个周期。

3. 写总线周期

写周期就是 CPU 将数据输出的过程。同读周期一样，写周期也是至少由 4 个 T 状态组成，如图 2-14 所示。

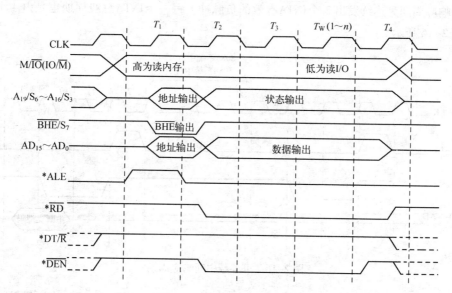

图 2-14　8086/8088 存储器写或 I/O 接口写总线周期

写周期的过程如下：

写周期的 T_1 状态基本上同读周期的 T_1 状态，只是 DT/$\overline{R}$ 为高电平，表示当前执行写操作，在 $T_2 \sim T_4$ 状态中，地址/状态线上提供状态信息。地址/数据总线上提供输出数据，同时写信号 $\overline{WR}$

有效。T_4状态结束，所有信号恢复到写周期前的状态。

从图2-13和图2-14中可以看到，当CPU向外输出数据时，提供数据信息的时间比读操作时数据在总线上停留时间要长。

4. 复位时序

8086/8088在每个T状态的上升沿都要检测RESET引脚的状态，当RESET = 1时立刻将内部RESET信号置为高电平，进入复位周期。如图2-15所示，在内部RESET为高电平以后，所有三态输出总线，经过半个T状态的不工作状态（过渡期）后，变为高阻状态，且一直保持到RESET信号失效。同时ALE、HLDA变为无效，指令队伍变空，CS置为FFFFH，其余所有寄存器清零。在CPU退出复位周期后，将从FFFF0H单元开始取指令，CPU重新工作。

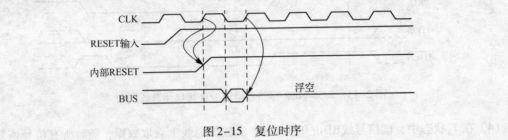

图2-15　复位时序

5. 中断响应周期

CPU在每个指令周期的最后一个时钟周期，都会检测可屏蔽中断请求信号INTR是否有效，如果INTR有效（INTR = 1）且中断允许标志位IF = 1，则CPU在执行指令以后进入中断响应周期。中断响应周期为连续发出2个$\overline{\text{INTA}}$有效的负脉冲，每一个$\overline{\text{INTA}}$总线周期也是由4个状态组成，如图2-16所示。

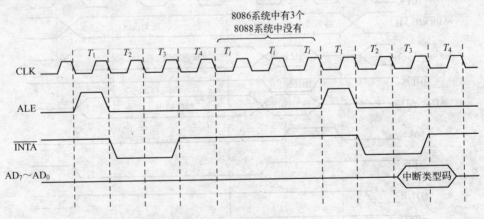

图2-16　可屏蔽中断响应周期

在第一个$\overline{\text{INTA}}$总线周期，T_1状态仍使ALE有效。在T_2状态，$\overline{\text{INTA}}$变为有效（$\overline{\text{INTA}} = 0$），且在$T_2$和$T_3$状态一起保持有效，用来通知中断申请源，CPU已经响应该中断请求，要求该申请源准备发出中断类型码。在第二个$\overline{\text{INTA}}$总线周期中，T_1状态仍给出ALE有效，T_2到T_3状态发出$\overline{\text{INTA}}$有效信号，将申请源送上数据总线的相应中断类型码n读入，乘以4后到向量表中找到为该中断源服务的中断服务程度的入口地址，使 CPU 转入中断处理。8086 系统在两个中断响应周期之间有 3 个空闲状态 T_i，而 8088 系统则没有。

6. 总线请求/响应周期

在系统中，如果除 CPU 外还有其他总线主模块需要占用总线时，则应向 CPU 发出总线请求信号。对于最小工作模式，总线请求信号为 HOLD，总线响应信号为 HLDA，其总线请求/响应周期如图 2-17 所示。

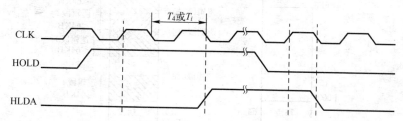

图 2-17　最小工作模式下总线请求/响应周期

其操作过程如下：

CPU 在每个 T 状态的上升沿查询 HOLD 的状态，如果为高电平，表示现在有总线请求发生，则在本总线周期的 T_4 或空闲状态 T_i 之后的下一个时钟周期，CPU 发出保持响应信号 HLDA，并让出部分总线的控制权，也就是使全部三态信号线呈高阻状态。当 CPU 在 T 状态的上升沿查询到总线请求信号线为 HOLD = 0 后，在紧接着的下降沿使应答信号 HLDA 无效。

7. 空闲周期

若 CPU 不执行总线周期（不进行存储器或 I/O 操作），则总线接口执行空闲周期（一系列的 T_i 状态）。在这些空闲周期，CPU 在高位地址线上仍然驱动上一个总线周期的状态信息。

如上一个总线周期是写周期，则在空闲状态，CPU 在 $AD_{15} \sim AD_0$ 上仍输出上一个总线周期要写的数据，直至下一个总线周期的开始。

在空闲周期时，CPU 进行内部操作。

2.2　8086CPU 对存储器的管理

在存储器中是以字节为单位存储信息的。每个存储单元有唯一的地址来确定。8086/8088 系统有 20 根地址线可寻址 1 MB（2^{20} 字节）的存储空间，即对存储器寻址要 20 位物理地址，而 8086 为 16 位机，CPU 内部寄存器只有 16 位，以 CPU 寄存器作为寻址指针，则只能寻址 64 KB 范围。因此 8086 采用分段的策略对存储器进行管理

2.2.1　存储器的分段管理方式

1. 存储器地址的分段

8086 系统把整个存储空间分成许多逻辑段，每段容量不超过 64 KB。8086 系统对存储器的分段采用灵活的方法，允许各个逻辑段在整个存储空间中浮动，这样在程序设计时可使程序保持相对的完整性。段和段之间可以是连续的（整个存储空间分成 16 个逻辑段），也可以是分开的或重叠的，如图 2-18 所示。

任何一个存储单元的实际地址都是唯一的，但实际地址又可以由段地址及段内偏移地址两部

分组成的，从图 2-18 可以看出，任何一个存储单元，可以在一个段中定义，也可定义在两个重量的逻辑段中，关键看段的 20 位起始地址如何指定。对段的起始地址（段基址）而言，它是一个能被 16 整除的数，即最后 4 位为 0，因此段的最小长度为 16 字节。

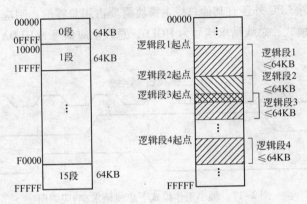

图 2-18　存储器分段示意图

2. 物理地址形成

8086 系统将段的 20 位起始地址的前 16 位（即去掉末尾的 4 个 0）放在段寄存器中，称为"段基址"。有 4 个段寄存器，分别为代码段寄存器 CS、数据段寄存器 DS、附加段寄存器 ES 和堆栈段寄存器 SS。

段内"偏移地址"指出了从段地址开始的相对偏移位置。它可以放在指令指针寄存器中，或 16 位通用寄存器中，如何从 16 位段基址和 16 位偏移地址得到 20 位地址，首先说明两个概念。

（1）逻辑地址：存储器的任一个逻辑地址由段基址和偏移地址组成，都是无符号的 16 位二进制数，程序设计时采用逻辑地址。

（2）物理地址：存储器的绝对地址，亦称为实际地址，从 00000 ～ FFFFFH，是 CPU 访问存储器的实际寻址地址，它由逻辑地址变换而来。存储器单元的物理地址是唯一的，而逻辑地址是不唯一的。物理地址计算如图 2-19（a）所示。

$$物理地址 = 段基址 \times 16 + 偏移地址$$

因为段地址指每段的 20 位起始地址，其低 4 位一定为 0，所以在实际工作时，是从段寄存器中取出段基址，将其左移 4 位，再与 16 位偏移地址相加，就得到了物理地址，此地址在 CPU 的总线接口部件 BIU 的地址加法器中形成。

3. 逻辑地址来源

逻辑地址来源如表 2-7 所示。由于访问存储器的操作类型不同，BIU 所使用的逻辑地址来源也不同，取指令时，自动选择 CS 寄存器值作为段基址，偏移地址由 IP 来指定，计算出取指令的物理地址。当堆栈操作时，段基址自动选择 SS 寄存器值，偏移地址由 SP 来指定。当进行读/写存储器操作数或访问变量时，则自动选择 DS 或 ES 寄存器值作为段基址（必要时修改为 CS 或 SS），此时，偏移地址要由指令所给定的寻址方式来决定，可以是指令中包含的直接地址，可以是地址寄存器中的值，也可以是地址寄存器的值加上指令中的偏移量。注意的是当用 BP 作为基地址寻址时，段基址由堆栈寄存器 SS 提供，偏移地址从 BP 中取得。图 2-19（b）指出了段寄存器与其他寄存器组合寻址存储单元的示意图。

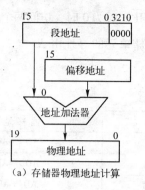
（a）存储器物理地址计算

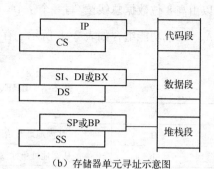
（b）存储器单元寻址示意图

图 2-19 存储物理地址计算及单元寻址示意图

表 2-7 逻辑地址来源

操 作 类 型	隐含段地址	替换段地址	偏 移 地 址
取指令	CS	无	IP
堆栈操作	SS	无	SP
BP 为间址	SS	CS、DS、ES	有效地址 EA
存取变量	DS	CS、ES、SS	有效地址 EA
源字符串	DS	CS、ES、SS	SI
目标字符串	ES	CS、ES、SS	DI

在字符串寻址时，源操作数放在现行数据段中，段基址由 DS 提供，偏移地址由源变址寄存器 SI 取得，而目标操作数通常放在当前附加段中，段基址由 ES 寄存器提供，偏移地址从目标变址寄存器 DI 取得。

另外必须注意，在存储器地址的低端和高端，有一些专门用途的存储单元，用于中断和系统复位，用户不能占用。除非专门指定，一般情况下，各段在存储器中的分配由操作系统负责。

2.2.2 8086 存储器的分体结构

8086 系统中，1 MB 的存储空间分成两个存储体：偶地址存储体和奇地址存储体，各为 512 KB，示意图如图 2-20 所示。

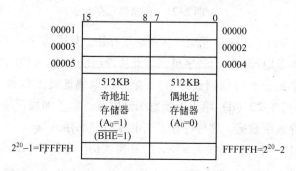

图 2-20 存储器分体结构示意图

当 $A_0 = 0$ 时，选择访问偶地址存储体，偶地址存储体与数据总线低 8 位相连，所以从低 8 位数据总线读/写一个字节。当 $\overline{BHE} = 0$ 时，选择访问奇地址存储体，奇地址存储体与数据总线高 8

位相连，所以由高 8 位数据总线读/写一个字节。当 A_0 和 $\overline{BHE}$ 同时为 0 时，访问两个存储体，读/写一个字。A_0、$\overline{BHE}$ 功能组合如表 2-8 所示。存储体内存储单元的寻址由 $A_1 \sim A_{19}$ 地址总线来选择。

表 2-8 $\overline{BHE}$、A_0 编码含义

$\overline{BHE}$	A_0	操　作	偏 移 地 址
0	0	从偶地址开始读/写一个字	$AD_{15} \sim AD_0$
0	1	从奇地址单元读/写一个字节	$AD_{15} \sim AD_8$
1	0	从偶地址单元读/写一个字节	$AD_7 \sim AD_0$
1	1	无效	
0	1	从奇地址开始读/写一个字	$AD_{15} \sim AD_8$
0	0		$AD_7 \sim AD_0$

存储器中存放的信息称为存储单元的内容，例如存储单元 00100H 中的内容为 34H，表示为（00100H）=34H。一个字在存储器中按相邻两个字节存放，存入时以低位字节在低地址，高位字节在高地址的次序存放，字单元的地址以低位地址表示。例如，（00100H）=1234H，（00103H）=0152H 在内存中存放的位置如图 2-21 所示。从中看出，一个字可以从偶地址开始存放，也可以从奇地址开始存放，但 8086CPU 访问存储器时，都是以字为单位进行的，并从偶地址开始。若读/写一个字节，只启动某个存储体，只有相应的 8 位数据在数据总线上有效，即启动偶地址存储体，低 8 位数据线有效，或启动奇地址存储体，高 8 位数据线有效，另外 8 位数据被忽略了。图 2-22（a）和图 2-22（b）给出了示意图。

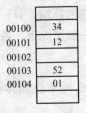

00100	34
00101	12
00102	
00103	52
00104	01

图 2-21　存储单元存放

当 CPU 读/写一个字时，若字单元地址从偶地址开始，只需访问一次存储器，低位字节在偶地址单元，高位字节在奇地址单元。若字单元地址从奇地址开始，CPU 要两次访问存储器，第一次取奇地址上数据（偶地址 8 位数据被忽略），第二次取偶地址上数据（奇地址 8 位数据被忽略）。图 2-22（c）和图 2-22（d）给出了示意图。因此，为了加快程序运行速度，编程时注意从存储器偶地址开始存放字数据，这种存放方式也称"对准存放"。

在 8088CPU 系统中，外部数据线为 8 位，CPU 每次访问存储器只读/写 1 字节，读/写 1 个字要两次访问存储器，整个存储器 1 MB 看成一个存储体，由 $A_0 \sim A_{19}$ 直接寻址，无需由 A_0、$\overline{BHE}$ 来选择低 8 位与高 8 位数据，整个系统的运行速度也慢些。图 2-23 指出了 8086 系统和 8088 系统中存储器与总线的连接。

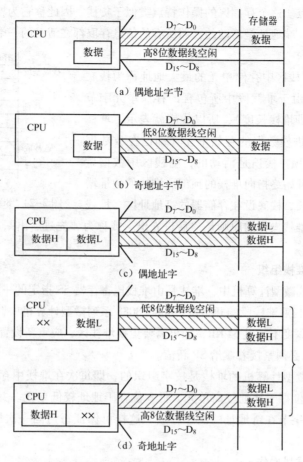

图 2-22　8086 读写存储器特点

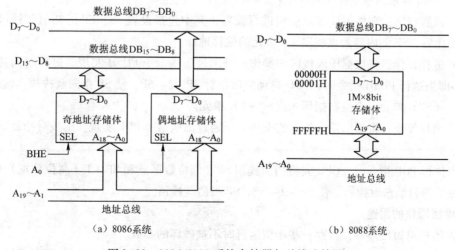

图 2-23　8086/8088 系统存储器与总线连接图

2.2.3　堆栈

堆栈是一个特定的存储区，也就是在内存中开辟一块存储区，专门用来存储数据，而且有其特定的操作方法和特点。这个存储区的操作特点类似于货栈，因此称它为堆栈。它的特点是：一端地址是固定的，另一端地址是活动的，而所有的信息存取都在活动的一端进行。

1. 堆栈的构造

如图 2-24 所示，栈区中存储单元的最大地址称为栈底（固定不变的一端）。由于堆栈段中所包含的存储单元字节总数就是堆栈深度（即堆栈长度），所以栈底就表示了堆栈深度。存放最后一个进栈数据的存储单元（即已存放数据的最小地址）称为栈顶。栈顶是活动的，随栈区中数据量的变化而浮动。栈指针始终指向堆栈的顶部。堆栈的地址增长方式一般是向上增长，栈底设在存储器的高地址区，堆栈地址由高向低增长。堆栈操作的原则是"后进先出"或称为"先进后出"，即后压入的数据先被弹出。

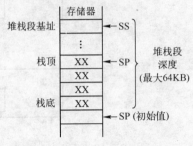

图 2-24　8086/8088 堆栈的构造

2. 8086/8088 的堆栈组织

在 8086/8088 系统微型计算机中，堆栈是由堆栈段寄存器 SS 指定的一段存储区，由 SP 作为栈指针，SS 的内容为当前堆栈段的开始点。8086/8088 系列微型计算机中，堆栈段可以有一个或多个，每一个堆栈的深度不超过 64 KB，如果需要更换堆栈区，应重新设置 SS。而每次更换堆栈段寄存器 SS 内容时，必须紧接着赋给 SP 新值。

8086/8088 系统微型计算机的堆栈是按字组织的，即每次在堆栈中存取数据均是两个字节的操作，数据的高 8 位存于地址较高单元，低 8 位存于地址较低单元。并且堆栈中的数据项以低字节在偶地址、高字节在奇地址的次序存放，这样可保证每访问一次堆栈就能压入/弹出一个字。

3. 8086/8088 的堆栈操作

8086/8088 堆栈的基本操作有 3 个：

（1）设置栈区：在使用栈区之前应进行设置，其中包括设置 SS、SP 的初值和栈区的深度。堆栈初始化后，SP 的内容为堆栈底 +1 单元的偏移地址。

（2）进栈操作：将数据压入栈区的操作。可通过压栈指令 PUSH 实现。进栈时指针 SP 会自动减 2。即当执行 PUSH 指令时，CPU 自动修改指针 SP−2→SP。使 SP 指向新栈顶，然后将低位数据压入（SP）单元，高位数据压入（SP+1）单元。

（3）出栈操作：将数据弹出栈区的操作。可通过出栈指令 POP 实现。出栈时指针 SP 会自动加 2。

即当执行 POP 指令时，CPU 先将当前栈顶 SP（低位数据）和 SP+1（高位数据）中的内容弹出，然后再自动修改指针，使 SP+2→SP，SP 指向新栈顶。

4. 堆栈操作的用途

（1）堆栈可做缓冲器，暂存一些希望运行时不被破坏的参数。

（2）调用子程序或中断过程发生时，用堆栈保护断点及现场参数。在子程序返回或中断返回时弹出断点及现场参数，使主程序继续工作。

（3）利用堆栈可以实现数据交换。堆栈主要用于中断及子程序调用，也可用于数据暂时保存。在进入中断服务子程序和子程序调用前，原来 CPU 中现行信息（指令指针 IP 及寄存器中有关内容）都必须保存，在中断服务子程序和子程序调用结束返回主程序时，又必须恢复原来保存的信息，这些均由堆栈操作来完成。其中指令指针的入栈和出栈由 CPU 自动管理，而一些寄存器中内容的保存及返回，需要用户自己利用指令 PUSH、POP 来完成。由于堆栈操作的先进后出的特点，一定要注意两点：

① 先进入的内容要后弹出，保证返回寄存器内容不发生错误。

【例 2.1】
```
        PUSH    AX
        PUSH    BX
        PUSH    CX
        POP     CX
        POP     AX
        POP     BX
```

可引起 AX、BX、CX 原来保存的内容改变，AX 与 BX 内容发生交换。

② PUSH 和 POP 的指令要成对，若不匹配，会造成返回主程序的地址出错。

【例 2.2】
```
        PUSH    AX
        PUSH    BX
        PUSH    CX
         ⋮
        POP     CX
        POP     BX
```

由于少弹出一组数，会使 CPU 返回主程序时，返回地址取出的是原来 AX 中的内容，使整个程序执行出错。

2.3　CPU 新技术

1. 多核心技术

一直以来，人们在探讨 CPU 的主要指标时都认为是主频，但是随着技术的发展，人们将不再用主频指标进行讨论 CPU，而改为几个核心。

这是因为，主频之"路"已经走到了拐点。桌面处理器的主频在 2000 年达到了 1 GHz，2001 年达到 2 GHz，2002 年达到了 3 GHz。但在将近 5 年之后我们仍然没有看到 4 GHz 处理器的出现。电压和发热量成为最主要的障碍，导致在桌面处理器特别是笔记本式计算机方面，Intel 和 AMD 无法再通过简单提升时钟频率就可设计出下一代的 CPU。

面对主频的改变，Intel 和 AMD 开始寻找其他方式用以在提升能力的同时保持住或者提升处理器的能效，而最具实际意义的方式是增加 CPU 内处理核心的数量。多核时代开创于 2005 年春季，其标志是 Intel 的 Pentium D2.8 双核芯片，而 AMD 紧随其后发布了 Athlon 64×2 芯片。

多核 CPU 技术，是在同一个硅晶片上集成了多个独立物理核心，在实际工作中，多核心协同工作，以达到性能倍增的目的。每个核心都具有独立的逻辑结构，包括一二级缓存、执行单元、指令级单元和总线接口等逻辑单元。

多核是在目前功耗限制下，能找到的最好的提升芯片性能的方法。这种方法允许每个核心可以在相对节能的方式下运行，并通过牺牲单个核心的运算速度，提高芯片整体上的性能表现。

要想让多核完全发挥效力，需要硬件业和软件业更多革命性的更新。其中，可编程性是多核处理器面临的最大问题。一旦核心多于 8 个，就需要执行程序能够并行处理。尽管在并行计算上，人类已经探索了 40 年，但编写、调试、优化并行处理程序的能力还非常弱。

2. 超线程技术

为了提高 CPU 的性能，通常做法是提高 CPU 的时钟频率和增加缓存容量。不过目前 CPU 的频率越来越快，如果再通过提升 CPU 频率和增加缓存的方法来提高性能，往往会受到制造工艺上的限制以及成本过高的制约。

尽管提高 CPU 的时钟频率和增加缓存容量后的确可以改善性能，但这样的 CPU 性能提高在技术上存在较大的难度。实际上在应用中基于很多原因，CPU 的执行单元都没有被充分使用。如果 CPU 不能正常读取数据（总线/内存的瓶颈），其执行单元利用率会明显下降。另外就是目前大多数执行线程缺乏多种指令同时执行（Instruction-Level Parallelism，ILP）支持。这些都造成了目前 CPU 的性能没有得到全部的发挥。

Intel 则采用另一个思路提高 CPU 的性能，要想让多核完全发挥效力，需要硬件业和软件业更多革命性的更新。让 CPU 可以同时执行多重线程，就能够让 CPU 发挥更大效率，即所谓超线程（Hyper-Threading，HT）技术。超线程技术就是利用特殊的硬件指令，把两个逻辑内核模拟成两个物理芯片，让单个处理器都能使用线程级并行计算，进而兼容多线程操作系统和软件，减少了 CPU 的闲置时间，提高 CPU 的运行效率。

3. CPU 虚拟化技术

计算元件在虚拟而不是真实的基础上运行。虚拟化技术可以扩大硬件的容量，简化软件的重新配置过程。CPU 的虚拟化技术可以单 CPU 模拟多 CPU 并行，允许一个平台同时运行多个操作系统，并且应用程序都可以在相互独立的空间内运行而互不影响，从而显著提高计算机的工作效率。

虚拟化技术与多任务以及超线程技术是完全不同的。多任务是指在一个操作系统中多个程序同时并行运行，而在虚拟化技术中，则可以同时运行多个操作系统，而且每一个操作系统中都有多个程序运行，每一个操作系统都运行在一个虚拟的 CPU 或者是虚拟主机上。而超线程技术只是单 CPU 模拟双 CPU 来平衡程序运行性能，这两个模拟出来的 CPU 是不能分离的，只能协同工作。

支持虚拟技术的 CPU 带有特别优化过的指令集来控制虚拟过程，通过这些指令集，VMM（虚拟机监视器）会很容易提高性能，相比软件的虚拟实现方式会在很大程度上提高性能。完整的情况需要 CPU、主板芯片组、BIOS 和软件的支持，如 VMM 软件或者某些操作系统本身。即使只是 CPU 支持虚拟化技术，在配合 VMM 的软件情况下，也会比完全不支持虚拟化技术的系统有更好的性能。

4. SMP 技术

SMP（Symmetric Multi-Processing）结构，是对称多处理结构的简称，是指在一台计算机上汇集了一组处理器（多 CPU），各 CPU 之间共享内存子系统以及总线结构。在这种技术的支持下，一个服务器系统可以同时运行多个处理器，并共享内存和其他的主机资源。像双至强（Xeon），也就是所说的二路，这是在对称处理器系统中最常见的一种（至强 MP 可以支持到 4 路，AM-

DOpteron 可以支持 1 ～ 8 路）。也有少数是 16 路的。但是一般来讲，SMP 结构的机器可扩展性较差，很难做到 100 个以上多处理器，常规的一般是 8 ～ 16 个，不过这对于多数的用户来说已经够用了。在高性能服务器和工作站级主板架构中最为常见，像 UNIX 服务器可支持最多 256 个 CPU 的系统。

构建一套 SMP 系统的必要条件是：支持 SMP 的硬件包括主板和 CPU；支持 SMP 的系统平台；支持 SMP 的应用软件。

为了能够使得 SMP 系统发挥高效的性能，操作系统必须支持 SMP 系统，如 Windows NT、Linux 以及 UNIX 等 32 位操作系统。即能够进行多任务和多线程处理。多任务是指操作系统能够在同一时间让不同的 CPU 完成不同的任务；多线程是指操作系统能够使得不同的 CPU 并行地完成同一个任务。

要组建 SMP 系统，对所选的 CPU 有很高的要求，首先，CPU 内部必须内置 APIC（Advanced Programmable Interrupt Controllers）单元。Intel 多处理规范的核心就是高级可编程中断控制器（Advanced Programmable Interrupt Controllers-APICs）的使用。再次，相同的产品型号，同样类型的 CPU 核心，完全相同的运行频率；最后，尽可能保持相同的产品序列编号，因为两个生产批次的 CPU 作为双处理器运行的时候，有可能会发生一颗 CPU 负担过高，而另一颗负担很少的情况，无法发挥最大性能，更糟糕的是可能导致死机。

5. NUMA 技术

现代计算机的处理速度比它的主存速度要快。而在早期的计算和数据处理中，CPU 通常比它的主存慢。但是随着超级计算机的到来，处理器和存储器的性能在 19 世纪 60 年代达到平衡，自从那时起，CPU 常常对数据感到饥饿而且必须等待存储器的数据到来。为了解决这个问题，很多在 80 和 90 年代的超级计算机设计专注于提供高速的存储器访问，使得计算机能够高速地处理其他系统不能处理的大数据集。

传统的多核运算是使用 SMP（Symmetric Multi-Processor）模式，将多个处理器与一个集中的存储器和 I/O 总线相连。所有处理器只能访问同一个物理存储器，因此 SMP 系统有时也被称为一致存储器访问（UMA）结构体系，一致性意指无论在什么时候，处理器只能为内存的每个数据保持或共享唯一一个数值。很显然，SMP 的缺点是可伸缩性有限，因为在存储器和 I/O 接口达到饱和时，增加处理器并不能获得更高的性能。

NUMA 模式是一种分布式存储器访问方式，即非一致访问分布共享存储技术，处理器可以同时访问不同的存储器地址，大幅度提高并行性。NUMA 模式下，处理器被划分成多个"节点"（Node），每个节点被分配有本地存储器空间。所有节点中的处理器都可以访问全部的系统物理存储器，但是访问本节点内的存储器所需要的时间，比访问某些远程节点内的存储器所花的时间要少得多。

6. 乱序执行技术

乱序执行（Out-of-Order Execution），是指 CPU 允许将多条指令不按程序规定的顺序分开发送给各相应电路单元处理的技术。这样将根据各电路单元的状态和各指令能否提前执行的具体情况分析后，将能提前执行的指令立即发送给相应电路单元执行，在这期间不按规定顺序执行指令，然后由重新排列单元将各执行单元结果按指令顺序重新排列。采用乱序执行技术的目的是为了使 CPU 内部电路满负荷运转，并相应提高了 CPU 的运行程序的速度。

7. CPU 内部的内存控制器

许多应用程序拥有更为复杂的读取模式，并且没有有效地利用带宽。典型的这类应用程序就是业务处理软件，即使拥有如乱序执行这样的 CPU 特性，也会受内存延迟的限制。这样 CPU 必须等到运算所需数据被装载完成后才能执行指令（无论这些数据来自 CPU Cache 还是主内存系统）。当前低段系统的内存延迟大约是 120 ～ 150 ns，而 CPU 速度则达到了 3 GHz 以上，一次单独的内存请求可能会浪费 200 ～ 300 次 CPU 循环。即使在缓存命中率（Cache Hit Rate）达到 99% 的情况下，CPU 也可能会花 50% 的时间来等待内存请求的结束。

已经可以看到 Opteron 整合的内存控制器，它的延迟与芯片组支持双通道 DDR 内存控制器的延迟相比来说，要低很多。Intel 也按照计划的那样在处理器内部整合内存控制器，这样导致北桥芯片将变得不那么重要。但改变了处理器访问主存的方式，有助于提高带宽、降低内存延时和提升处理器性能

习　题　2

1. 8086CPU 从功能上分为几部分？各部分由什么组成？各部分功能是什么？

2. 8086 微处理器有哪些寄存器组成？各有什么用途？

3. 简述 8086CPU 标志寄存器中各标志位的意义。

4. 8086CPU 预取指令队列有什么好处？

5. 什么是最小模式和最大模式？它们最主要的区别是什么？

6. 什么是地址锁存器？8086 系统中为什么要用地址锁存器？锁存的是什么信息？

7. 8086 系统中的 8286 是什么器件？起什么作用？

8. 8086 系统中时钟发生器 8284A 产生哪些信号？

9. 试述 8086CPU 和 8088CPU 的区别。

10. 段寄存器 CS = 1200H，指令指针寄存器 IP = FF00H，此时指令的物理地址是多少？指向这一物理地址的 CS 和 IP 值是唯一的吗？

11. 有两个 16 位字 1EE5H 和 2A3CH 分别存放在存储器的 000B0H 和 000B3H 字单元中，请用图表示出它们在存储器中的存放格式。

12. 如果 SS = 2000H，SP = 0100H，在从栈区中弹出 4 字节和压入 10 字节后，SS 和 SP 的值是多少？栈顶的物理地址是多少？

13. 总线周期的含义是什么？8086/8088 的基本总线周期由几个时钟组成？若一个 CPU 的时钟频率为 24 MHz，那么它的一个时钟周期是多少？一个基本总线周期是多少？若主频位 15 MHz 呢？

14. 当 8086 进行存储器读操作时，引脚 M/$\overline{\text{IO}}$、$\overline{\text{RD}}$、$\overline{\text{WR}}$ 的状态是什么？

15. 什么是计算机的时序？时序有什么重要性？

16. 8086/8088 堆栈的基本操作有哪些？

17. 堆栈的作用是什么？

第3章 存储器

存储器是计算机的主要组成部分之一，用于存储程序和数据，存储器为计算机提供记忆功能。本章介绍存储器的基本原理、主存储器与 CPU 之间的接口以及计算机采用的多级存储体系结构。通过实例说明存储器片选信号的产生、存储器地址范围以及存储器的扩展技术。

3.1 存储器系统概述

3.1.1 存储器的分类

存储器由能够表示二进制数 0 和 1 的物理器件组成，这些器件具有记忆功能，如双稳态电路和电容器。这些具有功能的物理器件构成了一个个存储位，每个存储位存放一位二进制信息，多个存储位构成一个存储单元。通常，一个存储单元由 8 个存储位构成，可以存放 8 位二进制信息。许多存储单元组织在一起就构成了存储器。

根据冯·诺依曼计算机结构，存储器是计算机系统中存储信息的部件，用于存储计算机工作时所用的程序和数据。随着计算机系统结构和器件的发展，存储器的种类日益繁多，分类方法也有很多种。可按存储器在计算机中的位置和作用、存储介质作用机理和存取方式划分。

1. 按存储器在计算机中的位置和作用分类

根据存储器的存取速度和在计算机系统的位置不同，存储器可分为主存储器（简称主存）和辅助存储器（简称辅存）。

主存储器是计算机硬件的组成部分，CPU 可以通过系统总线直接访问它，用来存放计算机运行时正在使用或经常使用的程序和数据。主存储器设置在主机内部，因而又称为内部存储器（简称内存）。主存要尽量与 CPU 的工作速度相匹配，因此，主存储器的存储速度较快，一般用半导体存储器构成。其特点是：可直接存取、容量小、速度快，价格/位较高。其容量受地址线条数限制，如 20 位地址线可直接访问的主存空间最大为 1 MB（2^{20} 字节）。

由于主存储器容量的限制，一部分系统软件必须常驻主存储器，而另一些系统软件和应用软件则在用到时，再由辅助存储器传送到主存储器；同时，还有一些程序或数据需要长期保存。构成主存储器的期间不能实现这个功能，因此设计了各种辅助存储器。辅助存储器用于存放计算机相对不常使用的程序和数据或需要长期保存的信息。需要时将其存储的信息传送到主存储器中方可使用，即辅助存储器只能与主存储器进行信息交换，而不能被 CPU 直接访问。辅助存储器传统上被设置在主机外部，因而又称为外部存储器（简称外存），其存储容量很大并且容易扩展，因而又称为海量存储器。辅助存储器属于外围设备，CPU 需通过 I/O 接口装置才能访问辅助存储器，将辅助存储器中的信息成批地传送到主存（或从主存送到辅存），如访问硬磁盘（硬盘）和光盘分别需要通过硬盘驱动器和光盘驱动器。其特点是可长期保存数据、存储容量大，价格/位低，但由于这类存储器大多有机－电装置构成，因此工作速度较慢。

2. 按存储介质作用机理分类

目前，按存储信息的介质和作用机理，可将存储器分为半导体存储器、磁存储器和光存储器。

采用半导体器件和 IC 技术制造的存储器为半导体存储器，又可分为双极型和 MOS 型两种。双极型半导体存储器为电流驱动型存储器，速度快、集成度低、功耗大、价格/位高，常用于高速缓存；MOS 型半导体存储器是电压控制型存储器，具有集成度高、功耗低、价格/位低的特点，常用作主存储器。

磁存储器是采用磁性记录材料制造的存储器。如磁心、磁鼓、磁带和磁盘等，现在常用的是磁盘、磁带等磁表面存储器。光盘采用激光技术控制访问存储器，借助激光把二进制数据用数据模式刻在扁平、具有反射能力的盘片上。而为了识别数据，光盘上定义激光刻出的小坑就代表二进制的"1"，而空白处则代表二进制的"0"。目前常用的有只读光盘存储器 CD－ROM（Compact Disk Read Only Memory）、DVD－ROM（Digital Versatile Disk Read Only Memory）和可读写光盘存储器 CD－RW、DVD－R 等。计算机系统的辅存主要采用磁存储器和光存储器。

3. 按存储器存取方式分类

按存储器的存取方式分为只读存储器（Read Only Memory，ROM）和随机读写存储器（Random Access Memory，RAM）。

ROM 的特点是 CPU 只能读出存储在其内部的信息，不能随机进行写入，即在使用中不能改变内部的内容。ROM 中的信息在关机断电后不会丢失。

RAM 指 CPU 通过指令可以随机地对各个存储单元进行访问。可以多次写入和读出，每次写入后原来的内容被新写入的内容所取代；而读取后，存储的信息不变。每次断电后，RAM 中原存的信息全部丢失。

3.1.2　存储器的技术指标

衡量存储器的技术指标主要有存储容量、存取速度、存储器的可靠性、性能价格比和功耗等。但就存储器的功能和接口技术而言，最重要的技术指标是存储器的存储容量和存取速度。

1. 存储容量

存储容量是指存储器可以容纳的二进制信息总量，即存储信息的总位数（bits），也称存储器的胃容量。存储器容量的通用写法是 $m \times n$ 位，其中，m 为存储单元的个数，n 是一个存储单元的位数。例如，SRAM 芯片 6264 的容量为 $8K \times 8bit$，即它有 8K 个单元，每个单元有 8 位二进制数。存储器中每 8 位构成 1 字节，字节是 CPU 寻址的基本单元。一般来说，计算机系统配备较大容量的存储器，其性能得以提高，但也不是越大越好。

衡量存储容量的单位有 B、KB、MB、GB 和 TB，各单位的换算关系为 1 B = 8 bit，1 KB = 2^{10} B = 1 024 B，1 MB = 2^{20} B = 1 024 KB，1 GB = 2^{30} B = 1 024 MB，1 TB = 2^{40} B = 1 024 GB。

2. 存取速度

存储器的存取速度可用"存取时间"和"存储周期"这两个时间参数衡量。

存取时间指从 CPU 发出有效存储器地址启动一次存储器读/写操作，到该读/写操作完成所需的时间，也称为访问时间，用 T_A 表示。它决定了 CPU 进行一次读写操作必须等待的时间，取决于存储介质的物理特性和访问机构的类型。

存储周期是连续启动两次独立的存储器操作所需的最小时间间隔。由于存储器电路在完成读/写操作之后需要一段恢复时间，所以通常存储周期略大于存储器的存取时间。如果 CPU 在小于存储周期的时间内连续启动两次存储器访问，那么存取结果将会出现错误。

3. 可靠性

存储器发生的任何错误将会使计算机不能正常工作。存储器的可靠性用平均无故障时间 MT-BF 来衡量。目前所用的半导体存储器芯片的平均无故障时间为 $5 \times 10^6 \sim 1 \times 10^8$ h。

4. 功耗

存储器的功耗主要有构成存储器的电子元件决定，如双极型晶体管构成的存储器芯片功耗比 CMOS 晶体管构成的存储器芯片功耗大。功耗是存储器的重要指标，不仅表示存储器的功耗，还涉及计算机的散热问题，一般应选用低功耗的存储器芯片。

3.2 半导体存储器的工作原理

20 世纪 70 年代以后，随着大规模集成电路技术的发展，半导体存储器逐步取代以往的磁心存储器，在现代计算机中，主存储器均采用半导体存储器。

半导体存储器芯片包括存储体、译码驱动电路和读写电路。其结构如图 3-1 所示。

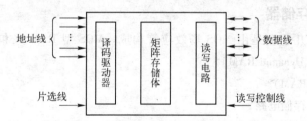

图 3-1 存储器芯片的基本结构框图

1. 存储体

对内存进行写操作或者读操作时，都要给出地址来选择具体单元。为了简化选择内存单元的译码电路，在用存储器件组成内存时，总是按照矩阵的形式来排列，这样就可以通过行选择线和列选择线来确定一个内存位。

2. 译码驱动电路

译码驱动电路把地址总线送来的地址信息翻译成对应存储单元的选择信号，然后，该信号由驱动线路经读写电路完成对被选中单元的读写操作。

3. 读写电路

读写电路包括读出放大器、写入电路和读/写控制电路，用来完成读写操作。它通过数据线与 CPU 内的数据寄存器相连，并在存储体与数据寄存器之间传递信息。数据线的条数与每个存储单元内的基本存储单元数相等。

　　根据构成元器件的不同，半导体存储器可分为双极型存储器和单极型存储器两种。双极型存储器采用晶体管－晶体管逻辑（Transistor－Transistor Logic）电路，工作速度快，但集成度低、功耗较大、价格较高。单极型存储器采用 MOS 电路，集成度高、功耗低、价格低。计算机额主存储器大多采用 MOS 存储器。半导体存储器从其存取特性角度又可以分为 RAM 和 ROM。RAM 根据其工作原理分为静态 RAM（Static RAM）即 SRAM 和动态 RAM（Dynamic RAM）即 DRAM。ROM 可分为掩膜 ROM、可编程 ROM（PROM）、用紫外线擦除的可编程只读存储器 EPROM（Erasable Programmable ROM）、用电擦除信息的可编程只读存储器 EEPROM 和闪速存储器（Flash Memory），如图 3-2 所示。

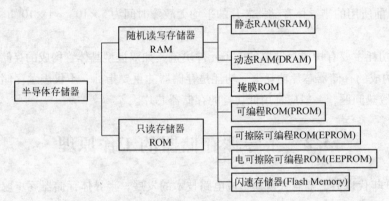

图 3-2　半导体存储器的分类

3.2.1　随机读写存储器

　　目前，RAM 芯片几乎全是由 MOS 场效应管构成。MOS 型 RAM 又包括静态 RAM（Static RAM）和动态 RAM（Dynamic RAM）。

1. 静态 RAM（SRAM）

1）SRAM 的基本存储电路

　　基本存储电路也称位元，是组成存储器的基础和核心，可以存储一位二进制信息。SRAM 的基本存储单元一般由 6 个 MOS 场效应管组成，如图 3-3 所示。图中 T_1 和 T_2 为放大管，T_3 和 T_4 为负载管，这 4 个 MOS 场效应管组成一个双稳态触发器。如果 T_1 导通，则 A 点为低电平，这使得 T_2 截止，B 点为高电平，进而确保 T_1 导通；类似地，如果 T_1 截止而 T_2 导通，A 点为高电平，B 点为低电平。令 A 点为高电平、B 点为低电平时代表 1，B 点为高电平、A 点为低电平时代表 0，这个双稳态触发器的两个状态可以分别表示一个二进制数据。如果一个存储器单元为 n 位数据，则需要 n 个这样的存储电路并排组成。

　　图中，T_5、T_6、T_7 和 T_8 为控制管。T_5 和 T_6 的栅极接到 X 地址译码线上，T_7 和 T_8 的栅极接到 Y 地址译码线上。当 X 地址译码线和 Y 地址译码线为高电平时，该存储元被选中，可以读取 A、B 点的电平或改写 A、B 的电平，即对存储器的读操作与写操作。当存储元未被选中时，T_5、T_6、T_7 和 T_8 管截止，A、B 点电平保持不变，该位数据不变化。其中，T_7 和 T_8 管被同一列中所有基本存储单元共用，不属于某个存储单元。

　　对存储电路执行写操作时，X、Y 地址译码线均为高电平，使 T_5、T_6、T_7 和 T_8 管导通。如写"1"则 I/O 线为高电平，$\overline{\text{I/O}}$ 线为低电平，I/O 线上的信息经 T_7 和 T_5 加到触发器的 A 端，$\overline{\text{I/O}}$ 线上的信息经 T_8 和 T_6 加至触发器的 B 端，使 T_1 截止，T_2 导通。当地址译码信号和数据信号撤去后，T_5、T_6、T_7 和 T_8 管截止，而 T_1、T_2、T_3 和 T_4 组成的双稳态触发器保存数据"1"。写入数据"0"的过程与写入"1"时类似，所不同的是 I/O 线和 $\overline{\text{I/O}}$ 线上分别为低电平和高电平。

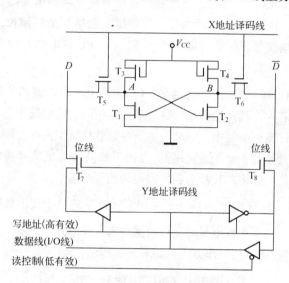

图 3-3 SRAM 的基本存储电路

对存储电路执行读操作时，X、Y 地址译码线均为高电平，使 T_5、T_6、T_7 和 T_8 管导通。当该基本存储电路存放的数据是"1"时，A 点的高电平、B 点的低电平分别传给 I/O 线和 $\overline{\text{I/O}}$ 线，读出数据 1。当存放的数据是"0"时，其读操作类似。存储数据被读出后，存储电路原来的状态保持不变，这种存储电路的读出是非破坏性的。

SRAM 基本存储电路中 MOS 场效应管较多，集成度不高，而且 T_1 和 T_2 管必须有一个导通，因而功耗较大。SRAM 的优点是只要供给电源，其存储状态就保持不变，不需要刷新电路，简化了外部控制逻辑电路；同时，SRAM 的存取速度快，通常用作微型计算机中的高速缓冲存储器（Cache）。

2）SRAM 典型芯片

常用的 SRAM 芯片有 2K × 8 bit 的 6116、8 KB 的 6264 和 16 KB 的 62128 等。下面重点介绍 Intel 6264 芯片，引脚如图 3-4 所示，其设有 28 个引脚，包括 13 条地址线、8 条数据线、4 条控制线、1 条电源线和 1 条地线。6264 芯片的容量为 65 536 bit，即片内有 65 536 个基本存储电路，8 个基本存储电路构成一个存储单元（1 B）。

$A_0 \sim A_{12}$ 为 13 条地址引脚。存储芯片上地址线的数量决定了该芯片中存储单元的数量，13 条地址线上地址信号的编码最大值为 2^{13}，即 8192（8 KB）个。芯片的 13 条地址线上的信号

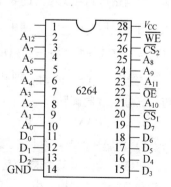

图 3-4 SRAM6246 引脚图

经芯片的内部译码可以选择 6264 芯片中 8 KB 存储单元中的一个。$A_0 \sim A_{12}$ 这 13 条地址线中，$A_1 \sim A_8$ 用于行地址译码，A_0、$A_9 \sim A_{12}$ 用于列地址译码，每条列地址译码线控制 8 个基本存储单元构成一个字节数据，从而片内组成 $2^8 \times 2^5 \times 8 = 256 \times 256$ 的存储单元矩阵。于系统连接时，这 13 条地址线通常接到系统地址总线的第 13 位，以便 CPU 能够寻址芯片上的各个单元。

$D_0 \sim D_7$ 为 8 条双向数据线，具有三态控制。芯片内每个存储单元的二进制数据位数决定芯片封装时数据线的条数，由于 6264 芯片内每个存储单元包括 8 个存储位，因此需要 8 条数据引脚。使用时，这 8 条数据线与系统的数据总线相连。当 CPU 存取芯片内某个存储单元时，读出和写入的数据都通过这 8 条数据线传送。

$\overline{CS_1}$ 和 CS_2 为片选信号线。当 $\overline{CS_1}$ 为低电平、CS_2 为高电平时，该芯片被选中，CPU 可以对它进行读写。不同类型的芯片，其片选信号的数量不一定相同，但要选中芯片，必须使其所有的片选信号同时有效。微型计算机系统中，常利用多个存储芯片组织内存空间，某个芯片映射到内存空间的哪一个位置（即处于哪一个地址范围），是由系统高位地址信号决定的。系统的高位地址信号通过译码产生片选信号，将芯片映射到所需要的地址范围。

$\overline{OE}$ 为输出允许信号。只有当 $\overline{OE}$ 为低电平时 CPU 才能从芯片中读出数据。

$\overline{WE}$ 为写允许信号。当 $\overline{WE}$ 为低电平时允许数据写入存储芯片。

这 4 条控制信号决定 6264 的工作方式，如表 3–1 所示。

表 3–1　6264 芯片的工作方式

$\overline{CS_1}$	CS_2	$\overline{WE}$	$\overline{OE}$	工作方式
0	1	1	0	读出
0	1	0	×	写入
0	0	×	×	未选（$D_0 \sim D_7$ 呈高阻）
1	×	×	×	

6264 芯片的工作方式包括写操作和读出操作。写入数据时，CPU 将地址送到芯片的地址线 $A_0 \sim A_{12}$ 上，经片内译码后选中一个存储单元（其中包括 8 个存储位），由 $\overline{CS_1}$、CS_2 和 $\overline{WE}$ 构成写入控制逻辑（$\overline{CS_1} = 0$、$CS_2 = 1$、$\overline{WE} = 0$），打开 TSL，从 $D_7 \sim D_0$ 端输入的数据经三态门和输入数据控制电路送到存储单元的 8 个存储位中。读出时，CPU 将地址送到芯片的地址线 $A_0 \sim A_{12}$ 上，经片内译码后选中一个存储单元（其中包括 8 个存储位），由 $\overline{CS_1}$、CS_2 和 $\overline{WE}$ 构成读出控制逻辑（$\overline{CS_1} = 0$、$CS_2 = 1$、$\overline{WE} = 1$、$\overline{OE} = 0$），被选中单元的 8 位数据经内部输出控制电路和 TSL 送到 $D_7 \sim D_0$ 输出。当 $\overline{CS_1} = 1$ 时，即片选处于无效状态，输入/输出三态门呈高阻状态，使存储器芯片与系统总线"脱离"。

2. 动态 RAM（DRAM）

1）DRAM 的基本存储电路

DRAM 是以 MOS 场效应管栅极电容是否充有电荷来存储信息的，其基本电路一般有四管、三管和单管三种结构。由于 DRAM 基本电路所需要的 MOS 场效应管较少，集成度、高功耗低，在微型计算机系统大多采用 DRAM 作为内存储器。四管和三管存储单元的相对元件较多，占用芯片面积大，故集成度较低，但是外围电路较简单，使用简单；单管电路的元件数量少，集成度高，但外围电路比较复杂。这里仅简单介绍单管存储单元的存储原理。

单管动态存储单元电路如图 3-5 所示，图中 C_1 是 CMOS 管栅极与衬底之间的分布电容，C_0 为位线对地的寄生电容，T_0 为预充管，T_1 为存储信息的关键管，T_2 为列选择管。通过 X 选择线和 Y 选择线，即可对该单元进行读写操作。当选择该单元时，X 选择线和 Y 选择线上加高电平，使 T_1 和 T_2 导通。

写入时，X 选择线和 Y 选择线都为 "1"，T_1 和 T_2 导通，写入的信息通过 A 处到达 B 处（数据线），再到达电容 C_1 的上端。如果写入的数据为 "1"，则 C_1 上端电平为高；如果写入的数据为 "0"，则 C_0 上端电平为低。当没有选中该基本电路时，数据（"0" 或者 "1"）一直保存在电容 C_1 的两端（只要 C_1 不漏电）。写入操作就是对电容 C_1 的充电操作。尽管 CMOS 器件是高阻器件，漏电流很小，但是漏电总是存在的，C_1 两端的电荷经过一定的时间就会泄露掉，因此不能长期保存信息，为了维持 DRAM 所存储的信息，必须进行 "刷新" 操作。T_0 为刷新电路接通的信息通道，刷新电路每隔一段时间对电容器两端的电压进行检测，当 C_1 的电压大于 $Vcc/2$ 时，通过 T_0 向位线重新写入 "1"，即对 C_1 充电；当 C_1 的电压小于 $Vcc/2$ 时，则刷新电路对 C_1 重新写入信息 "0"，即对电容 C_1 放电。只要刷新电路的刷新时间满足一定的要求，就能够保证原来的信息不变。

读数据时，同样选中行线和列线，只是数据的方向和写入相反。读出数据时，信息从 C_1 两端经过 T_1 到达 B 点并通过 T_2 进入数据线（根据位线上有无电流即可得知存储的信息是 "0" 或者 "1"）。

DRAM 存储数据的本质原理是，电容器的状态决定了这个 DRAM 单位的逻辑状态是 1 还是 0，一个电容器可以存储一定量的电子或者电荷。一个充电的电容器被认为是逻辑上的 1，而 "空" 的电容器则是 0（通过连通时位线上是否有电流判断 C_1 中是否存储了电荷）。

2）DRAM 的典型芯片

常用的 DRAM 芯片有 $256K \times 1$ bit 的 21256 和 41256、$64K \times 1$ bit 的 2164 和 4164、$1K \times 1$ bit 的 21010、$256K \times 4$ bit 的 21040 及 $1K \times 1$ bit 的 42100 等。下面以 DRAM 2164A 芯片为例来说明 DRAM 的外部特性及工作过程。2164A 是一块 $64K \times 1$ bit 的 DRAM 芯片，与其类似的芯片有很多种，如 3764、4164 等。图 3-6 所示为 DRAM2164A 的引脚图。

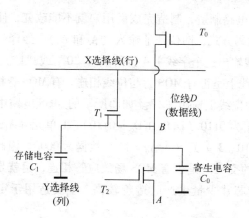

图 3-5　单管 DRAM 基本存储电路

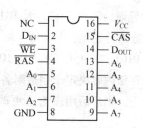

图 3-6　DRAM2164A 外部引脚图

（1）$A_0 \sim A_7$：地址输入线。DRAM 芯片在构造上的特点是芯片上的地址引线是复用的。虽然 2164 的容量是 64K 个单元，但它并没有 16 根地址线，而是只有这个数量的一半，即 8 根地址线。那么它是如何用 8 根地址线来寻址这 64K 个单元的呢？实际上，在存取 DRAM 芯片的某个单元时，其操作过程是将存取的地址分两次输入到芯片中，每一次都由同一组地址线输入。两次送到芯片上去的地址分别称为行地址和列地址，它们分别被锁存到芯片内部的行地址锁存器和列地址锁存器中。

在芯片内部，各存储单元是按照矩阵结构排列的。行地址信号通过片内译码器选择一行，列地址的信号通过片内译码器选择一列，这样就决定了选中的单元。我们可以简单地认为该芯片有 256 行和 256 列，共同决定了 64K 个单元。对于其他 DRAM 芯片也可以按照同样的方式考虑。如 21256，它是 64K × 1 bit 的 RAM 芯片，有 256 行，每行为 1024 列。

综上所述，DRAM 芯片上的地址引线是复用的，CPU 对它寻址时的地址信号分成行地址和列地址，分别由芯片上的地址线送入芯片内部进行锁存、译码，从而选中要寻址的单元。

（2）D_{IN} 和 D_{OUT}：芯片的数据输入、输出线。其中 D_{IN} 为数据输入线，当 CPU 写芯片的某一个单元时，要写入的数据由 D_{IN} 送到芯片内部。同样 D_{OUT} 是数据输出线，当 CPU 读芯片的某一个单元时，数据要由此线输出。

（3）$\overline{RAS}$：行地址锁存信号。该信号将行地址锁存在芯片内部的行地址锁存器中。

（4）$\overline{CAS}$：列地址锁存信号。该信号将列地址锁存在芯片内部的列地址锁存器中。

（5）$\overline{WE}$：写允许信号。当它为低电平时，允许将数据写入。反之，当 $\overline{WE} = 1$ 时，可以从芯片中读出数据。

3.2.2　只读存储器

微型计算机中除了使用速度较快的 RAM 以外，还需要使用具有一定容量、不可随意改写内容的存放重要系统参数和程序（如监视程序、BIOS 程序等）的 ROM。ROM 属于非易失性存储器，即信息一经写入，写入的信息就不会丢失。ROM 主要有掩膜 ROM、可编程 ROM（PROM）、可擦除可编程 ROM（EPROM）、电可擦除可编程 ROM（EEPROM）及闪速存储器（Flash Memory）等。

1. 掩膜 ROM

早期的 ROM 由半导体生产厂家按照固定电路制造，制造完成后用户就不能改变，使用不方便。图 3-7 所示 4 位的 MOS ROM，采用字译码方式，两位地址输入（A_0 和 A_1），经译码后，输出 4 条选择线，每一条选中一个字线，则位线输出这个字线上 4 位的值（"0" 或 "1"）。4 个位线输出 "0" 还是输出 "1" 取决于选中的字线上是否有 MOS 管与位线相连。有 MOS 管相连，则 MOS 管导通，输出 "0"，无 MOS 管相连，则位线上输出 "1"。如图所示的 MOS 电路中各单元存储的数据分别是：0 单元（$A_1 A_0 = 00$）数据为 0110（$D_3 D_2 D_1 D_0 = 0110$）、1 单元（$A_1 A_0 = 01$）数据为 0101、2 单元（$A_1 A_0 = 10$）数据为 1010、3 单元（$A_1 A_0 = 11$）数据为 0000。因此，存储矩阵的存储内容决定于制造时各字线与位线的交叉点是否有 MOS 场效应管相连，也就是取决于制造过程，出厂后用户无法更改；这类存储芯片少量生产时造价较高，主要适用于定型批量生产。

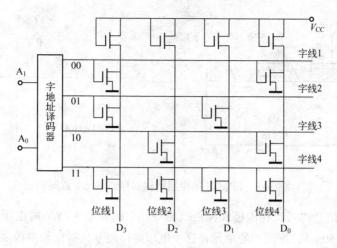

图 3-7 4×4 位的掩膜 ROM

2. 可编程 ROM（PROM）

PROM 是可由用户直接向芯片写入信息的存储器，PROM 是在掩膜 ROM 的基础上发展而来的。但 PROM 的缺点是只能写入一次数据，且一经写入就不能再更改了。

PROM 封装出厂前，存储单元中的内容全为"1"，用户可根据需要进行一次性编程处理，将某些单元的内容改为"0"。图 3-8 所示是 PROM 的一种存储单元，它由晶体管和低熔点的快速熔丝组成，所有字线和位线的交叉点都接有一个这样的熔丝开关电路。存储矩阵中的所有存储单元都具有这种结构。出厂时，所有存储单元的熔丝都是连通的，相当于所有的存储单元的内容全为"1"。编程时若想使某个单元的存储内容为"0"，只需选中该单元后，再在 EC 端加上电脉冲，使熔丝通过足够大的电流，把熔丝烧断即可。但是，

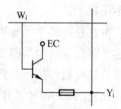

图 3-8 PROM 基本存储单元

熔丝一旦烧断将不可恢复，也就是一旦写成"0"后就无法再重写为"1"了，即这种可编程存储器只能进行一次编程（而且需要专门的 PROM 写入设备，如 PC 上的 ROM 写入卡）。

3. 可擦除可编程 ROM（EPROM）

EPROM 是一种可擦除可编程的只读存储器。擦除时，用紫外线长时间照射芯片上的窗口，即可清除存储的内容。擦除后的芯片可以使用专门的编程写入器对其重新编程（写入新的内容）。存储在 EPROM 中的内容能够长时间保存几十年之久，而且掉电后其内容也不会丢失。

EPROM 的基本存储单元大多采用浮空栅 MOS 场效应管 FAMOS（简称浮栅 MOS 场效应管），P 沟道浮栅 MOS 场效应管 EPROM 的电路结构如图 3-9（a）所示，相应的一个存储单元如图 3-9（b）所示。

与普通的 P 沟道增强型 MOS 电路相似，这种 EPROM 在 N 型的基片上扩展了两个高浓度的 P 型区，分别引出源极（S）和漏极（D），在源极与漏极之间有一个由多晶硅做成的栅极，但它是浮空的，被绝缘物 SiO_2 所包围。在芯片的制作完成时，每个单元的浮动栅极上都没有电荷，所以管子内没有导电沟道，源极与漏极之间不导电，其相应的等效电路如图 3-9（b）所示，此时表示该存储单元保存的信息为"1"。

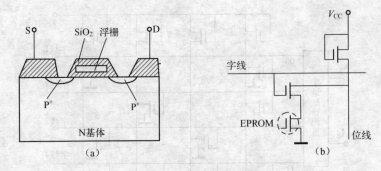

图 3-9 EPROM 的电路结构和存储单元示意图

向该单元写入信息"0"，在漏极和源极（即 S）之间加上 +25 V 的电压，同时加上编程脉冲信号（宽度约为 50ns），所选中的单元在这个电压的作用下，漏极与源极之间被瞬间击穿，就会有电子通过 SiO_2 绝缘层注入到浮空栅。在高压电源去除之后，因为浮空栅被 SiO_2 绝缘层包围，所以注入的电子无泄漏通道，浮空栅为负，就行程了导电沟道，从而使相应单元导通，此时说明将 0 写入该单元。清除存储单元中所保存的信息，必须用一定波长的紫外线长时间照射浮空栅，使负电荷获取足够的能量，摆脱 SiO_2 的包围，以光电流的形式释放掉，这时，原来存储的信息也就不存在了。

由这种存储单元所构成的 ROM 存储芯片，在其上方有一个石英玻璃的窗口，紫外线正是通过这个窗口来照射其内部电路而擦除信息的。EPROM 的优点是芯片可以多次使用，缺点是整个芯片若只写错一位，也必须从电路板上擦掉重写。

典型的 EPROM 芯片：

Intel 2764 的外部引脚如图 3-10 所示。这是一块 8 KB 的 EPROM 芯片，它的引线与前面介绍的 SRAM 芯片 6264 是兼容的。这给使用者带来很大方便。因为在软件调试过程中，程序需要经常修改，此时可将程序先放在 6264 中，读写修改都很方便。调试成功后，将程序固化在 2764 中，由于它与 6264 的引脚兼容，所以可以把 2764 直接插在 6264 的插座上。这样，程序也就不会由于断电而丢失。

图 3-10 Intel 2764 引脚图

2764 引脚的含义如下：

（1）$A_0 \sim A_{12}$：13 条地址输入线。用于寻址片内的 8 KB 个存储单元；

（2）$D_0 \sim D_7$：8 根双向数据线，正常工作时为数据输出线，编程时为数据输入线；

（3）$\overline{CE}$：选片信号，低电平有效，当 $\overline{CE} = 0$ 时表示选中此芯片；

（4）$\overline{OE}$：输出允许信号，低电平有效，当 $\overline{OE} = 0$ 时，芯片中的数据可由 $D_0 \sim D_7$ 端输出。

（5）$\overline{PGM}$：编程脉冲输入端，对 EPROM 编程时，在该端加上编程脉冲，读操作时 $\overline{PGM} = 1$；

（6）V_{PP}：编程电压输入端，编程时应在该端加上编程高电压，不同的芯片对 V_{PP} 的值要求不一样，可以是 +12.5 V、+15 V、+21 V、+25 V 等。

Intel 2764 工作方式如表 3-2 所示。

表 3-2　Intel2764 工作方式选择

方　式 ＼ 引　脚	$\overline{CE}$	$\overline{OE}$	$\overline{PGM}$	V_{pp}	V_{cc}	$D_7 \sim D_0$
读	低	低	高	V_{cc}	+5 V	数据输出
编程	低	高	低到高的脉冲	+25 V	V_{cc}	数据输入
编程校验	低	低	高	+25 V	V_{cc}	数据输出
编程禁止	高	×	×	+25 V	$+V_{cc}$	高阻
未选中	高	×	×	V_{cc}	V_{cc}	高阻

当 $\overline{CE}$ 高电平时 2764 处于未选中，即备用方式，输出端为高阻状态，芯片的功耗下降，电流有 100 mA 下降到 40 mA。在编程方式下，给 V_{pp} 端加上编程电压（不同芯片电压不同，有的是 + 25 V，有的是 + 12.5 V），从 $A_{12} \sim A_0$ 端输入要编程单元的地址，在 $D_7 \sim D_0$ 端输入编程数据。在 $\overline{PGM}$ 端再使编程脉冲，宽度为 50 ms 的 TTL 高电平脉冲即可实现写入。注意，必须在地址和数据稳定之后才能加上编程脉冲。

4. 电可擦除可编程 ROM（EEPROM）

PROM 尽管可以擦除后重新编程，但擦除时需要用紫外线 $\overline{CE}$ 光源，使用起来仍然不太方便。现在常用一种可擦除的可编程 ROM，又称 EEPROM。由于采用电擦除技术，所以它允许在线编程写入和擦除，而不必像 EPROM 芯片那样需要从系统中取下来，再用专门的编程写入器和专门的擦除器编程和擦除。从这一点讲，它的使用要比 EPROM 方便。另外，EPROM 虽可多次编程写入，但整个芯片只要有一位写错，也必须从电路板上取下全部擦掉重写，这给实际使用带来很大不便。因为在实际使用中，多数情况下需要的是以字节为单位的擦除和重写，而 EEPROM 在这方面就具有了很大的优越性。随着技术的进步，EEPROM 的擦写速度将不断加快，可作为非易失性 RAM 使用。除了并行读出的 EEPROM，串行的 EEPROM 也广泛使用。

1）并行 EEPROM

EEPROM 通常有 4 种工作方式，即读方式、写方式、字节擦除方式和整体擦除方式。读方式是 EEPROM 最常用的工作方式，如同对普通 ROM 的操作，用来读取其中的信息；写方式，对 EEPROM 进行编程；字节擦除方式下，可以擦除某个指定的字节；整体擦除方式下，使整片 EEPROM 中的内容全部擦除。

NMC98C64A 为 8×8 位的典型的 EEPROM 芯片，其引脚如图 3-11 所示。

① $A_0 \sim A_{12}$：地址线，用于选择片内的 8 KB 个存储单元。

② $D_0 \sim D_7$：8 条数据线。

③ $\overline{CE}$：片选信号。低电平有效，当 $\overline{CE} = 0$ 时选中该芯片。

④ $\overline{OE}$：输出允许信号。当 $\overline{CE} = 0$，$\overline{OE} = 0$，$\overline{WE} = 1$ 时，可以将选中的地址单元的数据读出。这点与 6264 很相似。

⑤ $\overline{WE}$：写允许信号。当 $\overline{CE} = 1$，$\overline{OE} = 1$，$\overline{WE} = 0$ 时，可以将数据写入指定的存储单元。

⑥ READY/$\overline{BUSY}$：状态输出端。98C64A 在执行编程写入

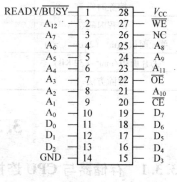

图 3-11　NMC98C64A 的引脚图

时，次引脚为低电平。写完后，此引脚变为高电平。因为正在写入当前数据时，98C64A 不接收 CPU 送来的下一个数据，所以 CPU 可以通过检查此引脚的状态来判断写操作是否结束。

2）串行 EEPROM

串行 EEPROM 芯片有 PHILIPS 公司的 24C01、NS 公司的 93C46，图 3-12 为 24C01 的引脚图。24C01 是采用 CMOS 工艺制作的 128×8 bit 的 8 引脚串行 EEPROM。同 I^2C 总线协议与 CPU 通信，I^2C 总线是 PHILIPS 公司推出的一种串行总线。

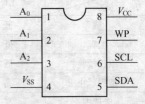

图 3-12　24C01 的引脚图

引脚说明：

SCL 是串行时钟信号，用于对输入和输出数据的同步，写入串行 EEPROM 的数据用其上升沿同步，输出数据用其下降沿同步。SDA 是串行数据输入/输出线。该引脚是漏极开路驱动，可以与任何数目的其他漏极开路或集电极开路的器件"线与"连接。WP 是写保护，当该引脚接高电平时芯片就具有数据写保护功能，读操作不受影响。$A_2 \sim A_0$ 是片选地址输入线。

5. 闪速存储器

闪速存储器（Flash Memory）又称快擦型存储器，它是高速耐用的非易失性半导体存储器，其性能好、功耗低、体积小、质量小，但价格较贵。快擦型存储器具有 EEPROM 的特点，又可在计算机内进行擦除和编程，它的读取时间与 DRAM 相似，而写入时间与磁盘驱动器相当。与 EEPROM 相比，Flash 可以在系统电可擦除和可重复编程，而不需要特殊的高电压，并具有成本低、密度大的特点。

闪速存储器有 5 V 或 12 V 两种供电方式。对于便携机来讲，用 5 V 电源更为合适。闪速存储器操作简便，编程、擦除、校验等工作均已编成程序，可由配有闪速存储器系统的微处理器予以控制。闪速存储器可替代 EEPROM，在某些场合还可取代 SRAM，尤其是对于需要配备电池后援的 SRAM 系统，使用闪速存储器后可省去电源。

闪速存储器的非易失性和快速存储的特点，能满足固态盘驱动器的要求，同时，可替代便携机中的 ROM，以便随时写入最新版本的操作系统。闪速存储器还可应用于激光打印机、条形码阅读器、各种仪器设备及计算机的外围设备中。

表 3-3 为 EPROM、EEPROM 和 1987 年生产的第一块闪速存储器的主要性能对比。

表 3-3　EPROM、EEPROM 和 1987 年生产的第一块闪速存储器主要性能对比

类　别	EPROM	EEPROM	闪速存储器
擦除时间	20 min	1 ms	100 μs
编程时间	< 1 ms	< 1 ms	100 μs
单元面积/μm² （2 μm 工艺）	64	270	64
芯片面积/mm² （32 KB）	32.9	98	32.9
擦除方法	紫外线	电擦除	电擦除

3.3　存储器的译码与扩展

3.3.1　存储器与 CPU 连接时应考虑的问题

在计算机中，当 CPU 对存储器进行读写操作时，首先要在地址总线上输出地址信号，然后

发出相应的读写控制信号，之后才能在数据总线上进行数据传输。因此，存储器与 CPU 连接时，要完成地址线、数据线和控制线的正确连接。在连接中要考虑以下几个方面的问题。

1. CPU 总线的负载能力

通常 CPU 总线的负载能力是一个 TTL 器件或 20 个 MOS 器件，当总线上挂接的器件数量超过额定负载数量时，就应该在总线上加接缓冲器或驱动器，以增加 CPU 的负载能力。

2. CPU 的时序和存储器的存取速度之间的配合

CPU 在访问存储器时有固定的时序，为保证 CPU 对存储器正确地存取，存储器的工作速度必须与 CPU 的时序相匹配。

3. 存储器的地址分配与片选

计算机内存包括 RAM 区和 ROM 区两大部分，其中 RAM 区又分为系统区（计算机监控程序或操作系统所占内存区域）和用户区，这就需要对存储器地址进行合理的分配。另外，存储器通常是由多个存储芯片组合而成的，因此如何产生各个存储芯片的片选信号也是一个必须考虑的问题。

4. 控制信号的连接

存储器接口中的控制信号除了片选信号外，主要还有读、写控制信号及相关控制信号。对于这些控制信号，有的系统中是由 CPU 直接提供（如最小模式下的 8086 系统），也有的是通过外部电路（总线接口逻辑电路）对 CPU 输出的相关控制信号进行组合（译码）而得到的。

对于工作速度比较接近 CPU 的存储器芯片（如 SRAM 芯片），其读、写控制信号的连接非常简单，只需将 CPU 输出的读、写信号（如最小模式下的 8086 的 $\overline{RD}$、$\overline{WR}$）或系统总线提供的读、写控制信号（如 ISA 总线的 $\overline{MEMR}$ 和 $\overline{MEMW}$）与存储芯片的相应功能端连接即可。

如果存储芯片的工作速率比较慢，以至于不能在 CPU 的读/写周期内完成读/写操作，则 CPU 就需在正常的读/写周期中插入一个或几个等待状态（T_W），以实现 CPU 与存储器操作的同步。在这种情况下，存储器接口逻辑必须向 CPU 提供相应的"准备好"信号。CPU 有专门负责接收这种信号的引脚输入端（如 80X86 CPU 的 READY 引脚），若该信号表明存储器尚不能在特定的时间内完成读/写操作，则 CPU 必须在读/写周期中插入等待状态。

至于 DRAM 芯片，除了以上读/写控制信号外，还需考虑用于控制行、列地址输入及动态刷新的行选通（$\overline{RAS}$）及列选通（$\overline{CAS}$）信号，它们往往要和地址信号一起，通过专门的接口逻辑电路（如 Intel 的 8203 微处理器）来提供。

此外，为实现不同的数据存取宽度（字节、字、双字等），现代微型计算机的存储器往往由多个存储体（BANK）构成，因此存储器接口还需考虑正确连接和使用 CPU 输出的选体信号（或字节允许信号），如 16 位微型计算机系统的 $\overline{BHE}$ 和 A_0，32 位微型计算机系统中的 $\overline{BE_3}$ ~ $\overline{BE_0}$）。

3.3.2 存储器的地址译码方法

存储器的地址译码是任何存储器系统设计的核心，目的是保证 CPU 能对所有的存储单元实现正确寻址。由于单个存储器芯片的容量是有限的，所以一个存储器经常需要由若干个存储器芯片构成，这就使存储器的地址译码被分为片选控制译码和片内地址译码两部分。其中片选控制译码电路对 CPU 的高位地址进行译码后产生存储器芯片的片选信号；片内地址译码电路对 CPU 的低位地址译码实现存储器芯片内存储单元的寻址。存储器电路中主要完成存储器芯片的选择及低位地址总线的连接。其重点是存储器芯片的选择的方法，其有线选法、全译码法和部分译码法。

CPU 对存储器进行读写时，首先要对存储芯片进行选择（称为片选），然后从被选中的存储芯片中选择所要读写的存储单元。片选可以通过门电路构成的组合逻辑电路或者地址译码器来实现，常用的地址译码器件有 3－8 译码器 74LS138、双 2－4 译码器 74LS139 和 4－16 译码器 74LS154、74LS138 的引脚和逻辑电路如图 3－13 所示。

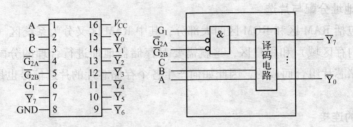

图 3-13　74LS138 的引脚和逻辑电路图

地址译码器 74LS138 是 3－8 译码器，当 3 个控制输入端 $G_1 = 1$、$\overline{G}_{2A} = 0$、$\overline{G}_{2B} = 0$ 时芯片处于译码状态，3 个译码输入端 C、B、A 决定 8 个输出端 $\overline{Y}_7$，$\overline{Y}_6$，…，$\overline{Y}_0$ 的状态。由于通常片选是低电平选中相应的存储芯片，因此 74LS138 输出也是低电平有效。74LS138 的功能表如表 3-4 所示。

表 3-4　74LS138 的功能表

G_1	$\overline{G}_{2A}$	$\overline{G}_{2B}$	C	B	A	译码器的输出
1	0	0	0	0	0	$\overline{Y}_0 = 0$，其余均为 1
1	0	0	0	0	1	$\overline{Y}_1 = 0$，其余均为 1
1	0	0	0	1	0	$\overline{Y}_2 = 0$，其余均为 1
1	0	0	0	1	1	$\overline{Y}_3 = 0$，其余均为 1
1	0	0	1	0	0	$\overline{Y}_4 = 0$，其余均为 1
1	0	0	1	0	1	$\overline{Y}_5 = 0$，其余均为 1
1	0	0	1	1	0	$\overline{Y}_6 = 0$，其余均为 1
1	0	0	1	1	1	$\overline{Y}_7 = 0$，其余均为 1
其余情况			×	×	×	$\overline{Y}_7 \sim \overline{Y}_0$ 全为 1

1. 线选法

使用 CPU 高位地址线中的某一条作为某一存储器芯片的片选控制。当存储器容量不大，所使用的存储器芯片数量不多，而 CPU 寻址空间又远大于存储器容量时，可以使用线选法。这种方法片选控制简单，不需要额外译码电路。但在多片存储器芯片构成的存储器系统中会造成芯片间的地址不连续，使存储器系统可寻址范围变小，而且可能导致地址重叠。

图 3-14 是一个线选法连接的存储器系统（图中未画出 CPU 和控制总线），如果 CPU 地址线为 16 条，两片芯片均为 1 KB 的芯片，采用线选法利用 A_{10} 和 A_{11} 分别作为两个芯片的片选信号，则 1 KB ROM 的地址空间起始和终止地址如表 3-5 所示；1 KB RAM 的地址空间起始和终止地址如表 3-6 所示。

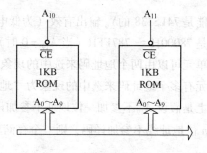

图 3-14　线选法结构示意图

可以看出，由于 A_{15} ～ A_{12} 没有参与译码，因此它们是 "0" 或者 "1"，不会影响对于芯片的选择，即 ROM 芯片的地址空间不受 A_{15} ～ A_{12} 的控制，所以存在地址重叠问题。一共存在 $2^4 = 16$ 个重叠的地址空间。如果 A_{15} ～ A_{12} 为 0000B，则整个 ROM 芯片的地址空间为 0800H ～ 0BFFH。

表 3-5　线选法 1 KB ROM 地址表

地址线	A_{15}	A_{14}	A_{13}	A_{12}	A_{11}	A_{10}	A_9	A_8	A_7	A_6	A_5	A_4	A_3	A_2	A_1	A_0
起始地址	×	×	×	×	1	0	0	0	0	0	0	0	0	0	0	0
终止地址	×	×	×	×	1	0	1	1	1	1	1	1	1	1	1	1

表 3-6　线选法 1 KB RAM 地址表

地址线	A_{15}	A_{14}	A_{13}	A_{12}	A_{11}	A_{10}	A_9	A_8	A_7	A_6	A_5	A_4	A_3	A_2	A_1	A_0
起始地址	×	×	×	×	0	1	0	0	0	0	0	0	0	0	0	0
终止地址	×	×	×	×	0	1	1	1	1	1	1	1	1	1	1	1

同样道理，从表 3-6 可以看出，RAM 芯片地址空间也存在 16 个重叠的地址空间，如果 A_{15} ～ A_{12} 为 0000B，则整个 RAM 芯片的地址空间为 0400H ～ 07FFH。在高位地址相同的情况下，两块芯片（存储器系统）的地址并不连续。

2. 全译码法

全译码法就是除了将地址总线的低位地址直接连接至各存储芯片的地址线外，将所有余下的高位地址全部用于译码，译码输出作为各存储芯片的片选信号。采用全译码法的优点是存储器的每一个存储单元都有唯一的地址。相对于部分译码法，其缺点是译码电路比较复杂。

一个采用全译码法实现片选控制的 RAM 系统如图 3-15 所示。其中，存储芯片为静态 RAM 芯片 6116（2 KB×8），片选译码器为 74LS138；读控信号 $\overline{\text{MEMR}}$ 接至存储芯片的输出允许控制端 $\overline{\text{OE}}$，写控信号 $\overline{\text{MEMW}}$ 接至存储芯片的写允许控制端 $\overline{\text{WE}}$；数据总线为 D_7 ～ D_0，地址总线为 A_{19} ～ A_0，地址总线的高位地址 A_{19} ～ A_{11} 全部参加片选译码，低位地址 A_{10} ～ A_0 接至各个存储芯片。整个 RAM 系统的地址范围为 F8000H ～ F9FFFH（8 KB），各存储芯片的地址范围如表 3-7 所示。

这种片选控制方式可以提供对整个存储空间的寻址能力，即使不需要使用全部地址空间也可以采用全译码方式，多余的译码输出端暂时可以不用，可留做需要时扩充。

3. 部分译码法

所谓部分译码法就是只选用地址总线的高位地址的一部分（而不是全部）进行译码，以产生各个存储器芯片的片选信号。例如，在图 3-15 所示的片选译码电路中，假设高位地址 A_{19} 不参加译码，把译码器 74LS138 的 G_1 端接 +5 V，则 A_{19} 无论是 0 还是 1，只要 A_{18} ～ A_{11} = 11110000，均能是 74LS138 的 $\overline{Y_0}$ 输出有效（为低电平），从而选中芯片 1。这样，存储器芯片 1 的地址范围就是 78000H～787FFH（当 $A_{19}=0$ 时）或 F8000H～F87FFH（当 $A_{19}=1$ 时），即出现了一个存储单元可以由两个地址码来选中的现象（其他存储芯片的情况与此相同）。我们称这种一个存储单元有多个地址码来选中的现象为"地址重叠"。这是采用"部分译码法"所必然产生的结果。以上是假设 A_{19} 不参加一位地址不参加译码，则一个存储单元有两个地址与其对应。显然，如果有 n 位地址线不参加译码，则一个存储单元将有 2^n 个地址与其对应。

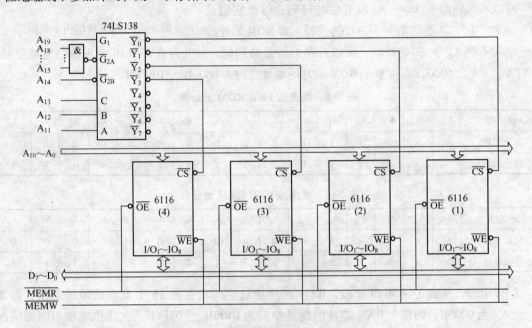

图 3-15　全译码法实现 CPU 与 RAM 连接

表 3-7　各存储芯片的地址范围

芯　片	高 位 地 址									低 位 地 址					地址范围
	A_{19}	A_{18}	A_{17}	A_{16}	A_{15}	A_{14}	A_{13}	A_{12}	A_{11}	A_{10}	A_9	A_8	…	A_0	
1	1	1	1	1	1	0	0	0	0	0	0	0	…	0	F8000H～F87FFH（2KB）
	1	1	1	1	1	0	0	0	0	1	1	1	…	1	
2	1	1	1	1	1	0	0	0	1	0	0	0	…	0	F8800H～F8FFFH（2KB）
	1	1	1	1	1	0	0	0	1	1	1	1	…	1	
3	1	1	1	1	1	0	0	1	0	0	0	0	…	0	F9000H～F97FFH（2KB）
	1	1	1	1	1	0	0	1	0	1	1	1	…	1	
4	1	1	1	1	1	0	0	1	1	0	0	0	…	0	F9800H～F9FFFH（2KB）
	1	1	1	1	1	0	0	1	1	1	1	1	…	1	

部分译码法是介于全译码法和线选法之间的一种片选控制方式。它的优点是片选译码电路比较简单，缺点是存储空间中存在地址重叠区，使用时应予以注意。图 3-16 是一个部分译码的例子，其译码片选情况如表 3-8 所示。

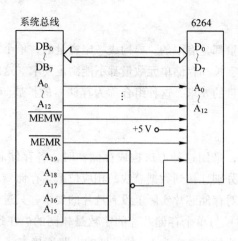

图 3-16 部分地址译码连接图

表 3-8 部分译码法 6264SRAM 地址表

地址线	A_{19}	A_{18}	A_{17}	A_{16}	A_{15}	A_{14}	A_{13}	A_{12}	…	A_0
起始地址	1	1	1	1	1	×	×	0	…	0
终止地址	1	1	1	1	1	×	×	1	…	1

从图 3-16 可以看出，A_{14} 和 A_{13} 可以为任何值，$A_{19} \sim A_{15}$ 的值如表 3-8 所示，都可以访问该存储芯片。当 $A_{14} \sim A_{13}$ 的值为 00 时，该 6264 芯片的地址范围分别如表 3-9 所示。

表 3-9 部分译码法 6264SRAM 地址表

地址线	A_{19}	A_{18}	A_{17}	A_{16}	A_{15}	A_{14}	A_{13}	A_{12}	…	A_0	芯片地址范围
起始地址	1	1	1	1	1	0	0	0	…	0	F8000H
终止地址	1	1	1	1	1	0	0	1	…	1	F9FFFH

当 A_{14}、A_{13} 为 01、10 和 11 时，该 6264 芯片的地址范围分别为 FA000H ～ FBFFFH、FC000 ～ FDFFFH 和 FE000H ～ FFFFFH。即该 6264 芯片共占据了 4 个 8 KB 的内存空间，而 6264 芯片本身只有 8 KB 的存储容量，为什么会出现这种情况，其原因在于图 3-16 中存储芯片片选信号的产生并没有利用地址总线上的全部高位地址引脚，而只利用了其中的一部分。按这种地址译码方式，芯片占用的这 4 个 8 KB 的区域也不可在分配给其他芯片，否则，会造成总线竞争而使微型计算机无法正常工作。另外，在对这个 6264 芯片进行存钱时，可以使用以上 4 个地址范围的任意一个。

部分地址译码使地址出现重叠区，而重叠的部分必须空着不能让别的芯片使用，这就破坏了地址空间的连续性，实际上就是减小了总的可用存储地址空间。部分地址译码方式的优点是其译码器构成比较简单，成本较低。

实际中，采用全译码还是部分译码法，应根据具体情况来定。如果地址资源很富裕，为使电路简单，可考虑用部分地址译码方式。如果要充分利用地址空间，则应采用全地址译码法。

3.3.3 存储器的扩展

任何存储芯片的存储容量都是有限的。要构成一定容量的，单个芯片往往不能满足字长或者存储单元数量的要求，甚至字长和存储单元数量都不能满足要求。这时，就需要用多个存储芯片进行组合，以满足对存储容量的要求，这种组合称为存储器的扩展。存储器的扩展包括位扩展、字扩展和字位扩展。

1. 位扩展法

位扩展法也称为并联法，采用这种方法构成存储器时，各存储芯片连接的地址信号是相同的，而存储芯片的数据线则分别连接到数据总线的相应位上。存储器工作时，各芯片同时进行相同的操作。在这种方式中，对存储芯片实际上没有选片的要求，只进行数据位数的扩展，而整个存储器的字数（存储单元数）与单个存储芯片的字数是相同的。在这种连接方式下，地址线的负载数等于芯片数，而数据线的负载数为 1。位扩展的电路连接方法为：将每个存储芯片的地址线和控制线全部同名连接在一起，而将它们的数据线引出连接至数据总线的不同位上，如图 3-17 所示。

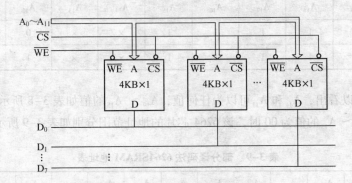

图 3-17 位扩展法扩展存储器

2. 字扩展法

字扩展法也叫地址串联法。利用这种方法进行存储器扩展时，只在字的方向上进行扩充，而存储器的位数不变，整个存储器的位数等于单个存储芯片的位数。存储器工作时，根据高位地址线译码产生的片选信号控制各存储芯片的片选输入端（$\overline{CS}$），由于片选译码器的输出信号中最多只有一个有效，所以各存储芯片中只能有一个处于工作状态，其余未被选中的芯片不参与操作，如图 3-18 所示。在这种连接方式下，直接作为片内地址的低位地址线的负载数等于存储芯片数，而参加片选译码的高位地址线的负载数为 1；数据线的负载数也等于芯片数。从负载角度看，字扩展不如位扩展法好，但位扩展法中的存储器的总容量受芯片容量的限制。

3. 字位扩展法

从字扩展法和位扩展法两种方法结合，则构成字位扩展。顾名思义，采用字位扩展法，就是既在位方向上进行扩展，又在字方向上进行扩展，如图 3-19 所示。字位扩展法是构成较大容量的存储系统时常采用的方法。在字位扩展法中，数据线的负载数为存储组数，低位地址线的负载数为存储组数乘以每组中的芯片数，而高位地址线的负载数为 1。

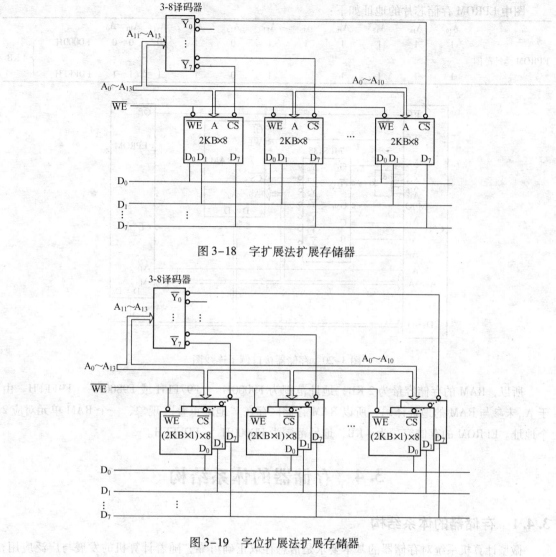

图 3-18　字扩展法扩展存储器

图 3-19　字位扩展法扩展存储器

4. 存储器接口设计举例

已知一个存储器子系统如图 3-20 所示，试指出其中 RAM 和 EPROM 的存储容量和各自的地址范围。

解：

	A_{19}	A_{18}	A_{17}	A_{16}	A_{15}	A_{14}	A_{13}	A_{12}	A_{11}	$A_{10} \sim A_0$		
	1	1	1	1	1	0	0	1	0	$0 \sim 0$	F9000H	
RAM 地址范围						……						} 2 KB
	1	1	1	1	1	0	0	1	0	$1 \sim 1$	F97FFH	

或者

	A_{19}	A_{18}	A_{17}	A_{16}	A_{15}	A_{14}	A_{13}	A_{12}	A_{11}	$A_{10} \sim A_0$		
	1	1	1	1	1	0	0	1	1	$0 \sim 0$	F9800H	
RAM 地址范围						……						} 2 KB
	1	1	1	1	1	0	0	1	1	$1 \sim 1$	F9FFFH	

图中 EPROM 存储芯片的地址如下：

	A_{19}	A_{18}	A_{17}	A_{16}	A_{15}	A_{14}	A_{13}	A_{12}	A_{11}	$A_{10}\sim A_0$		
	1	1	1	1	1	1	0	1	0	$0\sim0$	FD000H	
EPROM 地址范围						……						4 KB
	1	1	1	1	1	1	0	1	1	$1\sim1$	FDFFFH	

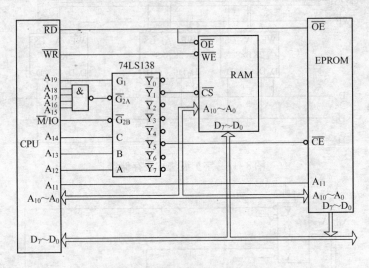

图 3-20　存储器接口例子连线图

所以，RAM 的存储容量为 2 KB，地址范围为 F9000H ～ F97FFH 或 F9800H ～ F9FFFH。由于 A_{11} 未参与 RAM 的地址译码，所以 RAM 存储区存在 "地址重叠" 现象，一个 RAM 单元对应 2 个地址。EPROM 的存储容量为 4 KB，地址范围为 FD000H ～ FDFFFH。

3.4　存储器的体系结构

3.4.1　存储器的体系结构

微型计算机系统对存储器的基本要求是信息存取正确可靠，随着计算机的发展与广泛应用，也对存储器容量、存取速度和成本提出了要求。现在广泛使用的半导体存储器正向大容量、高速和低成本方向发展。另外，人们还改建存储器的体系结构，产生了分级的存储器体系结构。在计算机发展初期人们就意识到，只靠单一结构的存储器来扩大存储器容量是不现实的。该体系至少需要两种存储器：主存储器和辅助存储器。通常把存储量有限而速度较快的存储器作为主存储器（内存），而把容量很大但较慢的存储器作为辅助存储器（外存）。显然，主存－辅存的体系结构解决了存储器的大容量和低成本之间的矛盾。

在性能较高的微型计算机系统中，要求更高的存储速度，因此在主存储器与 CPU 之间增加了高速缓冲存储器（Cache）。缓冲存储器虽然容量较小，但存取速度与 CPU 工作速度相当。这样，在 CPU 运行时，机器自动地将要执行的程序和数据从内存送入缓冲存储器就可以取得所需的信息，只有当所需的信息不在高速缓冲存储器时才去访问内存。不断地用新的信息段更新缓冲存储器的内容，就可以使 CPU 大部分时间是在访问高速缓冲存储器，从而减少了对慢速主存储器的访问，大大提高了 CPU 的效率。Cache－内存的结构方式解决了存储器速度与成本之间的矛盾。这样，目前的微型计算机中设置了 Cache – 主存 – 辅存的三级存储器结构，其分级结构示意图如图 3–21 所示。

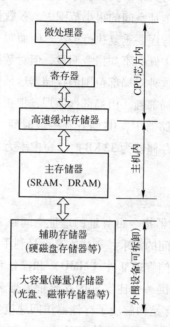

图 3–21 微型计算机存储体系分级结构

从图 3–21 可以看出，CPU 中的寄存器可以看成是最高层次的存储，它容量小、速度最快，但对寄存器的访问不按存储地址进行，而是按寄存器名进行，这是寄存器与存储器的重要区别。寄存器以下可以有高速缓冲存储器、主存储器、辅助存储器等层次。辅助存储器是最底层的存储器，通常用磁盘、磁带、光盘等构成，其特点是容量大、速度慢、成本低。显然，由图 3–21 可以看出，自上而下的各级存储体有如下规律：价格依次降低；容量依次增加；访问时间依次增加；CPU 访问的频率依次减少。采用这样的存储体系结构，从 CPU 角度看，存储速度接近于最上层，容量和成本接近最下层，大大提高了微型计算机的性能价格比。

3.4.2 高速缓冲存储器

由于现在 CPU 速度越来越快，使得 CPU 的速度比动态 RAM 快数倍至一个数量级以上，这样 CPU 在访问内存时需要插入等待周期，这实际上是降低了 CPU 的运行速度。而静态 RAM 的速度虽然和 CPU 处于同一数量级，但其价格贵、功耗大、集成度低。所以，在保证系统性价比的前提下较好的解决方法是使用高性能的 SRAM 组成高速小容量的缓冲器，使用价格低廉集成度高的 DRAM 芯片组成主存储器，如图 3–22 所示。

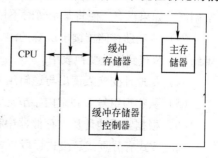

这样使用的是高速缓存器系统，可使存储器系统的价格下降，又使总线访问不需要等待周期。

CPU 对缓冲存储器进行一次操作，称为一次命中，找到所需信息的百分比称为命中率。命中时，CPU 从缓冲存储器中读（写）数据，不插入等待周期。若操作的

图 3–22 缓冲存储器原理图

信息不在缓冲存储器中，则 CPU 从主存储器中读（写）数据，称为一次失败。失败时 CPU 必须在其读写周期中插入等待周期。对大量的典型程序的运行情况分析表明，在短时间内，由程序产生的地址往往集中在存储器逻辑地址空间的很小范围内。多数情况下，程序顺序执行，因此指令地址是连续分布的，再加上循环程序要重复执行多次，因而对这些地址的访问就自然具有时间上集中分布的倾向。数据的这种集中倾向不如指令明显，但对数据的存储和访问以及工作单元的选择都可使存储器地址相对集中。这种对局部范围的存储器地址频繁访问，而对此范围以外的地址访问甚少的现象称为程序访问的局部性。由局部性原理，把正在执行的指令地址附近的一部分指令或数据从主存储器装入缓冲存储器中，供 CPU 在一段时间内使用是完全可行的。当然缓冲存储器越大，命中率越高，当缓冲存储器为 32 KB 时，命中率为 86%，64 KB 时为 92%，256 KB 时为 98%。

3.4.3 虚拟存储器

随着 CPU 的不断升级，使机器指令可寻址的地址空间越来越大。如果仅用实际内存容量的方法来满足程序设计中对存储空间的需求，则成本高而且利用率低。虚拟存储器技术提供了一个经济、有效的解决方案：通过存储管理部件（MMU）和操作系统将主存－辅存构成的存储层次组织成一个统一的整体，从而提供一个比实际内存容量大得多的存储空间（虚拟存储空间）供编程者使用。如果说 Cache－主存结构解决了存储器访问速度与成本之间的矛盾，那么，通过软硬件相结合，把主存储器和辅助存储器有机结合而形成的虚拟存储器系统，其速度接近于主存储器，而容量接近于辅助存储器，每位平均价格接近于廉价的辅助存储器平均价格。这种主存－辅存层次结构的虚拟存储器则解决了存储器大容量的要求和低成本之间的矛盾。

物理存储器是 CPU 可访问的存储器空间，其容量由 CPU 的地址总线宽度所决定；而虚拟存储器是程序占有的空间，它的容量是由 CPU 内部结构所决定。

由于程序的指令和数据可以存放在辅助存储器中，用户的程序就不受实际内存空间的限制，好像微型计算机系统向用户提供了一个容量极大的"主存"。而这个大容量的"主存"是靠大容量辅助存储器作为后援存储器的扩充而获得的，在对存储器的操作过程中，人们感觉不到内、外存的区别，故称为虚拟存储器。

虚拟存储器是由硬件和操作系统自动实现存储信息调度和管理的。它的工作包括 6 个步骤：

（1）微处理器访问内存的逻辑地址分解成组 a 和组内地址 b，并对组号 a 进行地址变换，即将逻辑组号 a 作为索引，查地址变换表，以确定该组信息是否存放在内存内。

（2）如该号已在内存内，则转而执行（4）；如果该组号不在内存内，则检查内存中是否有空闲区，如果没有，便将某个暂时不用的组调出送往辅助存储器，以便将这组数据调入内存。

（3）从辅助存储器读出所要的组，并送到主存储器空闲区，然后将空闲的物理组号 a 和逻辑组号 a 装载到地址变换表中。

（4）从地址变换表读出与逻辑组号 a 对应的物理组号 a。

（5）从物理组号 a 和组内字节地址 b 得到物理地址。

（6）根据物理地址从主存储器中存取必要的信息。

调度方式有分页式、段式、段页式 3 种。页式调度是将物理地址空间都分成固定大小的页。主存储器按页顺序编号，而每个独立编址的程序空间有资金级的页号顺序，通过调度辅助存储器中程序中的各页可以离散装入主存储器中不同的页面位置，并根据表一一对应检索。页式调度的页内零头小，页表对编程者来说是透明的，地址变换快，调入操作简单；缺点是各页不是程序的独立模块，不便于实现程序和数据的保护。段式调度是按照程序的逻辑结构划分地址空间，段的长度是随意的，并且允许伸长，它的优点是消除了主存储器零头，易于实现存储保护，便于程序动态装配；缺点是调入操作复杂。将这两种方法结合起来便构成了段页式调度。在段页式调度中把物理空间分成页，程序按模块分段，每个段再分成与物理空间页同样大小的页面。段页式调度综合了段式和页式的优点。其缺点是增加了硬件成本，软件也较复杂。大型通用计算机系统多数采用段页式调度。

虚拟存储器地址变换基本有 3 种形式：全联想变换、直接变换和组联想变换。任何逻辑空间页面能够变换到物理空间任何页面位置的方式称为全联想变换。每个逻辑空间页面只能变换到物理空间的一个特定页面的方式称为直接变换。组联想变换是指各组之间是直接变换，而组内各页面则是全联想变换。

替换规则用来确定替换内存中的哪一个部分，以便腾空部分主存储器，存放来自辅助存储器要调入的那部分内容。常见的替换算法有 4 种：

（1）随机算法：用软件或硬件随机数产生器确定替换的页面。

（2）先进先出：先调入主存储器的页面先替换。

（3）近期最少使用算法：替换最长时间不用的页面。

（4）最优算法：替换最长时间以后才使用的页面。这是最理想化的算法，只能作为衡量其他各种算法优劣的标准。

从工作原理看，尽管主存－辅存和 Cache－主存是两个不同存储层次的存储体系，但在概念和方法上有不少相同之处，它们都是基于程序方位的局部性原理，都是把程序划分为一个个小的信息块，运行时都能自动地把信息块从低速的存储器向高速的存储器调度，这种调度所采用的地址变换、映像方法及替换策略，从原理上看也是相同的。虚拟存储器系统所采用的映像方式有"直接映像"、"全相联映像"及"组相联映像"等方式；替换策略也采用 LRU 算法。然而，由主存－辅存构成的虚拟存储系统和 Cache－主存存储系统也有很多不同之处：虽然两个不同存储层次均以信息块为基本信息传输单位，但缓冲存储器每块只有几到几十字节，而虚拟存储器每块长度通常在几百到几百千字节；CPU 访问缓冲存储器比访问主存储器快 5～10 倍，而虚拟存储器中主存储器的工作速度要比辅助存储器快 100～1 000 倍；另外，缓冲存储器的信息存取过程、地址变换和替换策略全部用硬件实现且对程序员（包括应用程序员和系统程序员）是完全透明的；而虚拟存储器基本上是操作系统软件再辅以一些硬件实现的，它对系统程序员并不是透明的。

习　题　3

1. 简要说明半导体存储器有哪些分类？每类又包括哪些种类的存储器？
2. RAM 和 EEPROM 有何不同？
3. SRAM、DRAM 各有何特点？分别用于什么场合？
4. 存储芯片在系统中的存储范围由什么确定？

5. 内存储器主要分为哪两类，它们的主要区别是什么？

6. 简述存储器译码中线选法、全译码法和部分译码法的区别。

7. 计算机存储器体系为什么采用分层结构？

8. 什么是高速缓冲存储器？它的作用是什么？

9. 存储器的主要技术指标有哪些？

10. 存储芯片 SRAM62256 如图 3-23 连接，说明其地址范围。

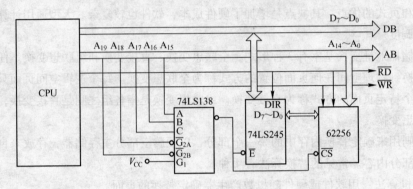

图 3-23　习题 10 图

11. 某微型计算机系统的数据线是 16 位，地址线是 20 位，现有 4 片 6116，请设计该微型计算机的存储系统，要求将这 4 片 6116 分为两组，每组两片，每组中的两片实现为扩展，然后将这两组实现字扩展，并且这个存储系统的首地址为 20000H，采用 74LS138 译码器。

第4章 | 8086的指令系统

一台计算机所能识别和执行的全部指令，称为该机器的指令系统，又称指令集。指令系统体现计算机的基本功能。

本章首先简要介绍寻址方式的基本概念及各种不同寻址方式的特点，然后详细介绍 Intel 80X86 指令系统及其应用实例，以便为后续汇编语言程序设计的学习及 I/O 接口程序的编制打下基础。

4.1 寻址方式

我们已经知道，一条指令通常由操作码和操作数两部分构成。其中的操作码部分指示指令执行什么操作，它在机器中的表示比较简单，只需对每一种类型的操作（如加法、减法等）指定一个二进制代码即可；但指令的操作数部分的表示就要复杂得多，它需提供与操作数或操作数地址有关的信息。由于在程序编写上的需要，大多数情况下，指令中并不直接给出操作数，而是给出存放操作数的地址；有时操作数的存放地址也不直接给出，而是给出计算操作数地址的方法。我们称这种指令中如何提供操作数或操作数地址的方式为寻址方式（Addressing Mode）。

计算机执行程序时，根据指令给出的寻址方式，计算出操作数的地址，然后从该地址中取出操作数进行指令的操作，或者把操作结果送入某一操作数地址中去。

完善的寻址方式可为用户组织和使用数据提供方便。寻址方式的选择首先要考虑与数的表示相配合，能方便地存取各种数据；其次，要仔细分析指令系统及各种寻址方式的可能性，比较它们的特点并进行选择；此外，还应考虑实现上的有效性和可能性，选择时还应考虑地址码尽可能短、存取的空间尽可能大、使用方便等。

寻址方式分为数据寻址方式和转移地址寻址方式两种类型。虽然后者是指在程序非顺序执行时如何寻找转移地址的问题，但在方法上与前者并无本质区别，因此也将其归入寻址方式的范畴。下面首先重点介绍数据寻址方式，然后简要介绍转移地址寻址方式。另外，为了说明问题的方便，我们均以数据传送指令中的 MOV 指令为例进行说明，并按汇编指令格式的规定，称指令中两个操作数左边的一个为目的操作数，右边的一个为源操作数。一般格式为"MOV 目的，源"，指令的功能是将源操作数的内容传送至目的操作数。

4.1.1　数据寻址方式

1. 立即寻址

指令中直接给出的操作数，操作数紧跟在操作码之后，作为指令的一部分存放在代码段中，这种寻址方式称为立即寻址（Immediate Addressing）。这样的操作数称为立即数，立即数可以是 8 位、16 位或 32 位。如果是 16 位或 32 位的多字节立即数，则高位字节存放在高地址，低位字节存放在低地址中。立即寻址方式常用来给寄存器赋初值，并且只能用于源操作数，不能用于目的操作数。

由于操作数可以直接从指令中获得，不需要额外的存储器访问，所以采用这种寻址方式的指令执行速度很快，但它需占用较多的指令字节。

【例 4.1】 MOV　AL, 34H

该指令中源操作数的寻址方式为立即寻址。指令执行后，AL = 34H，立即数 34H 送入 AL 寄存器。

【例 4.2】 MOV　AX, 8726H

该指令中源操作数的寻址方式也为立即寻址。指令执行后，AX = 8726H，立即数 8726H 送入 AX 寄存器。其中 AH 为 87H，AL 为 26H。图 4-1 给出了指令的操作情况。

如图 4-1 所示，指令存放在代码段中，OP 表示该指令的操作码，紧跟其后存放的是 16 位立即数的低位字节 26H，然后是高位字节 87H。这里，立即数是指令机器码的一部分。

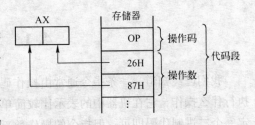

图 4-1　例 4.2 指令的操作情况

2. 寄存器寻址

操作数在 CPU 内部的寄存器中，由指令指定寄存器号，这种寻址方式称为寄存器寻址（Register Addressing）。对于 8 位操作数，寄存器可以是 AH、AL、BH、BL、CH、CL、DH 和 DL；对于 16 位或 32 位操作数，寄存器可以是 16 位或 32 位的通用寄存器；寄存器也可以是段寄存器，但代码段寄存器不能做目的操作数。

采用寄存器寻址方式，占用指令机器码的位数较少，因为寄存器数目远少于存储器单元的数目，所以只需很少的几位代码即可表示。另外，由于指令的整个操作都在 CPU 内部进行，不需要访问存储器来取得操作数，所以指令执行速度很快。

寄存器寻址方式既可用于源操作数，也可用于目的操作数，还可以两者均采用寄存器寻址方式，如例 4.3 所示。

【例 4.3】 MOV　AX, BX

该指令中源操作数和目的操作数的寻址方式均为寄存器寻址。若指令执行前，AX = 1234H，BX = 5678H，则指令执行后，AX = 5678H，BX = 5678H。

除以上两种寻址方式外，以下各种寻址方式的操作数都在存储器中，通过采用不同的方法求得操作数地址，然后通过访问存储器来取得操作数。

需要说明的是，在下面的讨论中，称操作数的偏移地址为有效地址 EA（Effective Addressing），EA 可通过不同的寻址方式得到。注意，有效地址就是偏移地址，即访问的内存单元距段的起始地址之间的字节距离。

3. 直接寻址

采用直接寻址（Direct Addressing）方式，指令中直接给出操作数的有效地址，并将其存放于代码段中指令的操作码之后。操作数一般存放在数据段中，但也可存放在数据段以外的其他段中。具体存放在哪一段，应通过指令的"段跨越前缀"来指定。在计算物理地址时应使用相应的段寄存器。

【例 4.4】 MOV AX, DS：[3000H]

该指令源操作数的寻址方式为直接寻址，指令中直接给出了操作数的有效地址 3000H，对应的段寄存器为 DS。如 DS = 2000H，则源操作数在数据段中的物理地址 = 2000H × 16 + 3000H = 20000H + 3000H = 23000H，指令的执行情况如图 4-2 所示。

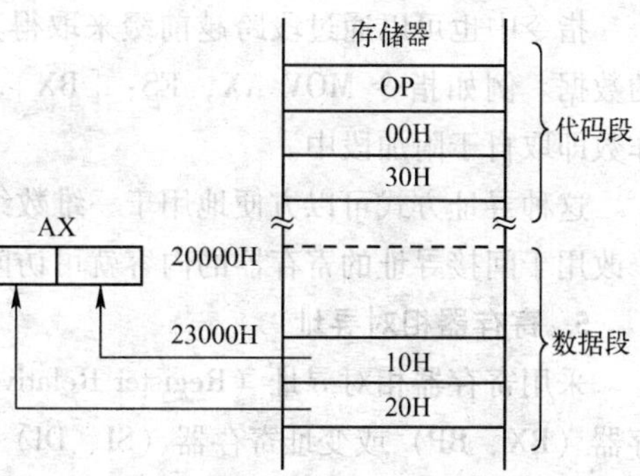

图 4-2 中，假设 23000H 单元的内容为 10H，23001H 单元的内容为 20H。指令执行后，AX = 2010H，其中 AH 为 20H，AL 为 10H。

若操作数在附加段中，则应通过"段跨越前缀"来指定对应的段寄存器为 ES，如下所示：

```
MOV  AX,ES:[2000H]
```

该指令还可等效地表示为

```
ES:MOV  AX,[2000H]
```

图 4-2 例 4.4 指令的执行情况

需要说明的是，在实际的汇编语言源程序中所看到的直接寻址方式，往往是使用符号地址而不是数值地址，即往往是通过符号地址来实现直接寻址的。例如：

```
MOV  AX,VAR
```

其中，VAR 为程序中定义的一个内存变量，它表示存放源操作数的内存单元的符号地址（关于变量的具体概念，将在第 5 章介绍）。

4. 寄存器间接寻址

采用寄存器间接寻址（Register Indirect Addressing）方式，操作数的有效地址在基址寄存器（BX、BP）或变址寄存器（SI、DI）中，而操作数则在存储器中。对于 80386 及以上 CPU，这种寻址方式允许使用任何 32 位的通用寄存器。

寄存器间接寻址的有效地址 EA 可表示如下：

$$EA = \begin{cases} BX \\ BP \\ SI \\ DI \end{cases}$$

或 EA = 32 位通用寄存器（80386 及以上 CPU 可用）。

若指令中用来存放有效地址的寄存器是 BX、SI、DI、EAX、EBX、ECX、EDX、ESI、EDI，则默认的段寄存器是 DS；若使用的寄存器是 BP、EBP、ESP，则默认的段寄存器是 SS。

【例 4.5】 MOV AX，[BX]

该指令源操作数的寻址方式为寄存器间接寻址，指令的功能是把数据段中以 BX 的内容为有效地址的字单元的内容传送至 AX。若 DS = 3000H，BX = 1000H，则源操作数的物理地址 = 3000H × 10H + 1000H = 30000H + 1000H = 31000H。指令的执行情况如图 4-3 所示，执行结果为 AX = 30A0H。

图 4-3　例 4.5 指令的执行情况

指令中也可以通过段跨越前缀来取得其他段中的数据。例如指令 MOV AX，ES：[BX]，其源操作数即取自于附加段中。

这种寻址方式可以方便地用于一维数组或表格的处理，通过执行指令访问一个表项后，只需修改用于间接寻址的寄存器的内容就可访问下一项。

5. 寄存器相对寻址

采用寄存器相对寻址（Register Relative Addressing）方式，操作数的有效地址是一个基址寄存器（BX、BP）或变址寄存器（SI、DI）的内容与指令中指定的一个位移量（Displacement）之和。对于 80386 及以上的 CPU，这种寻址方式允许使用任何 32 位通用寄存器。其中的位移量可以是 8 位、16 位或 32 位（80386 及以上 CPU）的带符号数。

这种寻址方式的有效地址 EA 的构成可表示如下：

$$EA = \begin{cases} BX \\ BP \\ SI \\ DI \end{cases} + DISP$$

或 EA =（32 位通用寄存器）+ DISP（80386 及以上 CPU 可用）。

默认段寄存器的情况与寄存器间接寻址方式相同，即若指令中使用的是 BP、EBP、ESP，则默认的段寄存器是 SS；若使用的是其他通用寄存器，则默认的段寄存器是 DS。两种情况都允许使用段跨越前缀。

【例 4.6】 MOV AX，[SI + TAB]　（也可表示为 MOV AX，TAB[SI]）

该指令源操作数的寻址方式为寄存器相对寻址，其中的 TAB 为符号形式表示的位移量，其值可通过伪指令来定义（详见第 6 章）。若 DS = 1000H，SI = 2000H，TAB = 3000H，则源操作数的有效地址 EA = 2000H + 3000H = 5000H，物理地址 = 10000H + 5000H = 15000H。指令执行情况如图 4-4 所示，执行结果为 AX = 2165H。

寄存器相对寻址方式也可方便地用于一维数组或表格的处理，例如可将表格首地址的偏移量设置为 TAB，通过修改基址寄存器或变址寄存器的内容即可访问不同的表项。

6. 基址变址寻址

采用基址变址寻址（Based Indexed Addressing）方式，操作数的有效地址是一个基址寄存器（BX、BP）和一个变址寄存器（SI、DI）的内容之和。其中的基址寄存器和变址寄存器均由指令指定。对于 80386 及以上的 CPU，还允许使用变址部分除 ESP 以外的任何两个 32 位通用寄存器的组合。

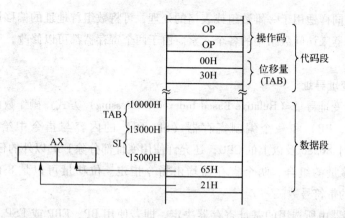

图 4-4　例 4.6 指令的执行情况

　　默认的段寄存器由所选用的基址寄存器决定。即若使用 BP、EBP 或 ESP，则默认的段寄存器是 SS；若使用其他通用寄存器，则默认的段寄存器是 DS。两种情况都允许使用段跨越前缀。有效地址 EA 的构成可表示如下：

$$EA = \begin{Bmatrix} BX \\ BP \end{Bmatrix} + \begin{Bmatrix} SI \\ DI \end{Bmatrix}$$

对于 80386 及以上 CPU，有效地址 EA 的构成可表示如下：

$$\begin{array}{cc} 基址 & 变址 \end{array}$$

$$EA = \begin{Bmatrix} EAX \\ EBX \\ ECX \\ EDX \\ ESP \\ EBP \\ ESI \\ EDI \end{Bmatrix} + \begin{Bmatrix} EAX \\ EBX \\ ECX \\ EDX \\ \\ EBP \\ ESI \\ EDI \end{Bmatrix}$$

【例 4.7】MOV AX，[BX + SI]　（也可表示为 MOV　AX，[BX][SI]）

　　该指令源操作数的寻址方式为基址变址寻址。若 DS = 2000H，BX = 1000H，SI = 200H，则源操作数的有效地址 EA = 1000H + 200H = 1200H，物理地址 = 20000H + 1200H = 21000H，指令的执行情况如图 4-5 所示。指令的执行结果为 AX = 5678H。

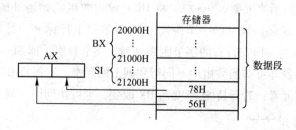

图 4-5　例 4.7 指令的执行情况

这种寻址方式同样适用于一维数组或表格的处理，可将数组首地址的偏移量放于基址寄存器中，而用变址寄存器来访问数组中的各个元素。由于两个寄存器都可以修改，所以它比寄存器相对寻址更加灵活。

7. 相对基址变址寻址

采用相对基址变址寻址（Relative Based Indexed Addressing）方式，操作数的有效地址是一个基址寄存器（BX、BP）和一个编制寄存器（SI、DI）的内容与指令中给定的一个位移量（DISP）之和。对于 80386 及以上的 CPU，还允许使用变址部分除 ESP 以外的任何两个 32 位通用寄存器及一个位移量的组合。两个寄存器均由指令指定。位移量可以是 8 位、16 位或 32 位（80386 及以上）的带符号数。

默认的段寄存器由所选用的基址寄存器决定。即若使用 BP、EBP 或 ESP，则默认的段寄存器是 SS；若使用 BX 或其他 32 位通用寄存器，则默认的段寄存器是 DS。两种情况都允许使用段跨越前缀。有效地址 EA 的构成表示如下：

$$EA = \begin{Bmatrix} BX \\ BP \end{Bmatrix} + \begin{Bmatrix} SI \\ DI \end{Bmatrix} + DISP$$

对于 80386 及以上 CPU，有效地址 EA 的构成可表示如下：

$$EA = \begin{Bmatrix} EAX \\ EBX \\ ECX \\ EDX \\ ESP \\ EBP \\ ESI \\ EDI \end{Bmatrix} + \begin{Bmatrix} EAX \\ EBX \\ ECX \\ EDX \\ \\ EBP \\ ESI \\ EDI \end{Bmatrix} + DISP$$

基址   变址

【例 4.8】 MOV　AX，[BX + SI + DISP]

（也可表示为 MOV　AX，DISP[BX][SI]或 MOV　AX，DISP[BX + SI]）

若 DS = 2000H，BX = 1000H，SI = 2000H，DISP = 200H，则源操作数的有效地址 EA = 1000H + 2000H + 200H = 3200H，物理地址 = 20000H + 3200H = 23200H。设内存中 23200H 字节单元的内容为 34H，23201H 字节单元的内容为 12H，则指令的执行结果为 AX = 1234H。

这种寻址方式可以用于访问二维数组，设数组元素在内存中按行顺序进行存放（先放第一行所有元素，再放第二行所有元素，……），将 DISP 设为数组起始地址的偏移量，基址寄存器（如 BX）为某行首与数组起始地址的字节距离（BX = 数组下行标×一行所占用的字节数），变址寄存器（如 SI）为某列与所在行首的字节距离（对于字节数组，即 SI = 列下标），这样，通过基址寄存器和变址寄存器即可访问数组中不同行和列上的元素。若保持 BX 不变而 SI 改变，则可以访问同一行上的所有元素；若保持 SI 不变而 BX 改变，则可访问同一列上的所有元素。

4.1.2　转移地址寻址方式

一般情况下指令是顺序逐条执行的，但实际上也经常发生执行转移指令改变程序执行流向的现象。数据寻址方式是确定操作数的地址不同，转移地址寻址方式是用来确定转移指令的转向地址（又称转移的目标地址）。下面首先说明与程序转移有关的几个基本概念，然后介绍 4 种不同类型的转移地址寻址方式，即段内直接寻址、段内间接寻址、段间直接寻址和段间间接寻址。

如果转向地址与转移指令在同一个代码段中，这样的转移称为段内转移，也称近转移；如果转向地址与转移指令位于不同的代码段中，这样的转移称为段间转移，也称远转移。近转移时的转移地址只包含偏移地址部分，找到转移地址后，将其送入指令指针寄存器即可实现转移（不需要改变代码寄存器的内容）；远转移时的转移地址既包含偏移地址部分又包含段基值部分，找到转移地址后，将转移地址的段基值部分送入代码段寄存器，偏移地址部分送入指令指针寄存器，即可实现转移。

如果转向地址直接存放在指令中，则这样的转移称为直接转移，视转移地址是绝对地址还是相对地址（即地址位移量）又可分别称为绝对转移和相对转移；如果转向地址间接放在其他地方（如寄存器中或内存单元中），则这样的转移称为间接转移。

1. 段内直接寻址

采用段内直接寻址（Intrasegment Direct Addressing）方式，在汇编指令中直接给出转移的目标地址（通常是以符号地址的形式给出）；而在指令的机器码表示中，此转移地址是以对当前 IP 值的 8 位或 16 位位移量的形式来表示的。此位移量即为转移的目标地址与当前 IP 值之差（用补码表示）；指令执行时，转向的有效地址是当前的 IP 值与机器码指令中给定的 8 位或 16 位位移量之和，如图 4-6（a）所示。

由于这种转移地址是用相对于当前 IP 值的位移量来表示的，所以它是一种相对寻址方式。我们知道，相对寻址方式便于实现程序再定位。

段内直接寻址方式既适用于条件转移指令也适用于无条件转移指令，但当它用于条件转移指令时，位移量只允许 8 位；无条件转移指令的位移量可以是 8 位，也可以是 16 位。通常称位移量为 8 位的转移为"短转移"。

段内直接寻址转移指令的汇编格式如例 4.9 所示。

【例 4.9】 JMP　NEAR PTR　PROG1

　　　　　　JMP　SHORT　LAB

其中，PROG1 和 LAB 均为符号形式的转移目标地址。在机器码指令中，它们是用距当前 IP 值的位移量的形式来表示的。若在符号地址前加操作符 NEAR PTR，则相应的位移量为 16 位，可实现距当前 IP 值 $-32768 \sim +32767$ 字节范围内的转移；若在符号地址前加操作符 SHORT，则相应的位移量为 8 位，可实现距当前 IP 值 $-128 \sim +127$ 字节范围内的转移。若在符号地址前不加任何操作符，则默认为 NEAR PTR。

2. 段内间接寻址

采用段内间接寻址（Intrasegment Indirect Addressing）方式，转向的有效地址在一个寄存器或内存单元中，其寄存器号或内存单元地址可用数据寻址方式中除立即寻址以外的任何一种寻址方式获得。转移指令执行时，从寄存器或内存单元中取出有效地址送给指令指针寄存器，从而实现转移，如图 4-6（b）所示。

注意，这种寻址方式以及下面介绍的两种寻址方式（段间直接寻址和段间间接寻址）都只能用于无条件转移指令，而不能用于条件转移指令。也就是说，条件转移指令只能使用段内直接寻址的 8 位位移量形式。

段内间接寻址转移指令的汇编格式如例 4.10 所示。

【例 4.10】 JMP BX

            JMP   WORD PTR［BX + SI］

第二条指令中的操作符 WORD PTR 表示其后的［BX + SI］是一个字型内存单元。

假设 DS = 3000H，BX = 2000H，SI = 1000H，IP = 100H，内存中（33000H）= 10H，（33001H）= 20H，则 JMP BX 指令执行后，IP = BX = 2000H。

而 JMP WORD PTR［BX + SI］指令执行时，先得到存放转移地址的内存单元地址（即 3000H × 10H + 2000H + 1000H = 33000H），再从该单元中得到转向的有效地址，即转向的有效地址 EA 为内存 33000H 字单元中的内容 2010H。于是，IP = EA = 2010H，下次便执行 CS：2010H 处的指令，实现了段内间接转移。

3. 段间直接寻址

采用段间直接寻址方式，指令中直接提供转向地址的段基值和偏移地址，所以只有用指令中指定的偏移地址取代指令指针寄存器的内容，用段基值取代代码段寄存器的内容就完成了从一个段到另一个段的转移操作，如图 4-6（c）所示。

这种指令的汇编格式如下所示：

    JMP FAR PTR LAB

其中，LAB 为转向的符号地址，FAR PTR 则是段间转移的操作符。

4. 段间间接寻址

采用段间间接寻址方式，用存储器中的 2 个相继字单元的内容来取代指令指针寄存器和代码段寄存器的内容，以达到段间转移的目的。其存储单元的地址是通过指令中指定的除立即寻址和寄存器寻址以外的任何一种数据寻址方式取得的，如图 4-6（d）所示。

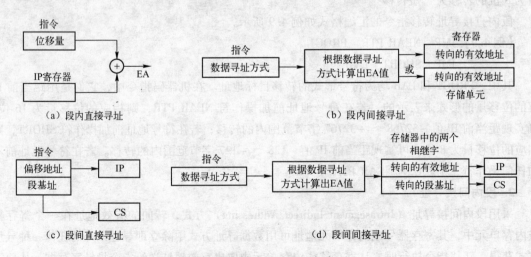

图 4-6　转移地址寻址方式

4.2　8086 的指令系统

4.2.1　数据传送指令

数据传送类指令可完成寄存器与寄存器之间、寄存器与存储器之间以及寄存器与 I/O 端口之间的字节或字传送，除 SAHF 和 POPF 指令对标志位有影响外，其他的这类指令所具有的共同特点是不影响标志寄存器的内容。数据传送指令共有 14 条，可分为 4 组，如表 4-1 所示。

表 4-1　数据传送指令

分　组	助 记 符	功　能	操作数类型
通用数据传送指令	MOV	传送	字节/字
	PUSH	压栈	字
	POP	弹栈	字
	XCHG	交换	字节/字
累加器专用传送指令	XLAT	换码	字节
	IN	输入	字节/字
	OUT	输出	字节/字
地址传送指令	LEA	装入有效地址	字
	LDS	把指针装入寄存器和 DS	4 字节
	LES	把指针装入寄存器和 ES	4 字节
标志传送指令	LAHF	把标志装入 AH	字节
	SAHF	把 AH 送标志寄存器	字节
	PUSHF	标志压栈	字
	POPF	标志弹栈	字

1. 通用数据传送指令

通用数据传送指令包括基本的传送指令 MOV、堆栈操作指令 PUSRCH 和 POP、数据交换指令 XCHG 与字节翻译指令 XLAT。

1）基本的传送指令

```
MOV DST,SRC;DST←SRC
```

本指令的功能是将源 SRC 指定的源操作数送到目标 DST。

其中，SRC 表示源，DST 表示目标。由 SRC 与 DST 可分别指定源操作数与目标操作数。源操作数可以是 8/16 位寄存器、存储器中的某个字节/字或者是 8/16 位立即数；目标操作数不允许为立即数，其他同源操作数，且两者不能同时为存储器操作数。

MOV 指令可实现的数据传送类型有以下 6 种。

（1）MOV mem/reg1，mem/reg2。由 mem/reg2 所指定的存储单元或寄存器中的 8 位数据或 16 位数据传送到由 mem/reg1 所指定的存储单元或寄存器中，但不允许从存储器传送到存储器。这种双操作数指令中，必须有一个操作数是寄存器。

（2）MOV mem/reg，data。将 8 位或 16 位立即数 data 传送到由 mem/reg 所指定的存储单元或

寄存器中。例如，表 4-1 所列的各种指令示例。

（3）MOV reg, data。将 8 位或 16 位立即数 data 传送到由 reg 所指定的寄存器中。

（4）MOV ac, mem。将存储单元中的 8 位或 16 位数据传送到到累加器 ac 中。

（5）MOV mem, ac。将累加器 AL（8 位）、AX（16 位）中的数据传送到由 mem 所指定的存储单元中。

（6）MOV mem/reg1, segreg。将由 segreg 所指定的段寄存器（CS、DS、SS、ES 之一）的内容传送到由 mem/reg 所指定的存储单元或寄存器中。

例如，有如下两条指令：

```
MOV  DS,[1618H]
MOV  [BX],ES
```

假定执行指令前，DS = 2000H,（21618H）= 00,（21619）= 50H；ES = 3000H,BX = 4000H。则执行两条指令后,DS = 5000H,（54000H）= 00,（54001）= 30H。

MOV mem/reg, segreg 允许将由 mem/reg 指定的存储单元或寄存器中的 16 位数据传送到由 segreg 所指定的段寄存器（代码寄存器 CS 除外）中，例如：

```
MOV  DS,AX             ;AX 中的 16 位数据传送到 DS
MOV  ES,DX             ;DX 中的 16 位数据传送到 ES
```

注意，MOV 指令不能直接实现从存储器到存储器之间的数据传送，但可以通过寄存器作为中转站来完成这种传送。例如，要将数据段存储单元 ARRAYE1 中的 8 位数据传送到存储单元 ARRAYE2 中，用 MOV ARRAYE2, ARRAYE1 指令是错误的，而用以下两条指令：

```
MOV  AL,ARRAY1
MOV  ARRAY2,AL
```

则可以完成。

2）堆栈操作指令

堆栈操作指令有两条。

（1）PUSH SRC。字压入堆栈指令，它允许将源操作数（16 位）压入堆栈。

操作：SP←(SP) – 2;((SP) +1)←(SRC)$_H$,(SP) ←(SRC)$_L$。即先将堆栈指针寄存器 SP 的值减 2，再把字类型的源操作数传送到由 SP 指示的栈顶单元。传送时源操作数的高位字节放在堆栈区的高地址单元，低位字节存放在低地址单元，SP 指向这个低地址单元。

（2）POP DST。字弹出堆栈指令，它允许将堆栈中当前栈顶两相邻单元的数据字弹出到 DST。

操作：(DST)$_L$←((SP)),(DST)$_H$←((SP) +1),SP←(SP) + 2。先将由 SP 指示的现行栈顶的字单元内容传送给目的操作数，再将 SP 的值加 2，使 SP 指向新的栈顶。

这是两条成对使用的进栈与出栈指令，其中，SRC 和 DST 可以是 16 位寄存器或存储器的两相邻单元，以保证堆栈按字操作。例如：

```
PUSH  BX
```

设当前 CS = 1000H, IP = 0030H, SS = 2000H, SP = 0040H, BX = 2340H, 则该指令的操作过

程如图 4-7 所示。

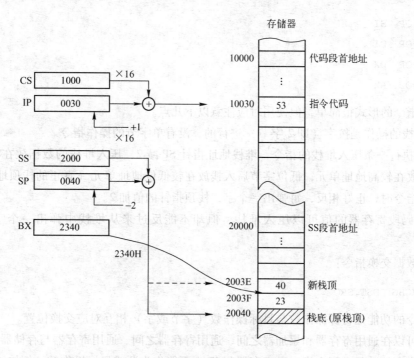

图 4-7　PUSH BX 指令操作过程

该进栈指令执行时，堆栈指针被修改为 (SP) - 2→SP，使之指向新栈顶 2003EH，同时将 BX 中的数据字 2340H 压入栈内 2003FH 与 2003EH 两单元中。又如：

```
POP  CX
```

设当前 CS = 1000H，IP = 0020H，SS = 1600H，SP = 004CH，则该指令执行时，将当前栈顶两相邻单元 1604CH 与 1604DH 中的数据字弹出并传送到 CX 中，同时修改堆栈指针，(SP) + 2→SP，使之指向新栈顶 1604EH。

PUSH 和 POP 是两条很重要的指令，它们可以用来保存并恢复来自堆栈存储器的数据，例如，在子程序调用或中断处理过程中，分别要保存返回地址或断点地址，在进入子程序或中断处理前，还需要保留通用寄存器的值；而在由子程序返回或由中断处理返回时，则要恢复通用寄存器的值，并分别将返回地址或终端地址的偏移量与代码段的地址分别恢复到指令指针寄存器与代码段寄存器中。这些功能都要通过堆栈来实现，其中寄存器的保存与恢复由堆栈指令来完成。堆栈中的内容是按 LIFO（先进后出）的次序进行传送的，因此，保存内容与恢复内容时，需按照对称的次序执行一系列压入和弹出指令。例如，在一段子程序开头需要这样保存寄存器的内容：

```
PUSH  AX
PUSH  DX
PUSH  DI
PUSH  SI
```

则由子程序返回前，应如下一一对应地恢复寄存器的内容：

```
POP  SI
POP  DI
POP  DX
POP  AX
```

堆栈指令的形式很简单，但使用时应注意以下几点。

① 堆栈的操作是按字（即2字节）进行的，没有单字节的操作指令。

② 每执行一条压入堆栈的指令，堆栈地址指针 SP 减 2，压入堆栈的数据放在栈顶，高位字节先入栈放在较高地址单元，低位字节后入栈放在较低位地址单元（真正的栈顶地址单元）；而执行弹出指令时，正好相反，每弹出一个字，栈顶指针的值加 2。

③ 代码段寄存器的值可以压入堆栈，但却不能反过来从堆栈中弹出一个字到代码段寄存器。

（3）数据交换指令：

```
XCHG  DST,SRC
```

该指令的功能是将源操作数与目标操作数（字节或字）相互对应交换位置。

交换可以在通用寄存器和累加器之间、通用寄存器之间、通用寄存器与存储器之间进行。但不能在两个存储单元之间交换，段寄存器与 IP 也不能作为源或目标操作数。例如：

```
XCHG  AX,[SI＋0400H]
```

设当前 CS = 1000H，IP = 0064H，DS = 2000H，SI = 3000H，AX = 1234H，则该指令执行后，将把 AX 存储器中的 1234H 与物理地址 23400H(= DS × 16 + SI + 0400H = 20000H + 3000H + 0400H)单元开始的数据字（设为 ABCDH）相互交换位置，即 AX = ABCDH；(23400H) = 34H，(23401H) = 12H。

2. 累加器专用传送指令

这一组的 3 条指令都必须使用累加器 AX 或 AL，因此成为累加器专用指令。

（1）IN 累加器，端口号。IN 指令是将指定的端口中的内容输入到累加器 AL/AX 中。当端口地址为 0 ~ 255 时，可用直接寻址方式（即用一个字节立即数指定端口地址），也可用间接寻址方式（即用 DX 寄存器指定端口地址）；当端口号大于 255 时，只能用间接寻址方式。其指令如下：

```
IN  AL,PORT  ;AL←(端口 PORT)，即把端口 PORT 中的字节内容读入 AL
IN  AX,PORT  ;AX←(端口 PORT)，即把由 PORT 两相邻端口中的字节内容读入 AX
IN  AL,DX    ;AL←(端口 (DX))，即从 DX 所指的端口中读取一个字节内容读入 AL
IN  AX,DX    ;AX←(端口 (DX))，即从 DX 和 DX ＋1 所指的两端口中读取一个字节内容送入 AX
```

例如：

```
IN  AL,40H
```

设当前 CS = 1000H，IP = 0050H；8 位端口 40H 中的内容 55H，则该指令的操作过程如图 4-8 所示。该指令执行后，把 40H 端口中输入的数据字节 55H 传送到累加器 AL 中。

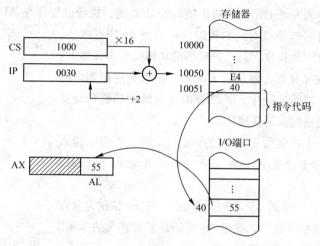

图 4-8　IN AL,40H 指令的操作过程

（2）OUT 端口号，累加器。与 IN 指令相同，端口号可以由 8 位立即数给出，也可由 DX 寄存器间接给出。OUT 指令是把累加器 AL/AX 中的内容输出到指定的端口。其指令如下：

```
OUT   POTR,AL   ；端口 PORT←AL，即把 AL 中的字节内容输出到由 PORT 直接指定的端口
OUT   POTR,AX   ；端口 PORT←AX，即把 AX 中的字节内容输出到由 PORT 直接指定的端口
OUT   DX,AL     ；端口 (DX)←AL，即把 AL 中的字节内容输出到由 DX 所指定的端口
OUT   DX,AX     ；端口 (DX)←AX，即把 AX 中的字节内容输出到由 DX 所指定的端口
```

例如：

```
OUT   DX,AL
```

设当前 CS = 4000H，IP = 0020H，DX = 6A10H，AL = 66H，则该指令的操作过程如图 4-9 所示。

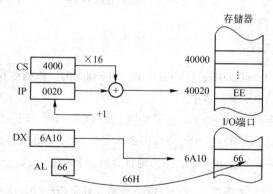

图 4-9　OUT DX,AL 指令的操作过程

该指令执行后，将累加器 AL 中的数据字节 66H 输出到 DX 指定的端口 6A10H 中。

注意：I/O 指令只能用累加器（AX 或 AL）作为执行 I/O 数据传送，而不能用其他寄存器。

（3）字节翻译指令 XLAT。这是一条用于字节翻译功能的指令，又称为代码转换指令，它特别适合于不规则代码的转换，具体地说，它可以将累加器中设定的每一字节数值，变换为内存一段连续表格中的另一个相应的代码，以实现编码制的转换。

该指令是通过查表方式来完成代码段的转换功能的，执行的操作是 AL←[BX + AL]。执行结果是将待转换的序号转换成对应的代码，并送回 AL 寄存器中，即执行 AL←[BX + AL]的操作。其代码转换的具体操作步骤如下：

建立代码转换表（其最大容量为 256 B），将该表定位到内存中某个逻辑段的一片连续地址中，并将表的首地址的偏移地址置入 BX。这样，BX 便指向表的首地址。

将待转换的一个十进制数在表中的序号（又叫索引值）送入累加器中。该值实际上就是表中某一项与表格首地址之间的位移量。

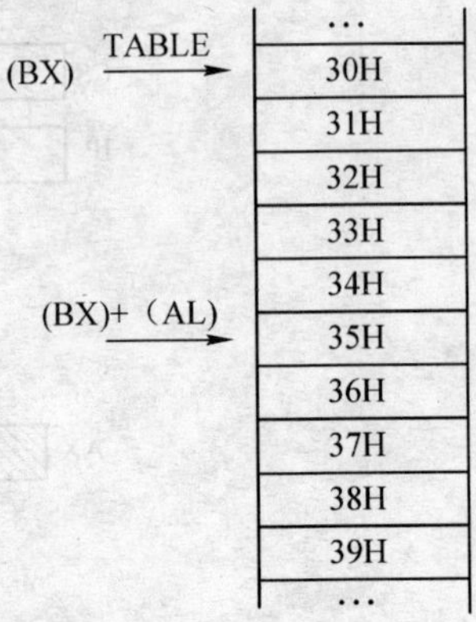

【例 4.11】 数字 0 ～ 9 的 ASCII 码为 30H ～ 39H，依次存放在内存以 TAB 开始的数据区域。如图 4-10 所示，若要查 5 的 ASCII 码，主要程序片段为

图 4-10　XLAT 查表示意图

```
MOV  BX, OFFSET TABLE        ;将 TABLE 的偏移地址送入 BX
MOV  AL, 5                   ;使 AL 中存放欲查单元的索引值
XLAT                         ;查表结果送入 AL
```

3. 地址传送指令

这是一类专用于 8086/8088 中传送地址的指令，可传送存储器的逻辑地址（即存储器操作数的段地址或偏移地址）至指定寄存器中，共包括 LEA、LDS 和 LES 3 条指令。

（1）装入有效地址 LEA（Load Effective Address）：

```
LEA  REG,SRC
```

这是取有效地址指令，其功能是把用于指定源操作数（它必须是存储器操作数）的 16 位偏移地址（即有效地址），传送到一个指定的 16 位通用寄存器中。这条指令常用来建立串操作指令所需的寄存器指针。例如：

```
LEA  BX,[SI + 100AH]
```

设当前 CS = 1500H，IP = 0200H，DS = 2000H，SI = 0030H，该指令执行的结果是将源操作数的有效地址 103AH 传送到 BX 寄存器中。

请注意比较 LEA 指令和 MOV 指令的不同功能，如 LEA BX,[SI]指令是将 SI 指示的偏移地址（SI 的内容）装入 BX；而 MOV BX,[SI]指令则是将由 SI 寻址的存储单元中的数据装入 BX。通常，LEA 指令是用来使某个通用寄存器作为地址指针。例如：

```
LEA  BX,[BP + DI]            ;将内存单元的偏移量(BP + DI)送入 BX
LEA  SP,[3768H]             ;使堆栈指针 SP 为 3768H
```

（2）加载数据段指针指令 LDS（Load pointer into register and DS）：

```
LDS  REG,SRC
```

这是取某变量的 32 位地址指针的指令，其功能是由指令的源 SRC 所指定的存储单元开始，由 4 个连续存储单元中取出某变量的地址指针（共 4 字节），将其前 2 字节（即变量的偏移地址）传送到由指令的目标 REG 所制定的某 16 位通用寄存器，后 2 字节（即变量的段地址）传送到 DS 段寄存器中。

例如：

```
LDS  SI,[DI +100AH]
```

设当前 CS = 1000H，IP = 0604H，DS = 2000H，DI = 2400H，待传送的变量的地址指针其偏移地址为 0180H，段地址为 2230H，则该指令的操作过程如图 4-11 所示。该指令执行后，将物理地址 2340AH 单元开始的 4 字节中前 2 字节（偏移地址值）0180H 传送到 SI 寄存器中，后 2 字节（段地址）2230H 传送到 DS 段寄存器中，并取代它的原值 2000H。

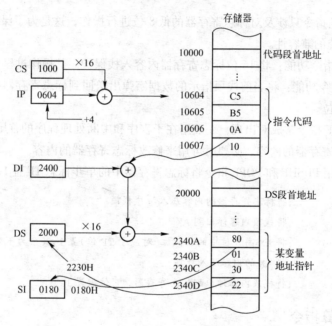

图 4-11 LDS SI,[DI + 100AH]指令操作过程

（3）加载附加段指针指令 LES（Load pointer into register and ES）：

```
LES  DST,SRC
```

这条指令与 LDS DST，SRC 指令的操作基本相同，其区别仅在于将把由源所指定的某变量的地址指针中后 2 字节传送到 ES 段寄存器，而不是传送到 DS 段寄存器。

以上 3 条指令都是装入地址，但是使用时要准确理解它们的不同含义。LEA 指令是将 16 位有效地址装入任何一个 16 位通用寄存器；而 LDS 和 LES 指令是将 32 位地址指针装入任何一个 16 位通用寄存器及 DS 或 ES 段寄存器。

注意：LDS 和 LES 这两条指令的源操作数都是来自存储器的 4 字节地址指针，它们在目标操作数字段中只给出了存放偏移地址的寄存器名而没有给出 DS 或 ES 这两个段寄存器名，但是在执行指令后，地址指针的段地址仍分别装入默认的 DS 或 ES 中。

4. 标志传送指令

这一组指令用来操作标志寄存器，共有 4 条。8086 微处理器中的标志寄存器是 16 位的，但 LAHF 和 SAHF 指令只对其低 8 位进行操作，而 PUSHF 和 POPF 则对整个 16 位的标志寄存器进行操作。

（1）LAHF。指令功能：将标志寄存器 F 的低字节（共包含 5 个状态标志位）传送到 AH 寄存器中。执行该指令不影响标志位。

LAHF 指令执行后，AH 的 D_7、D_6、D_4、D_2 与 D_0 共 5 位将分别被设置成 SF（符号标志）、ZF（零标志）、AF（辅助进位标志）、PF（奇偶标志）与 CF（进位标志）5 位，而 AH 的 D_5、D_3、D_1 这 3 位没有意义。

（2）SAHF。指令功能：将 AH 寄存器内容传送到标志寄存器的低字节，完成对 5 个状态标志 SF、ZF、AF、PF 和 CF 的设置。

SAHF 与 LAHF 的功能相反，它常用来通过 AH 对标志寄存器的 SF、ZF、AF、PF 与 CF 标志位分别置 1 或复 0。

LAHF 和 SAHF 指令只涉及对标志寄存器的低 8 位进行操作，这是为了保持 8086 指令系统对 8088/8085 指令系统的兼容性。

（3）PUSHF。指令功能：将 16 位标志寄存器内容入栈保护。其操作过程与 PUSH 指令类似。

（4）POPF。指令功能：将当前栈顶指示的数据字弹出送回到标志寄存器中。POPF 指令影响标志寄存器的所有位。

PUSHF 和 POPF 指令常成对出现，一般用在子程序和中断处理程序的首尾，用来保护和恢复主程序涉及的标志寄存器的内容。必要时可用来修改标志寄存器的内容。

【例 4.12】利用 PUSHF 和 POPF 指令将标志寄存器中的单步标志 TF 置 1。

```
PUSHF              ;将标志寄存器的内容压入堆栈栈顶
POP AX             ;将栈顶内容弹出到 AX
OR AX,0100H        ;将 AX 高 8 位中的最低位(对应于 TF 位)置 1,其余为不变
PUSH AX            ;将 AX 的内容压入栈顶
POPF               ;将栈顶内容弹出到标志寄存器,TF 位被置 1
```

4.2.2 算术运算指令

算术运算指令包括二进制运算指令和十进制运算指令（即十进制调整指令）两种类型，操作数有单操作数和双操作数两种，双操作数的限定同 MOV 指令，即目的操作数不允许是立即数和代码段寄存器，两个操作数不允许同时为存储器操作数等。

算术运算指令共有 20 条。除了用来进行加、减、乘、除等算术运算的指令外，还包括进行算术运算所需要的结果调整、符号扩展等指令。除符号扩展指令（CBW 和 CWD）外，其他指令均影响某些状态标志。这 20 条指令可分为 5 组，如表 4-2 所示。

表 4-2　算术运算指令

分　组	助记符	功　能	操作数类型	对状态标志位的影响					
				OF	SF	ZF	AF	PF	CF
加法	ADD	加	字节/字	×	×	×	×	×	×
	ADC	加（带进位）	字节/字	×	×	×	×	×	×
	INC	加 1	字节/字	×	×	×	×	×	—
	AAA	加法的 ASCII 调整		u	u	u	×	u	×
	DAA	加法的十进制调整		u	×	×	×	×	×

续表

分　　组	助记符	功　　能	操作数类型	对状态标志位的影响					
				OF	SF	ZF	AF	PF	CF
减法	SUB	减	字节/字	×	×	×	×	×	×
	SBB	减（带借位）	字节/字	×	×	×	×	×	×
	DEC	减 1	字节/字	×	×	×	×	×	—
	NEG	取补	字节/字	×	×	×	×	×	×
	CMP	比较	字节/字	u	u	u	×	×	×
	AAS	减法的 ASCII 码调整		×	×	×	×	×	×
	DAS	减法的十进制调整		u	×	×	×	×	×
乘法	MUL	乘（不带符号）	字节/字	×	u	u	u	u	×
	IMUL	乘（带符号）	字节/字	×	u	u	u	u	×
	AAM	乘法的 ASCII 码调整		u	×	×	u	×	u
除法	DIV	除（不带符号）	字节/字	u	u	u	u	u	u
	IDIV	除（带符号）	字节/字	u	u	u	u	u	u
	AAD	除法的 ASCII 码调整		u	×	×	u	×	u
符号扩展	CBW	把字节变换成字		—	—	—	—	—	—
	CWD	把字变换成双字		—	—	—	—	—	—

注："×"表示根据操作结果设置标志；u 表示操作后标志值无定义；"—"表示对该标志位无影响。

1. 加法指令

1）ADD　DST,SRC　　　　　;DST←DST + SRC

指令功能：将源操作数与目标操作数相加，结果保留在目标中，并根据结果置标志位。

源操作数可以是 8/16 位通用寄存器、存储器操作数或立即数；目标操作数不允许是立即数，其他同源操作数，且不允许两者同时为存储器操作数。例如：

```
ADD  WORD PTR[BX + 106BH],1234H
```

设当前 CS = 1000H，IP = 0300H，DS = 2000H，BX = 1200H，则该指令的操作过程如图 4-12 所示。

该指令执行后，将立即数 1234H 与物理地址为 2226BH 和 2226CH 中的存储器字 3344H 相加，结果 4578H 保留在目标地址 2226BH 和 2226CH 单元中。根据运算结果所置的标志位也示于图左下方。

【例 4.13】寄存器加法。若将 AX、BX、CX 和 DX 的内容累加，再将所得的 16 位的和数存入 AX，则加法的程序段如下：

```
ADD  AX,BX   ;AX←AX + BX
ADD  AX,CX   ;AX←AX + BX + CX
ADD  AX,DX   ;AX←AX + BX + CX + DX
```

【例 4.14】立即数加法。当常数或已知数相加时总是用立即数加法。若将立即数 12H 取入 DL，然后用立即数加法指令再将 34H 加到 DL 中的 12H 上，所得的结果（即和数 46H）放在 DL 中，则程序段如下：

```
MOV DL,12H
ADD  DL,34H
```

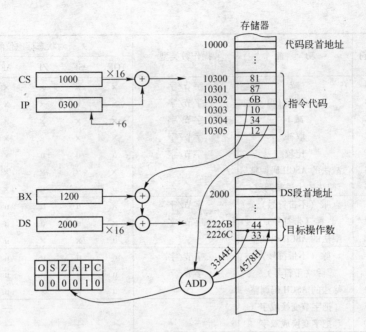

图 4-12 ADD WORD PTR[BX + 106BH],1234H 指令操作过程

程序执行后，标志位的改变为 OF = 0（没有溢出）、SF = 0（结果为正）、ZF = 0（结果不为 0）、AF = 0（没有半进位）、PF = 0（奇偶性为奇）、CF = 0（没有进位）。

【例 4.15】存储器与寄存器的加法。假定要求将存储在数据段中，其偏移地址为 NUMB 和 NUMB + 1，连续单元的字节数据累加到 AL，则加法程序段如下：

```
MOV  DI,OFFSET NUMB          ;偏移地址 NUMB 装入 DI
MOV  AL,0                     ;AL 清零
ADD  AL,[DI]                  ;将 NUMB 单元的字节内容加 AL
ADD  AL,[DI + 1]              ;累加 NUMB + 1 单元中的字节内容,累加和存 AL
```

【例 4.16】数组加法。存储器数组是一个按顺序排列的数据表。假定数据数组（ARRAY）包括从元素 0 到元素 9 共 10 个字节数。现要求累加元素 3、元素 5 和元素 7，则加法程序段如下：

```
MOV  AL,0                ;存放和数的 AL 清 0
MOV  SI,3                ;将 SI 指向元素 3
ADD  AL,ARRAY[SI]        ;加元素 3
ADD  AL,ARRAY[SI + 2]    ;加元素 5
ADD  AL,ARRAY[SI + 4]    ;加元素 7
```

本程序段中首先将 AL 清 0，为求累加和做准备。然后，把 3 装入源变址寄存器 SI，初始化为寻址数组元素 3。ADD AL, ARRAY[SI]指令是将数组元素 3 加到 AL 中。接着的两条加法指令是将元素 5 和 7 累加到 AL 中，指令用 SI 中原有的 3 加位移量 2 来寻址元素 5，再用加 4 寻址元素 7。

2）ADC DST,SRC;DST←DST + SRC + CF

带进位加法（ADC）指令的操作过程与 ADD 指令基本相同，唯一的不同是进位标志位 CF 的原状态也将一起参与加法运算，待运算结束，CF 将重新根据结果置成新的状态。

例如：

```
ADC   AX,BX        ;AX = AX + BX + C(进位位)
ADC   BX,[BP +2]   ;由 BX +2 寻址的堆栈段存储单元的字内容加 BX 和进位,结果存入 BX
```

ADC 指令一般用于 16 位以上的多字节数字相加的软件中。

【例 4.17】假定要实现 BX 和 AX 中的 4 字节数字与 DX 和 CX 中的 4 字节数字相加，其结果存入 BX 和 AX 中，则多字节加法的程序段如下：

```
ADD AX,CX
ADC BX,DX
```

上述多字节相加的程序段中用了 ADD 与 ADC 两条不同的加法指令，由于 AX 和 CX 的内容相加形成和的低 16 位时，可能产生也可能不产生进位，而事先又不可能断定有无进位，因此，在高 16 位相加时，就必须要采用带进位位的加法指令 ADC。这样，ADC 指令在执行加法时就会把在低 16 位相加后产生的进位标志 1 或 0 自动加到高 16 位的和数中去。最后，程序把 BX、AX 的 4 字节内容与 DX、CX 两个寄存器中的 4 字节内容相加，而和数则存入 BX、AX 两个寄存器中。

【例 4.18】有两个 4 字节的无符号数分别放在 2000H 和 3000H 开始的存储单元中，需求它们的和，结果放入 2000H 开始的存储单元中（低位字节在前）。程序片段如下：

```
MOV  SI,2000H
MOV  AX,[SI]
MOV  DI,3000H
ADD  AX,[DI]       ;两个数的低 16 位相加
MOV  [SI],AX
MOV  AX,2[SI]
ADC  AX,2[DI]      ;两个数的高 16 位及进位位相加
MOV  2[SI],AX
```

3）INC　DST;DST←DST +1

指令功能：将目标操作数当做无符号数，完成加 1 操作后，结果仍保留在目标中。

目标操作数可以是 8/16 位通用寄存器或存储器操作数，但不允许是立即数。

例如：

```
INC SP                      ;SP = SP +1
INC BYTE PTR[BX +1000H]     ;把数据段中由 BX +1000H 寻址的存储单元的字节内容加 1
INC WORD PTR[SI]            ;把数据段中由 SI 寻址的存储单元的字内容加 1
INC DATA1                   ;把数据段中 DATA1 存储单元的内容加 1
```

注意：对于间接寻址的存储单元加 1 指令，数据的长度必须用 TYPE PTR、WORD PTR 或 DWORD PTR 类型伪指令加以说明，否则，汇编程序不能确定是对字节、字，还是双字加 1。

另外，INC 指令只影响 OF、SF、ZF、AF、PF 这 5 个标志，而不影响进位标志 CF，故不能用 INC 指令来设置进位位，否则程序会出错。

2. 减法指令

1）SUB　DST,SRC;DST←DST − SRC

指令功能：将目标操作数减去源操作数，其结果送回目标，并根据运算结果置标志位。源操

作数可以是 8/16 位通用寄存器、存储器操作数或立即数；目标操作数只允许是通用寄存器或存储器操作数。并且，不允许两个操作数同时为存储器操作数，也不允许做段寄存器的减法。

【例 4.19】减法指令示例。

```
SUB   AX,[BX]
```

设当前 CS = 1000H，IP = 60C0H，DS = 2000H，BX = 970EH，则该指令的操作过程如图 4-13 所示。

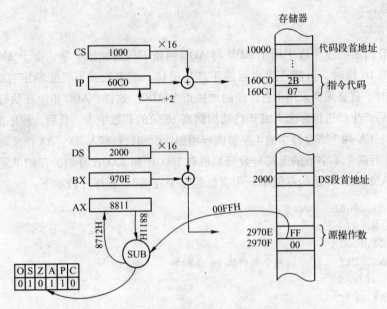

图 4-13   SUB   AX,[BX]指令操作过程

该指令执行后，将 AX 寄存器中的目标操作数 8811H 减去物理地址 2970EH 和 2970FH 单元中的源操作数 00FFH，并把结果 8712H 送回 AX 中。各标志位的改变为 O = 0（没有溢出）、S = 1（结果为负）、Z = 0（结果不为 0）、A = 1（有半进位）、P = 1（奇偶性为偶）、C = 0（没有借位）。

SUB 指令的寻址方式和汇编语句的形式也很多，例如：

```
SUB   CL,BL          ;CL = CL - BL
SUB   AX,SP          ;AX = AX - SP
SUB   BH,6AH         ;BH = BH - 6AH
SUB   AX,0AAAAH      ;AX = AX - 0AAAAH
SUB   DI,TEMP[SI]    ;从 DI 中减去由 TEMP + SI 寻址的数据段存储单元的字内容
```

2) SBB DST,SRC；DST←DST - SRC - CF

本指令与 SUB 指令的功能、执行过程基本相同，唯一不同的是完成减法运算时还要再减去进位标志位 CF 的原状态。运算结束时，CF 将被置成新状态。其具体操作过程，请读者自行分析。这条指令通常用于比 16 位数长的多字节减法，在多字节减法中，如同多字节加法操作时传递进位一样，它需要传递借位。

SBB 指令的汇编语句形式很多，例如：

```
SBB   AX,BX                  ;AX = AX - BX - CF
SBB   WORD PTR[DI],50A0H     ;从由 DI 寻址的数据段字节存储单元的内容减去 50A0H 及 CF 的值
SBB   DI,[BP+2]             ;从 DI 中减去由 BP +2 寻址的堆栈段字存储单元的内容及借位
```

【例 4.20】假定从存于 BX 和 AX 中的 4 字节数减去存于 SI、DI 中的 4 字节数，则程序如下：

```
SUB   AX,DI
SBB   BX,SI
```

从这个例子中可知，对于多字节的减法其最低有效 16 位数据相减用 SUB 指令，而后续的高位有效数字相减用 SBB 指令。

3) DEC　DST　　　　　　　;DST←DST - 1

减 1 指令功能：将目标操作数的内容减 1 后送回目标。

目标操作数可以是 8/16 位通用寄存器和存储器操作数，但不允许是立即数。

例如：

```
DEC   BL                  ;BL = BL - 1
DEC   CX                  ;CX = CX - 1
DEC   BYTE PTR[DI]        ;由 DI 寻址的数据段字节存储单元的内容减 1
DEC   WORD PTR[BP]        ;由 BP 寻址的堆栈段字存储单元的内容减 1
```

从以上指令汇编语句的形式可以看出，对于间接寻址存储器数据减 1 指令，要求用 TYPE PTR 类型伪指令来标识数据长度。

4) NEG　DST　　　　　;DST←$\overline{DET}$ + 1

NEG 是一条求补码的指令，简称求补指令。

目标操作数可以是 8/16 位通用寄存器或存储器操作数。

NEG 指令是把目标操作数当成一个带符号操作数，如果源操作数是正数，则 NEG 指令执行后将变成绝对值相等的负数（用补码表示）；如果源操作数是负数（用补码表示），则 NEG 指令执行后将变成绝对值相等的正数。

若 AL = 00000100 = +4，执行 NEG AL 指令后将各位变反，末位加 1 得 11111100 = $[-4]_补$；若 AL = 11101110 = $[-18]_补$，执行 NEG AL 指令后将变成 00010010 = +18。

例如：

```
NEG   BYTE PTR[BX]
```

设当前 CS = 1000H，IP = 200AH，DS = 2000H，BX = 3000H，且由目标[BX]所指向的存储单元（ = DX×16 + BX = 23000H）已定义为字节变量（假定为 FDH），则该指令执行后，将物理地址 23000H 中的目标操作数 FDH = $[-3]_补$，变成 +3 送回物理地址 23000H 单元中。

注意：执行该指令后，根据系统的约定，CF 通常被置成 1；这并不是由运算所置的新状态，而是该指令执行后的约定。只有当操作数为 0 时，才使 CF 为 0。这是因为 NEG 指令在执行时，实际上是用 0 减去某个操作数，自然在一般情况下要产生借位，而当操作数为 0 时，无须借位，故这时 CF = 0。

5) CMP　DST,SRC　　　;DST←SRC,只置标志位

指令功能：将目标操作数与源操作数相减但不送回结果，只根据运算结果置标志位。源操作数可以是 8/16 位通用寄存器、存储器操作数或立即数；目标操作数只可以是 8/16 位通用寄存器或存储器操作数。但不允许两个操作数同时为存储器操作数，也不允许做段寄存器比较。比较指令使用的寻址方式与前面介绍过的加法和减法指令相同。例如：

```
CMP  BL,CL              ;BL - CL
CMP  AX,SP              ;AX - SP
CMP  AX,1000H           ;AX - 1000H
CMP  [DI],BL            ;DI 寻址的数据段存储单元的字节内容减 BL
CMP  CL,[BP]            ;用 CL 减由 BP 寻址的堆栈段存储单元的字节内容
CMP  SI,TEMP[BX]        ;用 SI 减由 TEMP + BX 寻址的数据段存储单元的字内容
```

注意： 执行比较指令时，会影响标志位 OF、SF、ZF、AF、PF、CF。当判断两比较数的大小时，应区分无符号数与有符号数的不同判断条件：对于两无符号数比较，只需根据借位标志 CF 即可判断；而对于两有符号数比较，则要根据溢出标志 OF 和符号标志 SF 两者的异或运算结果来判断。具体判断方法如下：若为两无符号数比较，当 ZF = 1 时，则表示 DST = SRC；当 ZF = 0 时，则表示 DST ≠ SRC。如 CF = 0 时，表示无借位或够减，即 DST ≥ SRC；如 CF = 1 时，表示有借位或不够减，即 DST < SRC。若为两有符号数比较，当 OF ⊕ SF = 0 时，则 DST ≥ SRC；当 OF ⊕ SF = 1 时，则 DST < SRC。通常，比较指令后跟一条条件转移指令，检查标志位的状态以决定程序的转向。

【例 4.21】 假如，要将 CL 的内容与 20H 做比较，当 CL ≥ 64H，则程序转向存储器地址 SUBER 处继续执行。其程序段如下：

```
CMP  CL,64H        ;CL 与 64H 作比较
JAE  SUBER         ;如果等于或高于则跳转
```

以上的 JAE 为一条等于或高于的条件转移指令。

3. 乘法指令

乘法指令用来实现两个二进制操作数的相乘运算，包括两条指令：无符号数乘法指令 MUL 和有符号数乘法指令 IMUL。

1) MUL SRC

MUL SRC 是无符号数乘法指令，它完成两个无符号的 8/16 位二进制数相乘的功能。被乘数隐含在累加器 AL/AX 中；指令中由 SRC 指定的源操作数做乘数，它可以是 8/16 位通用寄存器或存储器操作数。相乘所得双倍位长的积，按其高 8/16 位与低 8/16 位两部分分别存放到 AH 与 AL 或 DX 与 AX 中去，即对 8 位二进制数乘法，其 16 位积的高 8 位存于 AH，低 8 位存于 AL；而对 16 位二进制数乘法，其 32 位积的高 16 位存于 DX，低 16 位存于 AX。若运算结果的高位字节或高位字有效，即 AH ≠ 0 或 DX ≠ 0，则将 CF 和 OF 两标志位同时置"1"；否则，CF = OF = 0。据此，利用 CF 和 OF 标志可判断相乘结果的高位字节或高位字是否为有效数值。

【例 4.22】 乘法指令举例。

```
MUL  BYTE PTR[BX + 2AH]
```

设当前 CS = 3000H，IP = 0250H，AL = 12H，DS = 2000H，BX = 0234H，且源操作数已被定义为字节变量（66H），则指令的操作过程如图 4-14 所示。

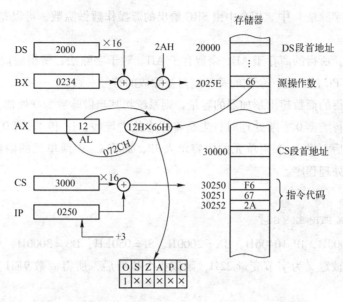

图 4-14 MUL BYTE PTR[BX + 2AH]指令操作过程

该指令执行后，乘积 072CH 存放于 AX 中。根据机器的约定，因 AH≠0，故 CF 与 OF 两位置"1"，其余标志位为任意状态，是不可预测的。

2）IMUL SRC

IMUL SRC 是有符号乘法指令，它完成两个带符号的 8/16 位二进制相乘的功能。

对于两个带符号的数相乘，如果简单采用与无符号数乘法相同的操作过程，那么会产生完全错误的结果。为此，专门设置了 IMUL 指令。

IMUL 指令除计算对象是带符号二进制数以外，其他都与 MUL 是一样的，但结果不同。

IMUL 指令对 OF 和 CF 的影响是，若乘积的高一半是低一半的符号扩展，则 OF = CF = 0，否则均为 1。它仍然可用来判断相乘的结果中高一半是否含有有效数值。另外，IMUL 指令对其他标志位没有定义。

例如：

```
IMUL  CL              ;AX←(AL)×(CL)
IMUL  CX              ;DX、AX←(AX)×(CX)
IMUL  BYTE PTR[BX]    ;AX←(AL)×[BX],即 AL 中的和 BX 所指内存单元中的两个 8 位有
                      ;符号数相乘,结果送入 AX 中
IMUL  WORD PTR[DI]    ;DX、AX←(AX)×[DI],即 AX 中的和 DI、DI +1 所指内存单元中的
                      ;两个 16 位有符号数相乘,结果送入 DX 和 AX 中
```

有关 IMUL 指令的其他约定都与 MUL 指令相同。

4. 除法指令

除法指令执行两个二进制数的除法运算，包括无符号二进制数除法指令 DIV 和有符号二进制除法指令 IDIV 两条指令。

1）DIV SRC

DIV SRC 指令完成两个不带符号的二进制相除的功能。被除数隐含在累加器 AX（字节除

法）或 DX、AX（字除法）中。指令中由 SRC 给出的源操作数做除数，可以是 8/16 位通用寄存器或存储器操作数。

对于字节除法，所得的商存于 AL，余数存于 AH。对于字除法，所得的商存于 AX，余数存于 DX。根据 8086CPU 的约定，余数的符号应与被除数的符号一致。

若除法运算所得的商数超出累加器的容量，则系统将其当做除数为 0 处理，此时所得商数和余数均无效。在进行类型 0 中断处理时，先是将标志位进堆栈，IF 和 TF 清 0。接着是 CS 和 IP 的内容进堆栈；然后，将 0、1 两单元的内容填入 IP，而将 2、3 两单元的内容填入 CS；最后，再进入 0 号中断的处理程序。

例如：

```
DIV  BYTE PTR[BX + SI]
```

设当前 CS = 1000H，IP = 0406H，BX = 2000H，SI = 050EH，DS = 3000H，AX = 1500H，存储器中的源操作数已被定义为字节变量 22H，则该指令执行后，所得商数 9EH 存于 AL 中，余数 04H 存于 AH 中。

2）IDIV SRC

IDIV 指令完成将两个带符号的二进制数相除的功能。它与 DIV 指令的主要区别在于对符号位处理的约定，其他约定相同。

具体地说，如果源操作数是字节/字数据，被除数应为字/双字数据并隐含存放于 AX/DX、AX 中。如果被除数也是字节/字数据在 AL/AX 中，那么，应将 AL/AX 的符号位（AL_7）/（AL_{15}）扩展到 AH/DX 寄存器后，才能开始字节/字除法运算，运算结果商数在 AL/AX 寄存器中，AL_7/AL_{15} 是商数的符号位；余数在 AH/DX 中，AL_7/AL_{15} 是余数的符号位，它应与被除数的符号一致。在这种情况下，允许的最大商数为 + 127 或 + 32 767，最小商数为 − 128 或 − 32 768。

例如：

```
IDIV  BX              ;将 DX 和 AX 中的 32 位数除以 BX 中的 16 位数,商在 AX 中,余数在 DX 中
IDIV  BYTE PTR[SI]    ;将 AX 中的 16 位数除以 SI 所指内存单元的 8 位数,所得的商在 AL 中,
                      ;余数在 AH 中
```

3）CBW 和 CWD

CBW 和 CWD 是两条专门为 IDIV 指令设置的符号扩展指令，用来扩展被除数字节/字为字/双字的符号，所扩充的高位字节/字部分均为低位的符号位。它们在使用时应安排在 IDIV 指令之前，执行结果对标志位没有影响。

CBW 指令将 AL 的最高有效位 D_7 扩展至 AH，即若 AL 的最高有效位是 0，则 AH = 0；若 AL 的最高有效位为 1，则 AH = FFH。该指令在执行后，AL 不变。

CWD 指令将 AX 的最高有效位 D_{15} 扩展形成 DX，即若 AX 的最高有效位为 0，则 DX = 0000H；若 AX 的最高有效位为 1，则 DX = FFFFH。该指令在执行后，AX 不变。

符号扩展指令常用来获得除法指令所需要的被除数。例如，AX = FF00H，它表示有符号数 − 256；执行 CWD 指令后，则 DX = FFFFH，DX、AX 仍表示有符号数 − 256。

例如，进行有符号数除法 AX ÷ BX 的指令如下：

```
CWD
IDIV  BX
```

对无符号数除法应该采用直接使高 8 位或高 16 位清 0 的方法,以获得倍长的被除数。

5. 十进制调整指令

算术运算指令都是针对二进制数的。为了能方便地进行十进制数的运算,就必须对二进制运算的结果进行十进制调整,以得到正确的十进制运算结果。为此,8086 专门为完成十进制数运算而提供了一组十进制调整指令。

十进制数在计算机中也是以二进制来表示的,这就是二进制编码的十进制数:BCD 码。8086 支持压缩 BCD 码和非压缩 BCD 码,相应的十进制调整指令也分为压缩 BCD 码调整指令和非压缩 BCD 码调整指令。其中,压缩 BCD 码调整指令有 2 条(DAA 和 DAS);非压缩 BCD 码调整指令有 4 条(AAA、AAS、AAM 和 AAD)。下面分别介绍这 6 条指令。

1)DAA

DAA 是加法的十进制调整指令,它必须跟在 ADD 或 ADC 指令之后使用。其功能是将存于 AL 中的 2 位 BCD 码加法运算的结果调整为 2 位压缩型十进制数,仍保留在 AL 中。

AL 中的运算结果在出现非压缩码(1010B ～ 1111B)或本位向高位(指 BCD 码)有进位(由 AF = 1 或 CF = 1 表示低位向高位或高位向更高位有进位)时,由 DAA 自动进行加 6 调整。

由于 DAA 指令只能对 AL 中的结果进行调整,因此,对于多字节的十进制加法,只能从低字节开始,逐个字节地进行运算和调整。例如,设当前 AX = 6698H,BX = 2877H,如果要将这两个 BCD 数相加,结果保留在 AX 中,则需要用下列几条指令来完成:

```
ADD  AI,BL        ;低字节相加
DAA               ;低字节调整
MOV  CL,AL
MOV  AL,AH
ADC  AL,BH        ;高字节相加
DAA               ;高字节调整
MOV  AH,AL
MOV  AL,CL
```

2)DAS

DAS 指令是减法的十进制调整指令,它必须跟在 SUB 或 SBB 指令之后,将 AL 寄存器中的减法运算结果调整为 2 位压缩型十进制数,仍保留在 AL 中。

减法是加法的逆运算,对减法的调整操作是减 6 调整。

3)AAA

AAA 是加法的 ASCII 码调整指令,也是只能跟在 ADD 指令之后使用,其功能是将存于 AL 寄存器中的 1 位 ASCII 码加法运算结果调整为 1 位非压缩型十进制数,仍保留在 AL 中;如果向高位有进位(AF = 1),则进到 AH 中。调整过程与 DAA 相似,其具体算法如下:

(1)若 AL 的低 4 位是在 0 ～ 9 之间,且 AF = 0,则跳过第 (2) 步,执行第 (3) 步。

(2)若 AL 的低 4 位是在 0AH ～ 0FH 之间,或 AF = 1,则 AL 寄存器需进行加 6 调整,AH 寄存器加 1,且使 CF = 1。

（3）AL 的高 4 位虽参加运算，但不影响运算结果，无须调整，且清除之。

【例 4.23】 若 AX = 0835H，BL = 39H，则执行下列指令：

```
ADD   AL,BL
AAA
```

结果是 AX = 0904H，AF = 1，且 CF = 1，其运算与调整过程如下：

$$
\begin{array}{rl}
& 00111010 \qquad ;AL \\
+ & 00111001 \qquad ;BL \\
\hline
00000100\quad & 01101110 \qquad ;AL\ 低\ 4\ 位出现非法\ BCD\ 码，需进行加\ 6\ 调整 \\
+ & \qquad 0110 \\
\hline
00001001\quad & 01110100 \qquad ;AF=1，应进位到\ AH\ 中，即\ AH\ 加\ 1 \\
\wedge & 00001111 \qquad ;AL\ 高\ 4\ 位清\ 0，低\ 4\ 位不变 \\
\hline
00001001\quad & 00000100 \\
\underbrace{\quad}_{AH} & \underbrace{\qquad}_{AL}
\end{array}
$$

若有两个用 ASCII 码表示的 2 位十进制数分别存放在 AX 和 BX 寄存器中，即

```
AX = 0011011000110111
BX = 0011100100110101
```

现要求将两数相加，并把结果保留在 AX 中，如果有进位，将进位置入 DX 中，则完成以上功能的程序段如下：

```
MOV   DX,0
MOV   CX,AX          ;CX = '67'
MOV   AH,0
ADD   AL,BL          ;AL←'7'+'5'
AAA                  ;AH = 01H,AL = 02H
MOV   CL,AL          ;CL = 02H
MOV   AL,CH          ;AL = '6'
ADD   AL,AH
AAA                  ;AL = 07H
MOV   AH,0
ADD   AL,BH
AAA                  ;AH = 01H,AL = 06H
MOV   CH,AL          ;CH = 06H
ADD   DL,AH          ;DL = 01H
MOV   AX,CX          ;AX = 0602H
```

最后得到正确的十进制结果为 162，并以非压缩型 BCD 码形式存放在 DX、AX 中，如下所示。

| DX | 00000000 | 00000001 | | CX | 00000110 | 00000010 |

4) AAS

AAS 是减法的 ASCII 码调整指令，它也必须跟在 SUB 或 SBB 指令之后，用于将 AL 寄存器中的减法运算后结果调整为 1 位非压缩型十进制数；如果有借位，则保留在借位标志 CF 中。

5) AAM

AAM 是乘法的 ASCII 码调整指令。由于 8086/8088 指令系统中不允许采用压缩型十进制数乘法运算，故只设置了一条 AAM 指令，用来将乘法运算结果调整为 2 位非压缩型十进制数，其高位在 AH 中，低位在 AL 中。参加乘法运算的十进制数必须是非压缩型，故通常在 MUL 指令前安排两条 AND 指令。例如：

```
AND  AL,0FH
AND  BL,0FH
MUL  BL
AAM
```

执行 MUL 指令的结果，会在 AL 中得到 8 位二进制数结果，用 AAM 指令可将 AL 中结果调整为 2 位非压缩型十进制数，并保留在 AX 中。其调整操作是，将 AL 寄存器中的结果除以 10，所得商数即为高位十进制数置入 AH 中，所得余数即为低位十进制数置入 AL 中。

6) AAD

AAD 是除法的 ASCII 码调整指令。它与以上调整指令的操作不同，其是在除法之前进行调整操作。

AAD 指令的调整操作是将累加器 AX 中的 2 位非压缩型十进制的被除数调整为二进制数，保留在 AL 中。其具体做法是将 AH 中的高位十进制数乘以 10，与 AL 中的低位十进制数相加，结果保留在 AL 中。例如，一个数据为 67，用非压缩型 BCD 码表示时，则 AH 中为 0000 0110，AL 中为 0000 0111；调整时执行 AAD 指令，该指令将 AH 中的内容乘以 10，再加到 AL 中，故得到的结果为 43H。

【例 4.24】分析下列程序段的结果。

```
MOV  DL,5
MOV  AX,0807H
AAD
DIVDL
AAM
```

程序执行如下：

```
MOV  DL,5      ;(DL)←05H
MOV  AX,0807H  ;(AX)←0807H
AAD            ;(AL)←(AH)* 0AH +(AL)=08H* 0AH +07H =57H
               ;(AH)←0
DIV  DL        ;(AL)←(AX)/(DL)=0057H/05H =11H(商)
               ;(AH)←(AX)% (DL)=0057H % 05H =02H(余数)
AAM            ;(AH)←(AL)/ 0AH =11H/0AH =01H
               ;(AL)←(AL)% 0AH =11H % 0AH =07H(商调整为非压缩 BCD 码)
```

该程序段执行的是 $87 \div 5 = 17 \cdots 2$。以上几条指令执行的结果是，在 AX 中得到非压缩 BCD 码形式的商，但余数被丢失。如果需要保留余数，则应在 DIV 指令之后、AAM 指令之前，将余数保存起来；如果有必要，还应设法对余数也进行 ASCII 调整。

4.2.3 逻辑运算与移位指令

逻辑运算与移位指令实现对二进制位的操作和控制，所以又称位操作指令，共 13 条，可分为逻辑运算指令、移位指令和循环移位指令 3 组，下面分别予以介绍。

1. 逻辑运算指令

逻辑运算指令包括逻辑非（NOT）、逻辑与（AND）、逻辑或（OR）、逻辑异或（XOR）和逻辑测试（TEST）5 条指令。表4-3 给出了这些指令的名称、格式、操作及对相应标志位的影响。

表4-3　逻辑运算指令

名　称	格　式	操　作	对标志位的影响					
			OF	SF	ZF	AF	PF	CF
逻辑非	NOT OPR	OPR 按位求反送 OPR	—	—	—	—	—	—
逻辑与	AND DST，SRC	DST←DST∧SRC	0	×	×	u	×	0
逻辑或	OR DST，SRC	DST←DST∨SRC	0	×	×	u	×	0
逻辑异或	XOR DST，SRC	DST←DST∀SRC	0	×	×	u	×	0
逻辑测试	TEST OPR1∧OPR2	OPR1∧OPR2	0	×	×	u	×	0

注："—"表示对该标志位无影响；"×"表示根据操作结果设置标志；u 表示操作后标志值无定义；0 表示清除标志位为0。

这组指令的操作数可以为 8 位或 16 位，其中 NOT 指令是单操作数指令，但不能使用立即数作为操作数；其余指令都是双操作数指令，立即数不能作为目的操作数，也不允许两个操作数都是存储器操作数，这与前述 MOV 指令对于操作数寻址方式的限制相同。

注意：表中的逻辑测试指令和逻辑与指令的功能有所不同，前者执行后只影响相应的标志位而不改变任何操作数本身（即不回送操作结果）。

逻辑运算指令的一般用途是，逻辑非指令常用于把操作数的每一位变反；逻辑与指令常用于把操作数的某些位清0（与0相"与"）而其他位保持不变（与1相"与"）；逻辑或指令常用于把操作数的某些位置1（与1相"或"）而其他位保持不变（与0相"或"）；逻辑异或指令常用于把操作数的某些位变反（与1相"异或"）而其他位保持不变（与0相"异或"）；逻辑测试指令常用来检测操作数的某些位是1还是0，编程时通常在其后加上条件转移指令实现程序转移。

【例4.25】 对 AL 中的值按位求反。

```
MOV  AL,10101010B
NOT  AL                    ;指令执行后,AL = 01010101B
```

【例4.26】 把 BL 的高 4 位清 0，低 4 位保持不变。

```
MOV  BL,11111010B
AND  BL,0FH                ;指令执行后,BL = 00001010B
```

【例4.27】 把 8086 标志寄存器中的标志位 TF 清 0，其他位保持不变。

```
PUSHF
POP   AX              ;通过堆栈将 FR 的内容传送至 AX
AND   AX,0FEFFH       ;将 AX 中对应于 TF 的位清 0
PUSH  AX
POPF                  ;通过堆栈将 AX 的内容传送至 FR
```

【例 4.28】从 27H 端口输入一个字节的数据，如果该字节数据的 D2 位为 1，则转向 LABEL_1。

```
IN    AL,27H          ;输入数据
TEST  AL,00000100B    ;检测 D2 位
JNZ   LABEL_1         ;若为 1,则转向 LABEL_1
```

2. 移位指令

移位指令实现对操作数的移位操作，根据将操作数看成无符号数和有符号数的不同情形，又可把移位操作分为"逻辑移位"和"算术移位"两种类型。逻辑移位是把操作数看成无符号数来进行移位，右移时，最高位补 0，左移时，最低位补 0；算术移位则是把操作数看成有符号数，右移时最高位（符号位）保持不变，左移时，最低位补 0。

4 条移位指令分别是逻辑左移指令 SHL（Shift Logic Left）、算术左移指令 SAL（Shift Arithmetic Left）、逻辑右移指令 SHR（Shift Logic Right）和算术右移指令 SAR（Shift Arithmetic Right）。它们的名称、格式、操作及对标志位的影响如表 4-4 所示。其中的 DST 可以是 8 位、16 位的寄存器或存储器操作数。CNT 为移位计数值，它可以设定为 1，也可以由寄存器 CL 确定其值。

表 4-4　移位指令

名　称	格　式	操　作	对标志位的影响					
			OF	SF	ZF	AF	PF	CF
逻辑左移	SHL DST，CNT	CF ← ← 0	×	×	×	u	×	×
算术左移	SAL DST，CNT	CF ← ← 0	×	×	×	u	×	×
逻辑右移	SHR DST，CNT	0 → → CF	×	×	×	u	×	×
算术右移	SAR DST，CNT	→ → CF	×	×	×	u	×	×

注：当 CNT = 1 时，若移位操作使最高位发生改变，则 OF 置 1，否则置 0；当 CNT > 1 时，OF 值无定义。

从表 4-3 中可以看出，SHL 和 SAL 指令功能相同，在机器中它们实际上对应同一种操作。移位指令影响标志位的情况是，执行移位操作后，AF 总是无定义的。PF、SF 和 ZF 在指令执行后被修改。CF 总是包含目的操作数移出的最后一位的值。OF 的内容在多位移位后是无定义的。在一次移位情况下，若最高位（即符号位）的值被改变，则 OF 置 1，否则置 0。使用移位指令除了可以实现对操作数的移位操作外，还可以用来实现对一个数进行乘以 2^n 或除以 2^n 的运算，使用这种方法的运算速度要比直接使用乘除法时高得多。其中逻辑移位指令适用于无符号数的运算，SHL 用来乘以 2^n，SHR 用来除以 2^n；而算术移位指令则用于带符号数运算，SAL 用来乘以 2^n，SAR 用来除以 2^n。

【例 4.29】用移位指令将 AL 中的高 4 位和低 4 位内容互换。

```
MOV   AH,AL           ;将 AL 中的内容复制到 AH
MOV   CL,4            ;设置移位次数
SHL   AL,CL           ;将 AL 中的低 4 位移至高 4 位,其低 4 位变为 0000
```

```
        SHR   AH,CL              ;将 AH 中的高 4 位移至低 4 位,其高 4 位变为 0000
        OR    AL,AH              ;AL 中的高、低 4 位内容互换
```

【例 4.30】 设 AL 中有一无符号数 X,用移位指令求 10X。

```
        MOV   AH,0
        SHL   AX,1              ;求得 2X
        MOV   BX,AX             ;暂存于 BX
        MOV   CL,2              ;设置移位次数
        SHL   AX,CL             ;求得 8X
        ADD   AX,BX             ;8X+2X=10X
```

3. 循环移位指令

对操作数中的各位也可以进行循环移位。进行循环移位时,移出操作数的各位,并不像前述移位指令那样被丢失,而是周期性地返回到操作数的另一端。和移位指令一样,要循环移位的位数取自计数操作数,它可规定为立即数 1,也可由 CL 寄存器来确定。

这组指令包括循环左移指令 ROL（Rotate Left）、循环右移指令 ROR（Rotate Right）、带进位循环左移指令 RCL（Rotate through CF Left）和带进位循环右移指令 RCR（Rotate through CF Right）。表 4-5 给出了循环移位指令的名称、格式、操作及对标志位的影响,其中 DST 和 CNT 的限定同移位指令。

表 4-5 循环移位指令

名 称	格 式	操 作	对标志位的影响					
			OF	SF	ZF	AF	PF	CF
循环左移	ROL DST, CNT		×	—	—	—	—	×
循环右移	ROR DST, CNT		×	—	—	—	—	×
带进位循环左移	RCL DST, CNT		×	—	—	—	—	×
带进位循环右移	RCR DST, CNT		×	—	—	—	—	×

注:当 CNT=1 时,若移位操作使最高位发生改变,则 OF 置 1,否则置 0;当 CNT>1 时,OF 值无定义。

循环移位指令只影响进位标志位 CF 和溢出标志 OF。CF 中总是包含循环移出的最后一位的值。在多位循环移位的情况下,OF 的值是无定义的。在一位循环移位中,若移位操作改变了目的操作数的最高位,则 OF 置为 1;否则清 0。

【例 4.31】 用循环移位指令实现例 4.29 的功能。

```
        MOV CL,4
        ROR AL,CL              ;也可用 ROL  AL,CL 指令实现
```

【例 4.32】 将 DX:AX 中的 32 位二进制数乘以 2。

```
        SHL AX,1
        RCL DX,1
```

4.2.4　串操作指令

串操作指令对字节串或字串进行每次一个元素（字节或字）的操作，被处理的串长度可达 64 KB。串操作过程包括串传送、串比较、串扫描、取串和存入串等。在这些基本操作前加一个特殊前缀，就可以由硬件重复执行某一基本指令，可使串操作的速度远远大于用软件循环处理的速度。这些重复由各种条件来终止，并且重复操作可以被中断恢复。

串操作指令如表 4-6 所示，表中还包括了串操作中可使用的重复前缀。

表 4-6　串操作指令及重复前缀

分组	名　称	格　式	操　作
串操作指令	串传送 （字节串传送，字串传送）	MOVS （MOVSB，MOVSW）	（ES：DI）←（DS：SI），SI←SI ± 1 或 2，DI←DI ± 1 或 2
	串比较 （字节串比较，字串比较）	CMPS （CKPSB，CMPSW）	（ES：DI）－（DS：SI）SI←SI ± 1 或 2，DI←DI ± 1 或 2
	串扫描 （字节串扫描，字串扫描）	SCAS （SCASB，SCASW）	AL 或 AX－（ES：DI），DI←DI ± 1 或 2
	取串 （取字节串，取字串）	LODS （LODSB，LODSW）	AL 或 AX←（DS：DI），SI←SI ± 1 或 2
	存串 （存字节串，存字串）	STOS （STOSB，STOSW）	（ES：DI）←AL 或 AX，DI←DI ± 1 或 2
重复前缀	无条件重复前缀	REP	使其后的串操作重复执行，每执行一次，CX 内容减 1，直至 CX = 0
	相等/为零重复前缀	REPE/REPZ	当 ZF = 1 且 CX≠0 时，重复执行其后的串操作，每执行一次，CX 内容减 1，直至 ZF = 0 或 CX = 0
	不相等/不为零重复前缀	REPNE/REPNZ	当 ZF = 0 且 CX≠0 时，重复执行其后的串操作，每执行一次，CX 内容减 1，直至 ZF = 1 或 CX = 0

串操作指令可以显式地带有操作数，例如，串传送指令 MOVS 可以写成 MOVS "DST，SRC" 的形式，但为了书写简洁，串操作指令通常采用隐式寻址方式。在隐式寻址方式下，源串中元素的地址一般为 DS：SI，即 DS 寄存器提供段基值，SI 提供偏移量。目的串中元素的地址为 ES：DI，即由 ES 寄存器提供段基值，DI 寄存器提供偏移量。但可以通过使 DS 和 ES 指向同一段来在同一段内进行运算。待处理的串长度必须放在 CX 寄存器中。每处理完一个元素，CPU 自动修改 SI 和 DI 寄存器的内容，使之指向下一个元素。SI 和 DI 寄存器的修改与两个因素有关，一是被处理的是字节串还是字串，二是当前的方向标志 DF 的值。总共有下述 4 种可能性：

W = 0（字节串）：

    DF = 0,SI/DI←SI/DI + 1
    DF = 1,SI/DI←SI/DI － 1

W = 1（字串）：

```
DF = 0,SI/DI←SI/DI + 2
DF = 1,SI/DI←SI/DI - 2
```

无条件重复前缀 REP 常与 MOVS（串传送）和 STOS（存串）指令同时用，执行到 CX = 0 时为止。重复前缀 REPE 和 REPZ 具有相同的含义，只有当 ZF = 1 且 CX ≠ 0 时才重复执行串操作。重复前缀 REPNE 和 REPNZ 具有相同的含义，只有当 ZF = 0 且 CX ≠ 0 时才重复执行串操作。这 4 种重复前缀（REPE/REPZ 和 REPNE/REPNZ）常与 CMPS（串比较）和 SCAS（串扫描）一起使用。

带有重复前缀的串操作指令执行时间有可能很长，在指令执行过程中允许中断。系统在处理每个元素之前都要检测是否有中断请求。一旦检测到有中断请求，CPU 将暂停执行当前的串操作指令，而转去执行相应的中断服务程序。待从中断返回后再继续执行被中断的串操作指令。

下面分别介绍表 4-6 中所列 5 种串操作指令（串传送、串比较、串扫描、取串和存串）的功能特点，并给出应用实例。

1. 串传送指令 MOVSB/MOVSW

串传送指令将位于 DS 段、由 SI 寄存器所指的源串所在的存储器单元的字节或字传送到位于 ES 段、由 DS 寄存器所指的目的串所在的存储单元中，再修改 SI 和 DI 寄存器的值，从而指向下一个单元。SI 和 DI 的修改方式前文已经说明。MOVSB 每次传送一字节，MOVSW 每次传送一个字。

MOVSB/MOVSW 指令前常加重复前缀 REP，若加 REP，则每传送一个串元素（字节或字），CX 寄存器减 1，直到（CX）= 0 为止。例如：

```
MOV   CX,100
REP   MOVSB          ;连续传送 100 个字节
```

在使用 MOVSB/MOVSW 指令进行串传送时，要注意传送方向，即需要考虑是从源串的高地址端还是低地址端开始传送。如果源串和目的串的存储区域不重叠，则只能从一个方向开始传送。如图 4-15 所示，当源串地址低于目的串地址时，则只能从源串的高地址处开始传送，且置 DF = 1，以使传送过程中 SI 和 DI 自动减量修改；当源串地址高于目的串地址时，则只能从源串的低地址处开始传送，且置 DF = 0，以使传送过程中 SI、DI 自动增量修改。

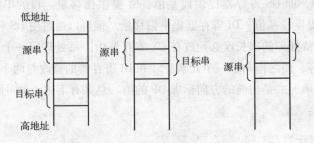

图 4-15　串传送方向示意

【例 4.33】将内存从偏移地址 1000H 开始的 100 字节数据向高地址方向移动 1 字节位置。程序段如下：

```
MOV  AX,DS
MOV  ES,AX              ;使 ES = DS
MOV  SI,1063H           ;1063H 是源串的最高地址
MOV  DI,1064H           ;1064H 是目的串的最高地址
MOV  CX,64H
STD                     ;DF =1,地址减量修改
REP  MOVSB
```

2. 串比较指令 CMPSB/CMPSW

串比较指令将源串的一个元素减去目标串中的相对应的一个元素，但不送回结果，只是根据结果特征设置标志，并修改 SI 和 DI 寄存器的值以指向下一个元素。通常在 CMPSB/CMPSW 指令前加上重复前缀指令 REPZ/REPE 或 REPNZ/REPNZ，以寻找目的串与源串中第一个相同或不相同的串元素。

【例 4.34】 比较分别从地址 0040H 和 0060H 开始的两个字节串是否相同（设字节串的长度为 100）。

程序段如下：

```
MOV  SI,0400H
MOV  DI,0600H
CLD
MOV  CX,64H             ;重复计数为 100
REPZ CMPSB
JZ   STR - EQU          ;若两个串完全相同,则转移到 STR - EQU 处执行
...
STR - EQU:
...
```

该程序段用于检测两个字节串是否完全相同，若不完全相同还可由 CX 的值知道第一个不相同的字节是串中的第几个元素。

3. 串扫描指令 SCASB/SCASW

串扫描指令用 AL 中的字节或 AX 中的字与 ES：DI 所指向的内存单元的字节或字相比较，即两者相减，但不送回结果，只根据结果特征设置标志位，并修改 DI 寄存器的值以指向下一个串元素。通常在 SCASB/SCASW 指令前加上重复前缀 REPE/REPZ 或 REPNE/REPNZ，以寻找串中第一个与 AL（或 AX）的值相同或不相同的串元素。

【例 4.35】 在 0040H 地址开始的字符串中寻找 $ 字符（设字符串的长度为 100）。

```
CLD
MOV  CX,100             ;重复计数为 100
MOV  DI,0040H
MOV  AL,'$'             ;扫描的值是 $ 字符的 ASCII 码
REPNE SCASB             ;串扫描
JZ ZER                 ;若找到,则转移到 ZER 处执行
```

```
        ...
        ZER:
        ...
```

注意：ZF 标志并不因为 CX 寄存器在操作过程中不断减 1 受影响，所以在例 4.35 的程序段中可用 JZ 指令来判断是否扫描到所寻找的字符。当执行到 JZ 指令时，若 ZF = 1，则一定是因为扫描到 $ 字符而结束扫描。

4. 取串指令 LODSB/LODSW

取串指令用于将 DS：SI 所指向的存储区的字节或字取到 AL 或 AX 寄存器中，并修改 SI 的值以指向下一个串元素。因为累加器在每次重复时都被重写，只有最后一个元素被保存下来，故这条指令前一般不加重复前缀，而常用在循环程序段中，和其他指令结合起来完成复杂的串操作功能。

【**例 4.36**】下面的程序段将由 100 个字组成的字串中的负数相加，其和存放到紧接着该串的下一顺序地址中。

```
        CLD
        MOV   SI,1000H      ;首元素地址为 1000H
        MOV   BX,0
        MOV   DX,0
        MOV   CX,101
  LOD:  DEC   CX
        JZ    STO
        LODSW               ;从源串中取一个字存入 AX
        MOV   BX,AX
        AND   AX,8000H      ;判断该元素是否是负数
        JZ LOD
        ADD   DX,BX
        JMP   LOD
  STO:  MOV   [SI],DX
```

5. 存串指令 STOSB/STOSW

存串指令把 AL 或 AX 的内容存入到由 ES：DI 所指向的内存单元，并修改 DI 寄存器的值，使其指向下一目的单元。STOSB/STOSW 指令前加上重复前缀 REP 后，可以使一段内存单元中填满相同的值，STOSB/STOSW 指令也可以前面不加重复前缀，类似 LODSB/LODSW 指令一样，同其他指令结合起来完成较复杂的串操作指令。

4.2.5 转移指令

凡属能改变指令执行顺序的指令可统称为转移指令。在 8086 程序中，指令的执行顺序由代码段寄存器和指令指针寄存器的值决定。代码段寄存器包含现行代码段的段基值，用来指出将被取出指令的 64KB 存储区域的首地址。使用指令指针寄存器作为距离代码段首地址的偏移量。代码段寄存器和指令指针寄存器的结合指出了将要取出指令的存储单元地址。转移指令根据指令指针寄存器和代码段寄存器进行操作。改变这些寄存器的内容就会改变程序的正

常执行顺序。

关于转移指令的转向地址的形成方式（即转移指令的寻址方式），主要分为段内直接转移、段内间接转移、段间直接转移和段间间接转移 4 种类型，这里不再赘述。

8086 指令系统的 4 组转移指令如表 4-7 所示。其中只有中断返回指令（IRET）影响 CPU 的控制标志位，然而许多转移指令的执行受状态标志位的控制和影响，即当转移指令执行时把相应的状态标志位的值作为测试条件，若条件为真，则转向指令中的目标标号（LABEL）处，否则顺序执行下一条指令。

表 4-7　转 移 指 令

分　组		格　式	指令功能	测 试 条 件
无条件 转移指令		JMP DST	无条件转移	
		CALL DST	过程调用	
		RET	过程返回	
条件转移	根据某一状态标志位转移	JC　　　　　　LABEL	有进位时转移	CF = 1
		JNC　　　　　LABEL	没有进位时转移	CF = 0
		JE/JZ　　　　LABEL	等于/为零时转移	ZF = 1
		JNE/JNZ　　　LABEL	不等于/不为零时转移	ZF = 0
		JO　　　　　　LABEL	溢出时转移	OF = 1
		JNO　　　　　LABEL	无溢出时转移	OF = 0
		JNP/JPO　　　LABEL	奇偶位为 0 时转移	PF = 0
		JP/JPE　　　　LABEL	奇偶位为 1 时转移	PF = 1
		JNS　　　　　LABEL	正数时转移	SF = 0
		JS　　　　　　LABEL	负数时转移	SF = 1
	对无符号数	JB/JNAE　　　LABEL	低于/不高于等于时转移	CF = 1
		JNB/JAE　　　LABEL	不低于/高于等于时转移	CF = 0
		JA/JNBE　　　LABEL	高于/不低于等于时转移	CF = 0 且 ZF = 0
		JNA/JBE　　　LABEL	不高于/低于等于时转移	CF = 1 且 ZF = 1
	对有符号数	JL/JNGE　　　LABEL	小于/不大于等于时转移	SF ≠ OF
		JNL/JGE　　　LABEL	不小于/大于等于时转移	SF = OF
		JG/JNLE　　　LABEL	大于/不小于等于时转移	ZF = 0 且 SF = OF
		JNG/JLE　　　LABEL	不大于/小于等于时转移	ZF = 1 且 SF ≠ OF
循环控制		LOOP　　　　　　LABEL	循环	CX ≠ 0
		LOOPE/LOOPZ　　LABEL	相等/为零时循环	CX ≠ 0 且 ZF = 1
		LOOPNE/LOOPNZ　LABEL	不等/结果不为零时循环	CX ≠ 0 且 ZF = 0
		JCXZ	CX 值为零时循环	CX = 0
中断及 中断返回		INT	中断	
		INTO	溢出中断	
		IRET	中断返回	

1. 无条件转移指令

在无条件转移类指令中，除介绍无条件转移指令 JMP 外，也一并介绍无条件调用过程指令 CALL 与从过程返回指令 RET，因为，后两条指令在实质上也是无条件地控制程序流向的转移的，但它们在使用上与 JMP 有所不同。

1）JMP 目标标号

JMP 指令允许程序流无条件地转移到由目标标号指定的地址，去继续执行从该地址开始的程序。

转移可分为段内转移和段间转移两类。

（1）段内直接转移。段内直接转移是指目标地址就在当前代码段内，其偏移地址（即目标地址的偏移量）与本指令当前 IP 值（即 JMP 指令的下一条指令的地址）之间的字节距离即位移量将在指令中直接给出。此时，目标标号偏移地址为

$$目标标号偏移地址 = (IP) + 指令中位移量$$

式中，（IP）是指 IP 的当前值。位移量的字节数则根据微处理器的位数而定。

对于 16 位 CPU 而言，段内直接转移的指令格式又分为 2 B 和 3 B 两种，它们的第 1 字节是操作码，而第 2 字节或是 2～3 B 位移量（最高位为符号位）。若位移量只有 1 字节，则称为段内短转移，其目标标号与本指令之间的距离不能超过 −128～+127 B 范围；若位移量占 2 B，则称为段内近转移，其目标标号与本指令之间的距离不能超过 ±32 KB 的范围。注意，段的偏移地址是周期性循环计数的，这意味着在偏移地址 FFFFH 之后的下一个位置是偏移地址 0000H。由于这个原因，如果指令指针指向偏移地址 FFFFH，而要转移到存储器中的后两个字节地址，则程序流将在偏移地址 0001H 处继续执行。

下面举例说明 JMP 指令的编码格式与操作过程。例如：

JMP ADDR1

这条指令中是以目标标号 ADDR1 来表示目标地址的。若已知目标标号 ADDR1 与本指令当前 IP 值之间的距离（即偏移量）为 1235H 字节，CS = 1500H，IP = 2400H，则该指令执行后，CPU 将转移到物理地址 18638H。注意，在计算当前 IP 值时，是将原 IP 值 2400H 加上了本指令的字节数 3，得到 2403H，然后，再将段基址（1500H × 16 = 15000H）加上当前 IP 值 2403H 与位移量 1235H 之和 3638H。于是，可求得最终寻址的目标地址 18638H。其操作过程如图 4–16 所示。由图 4–16 可知，这是一个段内直接近转移的例子，其目标标号 ADDR1 就是一个符号地址。

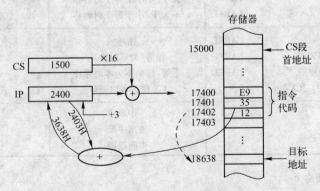

图 4–16　JMP　ADDR1 指令的操作过程

（2）段内间接转移。段内间接转移是一种间接寻址方式，它是将段内的目标地址（指偏移地址或按间接寻址方式计算出的有效地址）先存放在某通用寄存器或存储器的两个连续地址中，

这时指令中只需给出该寄存器号或存储单元地址即可。例如：

    JMP BX

此指令中的 BX 未打方括号"[ ]"，但仍表示间接指向内存区的某地址单元。BX 中的内容即转移目标的偏移地址。设当前 CS = 1200H，IP = 2400H，BX = 3502H，则该指令执行后，BX 寄存器中的内容 3502H 取代原 IP 值，CPU 将转到物理地址 15502H 单元中去执行后续指令。

注意：为区分段内的短转移和近转移，其指令格式常以 JMP SHORT ABC 和 JMP NEAR PTR ABC 的汇编语言形式来表示。

（3）段间直接转移。段间转移是指程序由当前代码段转移到其他代码段，由于其转移的范围超过 ±32KB，故段间转移指令也称为远转移。在远转移时，目标标号是在其他代码段中，若指令中直接给出目标标号的段地址和偏移地址，则构成段间直接转移指令。例如：

    JMP FAR PTR ADDR2

这是一条段间直接转移指令，ADDR2 为目标标号。设当前 CS = 2100H，IP = 1500H，目标地址在另一代码段中，其段地址为 6500H，偏移地址为 020CH，则该指令执行后，CPU 将转移到另一代码段中的物理地址为 6520CH 的目标地址中去执行后续指令。

一般来说，在执行段间直接（远）转移时，目标标号的段内偏移地址送入 IP，而目标标号所在段的段地址送入 CS。在汇编语言中，目标标号可使用符号地址，而机器语言中则要指定目标（或转向）地址的偏移地址和段地址。

（4）段间间接转移。段间间接转移是指以间接寻址方式来实现由当前代码段转移到其他代码段的操作。这时，应将目标地址的段地址和偏移地址先存放于存储器的 4 个连续地址中，其中前 2 字节为偏移地址，后 2 字节为段地址，指令中只需给出存放目标地址的 4 个连续地址首字节的偏移地址值。例如：

    JMP DWORD PTR[BX + ADDR3]

设当前 CS = 1000H，IP = 026AH，DS = 2000H，BX = 1400H，ADDR3 = 020AH，则指令的操作过程如图 4-17 所示。从图 4-17 可知，在执行命令时，将目标地址的偏移地址 320EH 送入 IP，而其段地址 4000H 送入 CS，于是，该指令执行后，CPU 将转到另一代码段物理地址为 4320EH 的单元中去执行后续程序。

需要指出的是，段间转移和段间间接转移都必须用无条件转移指令，换句话说，下面将要讨论的条件转移指令则只能用段内直接寻址方式，并且，其转移范围只能是本指令所在位置前后的 −128 ～ +127 B。

2）过程调用指令 CALL

"过程"是能够完成特定功能的程序段，习惯上也称为"子程序"，调用"过程"的程序称作"主程序"。随着软件技术的发展，过程已成为一种常用的程序结构，尤其是在模块化程序设计中，过程调用已成为一种必要的手段。在程序设计中，使用过程调用可简化主程序的结果，缩短软件的设计周期。

8086 指令系统中把处于当前代码段的过程称为近过程，可通过 NEAR 属性参数来定义，而把处于其他代码段的过程称作远过程，可通过 FAR 属性参数来定义。过程定义的一般格式如下：

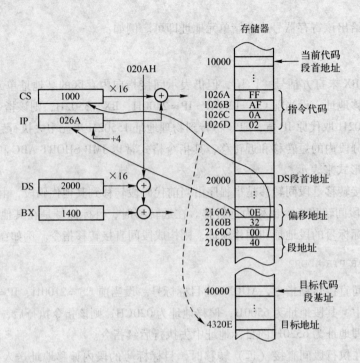

图 4-17 JMP DWORD PTR[BX + ADDR3]指令的操作过程

```
Proc - A PROC  NEAR 或 FAR
       …
       RET
Proc - A ENDP
```

其中 Proc - A 为过程名，NEAR 或 FAR 为属性参数，PROC 和 ENDP 是伪指令（伪指令的概念将在后面进一步说明）。

过程调用指令 CALL 迫使 CPU 暂停执行下一条顺序指令，而把下一条指令的地址压入堆栈，这个地址叫返回地址。返回地址压栈保护后，CPU 会转去执行指定的过程。等过程执行完毕后，再由过程返回指令 RET/RET n 从堆栈顶部弹出返回地址，从而从 CALL 指令的下一条指令继续执行。

根据目标地址（即被调用过程的地址）寻址方式的不同，CALL 指令有 4 种格式，表4-8 列出了这 4 种格式及相应操作。

表 4-8 过程调用指令

名　称	格式及举例	操　作
段内直接调用	CALL　DST 例如： CALL　DISPLAY	SP←SP - 2 ⎫ (SP + 1,SP)←IP ⎬ 保存返回地址形成转移地址 IP←IP + 16 位位移量
段内间接调用	CALL　DST 例如： CALL　BX	SP←SP - 2 ⎫ (SP + 1,SP)←IP ⎬ 保存返回地址形成转移地址 IP←(EA) (EA—由 DST 的寻址方式计算出的有效地址)

续表

名　称	格式及举例	操　作
段间直接调用	CALL　DST 例如： CALL　FAR PTR L	SP←SP－2 (SP＋1,SP)←CS } 保存返回地址形成转移地址 SP←SP－2 (SP＋1,SP)←IP IP←偏移量 CS←段基值 } 形成转移地址
段间间接调用	CALL　DST 例如： CALL　DWORD PTR[DI]	SP←SP－2 (SP＋1,SP)←CS SP←SP－2 (SP＋1,SP)←IP IP←(EA) CS←(EA＋2) } 形成转移地址

第一种为段内直接调用，与 JMP DST 指令类似，CALL 指令中的 DST 在汇编格式的表示一般为符号地址（即被调用过程的过程名）；在指令的机器码表示中，它同样是用相对于当前 IP 值（即 CALL 指令的下一条指令的地址）的位移量来表示的；指令执行时，首先将 CALL 指令的下一条指令的地址压入堆栈，称为保存返回地址，然后将当前 IP 值与指令机器码中的一个 16 位的位移量相加，形成转移地址，并将其送入 IP 寄存器，从而使程序转移至被调过程的入口处。

第二种为段内间接调用，此时也将 CALL 指令的下一条指令的地址入栈，而调用目标地址的 IP 值则来自一个通用寄存器或存储器两个连续字节单元中所存的内容。

第三种为段间直接调用，第四种为段间间接调用，这两种指令的操作情况如表 4-8 所示。与段内调用不同，段间调用在保存返回地址时要依次将 CS 和 IP 值都压入堆栈。

3）过程返回指令 RET/RET n

过程返回指令 RET/RET n 也有 4 种格式，如表 4-9 所示。

表 4-9　过程返回指令

名　称	格　式	操　作
段内返回	RET （机器码为 C3H）	IP←(SP＋1,SP) SP←SP＋2 } 弹出返回地址
段内带立即数返回	RET n	IP←(SP＋1,SP) SP←SP＋2 } 弹出返回地址 SP←SP＋n(n 为偶数)
段间返回	RET （机器码为 CBH）	IP←(SP＋1,SP) SP←SP＋2 CS←(SP＋1,SP) SP←SP＋2 } 弹出返回地址
段间带立即数返回	RET n	IP←(SP＋1,SP) SP←SP＋2 CS←(SP＋1,SP) SP←SP＋2 } 弹出返回地址 SP←SP＋n(n 为偶数)

由于段内调用时，不管是直接调用还是间接调用，执行 CALL 指令时对堆栈的操作都是一样的，即将 IP 值压栈。因此，对于段内返回，RET/RET n 指令就将 IP 值弹出堆栈；而对于段间返回，RET/RET n 指令则与段间调用的 CALL 指令相呼应，分别将 CS 和 IP 值弹出堆栈。

2. 条件转移指令

条件转移指令是通过指令执行时检测由前面指令已设置的标志位来确定是否发生转移的指令。它往往跟在影响标志位的算术运算或逻辑运算指令之后，用来实现控制转移。条件转移指令本身并不影响任何标志位。条件转移指令执行时，若测试的条件满足（条件为真），则程序转向指令中给出的目标地址处；否则，顺序执行下一条指令。

8086 指令系统中，所有的条件转移指令都是短（SHORT）转移，即目标地址必须在现行代码段，并且应在当前 IP 值的 −128 ～ +127 B 范围内。此外，8086 的条件转移指令均为相对转移，它们的汇编格式也都是类似的，即形如"Jcond 标号"的格式，其中的标号在汇编指令中可直接使用符号地址，但在指令的机器码表示中对应一个 8 位的带符号数（数值为目标地址与当前 IP 值之差）。如果发生转移，则将这个带符号数与当前 IP 值相加，其和作为新的 IP 值。

另外，由于带符号数的比较与无符号数的比较，其结果特征是不一样的，因此指令系统给出了两组指令，分别用于无符号数与有符号数的比较，条件转移指令共有 18 条，具体情况可参见表 4-5，这里不再赘述。

在使用条件转移指令时，应注意以下一些特点。

（1）由于条件转移指令都是短相对转移形式的，所以，其转移范围为 −128 ～ +127 B。这样设计的好处是指令字节少，执行速度快。当需要转移到较远的目标地址时，可以先用条件转移指令转到附近一个单元；然后，再从该单元起放一条无条件转移指令，这样就可以通过该指令转移到较远的目标地址。一般来说，这种情况是使用得较少的。

（2）有一部分条件转移指令时，根据对 2 个数比较的结果来决定是否转移的，但由于对无符号数和带符号数的比较会产生不同的结果，所以，为了做出正确的判断，8086 指令系统分别为无符号数和带符号数的比较提供了两组不同的条件转移命令。对于无符号数的比较判断，用"高于"和"低于"来作为判断条件；而对于带符号数的比较判断，则用"大于"和"小于"来作为判断条件。例如，FFH 和 00H，如果将它们当作无符号数，则 FFH"高于"00H；如果将它们当作带符号数，则 FFH"小于"00H。

（3）在条件转移指令中，有一部分指令可以用两种不同的助记符来表示，但其指令功能是等同的。例如，一个数 M 高于另一个数 N 和 M 不低于也不等于 N 的结论是等同的，因此，条件转移指令 JA 和 JNBE 的功能是等同的。

4.2.6 循环控制指令

在设计循环程序时，可以用循环控制指令来实现。循环控制指令实际上是一组增强型的条件转移指令，它也是根据测试状态标志判定是否满足条件而控制转移。所不同的是，前述的条件转移指令只能测试由执行前面指令所设置的标志，而循环控制指令是自己进行某种运算后进行设置状态标志。

循环控制指令共有 4 条，都与 CX 寄存器配合使用，CX 中存放着循环次数。另外，这些指令所控制的目标地址的范围都在 −128 ～ +127B 之内。

1. LOOP 目标标号

LOOP 指令的功能是先将 CX 寄存器内容减 1 后送回 CX,再判断 CX 是否为 0,若 CX≠0,则转移到目标标号所给定的地址继续循环,否则,结束循环执行下一条指令。这是一条常用的循环控制指令,使用 LOOP 指令前,应将循环次数送入 CX 寄存器。其操作过程与条件转移指令类似,只是它的位移量应为负值。

2. LOOPE/LOOPZ 目标标号

LOOPE 和 LOOPZ 是同一条指令的两种不同的助记符。其指令功能是先将 CX 减 1 送入 CX,若 ZF = 1 且 CX≠0 时则循环,否则顺序执行下一条指令。

3. LOOPNE/LOOPNE 目标标号

LOOPNE 和 LOOPNE 也是同一条指令的两种不同的助记符。其指令功能是先将 CX 减 1 送入 CX,若 ZF = 0 且 CX≠0 时则循环,否则顺序执行下一条指令。

注意:以上循环控制指令本身并不影响任何标志位。也就是说,ZF 标志位并不受 CX 减 1 的影响,即 ZF = 1,CX 不一定为 0。ZF 是由前面的指令决定的。

4. JCXZ 目标标号

JCXZ 指令不对 CX 寄存器内容进行操作,只根据 CX 内容控制转移。它既是一条条件转移指令,也可用于控制循环,但循环控制条件与 LOOP 指令相反。

循环控制指令在使用时放在循环程序的开头或结尾处,以控制循环程序的运行。例如,若在存储器的数据段中有 100 个字节构成的数组,要求从该数组中找出 "$" 字符,然后将 "$" 字符前面的所有元素相加,结果保留在 AL 寄存器中。完成此任务的程序段如下:

```
        MOV     CX,100
        MOV     SI,00FFH         ;初始化
LL1:    INC     SI
        CMP     BYTE PTR[SI],'$'
        LOOPNE  LL1              ;找'$'字符
        SUB     SI,0100H
        MOV     CX,SI            ;'$'字符前字节数
        MOV     AL,[SI]
        DEC     CX               ;相加次数
LL2:    INC     SI
        ADD     AL,[SI]          ;累加'$'字符前的字节
        LOOP    LL2
        HLT
```

4.2.7　中断控制指令

1. INT 中断类型

8086/8088 系统中允许有 256 种中断类型（0 ～ 255）,各种类型的中断在中断入口地址表中占 4 字节,前 2 字节用来存放中断入口的偏移地址,后 2 字节用来存放中断入口的段地址（即段值）。

CPU 执行 INT 指令时，首先将标志寄存器内容入栈，然后清除中断标志 IF 和单步标志 TF，以禁止可屏蔽中断和单步中断进入，并将当前程序断点的段地址和偏移地址入栈保护。于是，从中断入口地址表中获得的中断入口的段地址和偏移地址，可分别置入代码段寄存器 CS 和指令指针寄存器 IP 中，CPU 将转向中断入口去执行相应的中断服务程序。例如：

```
INT 20H
```

设当前 CS = 2000H，IP = 061AH，SS = 3000H，SP = 0240H，则 INT 20H 指令操作过程如图 4-18 所示。

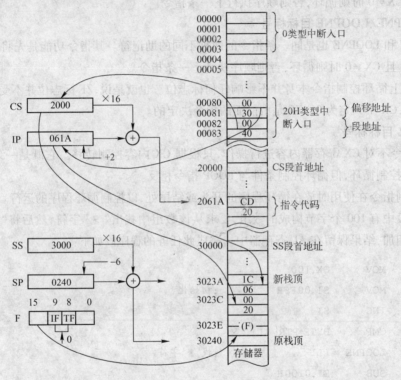

图 4-18　INT 20H 指令操作过程

该指令执行时，F 标志寄存器内容先压入堆栈原栈顶 30240H 之上的两个单元 3023FH 和 3023EH；然后，再将断点地址的段地址 CS = 2000H 和指令指针 IP = 061AH + 2 = 061CH 入栈保护，分别放入 3023DH、3023CH 和 3023BH、3023AH 连续 4 个单元中；最后，根据指令中提供的中断类型号 20H 得到中断向量的存放地址为 80 ～ 83H，假定这 4 个单元中存放的值分别为 00H、30H、00H、40H，则 CPU 将转到物理地址为 43000H 的入口去执行中断服务程序。

2. INTO

为了判断有符号数的加减运算是否产生溢出，专门设计了 1B 的 INTO 指令用于对溢出标志 OF 进行测试；当 OF = 0，立即向 CPU 发出溢出中断请求，并根据系统对溢出中断类型的定义，可从中断入口地址表中得到类型 4 的中断服务程序入口地址。该指令一般安排带符号数的算术运算指令之后，用于处理溢出中断。

3. IRET

IRET 指令总是安排在中断服务程序的出口处，由它控制从堆栈中弹出程序断点送回 CS 和 IP 中，弹出标志寄存器内容送回 F 中，迫使 CPU 返回到断点继续执行后续程序。IRET 也是一条 1 B 指令。

4.2.8　处理器控制指令

这组指令完成各种控制 CPU 的功能以及对某些标志位的操作，共有 12 条指令，可分为 3 组，如表 4-10 所示。

表 4-10　处理器控制指令

分　组	格　式	功　能	分　组	格　式	功　能
	STC	把进位标志 CF 置 1		HLT	暂停
	CLC	把进位标志 CF 清 0		WAIT	等待
	CMC	把进位标志 CF 取反	外同步	ESC	交权
标志操作	STD	把方向标志 DF 置 1		LOCK	封锁总线
	CLD	把方向标志 DF 清 0	空操作	NOP	空操作
	STI	把中断标志 IF 置 1			
	CLI	把中断标志 IF 清 0			

1. 标志位操作指令

（1）CLC、STC、CMC 指令用于对进位标志 CF 清"0"、置"1"和取反操作。

（2）CLD、STD 指令用于将方向标志 DF 清"0"、置"1"，常用于串操作指令之前。

（3）CLI、STI 指令用于将中断标志 IF 清"0"、置"1"。当 CPU 需要禁止可屏蔽中断进入时，应将 IF 清"0"，允许可屏蔽中断进入时，应将 IF 置"1"。

2. 同步控制指令

8086/8088CPU 构成最大方式系统时，可与其他的处理器一起构成多处理器系统，当 CPU 需要协处理器帮助它完成某个任务时，CPU 可用同步指令向协处理器发出请求，待它们接受这一请求，CPU 才能继续执行程序。为此，专门设置了 3 条同步控制指令。

1）ESC 外部操作码、源操作数

ESC 指令是在最大方式系统中 CPU 要求协处理器完成某种任务的命令，它的功能是使某个协处理器可以从 CPU 的程序中取得一条指令或一个存储器操作数。ESC 指令与 WAIT 指令、$\overline{\text{TEST}}$引线结合使用时，能够启动一个在某个协处理器中执行的子程序。

ESC 指令的编码格式如图 4-19 所示。

第一字节中的 XXX 字段用来选择协处理器号，最多可接 8 个协处理器。第二字节中 YYY 字段用来指定要求协处理器完成的任务，最多可完成 8 种任务。

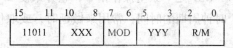

图 4-19　ESC 指令的编码格式

MOD 和 R/M 字段用来指定存储器中的操作数，并由 8086CPU 取出准备传送给选定的协处理器。

协处理器平时处于查询状态，一旦查询到 CPU 执行 ESC 指令且发出交权命令，被选协处理器便可开始工作，根据 ESC 指令的要求完成某种操作；待协处理器操作结束，便在 $\overline{\text{TEST}}$ 状态线上向 8086CPU 回送一个有效低电平信号，当 CPU 测试到$\overline{\text{TEST}}$有效时才能继续执行后续指令。

2）WAIT

WAIT 指令通常用在 CPU 执行完 ESC 指令后，用来等待外部事件，即等待$\overline{\text{TEST}}$线上的有效信号。当$\overline{\text{TEST}} = 1$时，表示 CPU 正处于等待状态，并继续执行 WAIT，每隔 5 个时钟周期就测试一次$\overline{\text{TEST}}$状态；一旦测试到$\overline{\text{TEST}} = 0$，则 CPU 结束 WAIT 指令，继续执行后续指令。WAIT 与 ESC 两条指令是成对使用的，它们之间可以插入一段程序，也可以相连。

3）LOCK

LOCK 是 1 字节的指令前缀，而不是一条独立的指令，常作为指令的前缀可位于任何指令的前端。凡带有 LOCK 前缀的指令，在该指令执行过程中都禁止其他协处理器占用总线，故它可称为总线锁定前缀。

总线封锁常用于资源共享的最大方式系统中。如民航公司的机票预定系统，由设在 A 地的主处理器与在 B、C 等地的若干子处理器组成一个微型计算机网，主处理器可以由各子处理器中获得信息存入共享的主存储器中，而各子处理器都可以由主存储器中取出信息。若 B 子处理器要预定 1 张从 X 市到 Y 市的机票，则首先要从存储器中读出尚存的机票数，如果是 9，当 B 卖出 1 张票后则将 9 - 1 = 8 再送回存储器中；若在同一时刻 C 子处理器也要预定同一线路的机票，则它送回存储器的同样也为 8，这样就发生了重复预定的问题。为此，可利用 LOCK 指令，使任一时刻只允许子处理器之一工作而其他的均被封锁。在此例中各处理器执行的是一条减 1 指令，所以可书写为

```
LOCK  DEC STORG[SI]
```

其中，STORG[SI]是指定的一个存储器地址。

4.2.9　其他控制指令

1）HLT

HLT 是一条暂停指令，它用于迫使 CPU 暂停执行程序。当执行 HLT 指令时，实际上是用软件方法使 CPU 处于暂停状态等待硬件中断。此时，CS 和 IP 指向 HLT 后面的一条指令的地址；如果有一个外部硬件中断产生，只要 IF 为 1，CPU 便可用 2 个总线周期响应中断。在执行完中断处理程序而中断返回后，CPU 继续执行 HLT 后面的一条指令。此外，对系统进行复位操作，也会使 CPU 退出暂停状态。

2）NOP

NOP 是一条空操作指令，它并未使 CPU 完成任何有效功能，只是每执行一次该指令要占用 3 个时钟周期的时间，常用来做延时，或取代其他指令作为调试之用。

习　题　4

1. 什么是指令、操作码、操作数？操作数有哪几个类型？

2. 什么是段地址、偏移地址、有效地址、物理地址？怎样形成物理地址？段寄存器的使用约定如何？

3. 什么是指令地址、操作数地址？何谓寻址方式？

4. 举例说明立即寻址、直接寻址、寄存器寻址、寄存器间接寻址、变址寻址、基址寻址、基址变址寻址、串寻址、端口寻址、隐含寻址的寻址过程。

5. 说明寻址存储器操作数时，使用 BP、BX、SI、DI 作为间址寄存器时默认的段寄存器。

6. 说明指令 MOV AX,100H、MOV AX,[100H] 及 MOV AX,ES:[100H] 三者的区别？

7. 要想完成把内存单元地址 2000H 中的内容送到内存单元地址 1000H 中，用指令 MOV [1000H],[2000H] 是否正确？如果不正确，请改正。

8. 设 (DS) = 2000H，(BX) = 0100H，(SI) = 0002H，(20100H) = 12H，(20101H) = 34H，(20102H) = 56H，(20103H) = 78H，(21200H) = 2AH，(21201H) = 4CH，(21202H) = B7H，(21203H) = 65H，试说明下列各条指令执行完后 AX 寄存器的内容。各运算相互独立。

(1) MOV AX,[BX]　　(2) MOV AX,[BX + 1100]　　(3) MOV AX,[BX + SI + 1100]

9. 指出下列各指令中源操作数和目的操作数的寻址方式：

(1) MOV SI,200H　　　　　　(2) MOV AX,30[SI]

(3) MOV CX,[1000H]　　　　　(4) MOV [BX][DI],AX

(5) MOV AL,[BX]　　　　　　(6) IN AL,50H

(7) JMP CX　　　　　　　　　(8) PUSHF

(9) AND AL,0FH　　　　　　　(10) MOVSB

10. 写出以下指令中存储器操作数的物理地址表达式：

(1) MOV [BP + 2],AX　　　　(2) MOV DL,ES:[BX + DI]

(3) MOV AL,[SI]　　　　　　(4) ADD AL,ES:[BX]

(5) INC WORD PTR [BX]　　　(6) SUB AX,DATA[SI]

(7) JNC NEXT　　　　　　　(8) MOV 10[BX][DI],AX

(9) MOV BX,[BX + SI + 5]　　(10) MOV CX,DISP[BP][DI]

11. 指出下列指令的错误之处：

(1) SUB AH,BX　　　　　　(2) ADD ABH,BX

(3) MOV CS,AX　　　　　　(4) MOV AX,[SI][DI]

(5) PUSH 2000H　　　　　　(6) INC [SI]

(7) MUL -50　　　　　　　(8) MOV BYTE PTR [SI],2000H

(9) IN AX,CX　　　　　　　(10) DAA AX,BX

12. 求下列两个操作数相加后标志位 SF、CF、ZF、OF 的值。

(1) 87H + 79H　　(2) 98H + 5AH　　(3) FFH + EEH　　(4) 82A0H + 8265H

13. 编写程序段，完成如下功能。

(1) 将两省人口数 (98 765 432 人，65 432 198 人) 相加，结果存放在相邻的内存中。

(2) 求十进制数的累加和，即求 1 + 2 + 3 + … + 99 的结果，该结果也用 BCD 表示。

(3) 将 ELEMS 中的 100 字节数据的位置颠倒过来，即第 1 与第 100 字节内容交换，第 2 字节与第 99 字节内容交换，……

(4) 编写符号函数 Y = |X| 的三分支程序。

(5) 测试 DL 寄存器的最低两位是否为 0，如果是则给 AL 寄存器送入 0；否则将 1 送到 AL。

14. 请编写一个程序扫描单词"MICrOCOMPUTER"，并把小写的"r"替换为大写的"B"。即替换之后该单词变为"MICBOCOMPUTER"。

15. 请编写一个程序，利用查表和 XLAT 指令来检索方程 $y = x^2 + 2x + 5$ 在 x 从 $0 \sim 9$ 时所对应的 y 值。

16. ARRAY 和 MAX 均是定义的内存变量，分析下列程序的功能。

```
        LEA BX, ARRAY
        LEA DI, MAX
        MOV AX,[BX]
        INC BX
        INC BX
        MOV CX, 79
L1:     CMP AX,[BX]
        JG L2
        MOV AX, [BX]
L2:     INC BX
        INC BX
        LOOP L1
        MOV [DI], AX
        HLT
```

第 5 章　汇编语言程序设计

5.1　概　述

1. 机器语言

机器指令是 CPU 能直接识别并执行的指令，它的表现形式是二进制编码。机器指令通常由操作码和操作数两部分组成。操作码指出该指令所要完成的操作，即指令的功能；操作数指出参与运算的对象，以及运算结果所存放的位置等。

由于机器指令与 CPU 紧密相关，所以，不同种类的 CPU 所对应的机器指令也不同，而且它们的指令系统往往差别很大。但对同一系列的 CPU 来说，为了使各型号之间具有良好的兼容性，新一代 CPU 的指令系统必须包括以前 CPU 系列的指令系统。只有这样，之前开发出来的各类程序在新一代 CPU 上才能正常运行。

机器语言是直接用二进制编码指令（机器指令）表达的计算机语言。用机器语言编写程序是早期经过严格训练的专业技术人员的工作，普通的程序员一般难以胜任。而且用机器语言编写的程序不易读、出错率高、难以维护，也不易直观地反映用计算机解决问题的基本思路。由于用机器语言编写程序有以上诸多不便，因此现在几乎没有人使用机器语言编写程序了。

2. 汇编语言

虽然用机器语言编写程序有很高的要求且有许多不便，但机器语言程序执行率高，CPU 严格按照程序员的要求去做，没有多余的操作。所以，人们在机器语言基础上开始着手研究一种能大大改善程序可读性的编程语言。

为了改善程序的可读性，设计者选用了一些能反映机器指令功能的单词或词组来代表该机器指令，而不再关心机器指令的具体二进制编码。与此同时，也把 CPU 内部的各种资源符号化，使用该符号名就相当于引用了该具体的物理资源。

如此一来，令人难懂的二进制机器指令就可以用通俗易懂的、具有一定含义的符号指令来表示了。于是，就有了汇编语言的雏形。现在，我们称这些具有一定含义的符号为助记符，用指令助记符、符号地址等组成的符号指令称为汇编指令。用汇编指令编写的程序称为汇编语言程序。汇编语言程序要比用机器指令编写的程序容易理解和维护。

3. 汇编语言程序设计的特点

1）与机器的相关性

汇编语言指令是机器指令的一种符号表示，而不同类型的 CPU 有不同的机器指令系统，也就有不同的汇编语言。所以，汇编语言与机器密切相关。

由于汇编语言程序与机器的相关性，所以，除了同系列、不同型号 CPU 之间的汇编语言程序有一定程度的可移植性外，其他不同类型（如小型机与微机等）CPU 之间的汇编语言程序是无法移植的，也就是说，汇编语言的通用性和可移植性要比高级语言程序低。

2）执行的高效率

高级语言的变异程序在进行寄存器分配和目标代码生成时，也都有一定程度的优化。但由于所使用的"优化策略"要适应不同的情况，所以，这些优化策略只能在宏观上，不可能在微观上、细节上进行优化。而用汇编语言编写程序几乎是程序员在直接写执行代码，程序员可以在程序的每个具体细节上进行优化，这也是汇编语言执行效率高的原因之一。

举个简单的例子来说，把一个变量的值自动加 1，并执行 100 次，也就是下面这条语句：

```
FOR (I = 0;I < 100;)
{    I ++;}
```

对于一个没有充分优化的 C 语言编译器而言，需要每次寻址内存到变量，然后把变量值复制到 CPU 内寄存器，对寄存器自动加 1，然后把寄存器值写回到内存，整个过程需要反复执行 100 次。

但是如果用汇编代码编写，就没这么麻烦。程序中只需要寻址内存一次，把变量读入寄存器，然后对寄存器自加 100 次，最后写回内存即可。显然，这个汇编代码的执行速度要比 C 语言快得多，尽管它们所执行的功能是一样的。

前面这个例子只是用来说明问题的，并不具有实践价值。实践中有很多因素影响程序的效率，如编译方式、优化程度等。

3）编写程序的复杂性

汇编语言程序是一种面向机器的语言，其汇编指令与机器指令基本上一一对应，所以，汇编指令也同机器指令一样具有功能单一、具体的特点。要想完成某项工作（如计算 A + B + C 等），就必须安排 CPU 的每步工作（例如，先计算 A + B，再把 C 加到前者的结果上）。另外，在编写汇编语言程序时，还要考虑机器资源的限制、汇编指令的细节和限制等。这就使得汇编语言程序比较烦琐、复杂。一个简单的计算公式或计算方法，也要用一系列汇编指令一步一步来实现。

4）调试的复杂性

在通常情况下，调试汇编语言程序也要比调试高级语言程序要困难，其主要原因为汇编指令涉及机器资源的细节，在调试过程中，要清楚每个资源的变化情况。

程序员在编写汇编语言程序时，为了提高资源的利用率，可以使用各种实现技巧，而这些技巧完全有可能破坏程序的可读性。这样，在调试过程中，除了要知道每条指令的执行功能外，还要清楚它在整个解题过程中的作用。现在，高级语言程序几乎不显式地使用"转移语句"了，但汇编语言程序要用到大量的、各类转移指令，这些跳转指令大大地增加了调试程序的难度。如果在汇编语言程序中也强调不适用"转移指令"，那么，汇编语言程序就会变成功能单调的顺序程序，这显然是不现实的。

此外，调试工具落后也在一定程度上影响了汇编语言程序的调试。高级语言程序可以在源程序级进行符号跟踪，而汇编语言程序只能跟踪机器指令。不过，现在这方面也有所改善，CV（CodeView）、TD（Turbo Debug）等软件也可在源程序级进行符号跟踪了。

综上所述，汇编语言的基本语句与机器指令是一一对应的，只有熟悉和掌握 CPU 指令系统以后，才能用汇编语言进行程序设计。在工业实时控制系统中，用汇编语句可编出简洁、节省内存空间、运行速度快、效率高的程序。用汇编语言编程可真正体现程序设计技术的水平、风格。所以，至今仍有许多计算机高级技术人员用汇编语言编写计算机系统程序、在线实时控制程序及图像处理等方面的程序。

5.2　8086/8088 汇编语言语法

汇编语言源程序的语句可分为两大类：指令性语句（简称指令语句）和指示性语句（也称伪指令语句）。

指令性语句是指由指令组成的可执行语句。在汇编时，汇编程序将产生与它一一对应的机器目标代码。例如：

```
汇编指令          机器码
MOV  DS,AX        8E D8
ADD  AX,BX        03 C3
```

指示性语句是指由伪指令组成的只起到说明作用而不能执行的语句。它在汇编时只为汇编程序提供进行汇编所需要的有关信息，如定义符号、分配存储单元、初始化存储器等，而本身并不生成目标代码。例如：

```
DATA    SEGMENT
AA      DW 20H,-30H
DATA    ENDS
```

这 3 条伪指令语句只是告知汇编程序定义一个名为 DATA 的数据段。在汇编时，汇编程序将把变量 AA 定义为一个字类型数据区的首地址。在内存区的数据段中依次存放 4 字节数据，分别是 00H、20H、D0H、FFH。

5.2.1　汇编语言的格式

汇编语言源程序的语句一般由 4 个字段组成，但在指令性语句和指示性语句中的含义有些区别，现分述如下：

1. 指令性语句的格式

［标号:］［前缀］指令助记符［操作数表］［;注释］

其中，"［］"表示可以选择的部分；操作数表是由逗号分隔开的多个操作数。

（1）标号。标号代表 ":" 后面的指令所在的存储地址，供 JMP、CALL 和 LOOP 等指令作为操作数使用，以寻找转移目标地址。除此之外，它还具有一些其他 "属性"。

（2）前缀。8086/8088 中有一些特殊指令，常作为前缀同其他指令配合使用。例如，和 "串操作指令"（MOVS、CMPS、SCAS、LODS 与 STOS）连用的 5 条 "重复指令"（REP、REPE/REPZ、REPNE/REPNZ），以及总线封锁指令 LOOK 等，都是前缀。

（3）指令助记符。其包括 8086/8088 的全部指令助记符，以及用宏定义语句定义过的宏指令名。宏指令在汇编时将用相应指令序列的目标代码插入。

（4）操作数表。对 8086/8088 的一般性执行指令来说，操作数表可以是一个或两个操作数，若是两个操作数，则称左边的操作数为目标操作数，右边的操作数为源操作数；对宏指令来说，可能有多个操作数。操作数之间用逗号分隔开。

（5）注释。以";"开始，用来简要说明该指令在程序中的功能，以提高程序的可读性。

2. 指示性语句的格式

[名称] 伪操作命令 [操作数表] [;注释]

其中，"名称"可以是标识符定义的常量名、变量名、过程名、段名等。所谓标识符是由字母开头，由字母、数字、特殊字符（如"?"、下划线、"@"等）组成的字符串。

注意，名称的后面没有冒号，这是它同指令语句中的标号在格式上的主要区别。

5.2.2 汇编语言的基本语法

1. 标识符

标识符也叫名称，是程序员为了使程序便于书写和阅读所使用的一些字符串。

（1）标识符可以由字母 A ~ Z、a ~ z、数字 0 ~ 9、专用字符?、·，@，$，_（下划线）等符号构成。

（2）标识符不能以数字开始，如果用到字符"·"，则必须是第一个字符。

（3）标识符长度不限，但是宏汇编程序仅识别前 31 个字符。

2. 保留字

保留字（又称关键字）是汇编语言中预先保留下来的具有特殊含义的符号，只能用于固定的用途，不能由程序员任意定义。例如，示例程序中的 SEGMENT、MOV、INT、END 等就是保留字。所有的寄存器名、指令助记符、伪指令助记符、运算符和属性描述符等都是保留字。

3. 数的表示

在没有 8087、80287、80387 等数学协处理器的系统中，所有的常数必须是整数。在这样的系统中，表示一个整数应遵循如下规则：

（1）默认情况下是十进制，但可以使用伪指令 RADIX n 来改变默认的基数，其中 n 是要改变成的基数。

（2）如果要用非默认基数的进制数来表示一个整数，则必须在数值后加上基数后缀。字母 B、D、H、O 或 Q 分别是二进制、十进制、十六进制、八进制的基数后缀。

（3）如果一个十六进制数以字母开头，则必须在前面加上数字 0。

（4）可以用单引号括起来一个或多个字符来形成一个字符串常数。字符串常数以串中字符的 ASCII 码值存储在内存中，如'THE '在内存中就是 54H、68H、65H。

4. 表达式和运算符

表达式由运算符和操作数组成，可分为数值表达式和地址表达式两种类型。

操作数可以是常数、变量名或标号等，在内容上可能代表一个数据，也可能代表一个存储单元的地址。变量名和标号都是标识符。

数值表达式能被计算得到一个数值的结果。而地址表达式的结果是一个存储器的地址。如果这个地址的存储区中存放的是数据，则称它为变量；如果存放的是指令，则称它为标号。

汇编语言中运算符的种类很多,可分为算术运算符、逻辑运算符、关系运算符、分析运算符、综合运算符、分离运算符、结构和记录专用运算符和其他运算符等几类。

1) 算术运算符

算术运算符如表 5-1 所示。

表 5-1 算术运算符表

类 型	符 号	功 能
算术运算符	+	加法
	−	减法
	*	乘法
	/	除法
	MOD	取模
	SHL	按位左移
	SHR	按位右移

算术运算符的运算对象和运算结果都必须是整数。其中求模运算 MOD,就是求两个数相除后的余数。移位运算 SHL 和 SHR 可对数进行按位左移和按位右移,相当于对此数进行乘法或除法运算,因此归入算术运算符一类。注意,8086 指令系统中也有助记符为 SHL 和 SHR 的指令,但与表达式中的移位运算符是有区别的。表达式中的移位运算符是伪指令,它是在汇编过程中由汇编器进行计算的;而作为指令助记符的移位指令是机器指令,它是在程序运行时由 CPU 执行的操作。例如:

```
MOV  AL,00011010B  SHL 2        ;相当于 MOV  AL,01101000B
SHL  AL,1                       ;移位指令,执行后 AL 中为 D0H
```

本例第一行中的 "SHL" 为移位运算符,第二行中的 "SHL" 是移位指令助记符。

2) 逻辑运算符

逻辑运算符如表 5-2 所示。

逻辑运算符对操作数按位进行逻辑运算。指令系统中也有助记符 NOT、AND、OR、XOR 的指令,两者的区别同上述移位运算符与移位指令的区别一样。例如:

```
MOV  AL,NOT 10100101B          ;相当于 MOV  AL,01011010B
NOT  AL                        ;逻辑运算指令
```

3) 关系运算符

关系运算符如表 5-3 所示。

表 5-2 逻辑运算符表

类 型	符 号	功 能
逻辑运算符	NOT	逻辑非
	AND	逻辑与
	OR	逻辑或
	XOR	逻辑异或

表 5-3 关系运算符

类 型	符 号	功 能
关系运算符	EQ	相等
	NE	不等
	LT	小于
	LE	小于等于
	GT	大于
	GE	大于等于

关系运算符对两个操作数进行比较，若条件满足，则运算结果为全"1"；若条件不满足，则运算结果为全"0"。例如：

```
MOV   AX, 5 EQ 101B
MOV   BH, 10H GT 16
MOV   BL, 0FFH EQ 255
MUL   AL, 64H GE 100
```

等效于：

```
MOV   AX, 0FFFFH
MOV   BH, 00H
MOV   BL, 0FFH
MOV   AL, 0FFH
```

4）分析运算符

分析运算符如表5-4所示。分析运算符可以"分析"出运算对象的某个参数，并把结果以数值的形式返回，所以又叫数值返回运算符。主要有 SEG、OFFSET、LENGTH、TYPE、和 SIZE 等5个分析运算符，各分析运算符的符号及功能如表5-4所示，下面分别予以介绍。

（1）SEG 运算符加在某个变量或标号之前，返回该变量或标号所在段的段基址。

（2）OFFSET 运算符加在某个变量或标号之前，返回该变量或标号的段内偏移地址。

（3）LENGTH 运算符加在某个变量之前，返回一个变量所包含的单元（可以是字节、字、双字等）数。对于变量中使用 DUP 的情况，将返回以 DUP 形式表示的第一组变量被重复设置的次数；而对于其他情况则返回1。

（4）TYPE 运算符加在某个变量或标号之前，返回变量或标号的类型属性，返回值与类型的对应关系如表5-5所示。

（5）SIZE 运算符加在某个变量之前，返回变量所占的总字节数，且等于 LENGTH 和 TYPE 两个运算符返回值的乘积。

表 5-4　分析运算符表

类　　型	符　　号	功　　能
分析运算符	SEG	返回段基址
	OFFSET	返回偏移地址
	LENGTH	返回变量单元数
	TYPE	返回变量的类型
	SIZE	返回变量的总字节数

表 5-5　TYPE 运算符的返回值

类　　型	BYTE 字节	WORD 字	DWORD 双字	QWORD 八字节	TBYTE 十字节	NEAR 近过程	FAR 远过程
类型值	1	2	4	8	10	-1（FFH）	-2（FEH）

例如：

```
K1      DB 4 DUP(0)
K2      DW 10 DUP(?)
K3      DW 'AB'
MOV     AH, LENGTH K1    ;LENGTH K1 = 4
MOV     AL, SIZE K1      ;TYPE K1 = 1, SIZE K1 = LENGTH K1 × TYPE K1 = 4 × 1 = 4
MOV     BH, LENGTH K2    ;LENGTH K2 = 10
MOV     BL, SIZE K2      ;TYPE K2 = 2, SIZE K2 = LENGTH K2 × TYPE K2 = 10 × 2 = 20
MOV     CL, LENGTH K3    ;LENGTH K3 = 1
```

以上 5 条 MOV 指令分别等效于：

```
MOV  AH, 4
MOV  AL, 4
MOV  BH, 10
MOV  BL, 20
MOV  CL, 1
```

5）综合运算符

综合运算符如表 5-6 所示。

表 5-6　综合运算符表

类　型	符　号	功　能
综合运算符	PTR	指定类型属性
	THIS	指定类型属性

（1）PTR 运算符用来规定内存单元的类型属性，格式如下：

    类型 PTR 符号名

其含义是将 PTR 左边的类型属性赋给其右边的符号名。例如：

指令 MOV BYTE PTR [1000H]，0 使存储器 1000H 字节单元清 0；

指令 MOV WORD PTR [1000H]，0 使存储器 1000H 和 1001H 两个字节单元清 0。

（2）THIS 运算符可以用来改变存储区的类型属性，格式如下：

    符号名 EQU THIS 类型

其含义是将 THIS 右边的类型属性赋给 EQU 左边的符号名，并且使该符号名的段基址和偏移地址与下一个存储单元的地址相同。THIS 运算符并不为它所在语句中的符号名分配存储空间，其功能是为下一个存储单元另起一个名称并另定义一种类型，从而使同一地址单元具有不同类型的名称，便于引用。例如：

```
A EQU  THIS BYTE
B DW  1234H
```

此时，A 的段基值和偏移量与 B 完全相同。相当于给变量 B 起了个别名 A，但 A 的类型是字节型，而 B 的类型为字型；以后当用名称 A 来访问存储器数据时，实际上访问的是 B 开始的数据区，但访问的类型是字节。换句话说，对于 B 开始的数据区既可以用名称 A 以字节类型来访问，也可以用名称 B 以字的类型来访问。对于上面的例子，可得到如下的访问结果：

```
MOV  AL, A              ;指令执行后,AL＝34H
MOV  AX, B              ;指令执行后,AX＝1234H
```

当 THIS 语句中的符号名代表一个标号时，则能够赋予该标号的类型为 NEAR 或 FAR。例如：

```
BEGIN EQU  THIS  FAR
      ADD  CX,100
```

使 ADD 指令有一个 FAR 属性的地址 BEGIN，于是允许 THIS 运算符影响从使用处往后的程序段。

6）分离运算符

分离运算符如表 5-7 所示。

表 5-7　分离运算符表

类　型	符　号	功　能
分离运算符	HIGH	分离高字节
	LOW	分离低字节

HIGH 运算符用来从运算对象中分离出高字节，LOW 运算符用来从运算对象中分离出低字节。例如：

```
MOV  AL, HIGH 1234H      ;相当于 MOV  AL, 12H
MOV  AL, LOW  1234H      ;相当于 MOV  AL, 34H
```

7）其他运算符

其他运算符如表 5-8 所示。

表 5-8　其他运算符表

类　型	符　号	功　能
其他运算符	SHORT	短转移说明
	（　）	改变运算优先级
	[ ]	下标或间接寻址
	:	段超越前缀

（1）短转移说明运算符 SHORT 用来说明一个转移指令的目标地址与本指令的字节距离在 －128 ～ +127B 之间。例如：

```
JMP  SHORT  LABEL2
```

（2）圆括号"（）"运算符用来改变运算符的优先级别，（）中的运算符具有最高的优先级，与常见的算术运算符( )的作用相同。

（3）方括号"[ ]"运算符常用来表示间接寻址。例如：

```
MOV  AX,[BX]
MOV  AX,[BX+SI]
```

（4）段超越前缀运算符"："表示后跟的操作数由指定的段寄存器提供段基值。例如：

```
MOV  BL,DS:[BP]              ;把 DS:BP 单元中的值送给 BL
```

5. 指令语句

指令语句是要求 CPU 执行某种操作的命令，可由汇编程序编译成机器代码。其具体格式为

　　　　［标号:］［前缀］指令助记符［操作数表］［;注释］

1）标号

标号是一个标识符，是指令所在的地址的名称。

标号定义在指令的前面（通常是左边），用冒号作为分隔符。标号只能定义在代码段中，它代表其后第一条指令的第一个字节的存储单元地址，用于说明指令在存储器中的存储位置，可作为转移指令的直接操作数（转移地址）。例如，下列指令序列中的 L 就是标号，它是 JZ 指令的直接操作数（转移地址）。

```
     MOV  CX,2
L:   DEC  CX
     JZ   L
```

标号有以下属性：

（1）段基址：即标号后面的第一条指令所在的代码段的段基址；

（2）偏移地址：即标号后面第一条指令首字节的段内偏移地址；

（3）类型：也称距离属性，即标号与引用该标号的指令之间允许距离的远、近。近标号的类型属性为 NEAR（近），这样的标号只能被本段的指令引用；远标号的类型属性为 FAR（远），这样的标号可被任何段的指令引用。

2）指令助记符

指令助记符表示本指令的操作类型。它是指令语句中唯一不可缺少的部分。必要时可在指令助记符的前面加上一个或者多个前缀，从而实现某些附加操作。关于指令助记符，参见第 4 章。

3）操作数

操作数是参加指令运算的数据，可分为立即操作数、寄存器操作数、存储器操作数 3 种，其具体情况已在第 4 章的寻址方式一节中介绍过了。有的指令不需要显式的操作数，如指令 XLAT；有的指令则需要不止一个显式操作数，这时需用逗号分隔两个操作数，如指令 ADD AX,BX。有的操作数可能是一个很复杂的表达式，如指令：

```
MOV  BX,((PORT LT 5) AND 20) OR ((PORT GE 5) AND 30)
```

关于操作数，还有下面几个术语和概念需进一步说明，它们是常数、常量、变量、标号及偏移地址计数器（$）。

（1）常数。编程时已经确定其值，程序运行期间不会改变的数据对象称为常数。80×86 CPU 允许定义的常数类型有整数、字符串及实数。前面已经提到，在没有协处理器的环境中不能处理实数，只能处理整数和字符串常数。整数可以有二进制、八进制、十进制、十六进制等不同的表现形式。字符串常数由单引号括起一个或多个字符来组成。

（2）常量。常量是用符号表示的常数。它是程序员将一个助记符作为一个确定值的标识，其值在程序执行过程中保持不变。常量可用伪指令语句 EQU 或 "＝" 来定义。例如：

```
A  EQU  7
```

或

```
A = 7
```

都可以将常量 A 的值定义为常数 7。

（3）变量。编程时确定其初始值，程序运行期间可修改其值的数据对象称为变量。实际上，变量代表的就是存储单元。与存储单元有地址和内容两重特性相对应，变量有变量名和值两个属性。其中变量名与存储单元的地址相联系，变量的值对应于存储单元的内容。

变量可由伪指令语句 DB、DW、DD 等来定义，通常定义在数据段和附加段。所谓定义变量，其实就是为数据分配存储单元，且为这个存储单元命名，即变量名。变量名实际上就是存储单元的符号地址。存储单元的初值由程序员来预置。

变量有如下属性：

① 段基址：指变量所在段的段基址。

② 偏移地址：指变量所在存储单元的段内偏移地址。

③ 类型：指变量所占内存单元的字节数。例如，用 DB 定义的变量类型为 BYTE（字节），用 DW 定义的变量类型为 WORD（字），用 DD 定义的变量类型为 DWORD（双字）等。

4）偏移地址计数器

汇编程序在对源程序进行汇编的过程中，用偏移地址计数器（$）来保存当前正在汇编的指令的偏移地址或伪指令语句中变量的偏移地址。用户可将 $ 用于自己编写的源程序中。

在每个段开始汇编时，汇编程序都将 $ 清为 0。以后，每处理一条指令或一个变量，$ 就增加一个值，此值为该指令或该变量所占的字节数。可见，$ 的内容就是当前指令或变量的偏移地址。

在伪指令中，$ 代表其所在地的偏移地址。例如，下列语句中的第一个 $＋4 个偏移地址为 A＋4，第二个 $＋4 的偏移地址为 A＋10。

```
A  DW 1,2, $ +4,3,4, $ +4
```

如果 A 的偏移地址是 0074H，则汇编后，该语句的第一个 $＋4＝（A＋4）＋4＝（0074H＋4）＋4＝007CH，第二个 $＋4＝（A＋10）＋4＝（0074H＋0AH）＋4＝0082H。

于是，从 A 开始的字数据将依次为

$$0001H, 0002H, 007CH, 0003H, 0004H, 0082H$$

在机器指令中，$ 无论出现在指令的任何位置，都代表本条指令的第一个字节的偏移地址。例如，JZ $＋6 的转向地址是指该指令的首地址加上 6，而 $＋6 还必须是另一条指令的首地址。

例如，在下述指令序列中：

```
        DEC  CX
        JZ   $ +5
        MOV  AX, 2
LAB:  …
```

因为 $ 代表 JZ 指令的首字节地址，而 JZ 指令占 2 字节，相继的 MOV 指令占 3 字节，所以，在发生转移时，JZ 指令会将程序转向 LAB 标号处的指令，且标号 LAB 可省略。

5.3 伪指令语句

伪指令语句又称作指示性语句，它没有对应的机器指令，在汇编过程中不形成机器代码，这是伪指令语句与指令语句的本质区别。伪指令语句不要求 CPU 执行，而是让汇编程序在汇编过程中完成特定的功能，它在很大程度上决定了汇编语言的性质及其功能。伪指令语句的格式如下：

　　[名称] 伪操作命令 [操作数表] [;注释]

可以看出，伪指令语句与指令语句很相似，不同之处在于伪指令语句的开始是一个可选的名称字段，它也是一个标识符，相当于指令语句的标号。但是名称后面不允许带冒号:，而指令语句的标号后面必须带冒号，这是两种语句形式上最明显的区别。伪指令语句很多，下面介绍常用的伪指令语句。

5.3.1 符号定义语句

汇编语言中所有的变量名、标号名、过程名、记录名、指令助记符、寄存器名等统称为"符号"，这些符号可由符号定义语句来定义，也可以定义为其他名称及新的类型属性。符号定义语句有 3 种，即等值语句、等号语句和取消语句。

1. 等值语句——EQU

EQU 语句可以给符号定义一个值，或定义为别的符号，甚至可定义为一条可执行的指令、表达式的值等。EQU 语句的格式为

　　符号　EQU　表达式

例如：

```
PORT1      EQU   78
PORT2      EQU   PORT1 +2
COUNTER    EQU   CX
CBD        EQU   DAA
```

这里，COUNTER 和 CBD 分别被定义为寄存器 CX 和指令助记符 DAA。

经 EQU 语句定义的符号不允许在同一个程序模块中重新定义。另外，EQU 语句只作为定义符号用，它不产生任何目标代码，也不占用存储单元。

2. 等号语句

等号语句与 EQU 语句功能类似，但此语句允许对已定义的符号重新定义，因而更灵活方便。等号语句的格式为

符号名 = 表达式

例如：

A = 6

A = 9

A = A + 2

3. 取消语句——PURGE

PURGE 语句的格式为

PURGE 符号名1［符号名2［，…］］

PURGE 语句用来取消被 EQU 语句定义的符号名，然后可用 EQU 语句再对该符号名重新定义。例如，可用 PURGE 语句实现如下操作：

```
A      EQU  7
PURGE     A          ;取消 A 的定义
A      EQU  8          ;重新定义
```

5.3.2 数据定义语句

数据定义语句可为一个数据项分配存储单元，用一个符号与该存储单元相联系，并可以为该数据提供一个任选的初始值。数据定义语句 DB、DW、DD、DQ、DT 可分别用来定义字节、字（双字节）、双字、四字、十字节变量，并可用复制操作符 DUP 来复制数据项。

【例 5.1】 画出如下变量的存储方式。

```
FIRST     DB  27H
SECOND    DD  12345678H
THIRD     DW  ?, 0A2H
FOURTH    DB  2 DUP (2 DUP(1,2), 3)
```

其中，问号"?"表示相应存储单元没有初始值。以上定义的变量在存储器中的存储方式如图 5-1 所示。

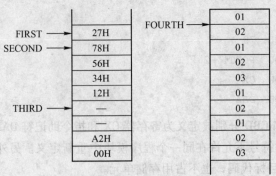

图 5-1　例 5.1 中数据变量的存储方式

数据项也可以写成字符串形式，但只能用 DB 和 DW 来定义，且 DW 语句定义的串只允许包含两个字符。

【例 5.2】画出如下变量的存储方式。

```
ONE      DB  'AB'
TWO      DW  'AB','CD'
THREE    DB  'HELLO'
```

上述变量的存储方式如图 5-2 所示，注意 DB 'AB' 与 DW 'AB' 的存储方式不同。

可以用 DW 语句把变量或标号的偏移地址存入存储器。也可以用 DD 语句把变量或标号的段基址和偏移地址都存入存储器，此时低位字存偏移地址，高位字存段基址。

【例 5.3】画出如下变量的存储方式。

```
        VAR   DB 34H
LABL:   MOV   AL,04H
        ⋮
        PRV   DD  VAR
        PRL   DW  LABL
```

存储方式如图 5-3 所示。

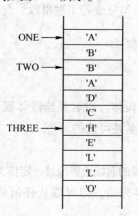

图 5-2 例 5.2 中字符串的存储方式

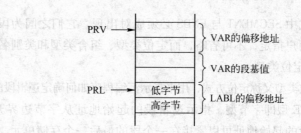

图 5-3 例 5.3 中变量的存储方式

【例 5.4】执行下列程序后，CX = _____。

```
DATA  SEGMENT
    A  DW  1,2,3,4,5
    B  DW  5
DATA  ENDS
CODE  SEGMENT
    ASSUME  CS:CODE,DS:DATA
START:
    MOV  AX,DATA
    MOV  DS,AX
    LEA  BX,A
    ADD  BX,B
```

```
        MOV  CX, [BX]
        MOV  AH, 4CH
        INT  21H
    CODE ENDS
        END  START
```

当执行指令 LEA　BX，A 时，将 A 相对数据段首地址的偏移量 0 送入 BX 寄存器；执行指令 ADD　BX，B 后，BX = 5；再执行 MOV　CX，[BX] 时，由于源操作数采用寄存器间接寻址方式且该指令为字传送指令，因此应将相对数据段首地址偏移量 5 的字单元内容 0400H 送入 CX 寄存器。所以上述程序执行完成后，CX = 0400H。

5.3.3　段定义语句

8086 的存储器是分段管理的，段定义伪指令就是用来定义汇编语言源程序中的逻辑段，即指示汇编程序如何按段来组织程序和使用存储器。段定义的命令主要有 SEGMENT、ENDS、AS-SUME 与 ORG。

1. SEGMENT 和 ENDS 伪指令

SEGMENT 和 ENDS 伪指令用来把程序模块中的指令或语句分成若干逻辑段，其格式为

```
    段名 SEGMENT [定位类型] [组合类型] ['类型名']
        ⋮                        ;一系列汇编指令
    段名 ENDS
```

格式中 SEGMENT 与 ENDS 必须成对出现，它们之间为段体。段名是给段体赋予一个名称，名称由用户指定，不可省略，而定位类型、组合类型和类别名是可选的。

1）定位类型

定位类型又称定位方式，用来指示汇编程序如何确定逻辑段的起始边界地址，定位类型有 4 种。

BYTE 型即字节型，指示逻辑段的起始地址从字节边界开始，即可以从任何地址开始。这时，本段的起始地址可以紧接在一个段的最后一个存储单元。

WORD 型即字型，指示逻辑段的起始地址从字边界开始，即本段的起始地址必须是偶数。

PARA 型即节型，指示逻辑段的起始地址从一个节（16 字节称为一个节）的边界开始，即起始地址应能被 16 整除，也就是段起始物理地址 = XXXX0H。

PAGE 型即页型，指示逻辑段的起始地址从页边界开始。256 字节称为一页，故本段的起始物理地址 = XXX00H。

其中，PARA 为隐含值，即如果省略"定位类型"，则汇编程序需按 PARA 处理。

2）组合类型

组合类型又称"联合方式"或"连接类型"。它主要用在具有多个模块的程序中，指示连接程序如何将某个逻辑段在装入内存时与其他段进行组合，连接程序不但可以将不同模块的同名端进行组合，并可根据组合类型将各段顺序地连接在一起或重叠在一起。共有 6 种组合类型。

NONE：表示本段与其他段在逻辑上不发生关系，这是隐含的组合类型，若省略"组合类型"项即为 NONE。

PUBLIC：表示在不同程序模块中，凡是用 PUBLIC 说明的同名同类别的段在汇编时将被连接

成一个大的逻辑段；而运行时又将它们装入同一物理段中，并使用同一段基址。

STACK：在汇编连接时，将具有 STACK 类型的同名段连接成一个大的堆栈段，由各模块共享；而运行时，堆栈段地址 SS 与堆栈段指针 SP 指向堆栈段的开始位置。

COMMON：表示本段与其他模块中由 COMMON 说明的所有同名同类型的其他段连接时，将被重叠地放在一起，其长度是同名段中最长的那个段的长度。这样可以使不同模块的变量或标号使用同一存储区域，便于模块之间的通信。

MEMORY：表示当几个逻辑段连接时，由 MEMORY 说明的本逻辑段被放在所有段的最后（高地址端）。若有几个段的组合类型都是 MEMORY，则汇编程序只将所遇到的第一个段作为MEMORY 组合类型，而其他的段均被当作 COMMON 段处理。

AT 表达式：表示本逻辑段以表达式指定的地址来定位 16 位段地址，连接程序将把本段装入由该段地址所指定的存储区域内。例如，AT 0C16H 表示本段从物理地址 0C160H 开始装入。但要注意，这一组合类型不能用来指定代码段。

3）类别名

类别名是用单引号括起来的字符串，以表示改短的类型。连接时，连接程序只把类别名相同的所有段存放在连续的区域内。典型的类别名有 'STACK '、'CODE '、'DATA '等，也允许用户在类别名中用其他的表示方式。

以上是对定位类型、组合类型和类别名 3 个参数的说明，各常数之间用空格分隔。在选用时，可以只选其中一个或两个参数项，但不改变它们之间的顺序。

2．ASSUME 伪指令

ASSUME 伪指令一般出现在代码段中用来告知汇编程序，如何设定各段（通过段名）与对应段寄存器的相互关系。当在程序中使用这条语句后，汇编程序就能将被设定的段作为当前可访问的段来处理。它也可以用来取消某段寄存器与其原来设定段之间的对应关系（使用 NOTHING 即可）。引用该伪指令后，汇编程序方能对使用变量或标号的指令汇编出正确的目标代码。其格式为

```
ASSUME 段寄存器:段名 [ ，段寄存器名:段名]
```

其中，段寄存器是 CS、DS、SS、ES 中的一个；"段名"可以是 SEGMENT/ENDS 伪指令语句中已定义过的任何段名或组名，也可以是表达式"SEG 变量"或"SEG 标号"，或者是关键字NOTHING。例如：

```
ASSUME  CS: SEGA, DS: SEGB, SS: NOTHING
```

其中，CS：SEGA 与 DS：SEGB 表示 CS 与 DS 分别被设定为以 SEGA 和 SEGB 为段名的代码段与数据段的连个段地址寄存器；SS：NOTHING 表示原来 SS 段寄存器所做的设定已被取消，以后指令运行时将不再用到该寄存器，除非再用 ASSUME 为其重新定义。

注意，使用 ASSUME 伪指令，仅仅是告诉汇编程序，有关寄存器将被设定为内存中哪一个段的段地址寄存器，而其中段地址值（CS 的值除外）的真正装入还必须通过给段寄存器赋值的执行性指令来完成。例如：

```
SEGA  SEGMENT
    ASSUME  CS: SEGA, DS: SEGB, SS: NOTHING
```

```
        MOV  AX, SEGB
        MOV  DS, AX              ;为 DS 段寄存器赋段值
        ⋮
```

其中，代码段寄存器 CS 的值是由系统在初始化时自动设置的，程序中不能用以上方法装入段值。但 ASSUME 伪指令中一定要给出 CS 段寄存器对应段的正确段名——ASSUME 所在段的段名（这里是 SEGA）。

数据段寄存器 DS 中的段地址值是在程序执行 MOV AX, SEGB 和 MOV DS, AX 两条语句后装入的。

堆栈段寄存器 SS 原来建立的段对应关系已被取消，故程序运行时将不再访问该段寄存器。

3. ORG 伪指令

ORG 伪指令用来指出其后的程序段或数据块所存放的起始地址的偏移量。当汇编程序对源程序中的段进行汇编时，将段名填入段表，并为该段配备一个初值为 0 的位置计数器。计数器依次累计段内语句被汇编后生成的目标代码字节数。改变位置计数器的内容，可用 ORG 实现。其格式为

```
    ORG  表达式
```

汇编程序把语句中表达式的值作为起始地址，连续存放程序和数据，直到出现一个新的 ORG 指令。若省略 ORG，则从本段起始地址开始连续存放。

5.3.4 过程定义语句

在程序设计中，常常把具有一定功能并可能多次重复使用的程序设计成一个"过程"。"过程"又称"子程序"，在主程序中任何需要的地方都可以调用它。从主程序转移到"过程"，被定义为"调用"；"过程"执行结束后将返回主程序。在汇编语言中，用 CALL 指令来调用过程，用 RET 指令结束过程并返回 CALL 指令的后续指令。过程定义伪指令格式为

```
过程名       PROC［类型］
            ⋮                  ;指令序列
            RET
过程名       ENDP
```

其中，伪指令 RPOC 和 ENDP 必须成对出现，过程名其实是为该过程取的名称，但它在被 CALL 指令调用时作为标号使用。过程的属性除了段和偏移地址外，其类型属性可选 NEAR 或 FAR。选 NEAR 时，该过程一定要与主程序在一个段；选 FAR 时，该过程可以与主程序在同一个段，也可以与主程序不在同一个段。如果类型省略，默认为 NEAR 类型。由于过程是被 CALL 语句调用的，因此过程中必须包含返回指令 RET。

5.3.5 其他伪指令语句

除了上面已介绍的伪指令语句外，汇编语言程序中还有一些其他的伪指令语句。

1. 模块开始伪指令语句 NAME

NAME 语句指明程序模块的开始，并指定模块名，其格式为

```
NAME  模块名
```

该语句在一个程序中不是必需的，可以省略。

2. 模块结束伪指令语句 END

END 语句标志整个源程序的结束，汇编程序汇编到该语句时结束。其格式为

```
END  [标号]
```

其中，标号是程序中第一个指令性语句（或第一条指令）的符号地址。注意，当程序由多个模块组成时，只需在主程序模块的结束语句（END 语句）中写入该标号，其他子程序模块的结束语句中可以省略。

3. LABEL 伪指令语句

LABEL 语句可用来给已定义的变量或标号取一个别名，并重新定义它的属性，以便于引用。其格式为

```
变量名/标号名  LABEL  类型
```

对于变量名，类型可以为 BYTE、WORD、DWORD、QWORD、TBYTE 等。对于标号名，类型可为 NEAR 和 FAR。例如：

```
VARB  LABEL  BYTE    ;给下面的变量 VARW 取了一个新名称 VARB,并赋予另外的属性 BYTE
VARW  DW 4142H,4344H
PTRF  LABEL  FAR     ;给下面的标号 PTRN 取了一个新名称 PTRF,并赋予另外的属性 FAR
PTRN:  MOV AX,[DI]
```

基于上述数据的定义，执行以下指令的相应寄存器的值如下：

```
MOV  AX,VARW;   (AX)=4142H
MOV  AL,VARB+2;  (AL)=44H
```

注意，LABEL 伪指令的功能与前述 THIS 伪指令的功能类似，两者均不给所在语句的符号分配内存单元。区别是使用 LABEL 可以直接定义，而使用 THIS 伪指令则需要与 EQU 或 "=" 连用。

4. TITLE 伪指令语句

TITLE 语句为程序指定一个不超过 60 个字符的标题，以后的列表文件会在每页的第一行打印这个标题。SUBTTL 伪指令语句为程序指定一个小标题，打印在每一页的标题之后。格式为

```
TITLE  标题
SUBTTL  小标题
```

5. 模块连接伪指令语句

模块连接伪指令语句主要解决多模块的连接问题。一个大的程序往往要先分模块来完成编码、调试的工作，然后再整体连接和调试。它们的格式如下：

```
PUBLIC    符号名[,符号名,…]
EXTRN     符号名:类型[,符号名:类型,…]
INCLUDE   模块名
组名  GROUP  段名[,段名,…]
```

其中，符号名可以是变量名、标号、过程名、常量名等。

以变量名为例，一个程序模块中用 PUBLIC 伪指令语句定义的变量可由其他模块引用，否则不能被其他模块引用；所引用的变量必须是在本模块用 EXTRN 伪指令进行说明的，而且所引用的变量必须是在其他模块中用 PUBLIC 伪指令定义的。换句话说，如果要在"使用模块"中访问其他模块中定义的变量，除要求该变量在其"定义模块"中定义为 PUBLIC 类型外，还需在"使用模块"中用 EXTRN 伪指令说明该变量，以通知汇编器该变量是在其他模块中定义的。

例如，一个应用程序包括 A、B、C 3 个程序模块，而 VAR 是定义在模块 A 数据段中的一个变量，其定义格式为

```
PUBLIC  VAR
```

由于 VAR 被定义为 PUBLIC，所以在模块 B 或 C 中也可以访问这个变量，但必须在模块 B 或 C 中用 EXTRN 伪指令说明这个变量。其格式为

```
EXTRN  VAR: TYPE
```

注意，汇编器并不能检查变量类型 TYPE 和原定义是否相同，这需要编程者自行维护。

INCLUDE 伪指令告诉汇编程序把另外的模块插入本模块该伪指令处一起汇编，被插入的模块可以是不完整的。

GROUP 伪指令告诉汇编程序把其后指定的所有段组合在一个 64 KB 的段中，并赋予一个名称——组名。组名与段名不可相同。

5.3.6 简化段定义

MASM 5.0 以上版本的宏汇编程序提供了简化段定义伪指令，Borland 公司的 TASM 也支持简化段定义。简化段伪指令根据默认值来提供段的相应属性，采用的段名和属性符合 Microsoft 高级语言的约定。简化段使编写汇编语言程序更为简单，不易出错，且更容易与高级语言相连接。表 5-9 给出了简化段伪指令的名称、格式及操作描述。其中的伪指令 MODEL 指定的各种存储模式及使用环境如表 5-10 所示。关于简化段的其他详细内容可参阅相关文献。

表 5-9 简化段伪指令

名　称	格　式	操 作 描 述
. MODEL	. MODE mode	指定程序的内存模式为 mode，mode 可取 TINY、SMALL、MEDI-UM、COMPACT、LARGE、HUGE、FLAT
. CODE	. CODE [name]	代码段
. DATA	. DATA	初始化的近数据段
. DATA?	. DATA?	未初始化的近数据段
. STACK	. STACK [size]	堆栈段，大小为 size 字节，默认值为 1 KB
. FARDATA	. FARDATA[name]	初始化的远数据段
. FARDATA?	. FARDATA? [name]	未初始化的远数据段
. CONST	. CONST	常数数据段，在执行时无需修改的数据

表 5-10　存储模式

存储模式	使用条件和环境
TINY	用来建立 MS – DOS 的 COM 文件，所有的代码、数据和堆栈都在同一个 64KB 段内，DOS 系统支持这种模式
SMALL	建立代码和数据分别用一个 64 KB 段的 EXE 文件，MS – DOS 和 Windows 支持这种模式
MEDIUM	代码段可以有多个 64 KB 段，数据段只有一个 64 KB 段，MS – DOS 和 Windows 支持这种模式
COMPACT	代码段只有一个 64 KB 段，数据段可以有多个 64 KB 段，MS – DOS 和 Windows 支持这种模式
LARGE	代码段和数据段都可以有多个 64 KB 段，但是单个数据项不能超过 64 KB，MS – DOS 和 Windows 支持这种模式
HUGE	同 LARGE，并且数据段里面的一个数据项也可以超过 64 KB，MS – DOS 和 Windows 支持这种模式
FLAT	代码和数据段可以使用同一个 4 GB 段，Windows 32 位程序使用这种模式

5.4　汇编语言程序的结构与调试

5.4.1　8086/8088 汇编语言程序实例

将数据内存单元 DATA 中的数据 12H 与立即数 16H 相加，然后把和数存入 SUM 单元中保存。一个用完整的段定义语句编写的汇编语言源程序如下：

```
DSEG   SEGMENT              ;定义数据段,DSEG 为段名
    DATA  DB  12H           ;用变量名 DATA 定义一个字节的内存单元,初值为 12H
    SUM  DB  0              ;用变量名 SUM 定义一个字节,初值为 0
DSEG  ENDS                  ;定义数据段结束
SSEG  SEGMENT  ST           ;定义堆栈段,这是组合类型伪指令,其后必须跟 STACK
    DB  512  DUP(0)         ;在堆栈段内定义 512 字节的连续内存空间,且初值为 0
SSEG  ENDS                  ;定义堆栈段结束
CSEG  SEGMENT               ;定义代码段开始
    ASSUME  DS:DSEG,SS:SSEG,CS:CSEG     ;由 ASSUME 定义各段寄存器的内容
START: MOV  AX,DSEG
    MOV  DS,AX              ;设置数据段的段地址
    MOV  AL,DATA            ;将变量 DATA 中的 12H 置入 AL
    ADD  AL,16H             ;将 AL 中的 12H 加上 16H 的和置入 AL 中
    MOV  SUM,AL             ;将 AL 中的和数送 SUM 单元保存
    MOV  AH,4CH
    INT  21H               ;DOS 功能调入语句,机器将结束程序运行,返回 DOS 状态
CSEG  ENDS                  ;定义代码段结束
    END  START              ;整个汇编程序结束,规定入口地址
```

由以上实例可以看出，汇编语言程序在结构和语句格式上有以下特点。

（1）汇编语言一般由若干段组成，每个段都有一个名称（段名），以 SEGMENT 作为段的开始，以 ENDS 作为段的结束。这两个伪指令前面都要冠以相同的名称。从段的性质来看，可分为代码段、堆栈段、数据段和附加段 4 种。但代码段和堆栈段是不可少的，数据段与附加段可根据需要设置。在上面的例子中，程序分为 3 段，第一段为数据段，段名为 DSEG，段内存放原始数据和运算结果；第二段为堆栈段，段名为 SSEG，用于存放堆栈数据；第三段为代码段，段名为 CSEG，用于包含实现基本操作的指令。在代码段中，用 ASSUME 命令（伪指令）告诉汇编语言程序，在执行各种指令时所要访问的各段寄存器将分别对应哪一段。程序中不必给出这些段在内存中的具体位置，而由汇编程序自行确定。各段在源程序中的顺序可任意安排，段的数目原则上也不受限制。

（2）汇编源程序的每一段是有若干行汇编语句组成的。每一行只有一条语句，且不能超过 128 个字符，但一条语句允许有后续行，最后均以回车符结束。整个源程序必须以 END 语句来结束，它通知汇编程序停止汇编。END 后面的标号 START 表示该程序执行时的起始地址。

（3）每一条汇编语句最多由 4 个字段组成，它们均按照一定的语法规则分别写在一个语句的 4 个区域内，各区域之间用空格或制表符（Tab 键）隔开。汇编语句的 4 个字段是：名称或标号、操作码（指令助记符）或伪操作命令、操作数表（操作数或地址）、注释。

在理解和应用汇编语言时，先要分清以下几个与汇编语言相关的名词。

① 汇编源程序：它是按严格的语法规则用汇编语言编写的程序，称为汇编语言源程序，简称汇编源程序或源程序。

② 汇编（过程）：将汇编源程序编译成一一对应的机器码目标程序的过程称为汇编过程或简称汇编。这种汇编（过程）是由汇编程序完成的。

③ 手工汇编与机器汇编：前者是指由人工进行汇编，后者是指由计算机进行汇编。

④ 汇编程序：为计算机配置的负责把汇编程序编译成目标程序的系统软件。

汇编程序分为小汇编程序 ASM 和宏汇编程序 MASM 两种，后者功能比前者强，可支持宏汇编。

需要指出的是，不同的汇编程序版本所支持的 CPU 指令和伪指令集合会有所不同，汇编程序的版本越高，支持的硬指令和伪指令越多，功能也越强。自 20 世纪 80 年代 Microsoft 公司推出 MASM 1.0 以来，随着 CPU 的不断升级，MASM 也相应改版，如 MASM 4.0 支持 80286/80287 CPU 和协处理器；MASM 5.0 支持 80386/80387 CPU 和协处理器，并增加了简化段定义伪指令和存储模式伪指令，使汇编和连接速度更快；1991 年推出的 MASM 6.0 支持 80486 CPU，对 MASM 进行了重新组织，并提供了许多类似高级语言的新特点。MASM 6.0 之后又有一些改进，先后推出了支持 Pentium 以上高档 CPU 的 MASM 6.1 和 MASM 6.14。

5.4.2　汇编语言程序格式

汇编语言有两种程序格式，一种是只能够产生扩展名为 .exe 的可执行文件的格式，称为 EXE 文件汇编格式；另外一种是可生成扩展名为 .com 的可执行文件的格式，称为 COM 文件汇编格式。

1. EXE 文件汇编格式

EXE 文件汇编格式允许汇编语言源程序使用代码段、堆栈段、数据段和附加段四种逻辑段，每段的目标块不超过 64KB，适合编写大规模程序。汇编源文件通过汇编、连接之后可以得到 EXE 可执行文件。

2. COM 文件汇编格式

COM 文件也是一种可执行程序，但与 EXE 文件不同的是，COM 文件汇编格式有如下规定：

（1）源文件只允许使用一个逻辑段，即代码段，不允许设置数据段和堆栈段。

（2）数据区可以设置在代码段的开始和末尾，堆栈位于代码段的尾部区域。

（3）程序的启动指令必须放在代码段偏移地址为 100 H 的单元。

（4）程序的目标块要小于 64 KB，所以只适合编写中小型程序。

与实现相同功能的 EXE 文件相比，COM 文件具有代码紧凑、占用内存空间小、执行速度快的突出优点，所以适合编制规模较小的应用程序或系统程序。

【例 5.5】编写实现两个字单元内容相加的 COM 汇编文件。

```
CODE SEGMENT
     ASSUME   CS: CODE, DS: CODE
     ORG   100H
START: JMP  BEGIN
     DATA1   DW  1234H
     DATA2   DW  0F098H
     SUMDW  2  DUP(?)
     MSG    DB'The program has been executed.',' $'
BEGIN: MOVAX, CS
     MOV   DS, AX;           使 DS 等于 CS
     MOV   AX, DATA1
     ADD   AX, DATA2        ;相加
     MOV   SUM, AX
     XOR   AX, AX
     ADC   AX, 0            ;取得进位位
     MOV   SUM + 2, AX
     MOV   DX, OFFSET MSG
     MOV   AX,09H
     INT   21H              ;显示提示信息
     MOV   AH, 4CH
     INT   21H              ;返回 DOS
     CODE ENDS
     END   START
```

COM 格式汇编程序也允许将数据放在指令之后定义，即采用 "先引用后定义" 的形式。但对汇编程序中的数据而言，最好还是将数据放在指令之前，如例 5.5 所示。此时，必须在程序中使用 JMP 指令跳过数据区。

5.4.3 8086/8088 汇编语言程序调试与运行

在计算机上运行汇编语言程序，需经过以下步骤：①用编辑程序建立 ASM 源文件；②用汇

编程序（ASM 或 MASM）把源文件转换成 OBJ 文件；③用 LINK 程序把 OBJ 文件转换成 EXE 文件；④在 DOS 命令行输入文件名直接运行；如果有必要还可以进行调试。其过程如图 5-4 所示，下面分别予以介绍。

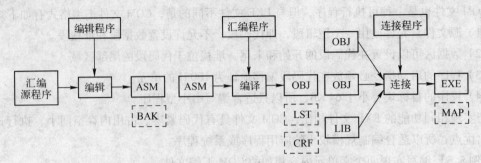

图 5-4   编辑、编译、连接示意图

1. 工作环境

汇编语言的调试和运行需要以下支撑软件：

```
MASM.exe              ;宏汇编程序
LINK.exe              ;连接程序
DEBUG.exe             ;调试程序
EXE2BIN.exe           ;把 EXE 文件转换成 COM 文件
EDIT.com 或 NE.com    ;全屏幕编辑程序
```

2. 程序的调试

汇编语言程序的调试过程分为汇编语言源程序的建立、汇编、连接和运行等。

1）建立源文件

首先使用编辑程序完成源程序的建立和修改，输入源文件后，保存文件，扩展名为 .asm。常见的编辑程序有 DOS 提供的 EDIT，也可用 Windows 提供的写字板或其他字处理程序。

2）MASM 汇编

由编辑程序建立和修改的汇编语言源程序（扩展名为 .asm）要在机器上运行，必须先由汇编程序（MASM）把它转换为二进制形式的目标程序。汇编程序的主要功能是对用户源程序进行语法检查并显示出错信息，对宏指令扩展，把源程序编译成机器语言的目标代码。经汇编程序汇编后的程序可建立 3 个文件：一个是扩展名为 .obj 的目标文件；一个是扩展名为 .lst 的列表文件，文件中列出了每条指令及对应的机器码，该文件中所有的数都是十六进制数；第三个是扩展名为 .crf 的交叉索引文件，该文件列出了源程序中使用的符号、变量和标号及它们在源程序中被引用的情况。

3）LINK 连接

编译之后的 OBJ 文件，是一个浮动的目标文件，无法运行。要使源文件能够执行，还必须经过连接这一步骤。这主要是因为，汇编后产生的目标文件中，还有需再定位的地址要在连接时才能确定下来；另外，连接程序还有一个重要功能是可以把多个程序模块连接起来形成一个装入模块。连接的过程就是调用 LINK 程序，对目标文件（OBJ）和库文件（LIB）进行定位、连接，

最后生成扩展名为 .exe 的可执行文件及内存映像文件（MAP 文件）的过程。LINK 程序需完成的功能包括：①找到要连接的所有模块；②对要连接的目标模块的段分配存储单元，即确定段地址；③确定汇编阶段不能确定的偏移地址，包括需要再定位的地址及外部符号所对应的地址；④构成装入模块，将其装入内存。

4）运行

经连接生成 .exe 文件后，即可直接输入该文件名运行程序（不需输入扩展名 .exe）。

5）调试

汇编语言源程序经过汇编、连接成功后，并不一定能正确运行，程序中还可能存在各种逻辑错误，这就需要用调试程序找出错误。DEBUG 是 DOS 系统提供的一种基本的调试程序，DEBUG 程序的使用方法可参阅相关的 DOS 使用手册。此外，还有 Code View、Turbo Degugger 等调试工具。

3. COM 文件的生成

按照 COM 文件格式编写的源程序，在生成 EXE 文件后，还需要利用 EXE2BIN.exe 程序把 EXE 文件转换成 COM 文件。其格式为

```
>EXE2BIN 文件名 .exe  文件名 .com
```

5.5　系统功能调用

5.5.1　概述

DOS（Disk Operation System）和 BIOS（Basic Input and Output System）为用户提供了两组系统服务程序。用户程序可以调用这些系统服务程序，但在调用时应注意：第一，不用 CALL 命令；第二，不用这些系统服务程序的名称，而采用软中断指令 INT n；第三，用户程序也不必与这些服务程序的代码连接。因此，使用 DOS 和 BIOS 调用编写的程序简单、清晰，可读性好而且代码紧凑，调试方便。

BIOS 是微型计算机的基本 I/O 系统，包括系统测试程序、初始化引导程序、一部分中断矢量装入程序及外围设备的服务程序。由于这些程序固化在 ROM 中，只要机器通电，用户便可调用它们。

DOS 是微型计算机的操作系统，负责管理系统的所有资源，协调微型计算机的操作，其中包括大量的可供用户调用的服务程序，以完成设备的管理及磁盘文件的管理。

1. 用户与 DOS 的关系

用户与 DOS 的关系如图 5-5 所示。DOS 的 3 个模块（点画线框内）之间只可单向调用。

用户可通过两种途径使用 DOS 的功能。第一个途径是普通用户从键盘输入命令，DOS 的 COMMAND.com 模块接收、识别、处理输入的命令。第二个途径是高级用户（需要对操作系统有较深入的了解）通过用户程序调用 DOS 和 BIOS 中的服务程序。

2. 用户程序控制微型计算机硬件的方式

一般说来，用户程序通过四种方式控制微型计算机的硬件，如图 5-6 所示。

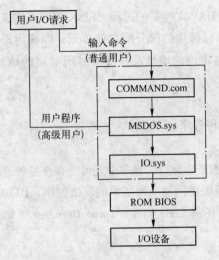

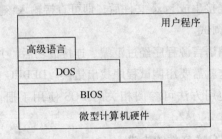

图 5-5　用户与 DOS 之间的关系　　　　图 5-6　控制微型计算机硬件的几种方式

1）使用高级语言提供的功能控制硬件

高级语言一般提供一些 I/O 语句，使用方便，如 C 语言中的位操作语句。但高级语言的 I/O 语句较少，执行速度慢。

2）使用 DOS 提供的程序控制硬件

DOS 为用户提供的 I/O 程序近百种，而且是在较高层次上提供的，不需要用户对硬件有太多的了解。使用 DOS 调用的程序可移植性好，I/O 功能多，编程简单，调试方便；缺点是执行效率较低。

3）使用 BIOS 提供的程序控制硬件

BIOS 在较低层次上为用户提供了一组 I/O 程序，要求用户对微型计算机的硬件有相当的了解，但不要求用户直接控制外围设备。BIOS 驻留在 ROM 中，独立于任何操作系统。因此，若 DOD 和 BIOS 提供的功能相同，则用户应选用 DOS 调用。BIOS 调用的运行效率较高，因此在要求速度的场合下，可以优先考虑 BIOS 调用。

4）直接访问硬件

直接访问硬件，要求用户对外设非常熟悉。此种方式用于两种情况：为了获得效率或获得 DOS 和 BIOS 不支持的功能。显然，直接访问硬件的程序可移植性很差，一般不推荐使用。

综上所述，用户程序可以通过上述四种方法控制系统的硬件，选用何种方法，需要根据程序设计人员的水平及程序的要求，包括程序的功能、可移植性、编程的复杂性、目标代码的长度及程序执行的效率等决定。

5.5.2　DOS 系统功能调用

在 8086/8088 指令系统中，每执行一条软中断指令 INT n，就调用一个相应的中断服务程序。当 n = 05 ～ 1FH 时，调用 BIOS 中的服务程序，当 n = 20H ～ 3FH 时，调用 DOS 中的服务程序。其中，INT 21H 是一个具有多种功能的服务程序，一般称为 DOS 系统功能调用。

1. DOS 软中断

DOS 软中断的功能如表 5-11 所示，矢量号为 20H ～ 27H。

表5-11　微型计算机的中断矢量号配置

地址（H）	矢量号（H）	中断名称	地址（H）	矢量号（H）	中断名称
0~3	0	除以零	60~63	18	常驻 BASIC 入口
4~7	1	单步	64~67	19	引导程序入口
8~B	2	不可屏蔽	68~6B	1A	时间调用
C~F	3	断点	6C~6F	1B	键盘 CTRL - BREAK 控制
10~13	4	溢出	70~73	1C	定时器报时
14~17	5	打印屏幕	74~77	1D	显示器参数表
18~1B	6	保留	78~7B	1E	软盘参数表
1D~1F	7	保留	7C~7F	1F	字符点阵结构参数表
20~23	8	定时器	80~83	20	程序结束，返回 DOS
24~27	9	键盘	84~87	21	DOS 系统功能调用
28~2B	A	保留	88~8B	22	结束地址
2C~2F	B	串口 2	8C~8F	23	CTRL - BREAK 退出地址
30~33	C	串口 1	90~93	24	标准错误出口地址
34~37	D	硬盘	94~97	25	绝对磁盘读
38~3B	E	软盘	98~9B	26	绝对磁盘写
3C~3F	F	打印机	9C~9F	27	程序结束，驻留内存
40~43	10	视频显示 I/O 调用	A0~FF	28~3F	为 DOS 保留
44~47	11	设备配置检查调用	100~17F	40~5F	保留
48~4B	12	存储器容量检查调用	180~19F	60~67	为用户软中断保留
4C~4F	13	软盘/硬盘 I/O 调用	1A0~1FF	68~7F	不用
50~53	14	通信 I/O 调用	200~217	80~85	BASIC 使用
54~57	15	盒式磁带 I/O 调用	218~3C3	86~F0	BASIC 运行时，用于解释
58~5B	16	键盘 I/O 调用	3C4~3FF	F1~FF	未用
5C~5F	17	打印机 I/O 调用			

　　DOS 中断的方法是首先按照 DOS 中断的规定，输入入口参数，然后执行 INTn 指令，最后分析出口参数，如图5-7所示。

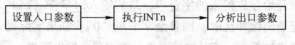

图5-7　DOS 调用方法

　　INT 20H 指令的功能是中止正在运行的程序，返回操作系统。这种中止程序的方法只适用于 .com 文件，而不适用于 .exe 文件。

　　表5-11 中 INT 22H、INT 23H 和 INT 24H，用户不能直接调用。INT 25H、INT 26H 两条软中断是针对磁盘的绝对读写操作，该方式比较落后，现基本不用。

　　INT 27H 指令的功能是中止正在运行的程序，返回系统。被中止的程序驻留在内存中作为

DOS 的一部分。它不会被其他程序覆盖。在其他用户的程序中，可以利用软中断来调用这个驻留的程序。

2. DOS 系统功能调用（INT 21H）

INT 21H 是一个具有近 90 个子功能的中断服务程序，这些子功能的编号称为功能号。INT 21H 的功能大致可以分为四个方面，即设备管理、目录管理、文件管理和其他。

设备管理主要包括：键盘输入、显示器输出、打印机输出、串行设备输入/输出、初始化磁盘、选择当前磁盘、取剩余 磁盘空间。

目录管理主要包括：查找目录项、查找文件、置/取文件属性、文件改名等。

文件管理主要包括：打开、关闭、读/写、删除文件等，这是 DOS 提供给用户的最重要的系统功能调用。

其他功能有：终止程序、置/取中断向量、分配内存、置/取日期及时间等。

下面介绍几个常用的 DOS 系统功能。

1）输入单字符

矢量号：21H。

功能号：AH = 1。

入口参数：无。

格式为

```
MOV  AH,1
INT  21H
```

执行 1 号系统功能调用时，系统等待键盘输入，待编程者按下任何一键，系统先检查是否是 Ctrl + Break 键，如果是则退出，否则将该键字符的 ASCII 码置入 AL 寄存器中，并在屏幕显示该字符。

2）输入字符串

矢量号：21H。

功能号：AH = 0AH。

入口参数：内存中保存字符串的首地址。

0AH 号系统功能调用是将键盘输入的字符串写入到内存缓冲区中，因此事先应在内存中定义一个缓冲区，其第一字节给定该缓冲区中能存放的字节数，第二字节留给系统填写实际键入的字符个数，从第三字节开始存放键入的字符串，最后输入回车符（↙）表示字符串结束。如果实际键入的字符数不足填满缓冲区时，则其余字节填"0"；如果实际键入的字符数超过缓冲区的容量，则超出的字符将被丢失，而且响铃，表示向编程者发出警告。

0AH 号系统功能调用的格式为

```
        ⋮
BUF  DB    20
     DB    ?              ⎫
                         ⎬ ;定义缓冲区
     DB    20,DUP(?)      ⎭
        ⋮
```

```
    MOV  DX,OFFSET BUF
    MOV  AH,OAH                        ;OAH 号系统功能调用
    INT  21H
```

以上程序中，由变量定义语句定义了一个可存放 20 字节的缓冲区，其中"DUP"是重复数据操作符，重复定义 20 字节，"?"表示字节中可预置任意的内容。执行到 INT 21H 指令时，系统等待用户输入字符串，程序员每输入一个字符，其相应的 ASCII 码将被写入缓冲区中，待编程者最后输入回车符（↙）时，由系统确定出实际输入的字符数，并将其写入缓冲器的第二字节中。

3）输出单字符

矢量号：21H。

功能号：AH = 2。

入口参数：DL 中的内容为输出字符。

格式为

```
    MOV  DL,'A'
    MOV  AH,2
    INT  21H
```

执行 2 号系统功能调用时，将置入 DL 寄存器中的字符在屏幕上显示。

4）输出字符串

矢量号：21H。

功能号：AH = 9。

入口参数：DX 中的内容为输出字符串的首地址。

9 号系统功能调用是将指定的内存缓冲区中的字符串在屏幕上显示（或打印输出）。9 号系统功能调用的格式为

```
         ⋮
    BUF  DB  'GOOD BYE $'
         ⋮
    MOV  DX,OFFSET BUF
    MOV  AH,9
    INT  21H
         ⋮
```

执行 9 号系统功能调用时，需要注意两点：一是被显示的字符串必须以"$"为结束符；二是当显示由功能 0AH 输入的字符时，DS：DX 应指向用户定义的缓冲区的第三字节，即输入的第一字符的存储单元。该系统功能不能输出"$"，如果要输出"$"字符，可采用 2 号系统功能调用。

5）程序终止

矢量号：21H。

功能号：AH = 4CH。

该功能是终止当前程序的运行，并把控制转交给调用它的程序，同时把程序占用的空间交还

给 DOS。由被终止的程序打开的文件全部都关闭。其调用的格式为

```
MOV AH,4CH
INT 21H
```

5.5.3　BIOS 中断调用

BIOS 是固化在 ROM 中的一组 I/O 驱动程序，它为系统各主要部件提供设备级控制，还为汇编语言程序设计者提供了字符 I/O 操作。与 DOS 功能调用相比，BIOS 有如下特点：

（1）调用 BIOS 程序虽然比调用 DOS 程序要复杂一些，但运行速度快，功能更强；

（2）DOS 的中断功能只在 DOS 的环境下适用，而 BIOS 功能调用不受任何操作系统的约束；

（3）某些功能只有 BIOS 有。

如表 5-11 所示，BIOS 软中断矢量号为 05H ～ 1FH。BIOS 软中断服务程序按功能分为两种，一种为系统服务程序，另一种为设备驱动程序。BIOS 的调用方法和 DOS 系统功能调用类似，具体中断功能详见相关手册。

虽然 BIOS 比 DOS 更接近硬件，但机器启动时 DOS 层功能模块是从系统硬盘装入内存的，它的功能比 BIOS 更齐全、完整。其主要功能包括文件管理、存储管理、作业管理及设备管理等。DOS 层子程序是通过 BIOS 来使用设备的，从而进一步隐蔽了设备的物理特性及机器接口细节。所以在调用系统功能时总是先采用 DOS 层功能模块，如果这层内容达不到要求，再进一步考虑选用 BIOS 层的子程序。

5.6　汇编语言程序设计与举例

5.6.1　汇编语言程序设计的基本方法

程序是微型计算机命令（语句）的有序集合。当用微型计算机求解某些问题时，需要编制程序。

1. 程序设计的步骤

1）分析问题

分析问题就是将解决问题所需条件、原始数据、输入/输出信息、运行速度、运算精度和结果形式等搞清楚。对较大问题的程序设计，一般还要用某种形式描绘"工艺"流程，以便对整个问题进行讨论和程序设计。"工艺"流程是指用表格、条图、形象图或流程图等去描述问题或问题的物理过程。

2）建立数学模型

这是把问题向微型计算机处理方式转化的第一步骤。建立数学模型是把问题数学化、公式化。有些问题比较直观，可不去讨论数学模型的问题；有些问题符合某些公式或某些数学模型，可以直接利用；但有些问题没有对应的数学模型可以利用，需要建立一些近似数学模型模拟问题。由于微型计算机的运算速度很快，所以运算精度可以很高，近似运算往往可以达到理想的精度。

3）确定算法

建立数学模型后，许多情况下还不能直接进行程序设计，需要确定符合微型计算机运算的算

法。因为微型计算机的字长是一定的，所以表示有理数是有表示范围的；表示无理数不仅有表示范围还有误差。如果选择的算法不合适，可能造成运算结果与实际完全相反或误差很大。要优先选择逻辑简单、运算速度快、精度高的算法进行程序设计；此外，还要考虑占用内存空间大小、编程难易等因素。

4）绘制程序流程图

程序流程图是用箭头线段、框图及菱形图等绘制的一种图。它直接描述程序的内容，在程序设计中被广泛应用。

5）内存空间分配

汇编语言的重要特点之一是能够直接用机器指令或伪指令为数据或代码程序分配内存空间。当程序中没有指定分配存储空间时，系统会按约定方式分配存储空间。86 系列存储器结构是分段的，如代码段、数据段、堆栈段或附加段。程序设计时要考虑分段结构，要执行的程序段应设在当前段中。

程序在运行时所需要的工作单元应尽可能设在 CPU 寄存器中，这样存取速度快，而且操作方便。

6）编写程序的静态检查

用汇编语言编程应按指令和伪指令的语法规则进行。编写程序首先关心的是程序结构，任何一个复杂的程序都是由简单的基本程序构成的。汇编语言源程序的基本结构形式有顺序结构、分支结构、循环结构和子程序结构四种。另外，程序设计通常采用模块化结构，程序的结构要具有层次简单、清楚、易读及易维护的特点。

静态检查是依据指令和伪指令的语法规则人为地进行程序语法及功能检查。它是上机调试前的最后一步。通过它可以减少程序调试时的许多麻烦。

7）程序调试

程序调试是程序设计的最后一步，也是非常重要的一步。没有调试过的程序，很难保证程序无错误（包括语法错误和功能错误）。程序调试是为了纠正错误。纠正错误的方法很多，如在编辑、汇编、连接或用调试软件（如 DEBUG）调试时都可以发现错误，并修改程序。

2. 典型汇编语言程序的结构

8086/8088CPU 将存储器分成若干段，每个段是一个可独立寻址的逻辑单位。段是 8086 系列汇编语言程序的基础，一个段就是一些指令和数据的集合。8086 系列汇编语言源程序就是建立在段结构的基础上的。所以，在编写汇编语言源程序时，首先要使用段定义伪指令来构成一个由若干指令和数据组成的程序。

一个程序有几个段，要根据实际情况来确定。通常按照程序的用途来划分段，如存放数据的段、作堆栈使用的段、存放程序的段、存放子程序的段等。通常一个程序分为 3 或 4 个段，由四个段寄存器 CS、DS、SS、ES 分别存放这些段的段基值。构造一个源程序的基本格式为

```
    DATA   SEGMENT
                       ...        存放数据项的数据段
        DATA   ENDS
    EXTRA SEGMENT
                       ...        存放数据项的附加段
```

```
        EXTRA ENDS
        STACK1 SEGMENT PARA STACK

                    …        } 作堆栈用的堆栈段

        STACK1 ENDS
        COSEG SEGMENT
            ASSUME    CS:COSEG,DS:DATA
            ASSUME    SS:STACK1,ES:EXTRA
        START  PROC  FAR
            MOV    AX,DATA
            MOV  DS,AX

                    …        } 存放指令序列

        COSEG ENDS
            END START
```

也可以用简化段定义形式，例如：

```
            .MODEL   SMALL
            .STACK ?
            .DATA

                    …        } 存放数据项的数据段

            .EXTRA

                    …        } 存放数据项的附加段

            .CODE
        START   PROC  FAR
            MOV  AX,@ DATA
            MOV   DS,AX

                    …        } 存放指令序列

            START ENDP
            END
```

以上 4 个段排列的先后顺序可以是任意的。

5.6.2　顺序结构程序设计

微型计算机执行顺序结构程序的方式是"从头到尾"、逐条执行指令语句，直到程序结束。这是程序的最基本形式（见图 5-8），也是采用流水线技术的微型计算机普遍使用的编程形式。

【例 5.6】内存中某一单元，其偏移地址为 50H。将该单元的内容拆成两段，每段 4 位，并将它们分别存入偏移地址为 51H 和 52H 的单元中；即 50H 单元中的低 4 位放入 51 单元的低 4 位，50H 单元中的高 4 位放入 52H 单元的低 4 位，而 51H 和 52H 单元的高 4 位均为零。

（1）分析题目：假设内存 50H 单元中的内容为 7AH，题目要求将 7AH 拆成 07H 和 0AH 两部分，并把 0AH 放在 51H 单元中，07H 放在 52H 单元中。拆字时，想取得一个数的前 4 位与后 4 位可以用移位指令的方法，也可以用逻辑与指令的方法，即分别同 F0H 和 0FH 相与得到。

（2）先取出该数，同 0FH 相与，得到低 4 位，存入内存。再取出该数，用移位指令逻辑右移 SHR 4 次，取得高 4 位，存入内存，即可完成此题目。

（3）绘制程序流程图，如图 5-9 所示。

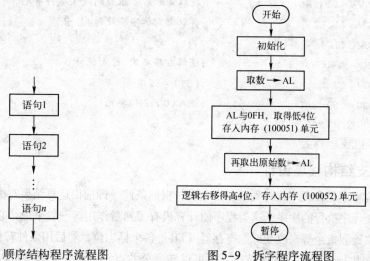

图 5-8　顺序结构程序流程图　　　　图 5-9　拆字程序流程图

（4）内存空间分配，把 7AH 拆成 07H 和 0AH 两部分，它们在内存空间的分配情况如表 5-12 所示。

表 5-12　拆字程序的内存分配

内 存 地 址	内　　容	内 存 地 址	内　　容	内 存 地 址	内　　容
0050H	7AH	0051H	0AH	0052H	07H

（5）编制程序如下：

```
DATA      SEGMENT
    ORG   50H
    Data1 DB    7AH
    Data2 DB     ?
    Data3 DB     ?
DATA      ENDS
STACK   SEGMENT
    STA1  DB  100 DUP(?)
STACK   ENDS
CODES   EGMENT
ASSUME CS: CODE, DS: DATA, SS: STACK
START:
    MOV  AX, DATA
```

```
        MOV   DS,AX              ;设置 DS 值
        MOV   SI,Data1           ;需拆字节的指针(SI)=50H
        MOV   AL,[SI]            ;取一个字节到 AL 中
        MOV   BL,AL              ;AL 中的内容备份到 BL 中
        AND   AL,0FH             ;把 AL 的前 4 位清 0
        MOV   SI,Data2           ;(SI)=51H
        MOV   [SI],AL            ;把取到的后 4 位放到(0051H)单元
        MOV   AL,BL              ;再取出需拆字节放到 AL 中
        MOV   CL,4
        SHR   AL,CL              ;逻辑右移 4 次,前 4 位补 0
        MOV   SI,Data3           ;(SI)=52H
        MOV   [SI],AL            ;放入(0052H)单元
        COSEG  ENDS
         END   START
```

5.6.3   分支结构程序设计

分支结构程序是在程序执行到某一指令后，根据条件（即前面运算结果对标志位的影响）是否满足，来改变程序执行的次序，这类程序使计算机有了判断作用。一般来说，它是先用比较指令或数据操作及位检测指令等来改变标志寄存器（FR）各个标志位，然后用条件转移指令进行分支。

分支程序执行完后可以立即结束，也可以转到公共点结束。分支程序可以再分支，各分支程序之间没有对应关系。分支程序只要求在转移指令中给出目标地址，即可实现程序分支。

【例 5.7】编程实现求 AX 累加器和 BX 寄存器中两个无符号数之差的绝对值，并将结果存放在 2800H 内存单元中。

（1）分析题目：此题目中，AX 累加器和 BX 寄存器中的数是未知的。对两个未知大小的数相减并求绝对值，应该先判定哪一个值稍大些，然后再用大数减去小数的方法，求得绝对值。

（2）根据指令系统中的比较指令，编写判断大小的程序段，即可解决问题，图 5-10 即为该例题的程序流程图。

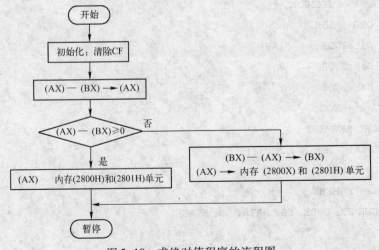

图 5-10   求绝对值程序的流程图

（3）根据流程图，程序如下：

```
        .MODEL    SMALL
        .STACK    64
        .DATA
        ORG    2800H
AbsData     DW ?
        .CODE
ABSPRG   PROC  FAR
        MOV  AX,@ DATA
        MOV  DS,AX
        CLC                   ;清除 CF
        MOV  DX,AX            ;将 AX 中的数备份到 DX 中
        SUB  AX,BX            ;(AX)←(AX)-(BX)
        JC   Low              ;CF=1 转 Low 去执行(即(AX)<(BX)时转移)
        MOV  BX,AX            ;结果送到 BX 中
        JMP  Out              ;结果输出
Low: SUB  BX,DX               ;(BX)←(BX)-(DX)
Out: MOV  DI,AbsData          ;结果指针(DI)=2800H
        MOV  [DI],BX
ABSPRG   ENDP
        END
```

5.6.4　循环结构程序设计

循环结构程序是强调 CPU 重复执行某一指令系列（程序段）的一种程序结构形式。凡是要重复执行的程序段都可以按循环结构设计。循环结构程序简化了程序清单书写形式，而且减少了所占内存空间。值得注意的是，循环程序并不简化程序执行过程，相反，增加了一些循环控制环节，总的程序执行语句和时间有所增加。

循环程序一般由四部分组成：初始化、循环体、循环控制和循环结束处理。它的程序结构流程如图5-11所示。其中各部分的内容如下。

（1）初始化。它建立循环次数的计数器，设定变量和存放数据的内存地址指针（常用间接寻址方式）的初值，装入暂存单元的初值等。

（2）循环体。这是程序的处理部分。

（3）循环控制。其包括修改变量和修改指针，为下一次循环做准备，以及修改循环计数器（计数器减1），判断循环次数是否达到。达到循环次数则结束循环，否则继续循环（即转移回去，再执行一次循环体）。

（4）结束处理。其主要用来分析和存放程序的结果。

循环程序分为单循环和多循环，两重以上的循环称为多循环。

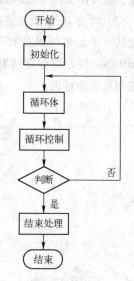

图 5-11　循环程序结构流程图

循环控制方式有多种，如计数控制、条件控制、状态控制等。计数控制事先已知循环次数，每次循环加或减计数，并判定总次数以达到控制循环的目的。条件控制事先不知循环次数，在执行循环时判定某种条件真假来达到控制循环的目的。状态控制可事先设定二进制位的状态，或由外界干预、测试得到开关状态，决定是否循环。

【例5.8】假设有一个16位二进制数位于内存数据段中，其偏移地址为0050H。将其转换为ASCII码，并将转换结果存放在该数据段中，其偏移地址为0052H，且连续存放，请编程实现。

（1）分析题目：在微型计算机中，算术运算的结果是二进制的。为了把结果以十进制的方式显示，它首先被转换为十进制，然后各个位上的数字被加上30H转换为ASCII码数据，这样才能被显示或打印出来。

第一步是把二进制的数字转换为十进制。假设内存（0051H）和（0050H）中放着34DH，把它转换为十进制：

$$34DH = 3 \times 16^2 + 4 \times 16^1 + D（即13）\times 16^0$$
$$= 3 \times 256 + 4 \times 16 + 13 = 845$$

另一种把十六进制数转换为十进制的方法是把它反复地除以10（0AH），记录下各次得到的余数，直到商小于10为止。具体过程如下：

34DH/0AH = 54H 余数 5

54H/0AH = 8 余数 4

（8 < 0AH，连除停止）

把各次得到的余数按照逆序排列，得到十进制数845。

第二步是把各个位的十进制数加上30H，转换为ASCII码数据，流程图如图5-12所示。

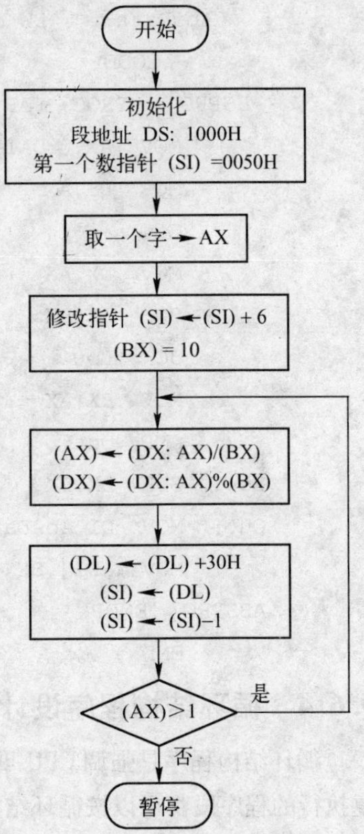

（2）因为16位的二进制数介于0～FFFFH之间，所以十进制的结果最多可以是65535，因此5个内存单元（0052H到0056H单元）足以保存结果。在存储区域内，根据ASCII码数据在DOS中的存放规则，低位数字存放到高位地址内。

（3）程序如下：

图5-12 16位二进制数转换为
ASCII码的程序流程图

```
        .MODEL    SMALL
        .STACK    64
        .DATA
        ORG       0050H
        BinDat1 DB 27H,54H
        ASCDat  DB  6DUP (?)
        .CODE
BINToASCPRG    PROC    FAR
        MOV  AX,@ DATA
```

```
              MOV   DS, AX
              MOV   SI,BinDat1        ;需转换的数据的指针(SI)=0050H
              MOV   AX,[SI]           ;取需转换的数据到 AX 中
              MOV   SI,ASCDat         ;SI 指向最后一个存放 ASCII 码数的单元
              ADD   SI,6             ;存最低位数字
              MOV   BX,10
    T10ToAsc: SUB   DX,DX            ;在字除法时,DX 内容必须先设置为 0
              DIV   BX               ;(AX)←(DX:AX)/(BX)
                                     ;(DX)←(DX:AX)%(BX)
              OR    DL,30H           ;加 30H,转换为 ASCII 码
              MOV   [SI],DL          ;保存数据
              DEC   SI               ;修改地址指针(SI)←(SI)-1
              CMP   AX,0             ;若(AX)>0,则继续循环
              JA    T10toAsc
    BINToASCPRG  ENDP
              END
```

5.6.5　子程序设计

子程序是一个独立的程序段。确切地说,它是被其他程序(如主程序)调用的程序。一般有公用性、重复性或有相对独立性的程序应设计成子程序。这种结构给程序设计与调试带来许多方便。

1. 子程序调用与返回

子程序以过程的形式存放在代码段。根据子程序和调用程序之间的位置关系,子程序调用分为段内调用和段间调用。若调用程序与子程序在同一代码段,为段内调用;若调用程序与子程序各在不同的代码段,为段间调用。无论哪种情况,调用程序与子程序的连接由 CALL 和 RET(在中断子程序中是 IRET)指令来完成。

子程序调用实际是程序的转移,但它与转移指令有所不同。转子程序 CALL 执行时要保护返回地址,而转移指令不考虑返回问题。每个子程序都有 RET 指令负责把推入堆栈的返回地址弹出送 IP 或 CS:IP(段间返回),实现子程序返回。

2. 子程序设计与应用需注意的问题

1)现场保护与恢复

汇编语言所处理的对象主要是 CPU 寄存器,而调用程序在调用子程序时,已经占用了一定的寄存器,子程序执行时又要使用这些寄存器,子程序执行完毕返回调用程序后,又要保证调用程序按原有状态继续正常执行,这就需要对寄存器的内容加以保护,称为现场保护。子程序执行完毕后再恢复这些被保护的寄存器的内容,称为现场恢复。

在设计子程序时,一般在子程序的开始就保护子程序将要占用的寄存器的内容,在子程序执行返回指令前再恢复被保护的寄存器的内容。

保护现场和恢复现场的工作既可以在主程序中完成,也可在子程序中完成。这可由编程者在设计时自行安排,一般在子程序中完成。通常采用下述方法进行现场保护和恢复。

利用入栈指令 PUSH 将寄存器的内容保护在堆栈中,恢复时再用出栈指令 POP 从堆栈中取

出。这种方法较为方便、常用，尤其在设计嵌套子程序和递归子程序时，由于进栈和出栈指令会自动修改堆栈指针，保护和恢复现场层次清晰，只要注意堆栈操作的"先进后出"特点，就不会出错。下面的例子中将 PUSH 和 POP 指令成对地安排在子程序的开始和结束：

```
ExSub       PROC
            PUSH  BX
            PUSH  AX
              ⋮
            POP   AX
            POP   BX
            RET
ExSub       ENDP
```

特别是对中断服务子程序，一定要在其中安排保护和修复指令。因为中断是随机出现的，调用程序转入中断服务子程序的位置是不固定的。

2）参数传递

参数传递指调用程序与子程序之间相关信息或数据的传递。将子程序需要从调用程序获取的参数称为入口参数；将子程序需要返回给调用程序的参数称为出口参数。因为可以接收参数，所以子程序具有灵活、方便、通用等优点。参数传递的方法有以下 3 种：

（1）寄存器传递：选定某些通用寄存器，用来存放调用程序和子程序之间需要传递给对方的参数。这种方法简单快捷，但因寄存器数量有限，仅适合于参数较少的情况。

（2）存储单元（参数表）传递：调用程序和子程序之间可利用指定的存储变量传递参数。这适合于参数较多的情况，但要求事先在内存内建立一个参数表。

（3）堆栈传递：调用程序和子程序可将需传递的参数推入堆栈，使用时再从堆栈中弹出。由于堆栈具有后进先出的特性，故多重调用中各重参数的层次很分明，这种方法很适合于参数多且子程序有嵌套、递归调用的情况。

3）子程序说明

由于子程序有共享性，可被其他程序调用，因此，每个子程序应有必要的使用注释。它包括：①子程序名；②功能、技术指标（如执行时间等）；③占用的寄存器和存储单元；④入口、出口参数；⑤嵌套的子程序；⑥需要堆栈的字节数。

3. 段内调用

在过程定义时，必须定义为 NEAR 类型。这时，过程定义可放在代码段中，置于主程序体之前或之后。

【例5.9】求 $y = (x + xf(x))f(2x)$，其中 $f(t) = 4t^3 + 2t^2 + 3t + 7 = ((4t + 2)t + 3)t + 7$，结果为 16 位二进制数。

分析：这个表达式中两次出现了 $f(t)$，现写出计算 y 的程序，其中 $f(t)$ 用子程序实现。源程序如下：

```
NAME      EXAM5 - 5
DATA  SEGMENT
```

```
x        DW       2
y        DW       ?
DATA     ENDS
CODE     SEGMENT
         ASSUME    CS:CODE,DS:DATA
START: MOV        AX,DATA              ;DS 装填
       MOV        DS,AX
       MOV        CX,x
       CALL       FX
       MUL        x
       ADD        AX,CX
       MOV        BX,AX
       SHL        CX,1
       CALL       FX
       MUL        BX
       MOV        y,AX
       MOV        AH,4CH               ;返回 DOS
       INT        21H
FX     PROC       NEAR                 ;子程序
       MOV        AX,4
       MUL        CX
       ADD        AX,2
       MUL        CX
       ADD        AX,3
       MUL        CX
       ADD        AX,7
       RET
FX     ENDP
CODE   ENDS
       END        START
```

4. 段间调用

子程序被段间调用时，必须定义为 FAR 类型。段间调用通常用以不同模块之间的调用。

编写不同模块的段间调用程序时，应注意以下问题：

（1）主程序模块和子程序模块分别在不同的源文件中进行汇编，然后用连接程序将它们的目标文件连接在一起。

（2）主程序所调用的外部子程序的过程名必须用 EXTRN 伪指令说明。

（3）在过程模块中，子程序的过程名必须用 PUBLIC 伪指令说明。

（4）模块间其他公用符号名及外部符号名必须说明。

【例 5.10】将例 5.9 中的段内调用改为段间调用。

源程序如下：

```
            NAME      EXAM5 - 6A
            EXTRN     FX:FAR                    ;外部引用说明
DATA        SEGMENT
x           DW        2
y           DW        ?
DATA        ENDS
CODE        SEGMENT
            ASSUME    CS:CODE,DS:DATA
START:  MOV           AX,DATA                   ;DS 装填
            MOV       DS,AX
            MOV       CX,x
            CALL      FX
            MUL       x
            ADD       AX,CX
            MOV       BX,AX
            SHL       CX,1
            CALL      FX
            MUL       BX
            MOV       y,AX
            MOV       AH,4CH                     ;返回 DOS
            INT       21H
CODE        ENDS
            END       START


            NAME      EXAM5 - 6B
CODE        SEGMENT
FX          PROC      FAR                        ;段外子程序
            ASSUME    CS:CODE
            PUBLIC    FX                          ;定义公用名
            MOV       AX,4
            MUL       CX
            ADD       AX,2
            MUL       CX
            ADD       AX,3
            MUL       CX
            ADD       AX,7
            RET
FX          ENDP
CODE        ENDS
            END
```

5. 参数传递

【例 5.11】内存中有一数组，其首地址为 ARRAY，求该数组所有元素之和（不超过 16 位数）并存于 SUM 内存单元中，请编写程序实现。

方法一：利用寄存器传递参数

子程序名：ArraySum。

入口参数：SI 中的内容为数组首地址，CX 中的内容为数组长度。

出口参数：AX 中的内容为该数组的和。

```
              . MODEL    SMALL
              . STACK    64
              . CODE
ArraySumPRG  PROC     FAR
              MO    VAX,@ DATA
              MOV   DS,AX
              CLC                      ;CF 清 0
              CMP   CX,0               ;判断是否结束
              JZ    EXIT
              MOV   AX,0               ;AX 存放累加和
A_Sum:        ADD   AL,[SI]            ;加数组中的第一个元素
              ADC   AH,0
              INC   SI
              LOOP  A_Sum
              POPF
EXIT:         RET
ArraySumPRG  ENDP
              END
```

方法二：利用存储单元传递参数。

存储单元传递参数的方法有两种。

① 直接存储单元传递：利用事先约定的存储单元直接进行数据传递。这种方法与寄存器传递相类似。

② 参数地址表传递：在调用子程序前，把所有参数的地址送入地址表，然后把地址表的偏移量通过寄存器带入子程序，子程序从地址表中取出所需参数的地址，继而取得参数。

子程序名：ArraySum。

入口参数：BX 为地址表首地址，参数地址在地址表中。

出口参数：SUM 单元存放累加和。

```
              . MODEL    SMALL
              . STACK    64
              . CODE
ArraySumPRG  PROC     FAR
```

```
              MOV   AX,@ DATA
              MOV   DS,AX
              PUSHF
              PUSH AX
              PUSH CX
              PUSH BP
              PUSH SI
              PUSH DI
              MOV   SI,[BX]                      ;数组首地址→(SI)
              MOV   BP,[BX+2]                    ;数组长度单元地址→(BP)
              MOV   CX,DS:[BP]                   ;数组长度→(CX)
              MOV   DI,[BX+4]                    ;存储和单元地址→DI)
    A_Sum:    ADD   AX,[SI]
              ADD   SI,2
              LOOP A_Sum                         ;循环求和
              MOV   [DI],AX                      ;存储和
              POP   DI
              POP   SI
              POP   BP
              POP   CX
              POP   AX
              POPF
              RET
ArraySumPRG ENDP
              END
```

方法三：利用堆栈传递参数。

程序执行过程中堆栈变化如图5-13所示。

子程序名：ArraySum。

入口参数：数组、数组长度及其和的单元地址分别进栈。

出口参数：SUM 单元存放累加和。

```
              .MODEL   SMALL
              .STACK   64
              .CODE
ArraySum  PRGPROC FAR
              MOV   AX,@ DATA
              MOV   DS,AX
              PUSHF
              PUSH AX                            ;保护现场 AX、BX、CX、BP
              PUSH BX
```

```
                PUSH  CX
                PUSH  BP
                MOV   BP,SP
                MOV   BX,[BP+14]        ;取数组长度地址参数(参数2)
                MOV   CX,[BX]
                MOV   BX,[BP+12]        ;取累加和的单元地址参数(参数3)
                MOV   SI,[BP+16]        ;取数组的单元地址参数(参数1)
                MOV   AX,0
       A_Sum:   ADD   AX,[SI]          ;求和
                ADD   SI,2
                LOOP  A_Sum
                MOV   [BX],AX           ;保存和
                POP   BP                ;恢复现场 BP、CX、BX、AX
                POP   CX
                POP   BX
                POP   AX
                POPF
                RET   6                 ;返回并废除地址参数
ArraySumPRG ENDP
                END
```

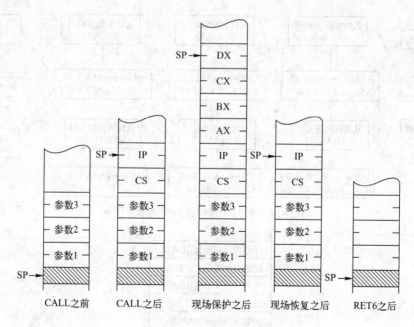

图 5-13　堆栈变化示意图

利用堆栈传递参数时需要注意，保护现场后，被传参数位于"高地址"区，被现场"覆盖"，不能直接用 POP 指令弹出。这时，可使 BP 指向栈顶，以 BP 加位移量的形式指向参数所在单元，再用 MOV 指令取出参数。图 5-13 中"参数 1"表示数组的首地址，"参数 2"表示数组

长度所在单元的地址，"参数3"表示存放数组和的存储单元地址。

6. 嵌套和递归

子程序中调用别的子程序称为子程序嵌套。设计嵌套子程序时要注意正确使用 CALL 和 RET 指令，并注意寄存器的保护和恢复。只要堆栈空间允许，嵌套层次不限。

子程序调用它本身称为递归调用。图中，当子程序1和子程序2为同一个程序时，就属于递归调用。下面给出一个递归调用的例子。

【例 5.12】计算一个数的阶乘 n!，n! 定义如下：

$$n! = \begin{cases} 1 & n = 0,1 \\ n(n-1)! & n > 1 \end{cases}$$

题目分析：求 n! 本身是一个子程序，由于 n! $= n \times (n-1)!$，而求 $(n-1)!$ 又必须调用 n! 的子程序，但每次调用的入口参数和中间结果不一样。具体来说，每次调用时应将入口参数 n 减 1，以便求 $(n-1)!$ 用。当 n 减到 0 时，结果为 1，就可以把 n = 0 作为递归调用的约束条件，用来控制退出递归调用的条件。最后，把每次递归调用的入口参数 n 相乘，即可得到最后结果。由于每次递归调用时，参数都是按次序逐个、逐层压入堆栈的，所以当 n = 1 退出递归调用返回时，按照嵌套的层次逐层返回，并逐层取出相应的参数信息，进行乘法运算。程序处理流程如图 5-14 所示，程序运行过程中堆栈数据的变化情况如图 5-15 所示。求 n! 的程序如下。

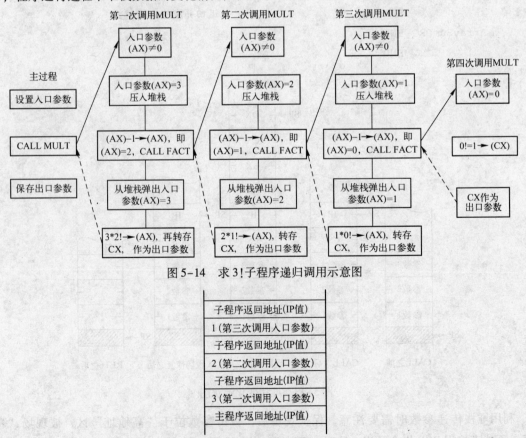

图 5-14　求 3! 子程序递归调用示意图

子程序返回地址(IP值)
1(第三次调用入口参数)
子程序返回地址(IP值)
2(第二次调用入口参数)
子程序返回地址(IP值)
3(第一次调用入口参数)
主程序返回地址(IP值)

图 5-15　求 3! 时堆栈变化情况

```
DATA    SEGMNET                          ;数据段
    N       DW    4                      ;定义数据 n
    RESULT  DW    ?                      ;结果存于 CX 中
DATA  ENDS
STACK  SEGMENT  STACK                    ;定义堆栈段,堆栈深度为 100 字节
  DB 100  DUP(?)
STACK ENDS
CODE    SEGMENT                          ;代码段
    ASSUME  CS:CODE,DS:DATA,SS:STACK     ;段指定
    MAIN PROC FAR                        ;主程序
    START:
        MOV AX,DATA                      ;数据段装填
        MOV DS,AX
        MOV AX,N
        CALL FACT                        ;调用 n! 子程序
        MOV RESULT,CX
        MOV AX,4CH
        INT 21H                          ;返回 DOS 系统
    MAIN  ENDP
    FACT   PROC NEAR                     ;定义 n! 递归子程序,段内调用
        CMP AX,0                         ;入口参数 AX
        JNZ MULT
        MOV CX,1                         ;0! =1
        RET
    MULT: PUSH AX                        ;如果 (AX)≠0,则 AX 入栈
        DEC AX                           ;(AX)减 1
        CALL FACT                        ;递归调用
        POP AX
        MUL CX
        MOV CX,AX                        ;出口参数 CX
        RET
    FACT  ENDP
CODE ENDS
    END START
```

　　讨论：由于 8! = 40320 < 65536，而 9! = 362880 > 65536，因此在该例中阶乘结果可以由一个 16 位寄存器存放。但是，当 n > 8 时，阶乘结果不能够由寄存器存放，通常需要开辟多字节存储空间来存放。

习　题　5

1. 什么称为汇编语言源程序? 什么称为汇编程序? 什么称为汇编?
2. 汇编语言的语句分为哪两种? 各自的功能是什么?

3. 语句中的数据项有哪些？变量和标号有什么相同点？有什么不同点？各有什么属性？

4. 怎么在汇编语言程序中使用系统功能调用？

5. 分支程序是怎样形成的？标志位怎样在形成分支中起作用？举例说明之。

6. 循环程序有哪几部分构成？

7. 什么是子程序？在形式上，主程序和子程序有什么异同？

8. 子程序调用和返回与堆栈有什么关系？

9. 指出下列重复子句怎样初始化存储器？分别为各个变量分配多少个字节空间？

```
VAR1    DB      10 DUP(0)
VAR2    DW      10 DUP(0)
VAR3    DW      10 DUP(?)
VAR4    DD      5 DUP(?)
VAR5    DB      10 DUP(10 DUP(0))
VAR6    DW      5 DUP('A',0,1)
VAR7    DB      2 DUP(3 DUP(1,2 DUP(2,4),6),0)
```

10. 下面是一个数据段，画出数据在存储器中的示意图。

```
DATA    SEGMENT
A       DB      1,2,3,4
B       DB      'ABCD'
C       DW      4 DUP(0)
X       DW      11,0B02H
Y       DD      12345678H,0FFFFH
DATA    ENDS
```

11. 按上题给出的数据结构，求下列表达式的值。

```
OFFSET A,TYPE A,SIZE A,LENGTH  A
OFFSET C,TYPE C,SIZE  C,LENGTH  C
```

12. 写出下列数据段中每个符号的值。

```
DATA    SEGMENT
MAX     EQU     0FFFFH
VALONE  EQU     MAX MOD 10H
VALTWO  EQU     VALONE* 2
BUF     EQU     ((VALTWO  GT  10H) OR  10H)+10H
BUFFER  DB      BUF DUP(?)
BUFEND  EQU     BUFFER + BUF -1
DATA    ENDS
```

13. 下列程序段执行后，AX = _____。

```
TAB     DW 1,2,3,4,5,6
```

```
ENTRY     EQU 3
MOV       BX, OFFSET TAB
ADD       BX, ENTRY
MOV       AX,[BX]
```

14. 根据下面的数据定义，指出数据项"$+10"的值（用十六进制表示）

```
        ORG  10H
DAT1  DB  10 DUP (?)
DAT2  EQU  12H
DAT3  DW  56H, $ +10
```

15. 已知一段程序如下：

```
        ORG  2000H
ARY   DW   -4,3, -2,1
CNT   DW   $ - ARY
VAR   DW   ARY, $ +4
...
MOV  AX,ARY
MOV  BX,,OFFSET VAR
MOV  CX,CNT
MOV  DX,VAR +2
LEA  SI,ARY
...
```

问：此程序段执行后，寄存器 AX、BX、CX、DX 与 SI 中的内容各是多少？

16. 若程序中数据定义如下：

```
PARTNO DW ?
PNAME DB 16 DUP(?)
COUNT DD ?
PLENGTH EQU $ - PARTNO
```

则 PLENGTH = _____。

17. 在下面的汇编语言程序中的横线处填空，使语句完整，程序正确执行。

```
DATA SEGMENT
  D1 DB -1, 5, 2, 6, -7, 4
  CNT EQU $ - D1
  RLT DW ?
DATA ENDS
STACK SEGMENT STACK
  DB 256 DUP(0)
STACK ENDS
CODE SEGMENT
```

```
        ASSUME CS: CODE, DS: DATA, SS: STACK
    START:MOV AX, DATA
          MOV DS, AX
          MOV _____, OFFSET D1
          MOV CX,CNT
          MOV DX,0
    LP:   MOV AL,[BX]
          CMPAL,0
          JL CONT
          INC DX
    CONT: INC BX
          LOOP LP
          MOV RLT,DX
          MOV AH,4CH
          INT 21H
          CODE _____
          END START
```

上述程序执行后 RLT 的内容是_____（用十六进制表示）。若将程序中的 JL CONT 指令改为 JGE CONT 指令，则该程序执行后，RLT 的内容是_____（用十六进制表示）。

18. 分析下列程序的结构，并说明程序的功能。

```
    DATA      SEGMENT
    A         DB'123ABC'
    DATA      ENDS
    CODE      SEGMENT
              ASSUME    CS:CODE,DS:DATA
    ST:       MOV       AX,DATA
              MOV       DS,AX
              LEA       BX,A
              MOV       CX,6
              MOV       AH,2
    LP:       MOV       AL,[BX]
              XCHG      AL,DL
              INC       BX
              INT       21H
              LOOP      LP
              MOV       AH,4CH
              INT       21H
    CODE      ENDS
              END       ST
```

19. 利用伪指令定义一个数据区，它包含 33H、34H、35H、36H 四个字符数据，编程在 CRT 上显示该数据区的内容。

20. 用系统功能调用，将 'HELLO!' 由键盘输入，并在 CRT 输出 '＊＊＊ HELLO ＊＊＊'。

21. 将存储单元 A 中的两位压缩 BCD 数分拆成两个非压缩 BCD 数，并分别转换为 ASCII 码，存入单元 B 和单元 C。

22. 将字变量 A（负数）转换为它的反码和补码，分别存入字变量 B 和字变量 C 中。

23. 有两个两字节无符号数分别存放在以存储单元 A 和存储单元 B 为起始地址的缓冲区中，求两数的和，结果放入以 A 为起始地址的缓冲区中。设存储时低位字节在前，高位字节在后，且相加的和仍为两字节数。

24. 计算分段函数的值：

$$Y = \begin{cases} X^2 + 2X - 5 & X \geqslant 0 \\ X/2 & X < 0 \end{cases}$$

25. 在字变量 A、B 中各有一个无符号数，试比较它们的大小，并根据结果在屏幕上显示 A ≥ B 或 A < B。

26. 计算 $S = \sum\limits_{N=1}^{100} N$。

27. 有两个字符串分别置于以 STRN1 和 STRN2 为起始地址的存储单元中。两个字符串长度相同，且存于 STRN1 − 1 单元中（串长小于 250）。编程检查此字符串是否相同，若相同，则将 STRN2 单元清零，否则置 0FFH。

28. 以 BUF 为起始地址的存储区中，存放着一个由字母和数字组成的 ASCII 码字符串，字符串的结尾用一个回车符（ASCII 码为 0DH）标记，求数字字符的个数，并存入 RES 单元（设数字字符的个数 ≤ 255）。

第6章 | 微型计算机的I/O接口技术

6.1 概　述

在微型计算机系统中，微处理器的强大功能必须通过外部设备（简称外设）才能实现。而外设与 CPU 之间的信息交换及通信又是靠接口来实现的，所以，微型计算机应用系统的研究和微型计算机化产品的开发，从硬件角度来讲，就是接口电路的研究和开发。接口技术已成为直接影响微型计算机系统的功能和微型计算机推广应用的关键之一，特别是嵌入式微型计算机应用的基础技术。微型计算机的应用是随着外设不断更新和接口技术的发展而深入到各个领域的。因此，微型计算机接口及技术已成为当代理工科大学生必须学习的一种基本知识和科技与工程技术人员必须掌握的基本技能。

现代微型计算机接口技术增加了许多新功能，采用了许多新技术，引入了许多新概念、新名词，需要逐步了解与学习。

6.1.1 微型计算机接口技术的作用与基本任务

1. 接口在微型计算机系统中的作用

在微型计算机系统中，接口处于微型计算机总线与设备之间，负责 CPU 与设备之间的信息交换。接口在微型计算机系统所处的位置决定了它在 CPU 与设备之间的桥梁与转换作用。接口与其两端的关系极为密切。因此，接口技术是随 CPU 技术及总线技术的变化而发展的（当然，也与被连接的设备密切相关），尤其与总线的关系密不可分。也就是说，微型计算机系统的总线结构不同，与其相连的接口层次就不同。

2. 接口技术的基本任务

设置接口的目的有两条，通过接口实现设备与总线的连接；连接起来后，CPU 通过接口对设备进行访问，即操作或控制设备。

因此，接口技术的内容就是围绕设备与总线如何进行连接及 CPU 如何通过接口对设备进行操作展开的。这涉及接口两端的连接对象及通过什么途径去访问设备等一系列的问题。

例如，对设备的连接问题，涉及微型计算机的总线结构是单总线还是多总线；对设备的访问问题，涉及微型计算机的操作系统是 DOS 还是 Windows 或 Linux。这些都是接口技术需要进行分析和讨论的内容。

3. 变化中的不变

接口连接设备的任务不会改变。不管是单级总线，还是多级总线；不管是 ISA 总线，还是

PCI 总线；不管是并行方式，还是串行方式；不管是中小规模的接口芯片，还是 VLS 接口芯片；不管是高速设备还是低速设备；不管是标准设备，还是非标准设备；即不管总线结构、数据的宽度、接口电路结构形式、设备的类型，最后都要落实到把外围设备连接到微型计算机系统中去，不会因为上述种种的不同而有所改变。这一点是十分明确的，只是连接的层次、方式、步骤或使用的接口芯片有所不同而已。

同样，通过接口操作设备的任务不会改变。不管是上层应用程序，还是底层驱动程序；不管是 MS – DOS 程序，还是 Windows 32 程序；不管是实模式程序，还是保护模式程序；不管是 ISA 总线程序，还是 PCI 总线程序；不管是直接访问程序，还是间接访问程序；不管是汇编语言程序，还是 C 语言程序；不管是中小规模的接口芯片程序，还是 VLS 接口芯片程序；即不管操作系统、处理器的工作方式、总线结构层次、设备资源分配方式、不同的编程语言、接口电路结构形式，最后都要落实到对外围设备的访问上，不会因为种种的不同而改变。这一点是十分明确的，只是访问的方法、途径、步骤或使用的工具有所不同而已。

6.1.2　微型计算机接口技术的层次

从早期微型计算机发展到现代微型计算机，影响接口变化的主要是两大因素。一是总线结构不同，属于硬件上的变化。早期微型计算机是单总线，只有一级总线，即 ISA 总线；现代微型计算机是多总线，有三级总线，即 Host 总线、PCI 总线、ISA 总线。二是操作系统不同，属于软件上的变化。早期微型计算机上运行的是 DOS 系统，现代微型计算机上运行的是 Windows 系统，嵌入式微型计算机上一般运行的是 Linux 系统。这种变化使现代接口在完成连接设备和访问设备的任务时产生了根本不同的处理方法，形成了接口分层次的概念，大大促进了接口技术的发展。总线技术接口分层次是微型计算机接口技术在观念上的改变，是接口技术随总线技术的发展而提升的新概念。在考虑设备与 CPU 连接时，不能停留在过去单线总线的接口形态和接口不分层次的传统观念上。

（1）总线结构的改变，使得通过接口连接设备时在硬件上要分层次。早期微型计算机采用单级总线——ISA 总线，设备与 ISA 总线之间只有一层接口。现代微型计算机采用多级总线，总线与总线之间用总线桥连接。例如，PCI 总线与 ISA 总线之间的接口称为 PCI – ISA 桥。因此，除了设备与 ISA 总线之间的那一层接口之外，还有总线与总线的接口——总线桥。在这种情况下，作为总线与设备之间的接口不再是单一层次的，就要分层次。把设备与 ISA 总线之间的接口，称为设备接口；把 PCI 总线与 ISA 总线之间的接口，称为总线接口。与早期微型计算机相比，现代微型计算机的外围设备进入系统需要通过两级接口，即通过设备接口和总线接口把设备连接到微型计算机系统。

（2）操作系统的改变，使得通过接口访问设备时在软件上也要分层次。早期微型计算机采用 DOS 操作系统，应用程序享有与 DOS 操作系统同等的特权级。因此，应用程序可以直接访问和使用系统的硬件资源，毫无阻碍。现代微型计算机在使用 Windows 操作系统时，由于存在保护机制，不允许应用程序访问底层硬件。在应用程序与底层硬件之间增加设备驱动程序后，应用程序通过调用驱动程序去访问底层硬件，把设备驱动程序作为应用程序与底层硬件之间的桥梁。因此，访问设备时除了编写应用程序之外，还要编写设备驱动程序。Windows 操作系统下，作为操作与控制设备的接口程序不再只有单一的应用程序，而是分层次了。把访问设备的 MS – DOS 程序和 Windows 32 程序称为上层应用程序，把直接操作与控制底层硬件的程序称为核心层驱动程序。与 16 位机相比，现代微型计算机对外围设备的操作与控制需要通过两层程序，即通过应用程序和设备驱动程序才能访问设备。

6.1.3　微型计算机接口技术的基本概念

1. 设备接口与总线桥的概念

设备接口（Interface）是指 I/O 设备与本地总线（如 ISA 总线）之间连接电路并进行信息（包括数据、地址及状态）交换的中转站。例如，源程序或原始数据要通过接口从输入设备送进去，运算结果要通过接口向输出设备送出来；控制命令通过接口发出去，现场状态通过接口取进来，这些来往信息都要通过接口进行变换与中转。这里的 I/O 设备包括常规的 I/O 设备及用户扩展的应用系统的接口。可见，I/O 设备接口是微型计算机接口中的用户层接口。

总线桥（Bridge）是实现 CPU 总线与 PCI 总线，以及 PCI 总线与本地总线之间连接与信息交换（映射）的接口。这个接口不直接面向设备，而是面向总线的，故称为总线桥，如 CPU 总线与 PCI 总线之间的 Host 桥（北桥），PCI 总线与 ISA 之间的 Local 桥（南桥）等。系统中的存储器或高速设备一般都可以通过自身所带的总线桥挂接到 Host 总线或 PCI 总线上，实现高速传输。

早期微型计算机采用单级总线，只有一种接口，即 I/O 设备接口。所有 I/O 设备和存储器，也不分高速和低速，一律都通过设备接口挂在一个单位总线（如 ISA 总线）上。

现代微型计算机采用多总线，有 I/O 设备接口和总线桥两种接口。外围设备分为高速设备和低速设备，分别通过两种接口挂到不同总线上。

正是因为现代微型计算机采用了多总线技术，使不同总线之间的连接容易出问题，所以现代微型计算机系统的 I/O 设备和存储器接口的设计变得复杂起来。

2. I/O 设备接口

1）设置 I/O 设备接口的原因

为什么要在 ISA 总线与 I/O 设备之间设计接口电路呢？有以下几方面的原因：①微型计算机的总线与 I/O 设备两者的信号线不兼容，在信号线的功能定义、逻辑定义和时序关系上都不一致；②CPU 与 I/O 设备的工作速度不兼容，CPU 速度高，I/O 设备速度低；③若不通过接口，而由 CPU 直接对 I/O 设备的操作实施控制，就会使 CPU 忙于应付 I/O 设备，从而大大降低 CPU 的效率；④若 I/O 设备直接由 CPU 控制，也会使 I/O 设备的硬件结构依赖于 CPU，对 I/O 设备本身的发展不利。因此，有必要设置具有独立功能的接口电路，以便协调 CPU 与 I/O 设备两者的工作，提高 CPU 的效率，并有利于 I/O 设备按自身的规律发展。

2）I/O 设备接口的功能

I/O 设备接口是 CPU 与外界的连接电路。并非任何一种电路都可以称为接口，它必须具备一些条件或功能，才称得上接口电路。那么，接口应具备哪些功能呢？从解决 CPU 与外设在连接时存在的矛盾来看，一般有如下功能。

（1）执行 CPU 命令。CPU 对被控制对象外设的控制是通过接口电路的命令寄存器解释与执行 CPU 命令代码来实现的。

（2）返回外设状态。接口电路在执行 CPU 命令的过程中，外设及接口电路的工作状态是由接口电路的状态寄存器报告给 CPU 的。

（3）数据缓冲。在 CPU 与外设之间传输数据时，主机高速与外设低速的矛盾是通过接口电路的数据寄存器缓冲来解决的。

（4）信号转换。微型计算机的总线信号与外设信号的兼容是由接口电路的逻辑模块转换来实现的，包括信号的逻辑关系、时序配合及电位匹配的转换。

（5）设备选择。当 CPU 与多个外设交换信息时，通过接口电路的 I/O 地址译码电路选定需要与交换信息的设备端口，进行数据交换或通信。

（6）数据宽度与数据格式转换。有的外设（如串行通信设备）使用串行数据，且要求按一定的数据格式传输。因此，接口电路就要具备数据串行转换和数据格式转换的能力。

以上功能并非每种接口都要求具备。对不同用途的微型计算机系统，其接口功能不同，接口电路的复杂程度也大不一样，应根据需要进行设置。

3）I/O 设备接口的组成

一个能够运行的 I/O 设备接口，由硬件和软件两部分组成。其中，硬件电路一般包括接口逻辑电路（由可编程接口芯片实现）、端口地址译码电路及供选择的附加电路等；软件编程主要是接口控制程序，即上层用户应用程序的编写，包括可编程接口芯片初始化程序段、中断和 DMA 数据传输方式处理的程序段、对外设的主控程序段及程序终止与退出程序段等。上层用户应用程序对 Windows 操作系统而言，有 MS – DOS 和 Windows 32 两种形式。

4）I/O 设备接口与 CPU 交换数据的方式

I/O 设备接口与 CPU 之间的数据交换，一般有查询、中断和 DMA 3 种方式。不同的交换方式对微型计算机接口的硬件设计和软件编程会产生比较大的影响，故接口设计者对此颇为关心。三种方式简要介绍如下。

（1）查询方式。此方式是 CPU 主动去检查外设是否处于"准备"传输数据的状态。因此，CPU 需花费很多时间来等待外设进行数据传输的准备，工作效率很低。但查询方式易于实现，在 CPU 任务不太多的情况下，可以采用。

（2）中断方式。此方式是 I/O 设备做好数据传输准备后，主动向 CPU 请求传输数据，CPU 节省了等待外设的时间。同时，在外设做数据传输的准备时，CPU 可以运行与传输数据无关的其他命令，使外设与 CPU 并行工作，从而提高 CPU 的效率。因此，中断方式用于 CPU 的任务比较多的场合，尤其适合实时控制及紧急事件的处理。

（3）直接存储器存取方式。此方式是把外设与内存交换数据的操作与控制交由 DMA 控制器去做，CPU 只做 DMA 传输开始前的初始化和传输结束后的处理，而在传输过程中 CPU 不干预，完全可以做其他的工作。这不仅简化了 CPU 对输入/输出的管理，更重要的是大大提高了数据的传输速率。因此，DMA 方式特别适合高速度、大批量数据传输。

5）分析与设计 I/O 设备接口电路的基本方法

（1）两侧分析法。I/O 设备接口是连接 CPU 与 I/O 设备的桥梁。在分析接口设计的需求时，显然应该从接口的两侧入手。CPU 一侧，接口面向的是本地总线的数据、地址和控制三条总线，情况明确。因此，接口电路的信号线要满足三总线在时序逻辑上的要求，并进行对号入座连接。

I/O 设备一侧，接口所面对的是种类繁多、信号线及工作速度各异的外设，情况很复杂。因此，对 I/O 设备一侧的分析重点放在两个方面：一是分析被连 I/O 设备的外部特性，即外设信号综合脚的功能与特点，以便在设计接口硬件时，提供这些信号线，满足外设在连接上的要求；二是分析被控外设的工作过程，以便在设计接口软件时，按照这种过程编写程序。这样，接口电路的硬件设计与软件编程就有了依据。

（2）硬软结合法。以硬件为基础，硬件与软件相结合是设计 I/O 设备接口电路的基本方法。

① 硬件设计方法。硬件设计主要是合理地选用外围接口芯片及有针对性地设计附加电路。目前，在接口设计中，通常采用可编程接口芯片，因而需要深入了解和熟练掌握各类芯片的功能、特点、工作原理、使用方法及编程技巧，以便合理地选择芯片，把它们与 CPU 正确地连接起来，并编写相应的控制程序。

外围接口芯片并非万能，因此，当接口电路中有些功能不能由接口的核心芯片完成时，就需要用户附加某些电路，予以补充。

② 软件设计方法。接口的软件设计，对用户层来讲，实际上就是接口用户程序的编写。现代微型计算机接口用户程序的编写通常有四种方法，分别在两种不同操作系统（DOS 和 Windows）环境下编写程序。其中，在 DOS 环境下有 3 种方法。

其一是直接对硬件编程。一般而言，对用户应用系统的接口，用户程序应直接面向硬件编程，以便充分发挥底层硬件的潜力和提高程序代码的效率。但这要求设计者必须对相应的硬件细节十分熟悉，一般用户很难做到。同时，由于直接对硬件编程会造成接口用户程序对硬件的依赖性，可移植性差。

另外两种方法是采用 BIOS 调用和 DOS 系统功能调用编程。如果在用户应用程序中，涉及使用系统资源（如键盘、显示器、打印机、串行口等），则可以采用 BIOS 和 DOS 调用，而无须做底层硬件编程，但这只针对微型计算机系统中的标准设备。而对接口设计者来说，常常遇到的是一些非标准设备，所以需要自己动手编制接口用户程序。

在 Windows 环境下，接口用户程序是利用 Windows 32 的 API 调用来编写的。

3. 总线桥

1）总线桥与接口的区别

首先，总线桥与接口的区别是连接对象不同。接口连接的是 I/O 设备与本地总线（用户总线），总线桥连接的是本地总线（用户总线）与 PCI 总线。其次，传递信息的方法不同。接口是直接传递信息，接口两端的信息通过硬件传递，是一种一一对应的固定关系。桥是间接传递信息，桥两端的信息是一种映射的关系，并非通过硬件一一对应的直接传输，即由软件建立起来的映射规则实现，可动态改变。

正是由于这些不同的特点，使得设备接口与总线接口的复杂程度、技术难度及设计理念与设计方法存在很大差别。

2）总线桥的任务

总线桥的任务有以下 3 点：

一是负责总线与总线之间的连接与转换。由于不同总线的数据宽度、工作频带及控制协议不同，故在总线之间必须有"桥"过渡，即要使用总线桥。桥是由一个总线转换器和控制器组成的，桥的内部包含一些相当复杂的兼容协议及总线信号和数据的缓冲电路，可实现不同总线的转换。

二是完成设备信息的传递。由于 PCI 总线与本地总线（如 ISA）代表完全不同的两种系统，因此，本地的设备信息（包括地址空间、中断及 DMA）与 PCI 的设备信息不能直接传输，而必须经过 PCI 桥进行映射。桥内部的配置空间可以把一条总线上的设备信息映射到另一条总线上。

三是支持即插即用。总线桥可为操作系统进行资源动态分配，为实现设备的即插即用提供支持，桥的配置空间，提供了进行硬件资源重新分配的场所。

　　3）总线桥接口电路

桥可以是一个独立的电路，即一个单独的、通用的总线桥芯片。不少厂家推出了一条列单独的通用 PCI 接口芯片，如 PLX9054、S5933 等，供用户开发 PCI 插卡选用。

桥也可与内存控制器或 I/O 设备控制器组合在一起。为了使高速 I/O 设备能直接与 PCI 总线连接，一些 I/O 设备专业厂商推出了一大批 PCI 总线的 I/O 设备控制器的大规模集成芯片。这些芯片具有独立的处理能力，并带有 PCI 接口。以这些芯片为基础，可生产出许多 PCI 总线 I/O 设备插卡，如视频图像卡、高速网络卡、多媒体卡及高速外存储设备卡（SCSI 控制器、IDE 控制卡）等。将高速 I/O 设备通过桥挂到 PCI 总线上，共享 PCI 总线提供的各种性能优越的服务，可大大提高系统的性能。

6.1.4　微型计算机接口技术的发展概况

正如前文所述，接口技术的发展是随着微型计算机体系结构（CPU、总线、存储器）和被连接的对象，以及操作系统应用环境的发展而发展的。当接口的两端及应用环境发生变化时，作为中间桥梁的接口也必须变化。这种变化与发展，过去如此，今后仍然如此。

早期的计算机系统中，接口与设备之间无明显的边界，即接口与设备控制器做在一起。8 位微型计算机中，在接口与设备之间有了边界，并且出现了许多"接口标准"。8/16 位微型计算机系统、接口所面向的对象与环境是 XT/ISA 总线、DOS 操作系统。现代微型计算机系统中，接口所面向的对象与环境是 PCI 总线、Windows 操作系统。这使得接口技术面临许多新技术、新概念与新方法，而且层次结构复杂得多。下面简要说明接口技术的发展过程。

在早期的计算机系统中，并没有设置独立的接口电路，对外设的控制与管理完全由 CPU 直接操作。在当时外设接口少、操作简单的情况下，CPU 勉强为主。然而，由于微型计算机技术发展，其应用越来越广泛，外设门类、品种大大增加，且性能各异，操作复杂，不设置接口不能满足要求因此，必须设置接口。首先，如果仍由 CPU 直接管理外设，会使主机疲于应付，主机的工作效率变得非常之低。其次，由于外设种类繁多，且每种外设提供的信息格式、电位高低、逻辑关系各不相同，因此，主机对每一种外设就要配置一套相应的控制和逻辑电路。这使得主机对外设的控制电路非常复杂，而且是固定的连接，不易扩充和改变，这种结构极大地阻碍了计算机的发展。

为了解决以上矛盾，在 CPU 与外设之间开始设置简单的接口电路，后来逐步发展成为独立功能的接口和设备控制器。把对外设的控制任务交给接口去完成，大大地减轻了主机的负担，简化了 CPU 对外设的控制和管理。同时，在有了接口之后，研制 CPU 时就无须考虑外设的结构特性如何；同样，研究外设时也无须考虑它是与哪种 CPU 连接。CPU 与外设按各自的规律更新，形成微型计算机本身和外设产品的标准化和系列化，促进了微型计算机系统的发展。

随着微型计算机的发展，微型计算机接口经历了固定式简单接口、可编程复杂接口及功能强大的智能接口几个发展阶段。各种高性能接口标准的不断推出和使用，超大规模接口集成芯片的不断出现，以及接口控制软件的固化技术的应用，使得微型计算机接口向智能化、标准化、多功能化及高集成度化的方向发展。目前，流行一种紧凑的 I/O 子系统结构，就是把 I/O 接口与 I/O 设备控制器及 I/O 设备融合在一起，而不单独设置接口电路，就像高速 I/O 设备（硬盘驱动器和网卡）一样。

由于微型计算机体系结构的变化及微电子技术的发展，目前微型计算机系统所配置的接口电路的物理结构也发生了根本的变化，以往在微型计算机系统板上能见到的一个个单独的外围接口芯片，现在都集成在一块超大规模的外围芯片中。也就是说，原来的这些外围接口芯片在物理结构上已"面目全非"。但它们相应的逻辑功能和端口地址仍然保留下来，也就是说在逻辑上与原来的兼容，以维持在使用上的一致性。因此，尽管微型计算机系统的接口电路的物理结构发生了变化，但用户编程时，仍可以照常使用它们。

值得注意的是，尽管外设及接口有了很大发展，但比起 CPU 的突飞猛进，差距仍然很大。在工作速度、数据宽度及芯片的集成度等方面，尤其是数据传输速率方面，还存在尖锐的矛盾。那么，如何看待这种 CPU 的高性能与外设和接口性能低的客观事实呢？首先，差距是客观存在的。正是这种差距和矛盾推动着外设及接口技术的不断发展，但发展需要一个过程。近几年来，研究和推出的不少新型外设、先进的总线技术、新的接口标准及芯片组，正是为了解决微型计算机系统 I/O 的瓶颈问题。相信今后还会出现功能更强大，技术更先进，使用更方便的外设及接口标准。其次，CPU、外设及接口在微型计算机系统中所起的作用不同，因而对它们的要求也不一样。例如，8 位数据宽度对目前一般工业系统的外设及接口基本上可以满足要求，不像微处理器内部进行数据处理那样，要求 32 位或 64 位。再次，集成度的增加与物理结构上的改变，并不意味着逻辑功能上的兼容性变差。现在机箱的主板上已找不到单个外设接口芯片，它们都已集成到超大规模的外围接口芯片中去，因此，讨论单个的外设接口芯片已没有什么意义。事实上，在后开发的高档微型计算机上，虽然集成度增加了，物理结构改变了，但为了与以前的微型计算机兼容，特别是与为数众多的外设兼容，一些接口电路的逻辑端口及命令格式并未改变。从学习的角度来看，接口技术的初学者只能从基本接口电路开始，而这些单个接口芯片能很好地反映各种基本接口电路的工作原理、方法及特点。此外，在用户自行开发的应用系统（如单片微型计算机）中，目前使用的往往还是单个接口芯片，而不是超大规模外围芯片组。

6.2　I/O 地址空间

如果忽略 I/O 地址空间的物理特征，仅从软件编程的角度来看，和存储器地址空间一样，I/O 地址空间也是一片连续的地址单元，可供各种外设在与 CPU 交换信息时，存放数据、状态和命令代码。实际上，一个 I/O 地址空间的地址单元对应接口电路中的一个寄存器或控制器，所以把它们称为接口中的端口。

I/O 地址空间的地址单元可以被任何外设使用，但是，一个 I/O 地址如果分配给某个外设（通过 I/O 地址译码进行分配），那么这个地址就成了该外设固有的端口地址。系统中其他的外设就不能再使用这个端口，否则会发生地址冲突。

I/O 端口地址与存储器的存储单元一样，都是以数据字节来组织的。无论是早期微型计算机还是现代微型计算机的 I/O 地址线都只有 16 倍，因此 I/O 端口地址空间的范围为 0000H ～ FFFFH 的连续 64KB 地址。每一个地址对应一个 8 位的 I/O 端口，两个相邻的 8 位端口可以构成一个 16 位的端口；4 个相邻的 8 位端口可以构成一个 32 位的端口。16 位端口应对齐于偶数地址，在一次总线访问中传输 16 位信息；32 位端口对齐于能被 4 整除的地址，在一次总线访问中传输 32 位信息。8 位端口的地址可以从任意地址开始。

6.3　I/O 端口

6.3.1　I/O 端口

端口（Port）是接口（Interface）电路中能被 CPU 访问的寄存器的地址。微型计算机系统给接口电路中的每个寄存器分配一个端口。因此 CPU 在访问这些寄存器时，只需指明它们的端口，不需指明是什么寄存器。这样，在输入/输出程序中，只看到端口，而看不到相应的具体寄存器。也就是说，访问端口就是访问接口电路中的寄存器。可见，端口是为了编程从抽象的逻辑概念定义的，而寄存器是从物理含义来定义的。

CPU 通过端口向接口电路中的寄存器发送命令、读取状态和传输数据。一个接口电路中可以有几种不同类型的端口，如命令（端）口、状态（端）口。并且，CPU 的命令只能写到命令口，外设（或接口）的状态只能从状态口读取，数据只能写（读）至（自）数据口。3 种信息与 3 种端口类型一一对应，不能错位。否则，接口电路就不能正常工作，就会产生误操作。

6.3.2　I/O 端口共用技术

一般情况下，一个端口只接收一种信息（命令、状态或数据）的访问。但有些接口芯片，允许同一端口既作为命令口用，又作为状态口用，或允许向同一个命令口写多个命令字，这就产生了端口共用问题。

例如，串行接口芯片 8251A 的命令口和状态口共用一个端口，其处理方法是根据读/写操作来区分。向该端口写，就是写命令，作为命令口用；从该端口读，就是读状态，作为状态口用。

又如，当多个命令字写到同一个命令口时，可采用两种方法解决：其一，在命令字中设置特征位，根据特征位的不同（或设置专门的访问位），就可以识别不同的命令，加以执行，82C55A和 8279A 接口芯片就是采用这种方法；其二，在编写初始化程序时，按先后顺序向同一个端口写入不同的命令字，命令寄存器就根据这种先后顺序的约定来识别不同的命令，8251A 接口芯片采用此法。另外，还有采用前两种方法相结合的手段来解决端口的共用问题，如 82C59A 中断控制器芯片。

6.3.3　I/O 端口地址编址方式

CPU 要访问 I/O 端口，就需要知道端口地址的编址方式。因为不同的编址方式，CPU 会采用不同的指令进行访问。端口有两种编址方式：一种是 I/O 端口和存储器地址单元统一编址，即存储器映射 I/O 方式，或统一编址方式；另一种是 I/O 端口与存储器地址单元分开独立编址，即独立 I/O 编址方式。

1. 独立编址

独立编址方式是接口中地址单独编址而不和存储空间合在一起。大型计算机通常采用这种方式，有些微型计算机，如 PC 微型计算机也采用这种方式。

1）独立编址方式的优点

I/O 端口地址不占用存储器空间，I/O 指令短，执行速度快。对 I/O 端口寻址不需要全地址线译码，地址线少，也就简化了地址译码电路的硬件。并且，由于 I/O 端口访问的专门 I/O 指令与存储器访问指令有明显的区别，使程序中 I/O 操作与其他操作的界线清楚、层次分明，程序的可读性强。由于使用专门的 I/O 指令对端口进行操作，并且 I/O 端口地址和存储器地址是分开的，故 I/O 端口地址和存储器地址可以重叠，而不会相互混淆。

2）独立编址方式的缺点

I/O 指令类型少，PC 微型计算机只使用 IN 和 OUT 指令，对 I/O 的处理能力不如统一编址方式。由于单独设置 I/O 指令，故需要增加$\overline{\text{IOR}}$和$\overline{\text{IOW}}$的控制信号引脚，这对 CPU 芯片来说应该是一种负担。

2. 统一编址

统一编址方式是从存储空间中划出一部分地址空间给 I/O 设备使用，把 I/O 接口中的端口当作存储器单元进行访问。

1）统一编址方式的优点

由于对 I/O 设备的访问使用的是访问存储器的指令，而不设置专门的 I/O 指令，故对存储器使用的部分指令也可用于端口访问。例如，用 MOV 指令，就能访问 I/O 端口。用 AND、OR、TEST 指令能直接按位处理 I/O 端口中的数据或状态。这样就增强了 I/O 处理能力。另外，统一编址可给端口带来较大的寻址空间，对大型控制系统和数据通信系统是很有意义的。

2）统一编址方式的缺点

端口占用了存储器的地址空间，使存储器空间减小。另外，指令长度比专门的 I/O 指令要长，因而执行时间较长。对 I/O 端口寻址必须全地址线译码，增加了地址线，也就增加了地址译码电路的硬件开销。

6.3.4 独立编址方式的 I/O 端口访问

在对独立编址方式的 I/O 端口进行访问时，需要使用专门的 I/O 指令，并且需要采用 I/O 地址空间的寻址方式进行编程。

1. I/O 指令

访问 I/O 地址空间的 I/O 指令有两类：累加器 I/O 指令和串 I/O 指令。本节只介绍累加器 I/O 指令。

累加器 I/O 指令 IN 和 OUT 用于在 I/O 端口和 AL、AX、EAX 之间交换数据。其中，8 位端口对应 AL，16 位端口对应 AX，32 位端口对应 EAX。

IN 指令是从 8 位（或 16 位，或 32 位）I/O 端口输入 1 字节（或 1 个字，或 1 个双字）到

AL（或 AX，或 EAX）。OUT 指令刚好与 IN 指令相反，是从 AL（或 AX，或 EAX）中输出一个字节（或一个字，或一个双字）到 8 位（或 16 位，或 32 位）I/O 端口。例如：

```
IN  AL,0F4H         ;从端口 0F4H 输入 8 位数据到 AL
IN  AX,0F4H         ;从端口 0F4H 输入 8 位数据到 AL
IN  EAX,0F4H        ;从端口 0F4H 输入 8 位数据到 AL
IN  EAX,0F4H        ;从端口 0F4H 输入 8 位数据到 AL
OUT DX,EAX          ;从端口 0F4H 输入 8 位数据到 AL
```

通常所说的 CPU 从端口读数据或向端口写数据，仅仅是指 I/O 端口与 CPU 的累加器之间的数据传输，并未涉及数据是否传输到存储器的问题。

输入时，若要求将端口的数据传输到存储器，则除了使用 IN 指令把数据读入累加器之外，还要用 MOV 指令将累加器中的数据再传输到内存。例如：

```
MOV  DX,300H        ;I/O 端口
IN   AL,DX          ;从端口读数据到 AL
MOV  [DI],AL        ;将数据从 AL→内存
```

若输出时，数据用 MOV 指令从存储器先传输到累加器，再用 OUT 指令从累加器传输到 I/O 端口。例如：

```
MOV  DX,301H        ;I/O 端口
MOV  AL,[SI]        ;从内存取数据到 AL
OUT  DX,AL          ;数据从 AL→端口
```

2. I/O 端口寻址方式

I/O 端口寻址有直接 I/O 端口寻址和间接 I/O 端口寻址两种方式。其差别表现在 I/O 端口地址是否经过 DX 寄存器传输。不经过 DX 传输，直接写在指令中，作为指令的一个组成部分的，称为直接 I/O 寻址；经过 DX 传输的，称为间接 I/O 寻址。例如：

```
输入时 IN   AX,0E0H    ;直接寻址,端口号 0E0H 在指令中直接给出
       MOV  DX,300H
       IN   AX,DX      ;间接寻址,端口号 300H 在 DX 中间接给出
输出时 OUT  0E0H,AX    ;直接寻址
       MOV  DX,300H
       OUT  DX,AX      ;间接寻址
```

使用这两种不同寻址的实际意义在于对 I/O 端口地址的寻址范围不同。直接 I/O 寻址方式只能在 0～255 范围内应用，而间接 I/O 寻址可以在 256～65536 范围内应用。也就是说，I/O 端口的寻址范围小于 256 时，采用直接寻址方式；而 I/O 端口的寻址范围大于 256 时，采用间接寻址方式。PC 微型计算机中，系统板上可编程接口芯片的端口地址采用直接寻址，常规外设接口控制卡的端口地址采用间接寻址。允许用户使用的 I/O 地址一般是 300H～31FH，因此采用间接寻址。

3. 独立编址方式的端口操作

从上述分析可知，采用独立 I/O 编址方式，通过使用专门的 I/O 指令及 I/O 端口寻址方式来

执行 I/O 操作。

因此，I/O 操作有两个问题需要注意：一是 I/O 指令中的端口地址范围；二是 I/O 指令中的数据宽度。这是两个不同的概念。

1）I/O 指令中端口地址的范围

在 I/O 指令中端口地址的范围是指最多能寻址多少个 I/O 端口，因此它与寻址的范围有关，而与数据宽度无关。例如：

```
IN    AL,60H        ;直接寻址,寻址范围为 0～255 个 8 位端口,输入 8 位数据
MOV   DX,300H       ;间接寻址,寻址范围可达 0～65535 个 8 位端口,输入 8 位数据不变
IN    AL,DX
```

2）I/O 指令中数据的宽度

I/O 指令中数据的宽度是指通过累加器所传输的数据的位数，因此，它与指令中的累加器（AL、AX、EAX）有关，而与端口地址范围无关。例如：

```
IN    AL,DX         ;输入 8 位数据,地址范围不变
IN    AX,DX         ;输入 16 位数据,地址范围不变
IN    EAX,DX        ;输入 32 位数据,地址范围不变
```

4. I/O 指令与 I/O 读/写控制信号的关系

I/O 指令与 I/O 读/写控制信号是为完成 I/O 操作这一共同任务的软件（逻辑）和硬件（物理）相互依存、缺一不可的两个方面。IOR 和 IOW 是 CPU 对 I/O 设备进行读/写的硬件上的控制信号，低电平有效。该信号为低，表示对外设进行读/写；该信号为高，则不读/写。但是，这两个控制信号本身并不能激活自身，使自身变为有效去控制读/写操作，而必须由软件编程。在程序中执行 IN/OUT 指令才能激活 IOR/IOW，使之变为有效（低电平）以实施对外设的读/写操作。在程序中，执行 IN 指令使 IOR 信号有效，完成读（输入）操作；执行 OUT 指令使 IOW 信号有效，完成写（输出）操作。在这里，I/O 指令与读/写控制信号的软件与硬件的对应关系表现得十分明显。

6.4　I/O 端口地址分配及选用的原则

I/O 端口地址是微型计算机系统的重要资源，了解 I/O 端口地址的分配对接口设计者十分重要。因为要把新的 I/O 设备添加到系统中去，就要在 I/O 地址空间给它分配确定的 I/O 端口地址。只有了解了哪些地址被系统占用，哪些地址已分配给了其他设备，哪些地址是计算机厂商申请保留的，哪些地址是空闲的等情况后，才能做出合理的地址选择。

6.4.1　PC 微型计算机 I/O 地址的分配

PC 微型计算机采用 ISA 总线，其 I/O 端口地址的使用情况是：把 I/O 空间分成系统板上可编程 I/O 接口芯片的端口地址和常规外设接口控制卡的端口地址两部分。例如，IBM 公司当初设计微型计算机主板及规划接口卡时，只使用了低 10 位地址线 $A_0 \sim A_9$，故其 I/O 端口地址范围是 0000H ～ 03FFH，总共有 1024 个端口。I/O 接口芯片和外设接口卡的端口地址分配分别如表 6-1 和表 6-2 所示。

表 6-1　I/O 接口芯片的端口地址

I/O 芯片名称	000H～01FH
DMA 控制器 1	000H～01FH
DMA 控制器 2	0C0H～0DFH
DMA 页面寄存器	080H～09FH
中断控制器 1	020H～03FH
中断控制器 2	040H～05FH
定时器	0A0H～0BFH
并行接口芯片	060H～07FH
RT/CMOS RAM	070H～07FH
协处理器	0F8H～0FFH

表 6-2　常规外设接口卡的端口地址

I/O 接口名称	端 口 地 址
并行口控制卡 1	378H～37FH
并行口控制卡 2	278H～27FH
串行口控制卡 1	0C0H～0DFH
串行口控制卡 2	3F8H～3FFH
原型插件版（用户可用）	2F8H～2FFH
同步通信卡 1	3A0H～3AFH
同步通信卡 2	380H～38FH
彩显 EGA/VGA	3C0H～3CFH
硬驱控制卡	320H～32FH

表 6-1 和表 6-2 所示的 I/O 地址分配是根据 PC 微型计算机的配置情况选定的。后来发展到现代微型计算机，添加了许多新型外设，有些已经被淘汰，如单显、软驱等设备。但有一部分作为接口上层应用程序的 I/O 设备的地址保留下来，如 CPU 的 I/O 支持芯片 82C37A、82C59A、82C54A 和 82C55A，它们的 I/O 地址一直沿用到现代微型计算机，因此分配给它们的端口地址仍然有效。

随着集成度的提高，原来分散的 I/O 设备接口芯片和 CPU 的 I/O 支持芯片，已集成到超大规模的芯片组，但并不对它们端口地址的分配产生影响。因为在逻辑上是兼容的，即使在现代微型计算机系统的应用程序中，用户也可照常使用。

由于 PC 微型计算机系统没有即插即用的资源配置机制，因此，上述 I/O 端口地址的分配是固定的。操作系统不会根据系统资源的使用情况动态地重新分配用户程序所使用的 I/O 地址。即用户程序所使用的 I/O 端口地址与操作系统管理的 I/O 端口地址是一致的，中间无动态改变。

6.4.2　现代微型计算机 I/O 地址的分配

现代微型计算机 Windows 操作系统具有即插即用的资源配置机制，因此，I/O 端口地址的分配是动态变化的。操作系统根据系统资源的使用情况来动态地重新分配 MS－DOS 应用程序所使用的 I/O 地址，即 MS－DOS 用户程序所使用的 I/O 端口地址与操作系统管理的端口地址是不一致的。两者之间通过 PCI 配置空间进行映射，即操作系统利用 PCI 配置空间对 MS－DOS 用户程序所使用的 I/O 端口地址进行重新分配。

这种 I/O 地址映射或者说是 I/O 地址重新分配的工作对用户来讲是透明的，不影响用户对端口地址的使用，在 MS－DOS 用户程序中仍然用传统微型计算机原来的 I/O 地址对端口进行访问。有关 I/O 地址映射将在第 11 章 PCI 总线中介绍。

6.4.3　I/O 端口地址选用的原则

在使用传统微型计算机系统的 I/O 地址时，为了避免端口地址发生冲突，应遵循如下原则。

（1）凡是由系统配置的外围设备所占用的地址一律不能使用。

（2）原则上讲，未被占用的地址，用户可以使用，但计算机厂家申明保留的地址不能使用，否则，会发生 I/O 端口地址重叠和冲突，造成用户开发的产品与系统不兼容而失去使用价值。

（3）用户可使用 300～31FH 地址，这是传统微型计算机留作原型插件板用的，用户可以使用。但是，由于每个用户都可以使用，所以在用户可用的这段 I/O 地址范围内，为了避免与其他用户开发的插板发生地址冲突，最好采用可选式地址译码，即开关地址。

根据上述系统对 I/O 端口地址的分配情况和对 I/O 端口地址的选用原则，本书接口设计举例中使用的端口地址分为两种：涉及系统资源的接口芯片，使用表6-1 和表6-2 中分配的 I/O 端口地址；用户扩展的接口芯片，使用表6-3 中分配的 I/O 端口地址。

表6-3　I/O 端口地址

接 口 芯 片	端 口 地 址
82C55A	300H～303H
82C54A	304H～307H
8251A	308H～30BH
8279A	30CH～30DH

6.5　I/O 端口地址译码

CPU 通过 I/O 地址译码电路把来自地址总线上的地址代码编译成所要访问的端口，这就是所谓的端口地址译码问题。

6.5.1　I/O 地址译码的方法

微型计算机的 I/O 端口地址译码有全译码、部分译码和开关式译码 3 种方法。

1. 全译码

全译码是指所有 I/O 地址线（$A_0 \sim A_9$）全部作为译码电路的输入参加译码，一般在要求产生单个端口时采用。

2. 部分译码

部分译码是指只有高位地址线参加译码，产生片选信号 CS，而低位地址线不参加译码，一般在要求产生多个端口的接口芯片中采用。

部分译码的具体做法是，把 10 位 I/O 地址线分为两部分，一是高位地址线参加译码，经译码电路产生 I/O 接口芯片的片选 CS 信号，实现接口芯片之间寻址；二是低位地址线不参加译码，直接连接到接口芯片，进行接口芯片的片内端口寻址，即寄存器寻址。所以，低位地址线，又称接口电路中的寄存器寻址线。

低位地址线的根数取决于接口中寄存器的个数。例如，并行接口芯片 82C55A 内部有 4 个寄存器，就需要 2 根低位地址线；串行接口芯片 8251A 内部只有 2 个寄存器，就只需 1 根低位地址线。

3. 开关式译码

开关式译码是指在部分译码方法的基础上，加上地址开关来改变端口地址。一般在 I/O 端口地址需要改变时采用。由于地址开关不能直接连接到系统地址线上，而必须通过某种中介元件将地址开关的状态（ON/OFF）转移到地址线上，能够实现这种中介转移作用的有比较器、异或门等。

6.5.2　I/O 地址译码电路的输入与输出信号线

微型计算机系统中，通过 I/O 地址译码电路将来自地址总线上的地址代码编译成所要访问的端口，因此 I/O 地址译码电路的工作原理实际上就是它的输入与输出信号之间的关系。

1. I/O 地址译码电路的输入信号

I/O 地址译码电路的输入信号，首先与地址信号有关，其次与控制信号有关。所以，在设计 I/O 地址译码电路时，其输入信号除了 I/O 地址线之外，还包括控制线。

参加译码的控制信号有 AEN、IOR、IOW 等。其中，AEN 信号表示是否采用 DMA 方式传输，AEN = 1，表示 DMA 方式，系统总线由 DMA 控制器占用；AEN = 0，表示非 DMA 方式，系统总线由 CPU 占用。因此，当采用查询和中断方式时，就要使 AEN 信号为逻辑 0，并参加译码，这是译码有效选中 I/O 端口的必要条件。其他控制线（如 IOR、IOW），可以作为译码电路的输入线，参加译码，控制端口的读/写；也可以不参加译码，而作为数据总线上的缓冲器 74LS244/245 的方向控制线，去控制端口的读/写。

2. I/O 地址译码电路的输出信号

I/O 地址译码电路的输出信号中只有 1 根 CS 片选信号，且低电平有效。当 CS = 0 时，有效，芯片选中；当 CS = 1 时，无效，芯片未选中。

CS 的物理含义是，当 CS 有效，选中一个接口芯片时，这个芯片内部的数据线打开，并与系统的数据总线接通，从而打开了接口电路与系统总线的通路；而其他芯片的 CS 无效，即未选中，于是芯片内部呈高阻抗，自然就与系统的数据总线隔离开来，从而关闭了接口电路与系统总线的通路。虽然那些未选中的芯片的数据线与系统数据总线从表面看起来是连在一起的，但因内部并未接通，呈断路状态，也就不能与 CPU 交换信息。每一个外设的接口芯片都需要一个 CS 信号去接通/断开其数据线与系统数据总线，从这个意义来讲，CS 是一个起开/关作用的控制信号。

6.6　并行传送接口

6.6.1　并行接口的特点

所谓并行接口，是指接口电路与 I/O 设备之间采用多根数据线进行数据传输。相对于串行接口，并行接口有如下基本特点。

（1）以字节、字或双字宽度，在接口与 I/O 设备之间的多根数据线上传输数据，因此数据传输速率较快。

（2）除数据线外，还可设置握手联络信号线，易于实现异步互锁协议，提高数据传输的可靠性。

（3）所传输的并行数据的格式、传输速率和工作时序，均由被连接或控制的 I/O 设备操作的要求所决定，并行接口本身对此没有固定的规定，使用起来很自由。

（4）在并行数据传输过程中，一般不做差错检验和传输速率控制。

（5）并行接口用于近距离传输。

（6）由于实际应用中并行传输的 I/O 设备比串行传输的要多，因此并行接口使用很广泛。

从上述特点可知，并行接口是一种多线连接、使用自由、应用广泛、适于近距离传输的接口。因此，并行接口是微型计算机接口技术的基本内容，应该熟练掌握。

6.6.2　并行接口电路的结构形式

并行接口电路的形式有多种选择，可采用一般的 IC 电路、可编程的并行接口芯片及可编程的逻辑阵列器件。

1. 一般的 IC 电路

一般的 IC 电路由三态缓冲器和锁存器组成并行接口。例如，采用三态缓冲器 74LS244 构造 8 位端口与系统数据总线相连，形成输入接口，通过它可从 I/O 设备（如 DIP 开关）读取开关状态。

采用锁存器 74ALS373 构造 8 位端口与系统数据总线相连，形成输出接口，通过它向 I/O 设备（如 LED 指示灯）发出控制信号使 LED 发光。

这类并行接口可用于对一些简单的 I/O 设备进行控制。

2. 可编程并行接口芯片

可编程并行接口芯片，如 82C55A，功能强、可靠性高、通用性好，并且使用灵活方便，因此成为并行接口设计的首选芯片。这里将重点讨论基于可编程并行接口芯片的并行接口。

3. CPLD/FPGA 器件

采用 CPLD/FPGA 器件，利用电子设计自动化（Electronic Desingn Automation，EDA）技术来设计并行接口，可以实现复杂的接口功能，并且可以将接口中的辅助电路，如 I/O 端口地址译码电路都包含进去，这是今后接口设计的发展趋势。

CPLD 和 FPGA 是大规模或超大规模可编程逻辑阵列芯片。EDA 是以计算机为平台，把应用电子技术、计算机技术、智能化技术有机地相结合而形成的电子 CAD 通用软件包，可用于 IC 设计、电子电路设计和 PCB 设计。两者结合所产生出来的电子电路的功能是非常强大的，而且灵活多样，可满足不同复杂度接口电路的要求。

采用这种方案设计接口电路时，需要使用硬件描述语言（如 Verilog HDL）和专门的开发工具，所涉及的知识面更广，因而难度稍有增加。

6.6.3　可编程并行接口芯片 82C55A

82C55A 可编程外围接口（Programmable Peripheral Interface）是一个通用型的、功能强且成本低的接口芯片。82C55A 可把任意一个 TTL 兼容的 I/O 设备与 CPU 相连接（通过总线）。因此，82C55A 非常流行。

1. 82C55A 外部特性

82C55A 是一个单 +5 V 电源供电、40 个引脚的双列直插式组件，其外部引脚如图 6-1 所示。其引脚可分为面向系统总线和面向 I/O 设备信号线两部分。

1）面向系统总线的信号线

（1）数据线 $D_0 \sim D_7$，三态双向。

（2）地址线 $\overline{CS}$ 片选信号，低电平有效；A_1、A_0 芯片内部端口地址寻址，可形成 4 个端口地址。

（3）控制线读/写信号 $\overline{RD}/\overline{WR}$，低电平有效；复位信号 RESET，高电平有效，其作用是清除 82C55A 的内部寄存器，并用将 3 个 8 位端口全部置 0 方式输入，直到在初始化程序段中使用命令才能改变，并进入用户所选的工作方式。

2）面向 I/O 设备的信号线

（1）$PA_0 \sim PA_7$，A 端口的输入/输出线。

（2）$PB_0 \sim PB_7$，B 端口的输入/输出线。

（3）$PC_0 \sim PC_7$，C 端口的输入/输出线。

这 24 根信号线均可用来连接 I/O 设备，通过它们可以传送数字量信息或开关量信息。其中，A

端口和 B 端口只作为输入/输出的数据端口用。C 端口的使用比较特殊，它除作为数据端口外，还可作为状态端口、专用联络线和按位控制用。C 端口的具体用途如下。

（1）作为数据端口。C 端口作为数据端口时与 A 端口、B 端口不一样。它是把 8 位分成高 4 位和低 4 位两部分，高 4 位 PC_4 ~ PC_7 与 A 端口一起组成 A 组，低 4 位 PC_0 ~ PC_3 与 B 端口组成 B 组。因此，C 端口作数据端口输入/输出时，即使只使用其中的 1 位，也要 4 位一起输入/输出。

（2）作为状态端口。82C55A 在 1、2 方式下，有固定的状态字，是从 C 端口读入的。此时，C 端口就是 82C55A 的状态口。而 A 端口和 B 端口不能作 82C55A 本身的状态端口用。

（3）作为专用（固定）联络信号线。82C55A 的 1、2 方式是一种应答方式，在传送数据的过程中需要进行应答的联络信号。因此，在 1、2 方式下，C 端口的大部分引脚作为固定的联络线用。虽然，A 端口和 B 端口的引脚有时也作联络信号用，但它们不是固定的。

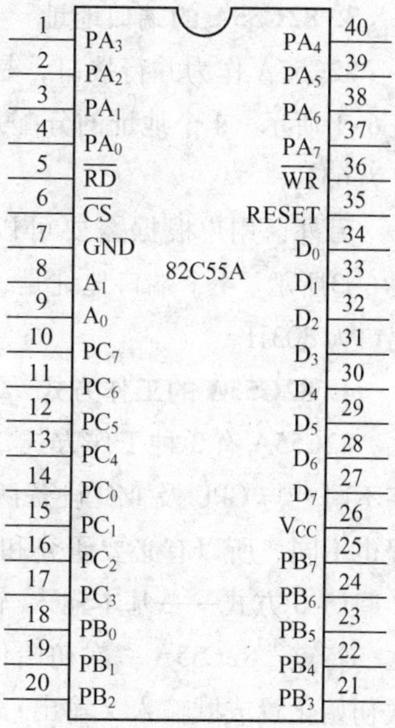

图 6-1　82C55A 外部引脚

（4）作为按位控制用。C 端口的 8 个引脚可以单独从 1 个引脚输出高/低电平。此时，C 端口作为按位控制用，而不是数据输出用的。

2. 82C55A 内部结构

82C55A 内部包含 4 个部分：数据总线缓冲器，读/写控制逻辑，输入/输出端口 PA、PB、PC，A 组和 B 组控制电路的内部结构如图 6-2 所示。

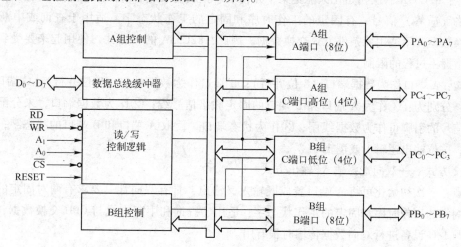

图 6-2　82C55A 内部结构框图

3 个 8 位输入/输出端口，提供给用户连接 I/O 设备使用。每个端口包含一个数据输入寄存器和一个数据输出寄存器。输入时端口有三态缓冲器的功能，输出时端口有数据锁存器功能。

A 组和 B 组两个控制电路的作用是，A 组控制控制 A 端口和 C 端口的上半部（PC_7 ~ PC_4）的工作方式和输入/输出，B 组控制控制 B 端口和 C 端口的下半部（PC_3 ~ PC_0）的工作方式和输入/输出。

3. 82C55A 的端口地址

82C55A 作为并行接口，是微型计算机系统的系统资源，系统分配给 82C55A 的端口地址如表 6-1 所示。4 个地址的分配是，PA 端口为 60H，PB 端口为 61H，PC 端口为 62H，命令与状态口为 63H。

另外，用户根据需要可以在应用系统中扩展并行接口，用户扩展的 82C55A 端口地址如表 6-3 所示。4 个端口地址是，PA 端口为 300H，PB 端口为 301H，PC 端口为 302H，命令与状态端口为 303H。

4. 82C55A 的工作方式

82C55A 有 3 种工作方式，分别为 0 方式、1 方式、2 方式。由于功能不同、工作时序及状态字不同、与 CPU 及 I/O 设备两侧交换数据的方式不同，因而在接口设计时，硬件连接和软件编程也不同，所以有必要研究和分析 82C55A 的工作方式。

1）0 方式——基本输入/输出方式

特点：82C55A 一次初始化只能把某个并行端口置成输入或输出，即单向输入/输出，不能一次初始化置成既输入又输出；不要求固定的联络（应答）信号，无固定的工作时序和固定的工作状态字；适用于无条件或查询方式与 CPU 交换数据，不能采用中断方式交换数据。因此，0 方式使用起来不受什么限制。

功能：A 端口作为数据端口（8 位并行）；B 端口作为数据端口（8 位并行）；C 端口作为数据端口（4 位并行，分高 4 位和低 4 位），或作为位控，按位输出逻辑 1 或逻辑 0。

2）1 方式——选通输入/输出方式

特点：82C55A 一次初始化只能把某个并行端口置成输入或输出，即单向输入/输出；要求固定的联络（应答）信号，有固定的工作时序和固定的工作状态字。适用于查询或中断方式的 CPU 交换数据，不适用无条件方式交换数据。因此，82C55A 的 1 方式，使用起来要受到工作时序、联络握手过程的限制。

功能：A 端口作为数据端口（8 位并行）；B 端口作为数据端口（8 位并行）；C 端口可有 4 种功能，分别为：①作为 A 端口和 B 端口的固定联络信号线；②作为数据端口，未分配作为固定联络信号的引脚可作为数据线用；③作为状态端口，读取 A 端口和 B 端口的状态字；④作为位控制，按位输出逻辑 1 或逻辑 0。

3）2 方式——双向选择输入/输出方式

特点：一次初始化可将 A 端口置成既输入又输出，具有双向性；要求有两对固定的联络信号，有固定的工作时序和固定的工作状态字；适用于查询和中断方式与 CPU 交换数据，特别是在要求与 I/O 设备进行双向数据传输时很有用。

功能：A 端口作为双向数据端口（8 位并行）；B 端口作为数据端口（8 位并行）；C 端口有 4 种功能，与 1 方式类似。

5. 82C55A 编程命令

82C55A 有两个编程命令，即工作方式命令和 C 端口的按位操作（置位/复位）命令，它们是用户使用 82C55A 来组建各种接口电路的重要工具。下面讨论这两个命令的作用及格式。

1）方式命令

方式命令，又称初始化命令。显然，这个命令应出现在 82C55A 开始工作之前的初始化程序段中。方式命令的作用与格式如下：

（1）作用：指定 82C55A 的工作方式及其方式下 82C55A 3 个并行端口的输入/输出功能。

（2）格式：8 位命令字的格式与含义如图 6-3 所示。

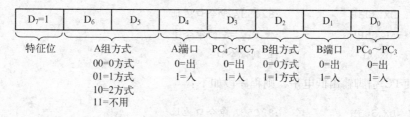

图 6-3　82C55A 方式命令的格式

图 6-3 中的最高位 D_7 是特殊位。82C55A 有两个命令，用特征位加以区别：$D_7 = 1$ 表示是方式命令；$D_7 = 0$ 表示是 C 端口按位置位/复位命令。

从方式命令的格式可知，A 组有 3 种方式（0 方式、1 方式、2 方式），而 B 组只有两种工作方式（0 方式、1 方式）。C 端口分成两部分，上半部属 A 组，下半部属 B 组。3 个并行端口，置 1 为输入，置 0 为输出。

通过分别选择 A 组、B 组的工作方式和 3 个端口的输入/输出，可以构建不同用途的并行接口。例如，把 A 端口指定为 1 方式，输入，把 C 端口上半部指定为输出，把 B 端口指定为 0 方式，输出，把 C 端口下半部指定为输入则工作方式命令代码是 10110001B 或 B1H。

若将此方式命令代码写到 82C55A 的命令寄存器，即实现了对 82C55A 工作方式及端口功能的指定，或者说完成了对 82C55A 的初始化。初始化的程序段如下：

```
MOV  DX,303H      ;82C55A 命令口地址
MOV  AL,0B1H      ;初始化命令
OUT  DX,AL        ;送到命令口
```

2）C 端口按位置位/复位命令

这是一个按位控制命令，要在初始化以后才能使用，故它可放在初始化程序段之后的任何位置。C 端口按位置位/复位命令的作用和格式如下。

（1）作用：指定 82C55A 的 C 端口 8 个引脚中的任意一个引脚，输出高电平/低电平。

（2）格式：8 位命令字的格式与含义如图 6-4 所示。

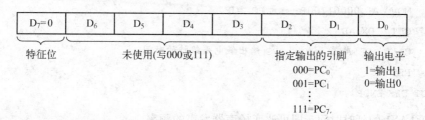

图 6-4　82C55A 按位置位/复位命令的格式

利用按位置位/复位命令可以将 C 端口的 8 根线中的任意一根置成高电平输出或低电平输出，作为控制开关的通/断、继电器的吸合/释放、马达的启/停等操作的选通信号。

例如，若要把 C 端口的 PC_2 引脚置成高电平输出，则命令字应该为 00000101B 或 05H，若将该命令的代码写入 82C55A 的命令寄存器，就会使 C 端口的 PC_2 引脚输出高电平，其程序段如下：

```
MOV  DX,303H        ;82C55A 命令口地址
MOV  AL,05H         ;使 CP2 = 1 的命令字
OUT  DX,AL          ;送到命令口
```

如果要使 PC_2 引脚输出低电平，则程序段如下：

```
MOV  DX,303H        ;82C55A 命令口地址
MOV  AL,04H         ;使 CP2 = 0 的命令字
OUT DX,AL           ;送到命令口
```

利用 C 端口的按位控制特性还可以产生正、负脉冲或方波输出，从而对 I/O 设备进行控制。

例如，利用 82C55A 的 PC_7 产生负脉冲，作打印机接口电路的数据选通信号，其汇编语言程序段如下：

```
MOV  DX,303H        ;82C55A 命令端口
MOV  AL,00001110B   ;置 CP7 = 0
OUT DX,AL
NOP                 ;维持低电平
NOP
MOV  AL,00001111B   ;置 CP7 = 1
OUT  DX,AL
```

又如，利用 82C55A 的 PC_6 产生方波，送到扬声器，使其产生不同频率的声音，其汇编语言程序段如下：

```
OUT_SPK PROC
    MOV  DX,303H        ;82C55A 命令端口
    MOV  AL,00001101B   ;置 PC6 = 1
    OUT  DX,AL
    CALL DELAY1         ;PC6 输出高电平维持的时间
    MOV  AL,00001100B   ;置 PC6 = 0
    OUT  DX,AL
    CALL DELAY1         ;PC6 输出低电平维持的时间
    RET
OUT_CPK ENDP
```

改变 DELAY1 的延时时间，即可改变扬声器发声的频率。

3）关于两个命令的使用

（1）两个命令的最高位（D_7）都分配为特征位。设置特征位的目的是为了解决端口共用。82C55A 有两个命令，但只有一个命令端口，当两个命令写到同一个命令端口时，就用特征位加以识别。

（2）C 端口按位置位/复位命令虽然是对 C 端口进行按位输出操作，但它不能写入作为数据口用的 C 端口，只能写入命令口。原因是它不是数据，而是命令，要按命令的格式来解释和执行。这一点对初学者来说，不容易掌握，要特别留意。

（3）关于 A 端口和 B 端口另一个有趣的使用方法是，A 端口、B 端口也可以按位输出高/低电平，但是，它与前面 C 端口的按位置位/复位命令有本质的区别，并且实现的方法也不同。C 端口按位输出是以命令的形式送到命令寄存器去执行的，而 A 端口、B 端口的按位输出是以传输数据到 A 端口、B 端口来实现的。其具体做法是，若要使某一位输出高电平，则先对端口进行读操作，将读入的原输出值"或"上 1 字节，在字节中使该位为 1，其他位为 0，然后再送到同一端口，即可使该位置 1。若要使某一位输出低电平，则先读入 1 字节，再将它"与"上 1 字节，在字节中使该位为 0，其他位为 1，然后再送到同一端口，即可实现对该位的置 0。

当然，能够这样做的条件是 82C55A 的输出有锁存能力。若定义数据口为输出，而对其执行 IN 指令，则所读到的内容就是上次输出时锁存的数据，而不是读入 I/O 设备送来的数据。

例如，若要对 PA_7 位输出高电平/低电平，则用下列程序段。

① PA_7 输出高电平：

```
MOV   DX,300H          ;PA 数据端口地址
IN    AL,DX            ;读入 A 端口原输出内容
MOV   AH,AL            ;保存原输出内容
OR    AL,80H           ;使 PA7 = 1
OUT   DX,AL            ;输出 PA7
MOV   AL,AH            ;恢复原输出内容
OUT   DX,AL
```

② PA_7 输出低电平：

```
MOV   DX,300H          ;A 端口地址
IN    AL,DX            ;读入端口原输出值
MOV   AH,AL            ;保存原输出值
AND   AL,7FH           ;使 PA7 = 0
OUT   DX,AL            ;输出 PA7
MOV   AL,AH            ;恢复原输出值
OUT   DX,AL
```

用这种方法仅可以实现单独一位输出高/低电平，还可以使几位同时输出高/低电平。例如，使 B 端口的 PB_1 和 PB_0 同时输出高电平，其汇编语言程序段如下。

```
MOV DX,301H            ;PB 数据端口地址
IN  AL,DX             ;读入原输出内容
MOV AH,AL             ;保存原输出内容
OR  AL,03H            ;使 PB1 PB0 =11
OUT DX,AL             ;同时输出 PB1 PB0
```

```
AND  AL,0FCH              ;使 PB₁PB₀ = 00
OUT  DX,AL                ;同时输出 PB₁PB₀
```

6.6.4 82C55A 的 0 方式及其应用

在实际中，并行接口的应用有两种情况：一种是微型计算机系统配置的 82C55A；另一种是用户扩展的 82C55A。对系统配置的 82C55A，已用于控制键盘、扬声器、定时器。其中，把 PA 端口分配作为键盘接口，把 PB 端口分配作机内的扬声器接口，并由 BIOS 进行了初始化，用户不能更改，但可以按照初始化的要求加以利用。对用户扩展的 82C55A，可随意使用，不受限制，由用户支配。

这里主要讨论用户扩展的并行接口 82C55A 的应用。下面讨论 82C55A 的 0 方式及应用举例。

【例 6.1】声 – 光报警器接口设计。

(1) 要求。设计一个声 – 光报警器，要求按下 SW 按钮开关，开始报警，喇叭发声，LED 灯同时发光。当拨通 8 位 DIP 的 0 位开关，结束报警，喇叭停止发声，LED 熄灭。

(2) 分析。根据题意，该声 – 光报警器包括 4 种简单的 I/O 外设；扬声器、8 个 LED 彩灯、8 位 DIP 开关及按钮开关 SW。它们都是并行接口的对象，虽然功能单一，结构简单，但都必须通过接口电路才能进入微型计算机系统，接收 CPU 的控制，发挥相应的作用。

(3) 设计。本例接口所涉及的 I/O 设备虽然简单，但数量较多（4 种），并且既有输入（按钮开关和 DIP 开关）又有输出（喇叭和 LED），采用可编程并行接口芯片 82C55A 作为接口比较方便。

① 硬件设计。声 – 光报警器电路原理如图 6-5 所示。

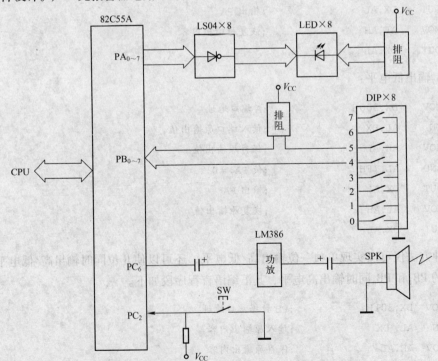

图 6-5 声 – 光报警器电路框图

在图 6-5 中，82C55A 的 3 个并行接口的资源分配是，$PA_0 \sim PA_7$ 输出，连接 8 个 LED 灯 $LED_0 \sim LED_7$；$PB_0 \sim PB_7$ 输入，连接 8 位 DIP 开关 $DIP_0 \sim DIP_7$；PC_6 输出，连接喇叭 SPK；PC_2 输入，连接按钮开关 SW。

② 软件设计。声 – 光报警器程序流程图如图 6-6 所示。

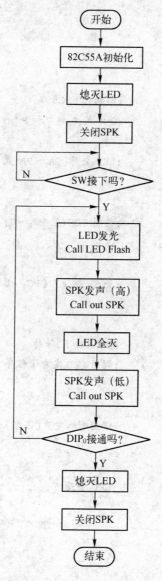

图 6-6　声 – 光报警流程图

声 – 光报警器的程序如下：

```
STACKSEGMENT
        DW 200 DUP(?)
STACK ENDS
DATA  SEGMENT PARA PUBLIC 'DATA'
```

```
              T    DW    0                 ;初始化延时变量为 0
        DATA  ENDS
        CODE SEGMENTPARA PUBLIC'CODE'
              ASSUME SS:STACK,CS:CODE,DS:DATA
        SL PROC FAR
        START:MOV  AX,STACK
              MOV SS,AX
              MOV AX,DATA
              MOV DS,AX
              MOV DX,303H             ;初始化 82C55A
              MOV AL,10000011B        ;0 方式,A 端口和 PC₄~PC₇输出;B 端口和 PC₀~PC₃输入
              OUT   DX,AL
              MOV DX,300H             ;LED 全灭(PA₀~PA₇置 0)
              MOV AL,00H
              OUT DX,AL
              MOV DX,303H             ;关闭 SPK(置 PC₆=0)
              MOV AL,00001100B
              OUT   DX,AL
        WAIT1:MOV DX,302H             ;查 SW 按下?(PC₂=0?)
              IN    AL,DX
              AND   AL,04H
              JNZ    WAIT1            ;SW 未按下,等待
        BEGIN:CALL   LED_FLASH        ;调用 LED 发光子程序
              MOV    BX,200
              MOV    T,0FFFH
        SPEAK_H: CALL OUTSPK          ;调用喇叭发声(高频)子程序
              DEC   BX
              JNZ   SPEAK_H
              MOV DX,300H             ;LED 全灭
              MOV AL,00H
              OUT   DX,AL
              MOV   BX,200
              MOV   T,09FFFH
        SPEAK_L:
              CALL  OUTSPK            ;调用喇叭发声(低频)子程序
              DEC   BX
              JNZ   SPEAK_L
              CALL DELAY2
              MOV DX,301H             ;查 DIP₀按下?(PB₀=0?)
              INT AL,DX
```

```
          AND AL,01H
          JNZ   BEGIN            ;DIP₀未按下,继续
          MOV DX,300H            ;DIP₀已按下
          MOV AL,00H             ;LED 全灭
          OUT  DX,AL
          MOV DX,303H            ;关闭 SPK
          MOV AL,0CH
          OUT DX,AL
          MOV AH,4CH             ;返回 DOS
          INT   21H
     SL ENDP


     DELAY1  PROC                ;延时子程序1
          PUSH  BX
          MOV  BX,T
     DL1:   DEC  BX
          JNZ   DL1
          POP  BX
          RET
     DELAY1  ENDP


     DELAY2  PROC                ;延时子程序2
          PUSH CX
          PUSH BX
          MOV CX,04FFFH
     DL4:   MOV BX,0FFFFH
     DL3:   DEC BX
          JNZ   DL3
          DEC CX
          JNZ DL4
          POP BX
          POP CX
          RET
     DELAY2  ENDP


     OUTSPK  PROC                ;喇叭发声子程序(从 PC6 输出方波)
          MOV DX,303H
          MOV AL,0DH             ;打开 SPK(置 PC₆=1)
          OUT   DX,AL
          CALL DELAY1
```

```
                MOV  DX,303H
                MOV  AL,0CH              ;关闭 SPK(置 PC₆=0)
                OUT   DX,AL
                CALL DELAY1
                RET
        OUTSPK ENDP

        LED_FLASH PROC                   ;LED 发光子程序
                MOV  DX,300H             ;LED 全部点亮
                MOV  AL,0FFH
                OUT   DX,AL
                RET
                LED_FLASH SNDP
        CODE ENDS
                END START
```

（4）讨论。从例 6.1 的电路还可以派生出多种应用，读者不妨一试，这对了解与熟悉并行接口的功能及使用很有帮助。下面提出几项，以供思考。

① LED 走马灯花样（点亮花样）的程序。利用 DIP_8 的 8 位开关，控制 LED 产生 8 种走马花样。例如，将 DIP_8 的 1 号开关合上时，8 个 LED 彩灯从两端向中间依次点亮，2 号开关合上时，彩灯从中间向两端依次点亮；按下 SW 按钮开关时，LED 彩灯熄灭。实现方法为，先设置 LED 点亮花样的 8 组数据，再利用 DIP×8 开关进行调用，并通过接口送到 LED。

② 键控发声实验。在键盘上定义 8 个数字键（0 ～ 7），每按 1 个数字键，使喇叭发出一种频率的声音，按 Esc 键，停止发声。实现方法为，利用 82C55A 的 C 端口输出高/低电平的特性，产生方波，再利用软件延时的方法，改变方波的频率。

③ 键控发光实验。在键盘上定义 8 个数字键（0 ～ 7），每按 1 个数字键，使 LED 的 1 位发光，按 Q 或 q 键，停止发光。

④ 声 – 光同时控制试验。利用 DIP×8 的 8 位开关，控制 LED 产生 8 种走马灯花样的同时，控制喇叭产生 8 种不同频率的声音。按任意键，LED 彩灯熄灭，同时喇叭停止发声。

⑤ LED 彩灯变幻实验。LED 走马灯花样变化的同时，LED 点亮时间长短也发生变化（由长到短，或由短到长）。可以采用不同的延时程序来实现。

【例 6.2】步进电动机控制接口设计。

（1）要求。设计一个四相六线式步进电动机接口电路，要求按四相双八拍方式运行，当按下开关 SW_2 时，步进电动机开始运行；当按下 SW_1 按钮开关时，步进电动机停止。

（2）分析。本题的被控对象是步进电动机，而步进电动机的运行方式、运行方向和运行速度，以及启动和停止都是需要控制的。那么，如何对步进电动机实施这些控制呢？为此，首先介绍步进电动机的控制原理及控制方法，然后，讨论控制接口的设计。

① 步进电动机控制原理。步进电动机是将电脉冲信号转换成角位移的一种机电式 D/A 转换器。步进电动机旋转的角位移与输入脉冲的个数成正比；步进电动机的转速与输入脉冲的频率成

正比；步进电动机的转动方向与输入脉冲对绕组加电的顺序有关。因此，步进电动机旋转的角位移、转速及方向均受输入脉冲的控制。

②　运行方式与方向控制。步进电动机的运行方式是指各相绕组循环轮流通电的方式，如四相步进电动机有单四拍、单八拍、双四拍、双八拍几种方式，如图 6-7 所示。步进电动机的运行方向是指正转（顺时针）或反转（逆时针）。

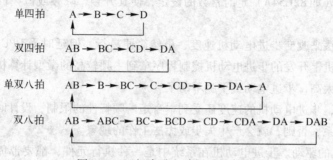

图 6-7　四相步进电动机运行方式

为了实现对各绕组按一定方式轮流加电，需要一个脉冲循环分配器。脉冲循环分配器可用硬件，也可用软件来实现，本例采用循环查表法来实现对运行方式与方向的控制。

循环查表法是将各相绕组加电顺序的控制代码制成一张步进电动机相序表，存放在内存区，再设置一个地址指针。当地址指针依次加 1（或减 1）时，即可从表中取出通电的代码，然后输出到步进电动机，产生按一定运行方式的操作。若改变相序表内的加电代码和地址指针的指向，则可改变步进电动机的运行方式与方向。

表 6-4 列出了四相双八拍运行方式的一种相序加电代码。若运行方式发生改变，则加电代码也会改变。

表 6-4　相　序　表

绕组与数据线的连接								运 行 方 式	相　序　表		方　　向	
D		C		B		A		双八拍	加电代码	地址单元	正向	反向
D_7	D_6	D_5	D_4	D_3	D_2	D_1	D_0					
0	0	0	0	0	1	0	1	AB	05H	400H		
0	0	0	1	0	1	0	1	ABC	15H	401H		
0	0	0	1	0	1	0	0	BC	14H	402H		
0	1	0	1	0	1	0	0	BCD	54H	403H		
0	1	0	1	0	0	0	0	CD	50H	404H		
0	1	0	1	0	0	0	1	CDA	51H	405H		
0	1	0	0	0	0	0	1	DA	41H	406H		
0	1	0	0	0	1	0	1	DAB	45H	407H		

在表 6-4 所示的相序中，若把指针设在指向 400H 单元开始，依次加 1，取出加电代码去控制步进电动机的运行方向就是正方向，那么，再把指针改设在指向 407H 单元开始，依次减 1 的

方向就是反方向。表6-4中的地址单元是随机给定的，在程序中定义一个变量，来指出相序表的首址。

可见，对步进电动机运行方式的控制通过改变相序表中的加电代码来实现，而运行方向的控制通过设置相序表的指针来解决。

③ 运行速度的控制。控制步进电动机的运行速度有两种途径：一是硬件改变输入脉冲的频率，通过对定时器（如82C54A）定时常数的设定，使其升频、降频或恒频；二是软件延时，调用延时子程序。

采用软件延时法来改变步进电动机速度，虽然简便易行，但延时受CPU主频的影响。将主频较低的微型计算机上开发的步进电动机控制程序拿到主频较高的微型计算机上，就不能正常运行，甚至由于频率太高，步进电动机干脆不动了。

应该指出的是，步进电动机的速度还受到本身矩－频特性的限制，设计时应满足运行频率与负载力矩之间的关系，否则，就会产生失步或无法工作的现象。

④ 步进电动机的驱动。步进电动机在系统中是一种执行元件，都要带负载，因此，需要功率驱动。在电子仪器和设备中，一般所需功率较小，常采用达林顿复合管，如用TIP122作为功率驱动级。其驱动原理如图6-8所示。

图6-8中，在TIP122的基极上，所加电脉冲为高，即加电代码为1时，达林顿管导通，使绕组A通电；加电代码为0时，绕组断电。

⑤ 步进电动机的启/停控制。为了控制步进电动机的启/停，通常设置硬开关或软开关。所谓硬开关，一般是在外部设置按钮开关SW，并且约定当开关SW按下时启动或停止运行。所谓软开关，就是利用系统的键盘，定义某一个键，当该键按下时，启动或停止运行。

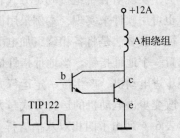

图6-8　步进电动机驱动原理图

（3）设计：

① 硬件设计。采用并行接口芯片82C55A作为步进电动机与CPU的接口。根据设计要求，需要使用3个端口。

A端口为输出，向步进电动机的4个绕组发送加电代码（相序码），以控制步进电动机运行方式。

C端口的高4位（PC_4）为输出，控制74LS373的开/关，起隔离作用。当步进电动机不工作时，关掉74LS373，以保护电动机在停止运行后，不会因为82C55A的漏电流而使电动机烧坏。

C端口的低4位（PC_0和PC_1）为输入，分别与开关SW_2和SW_1连接，以控制步进电动机的启动和停止，如图6-9所示。

② 软件设计。在开环控制环境下，四相步进电动机的启/停操作可以随时进行，是一种无条件并行传送。控制程序包括相序表和相序指针的设置、82C55A初始化、步进电动机启/停控制、相序代码传送，以及电动机的保护措施等。具体程序段如下：

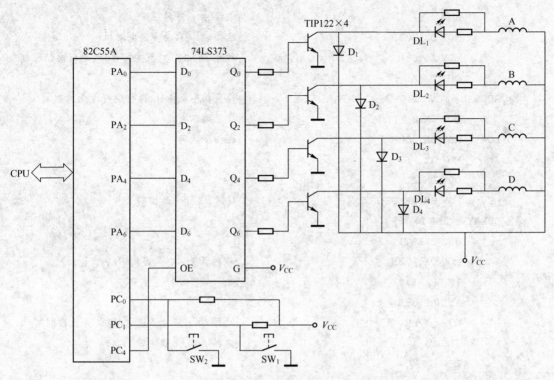

图 6-9　步进电动机控制接口原理图

```
DATA SEGMENT
        PSTA DB 05H,15H,14H,54H,50H,51H,41H,45H        ;设置相序表
        MESSAGE DB'HIT SW2 TO START,HIT SW1 TO QUIT。
        DB 0DH,0AH,'$'                                 ;提示信息
DATA ENDS
CODE SEGMENT
        ASSUMECS:CODE,DS:DATA
START:MOV AX,DATA
        MOV DS,AX
        MOV AH,09H                                     ;显示提示信息
        MOV DX,OFFSET MESSAGE
        INT   21H
        MOV DX,303H                                    ;初始化82C55A
        MOV AL,81H
        OUT   DX,AL
        MOV AL 09H                                     ;关闭74LS373(置 PC₄=1),保护步进电动机
        OUT DX,AL
L:      MOV DX,302H                                    ;检测开关 SW₂是否按下( PC₀=0?)
        IN    AL,DX
        AND AL,01H
```

```
              JNZ    L                        ;未按 SW2,等待
              MOV DX,303H                     ;已按 SW2,启动步进电动机
              MOV AL,08H                      ;打开 74LS373(置 PC4 = 0),进行启动控制
              OUT DX,AL
      RELOAD: MOV SI,OFFSET PSTA              ;设置相序表指针,进行运行方向控制
              MOV CX,8                        ;设置循环次数
      LOP:    MOV DX,300H                     ;送相序代码
              MOV AL,[SI]
              OUT DX,AL
              MOV BX,0FFFFH                   ;延时,进行速度控制
      DELAY1: DEC BX
              JNZ DELAY1
              MOV DX,302H                     ;检测开关 SW1 是否按下(PC1 = 0?)
              IN    AL,DX
              AND AL,02H
              JZ    OVER                      ;已按 SW1,停止步进电动机(停止控制)
              INC SI                          ;未按 SW1,继续运行
              DEC CX
              JNZ LOP                         ;未到 8 次,继续八拍循环
              JMP RELOAD                      ;已到 8 次,重新赋值
      OVER:   MOV DX,303H
              MOV AL,09H                      ;关闭 74LS373(置 PC4 = 1),保护步进电动机
              OUT DX,AL
              MOV AH,4CH                       ;返回 DOS
              INT 21H
      CODE ENDS
              END START
```

（4）讨论。

① 本例接口与 CPU 之间的数据交换采用无条件传输方式，即认为步进电动机随时可以接收 CPU 通过接口传输的相序代码，进行走步，而不需要查询步进电动机是否处于"准备好"的状态。但在程序中，有两处分别查询 SW_2 和 SW_1 的状态，并且只有当开关 SW_2 按下时，才开始启动步进电动机，这与上述无条件传送是否矛盾？

② 开环运行的步进电动机需要控制的项目，一般有以下 6 个方面。

a. 运行方式：四相步进电动机的 4 种运行方式，通过构造相序表的方法实现不同方式的要求。

b. 运行方向：步进电动机的正/反方向，通过把相序表的指针设置在表头或表尾来确定。

c. 运行速度：步进电动机的快慢，通过延时程序改变延时常数来实现，也可以用硬件方法来实现。

d. 运行花样：有点动、先正后反、先慢后快、走走停停等花样。

e. 启/停控制：设置开关，包括设置硬开关和软开关两种方法来实现。

f. 保护措施：在步进电动机与接口电路之间设置隔离电路，如具有三态的 74LS373。

③ 试分析本例实现了哪几项控制？并指出所实现的每一项控制的相应程序段或程序行。

6.6.5 82C55A 的 1 方式及其应用

为了开发和利用 82C55A 的 1 方式和 2 方式，就必须对这两种方式在数据传送过程的联络信号及工作时序有深入的了解。为此，首先介绍它们的联络线设置及其时序，然后讨论 1 方式和 2 方式接口设计实例。

1. 1 方式下联络信号线的设置

1 方式设置了专用联络线和中断请求线，并且这些专用线在输入和输出时各不相同，A 端口和 B 端口的也不相同。下面分别进行讨论。

1）输入的联络信号线设置

1 方式下，当 A 端口和 B 端口为输入时，各指定了 C 端口的 3 根线作为输入联络信号线，如图 6-10 所示。

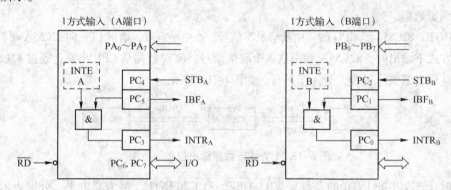

图 6-10　1 方式下输入的联络信号线设置

1 方式输入时的联络信号线定义如下：

（1）$\overline{STB}$：外设给 82C55A 的 "输入选通" 信号，低电平有效，表示外设开始输送数据。

（2）IBF：82C55A 给外设的回答信号——"输入缓冲器满"，高电平有效，表示暂不能送新数据。

（3）INTR：82C55A 给 CPU 的 "中断请求" 信号，高电平有效，请求 CPU 从 82C55A 读取数据。

在 1 方式下输入时，82C55A 利用这 3 个联络信号，实现数据从 I/O 设备出发，通过 82C55A，再输送入 CPU 的整个过程，分 4 步进行，如图 6-11 所示。

```
          ③INTR              ①STB
 CPU  ⇄           82C55A  ⇄          I/O设备
          ④RD                ②IBF
```

图 6-11　1 方式下数据输入过程示意图

输入时，产生中断 INTR 的条件有 3 个："输入选通信号" $\overline{STB} = 1$，即数据已送入 82C55A；"输入缓冲器满" 信号有效（IBF = 1）；允许中断请求（INTE = 1）。当 3 个条件都具备，INTR 变高，向 CPU 发出中断请求。

2）输出的联络信号线设置

1 方式下，当 A 端口和 B 端口为输出时，同样也指定了 C 端口的 3 根线作为输出联络信号，如图 6-12 所示。

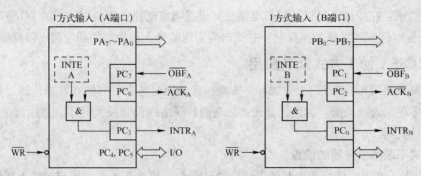

图 6-12　1 方式下输出的联络信号线设置

1 方式输出时的联络信号线定义如下：

（1）$\overline{OBF}$：82C55A 给 I/O 设备的"输出缓冲器满"信号，低电平有效，通知外设来取数。

（2）$\overline{ACK}$：I/O 设备给 82C55A 的"回答"信号，低电平有效，表示外设已经从 82C55A 的端口接收到了数据。

（3）INTR：82C55A 给 CPU 的"中断请求"信号，高电平有效，请求 CPU 向 82C55A 写数据。

在 1 方式下输出时，82C55A 利用这 3 个联络信号，实现数据从 CPU 出发，通过 82C55A，再输送到 I/O 设备的整个过程，分 4 步进行，如图 6-13 所示。

图 6-13　1 方式下数据输出过程示意图

输出时，产生中断 INTR 的条件是 $\overline{WR}$、$\overline{OBF}$、$\overline{ACK}$ 和 INTE，都为高电平，分别表示 CPU 已完成一个数据（$\overline{WR} = 1$），输出缓冲器已变空（$\overline{OBF} = 1$），回答信号已结束（$\overline{ACK} = 1$），I/O 设备已收到数据，并且允许中断（INTE = 1）。当上述条件都满足时，才能产生中断请求。

2. 1 方式的工作时序

1）分析工作时序的意义

工作时序表明选通方式下，CPU 与 82C55A 及 82C55A 与 I/O 设备之间传送数据是一种固定的过程。实际上工作时序是 CPU 通过并行接口与 I/O 设备交换数据的一种协议，因此，它是编写选通方式并行接口程序的依据。例如，在查询方式下，查哪个信号，信号处于什么状态有效；在中断方式，用哪个信号申请中断，中断产生的条件是什么，这些在工作时序图中可以清楚地看到，对编写使用 82C55A1 方式的应用程序很有帮助，要认真分析。

在输入和输出时的工作时序是不相同的。下面分别进行讨论。

2）输入的工作时序

1 方式下输入过程的时序图如图 6-14 所示。下面对图 6-14 所示的时序图做如下解读。

（1）数据输入时，I/O 设备处于主动地位，在 I/O 设备准备好数据并放到数据线上后，发送 $\overline{STB}$ 信号，由它把数据输入到 82C55A。

（2）在 $\overline{STB}$ 的下降沿约 300 ns 后，数据已锁存到 82C55A 的锁存器，引起 IBF 变高，表示"输入缓冲器满"，禁止输入新数据。

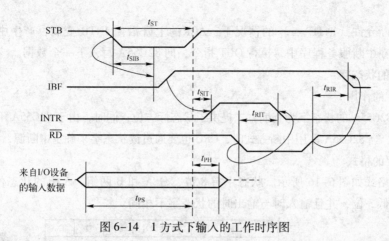

图 6-14　1 方式下输入的工作时序图

（3）在 STB 的上升沿约 300 ns 后，在中断允许（INTE = 1）的情况下，IBF 的高电平产生中断请求，使 INTR 变高，通知 CPU，接口中已有数据，请求 CPU 读取。CPU 接受中断请求后，转到相应的中断子程序。在子程序中执行 IN 指令，将锁存器中的数据取走。

若 CPU 采用查询方式，则通过查询状态字中的 INTR 位或 IBF 位是否置位来判断有无数据可读。

（4）CPU 得知 INTR 信号有效后，执行读操作，$\overline{RD}$ 信号的下降沿使 INTR 复位，撤销中断请求，为下一次中断请求做好准备。$\overline{RD}$ 信号的上升沿延时一段时间后清除 IBF 使其变低，即 IBF = 0，表示接口的输入缓冲器变空，允许 I/O 设备输入新数据。如此反复，直至完成全部数据的输入。

3）输出的工作时序

1 方式下输出的工作时序图如图 6-15 所示。

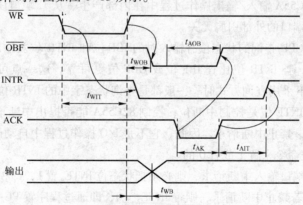

图 6-15　1 方式下输出的工作时序图

下面对图 6-15 所示的工作时序图做如下解读。

（1）数据输出时，CPU 应先准备好数据，并把数据写到 82C55A 输出数据寄存器。在 CPU 向 82C55A 写完一个数据后，$\overline{WR}$ 的上升沿使 $\overline{OBF}$ 有效，表示输出缓冲器已满，通知 I/O 设备读取数据。$\overline{WR}$ 的下降沿使中断请求 INTR 变低，封锁中断请求。

（2）I/O 设备在得到 $\overline{OBF}$ 有效的通知后，开始读数。当 I/O 设备读取数据后，用 $\overline{ACK}$ 回答 82C55A，表示数据已收到。

（3）$\overline{ACK}$ 的下降沿将 $\overline{OBF}$ 置高，$\overline{OBF}$ 无效，表示输出缓冲器变空，为下一次输出做准备。

（4）在中断允许（INTE = 1）的情况下，$\overline{ACK}$的上升沿使 INTR 变高，产生中断请求。CPU响应中断后，在中断服务程序中，执行 OUT 指令，向 82C55A 写入下一个数据。

3. 1 方式的状态字

1）状态字的作用

1 方式下 82C55A 的状态字为查询方式提供了状态标志位；同时，由于 82C55A 不能直接提供中断矢量，因此，当 82C55A 采用中断方式时，CPU 也要通过读状态字来确定中断源，实现查询中断。

2）状态字的格式

状态字的格式如图 6-16 所示。状态字有 8 位，分 A 和 B 两组，A 组的状态位占高 5 位，B组的状态位占低 3 位，并且输入时与输出时的状态字不相同。

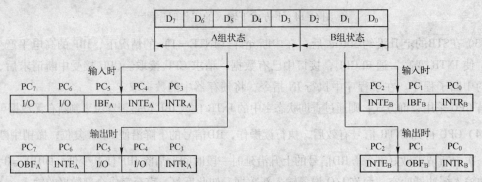

图 6-16 1 方式下状态字的格式

3）使用状态字时要注意的几个问题

（1）状态字是 82C55A 输入/输出操作过程中在内部产生、从 C 端口读取的，因此，从 C 端口读出的状态字与 C 端口的外部引脚无关。

（2）状态字中供 CPU 查询的状态位有输入时的 IBF 位和 INTR 位及输出时的 OBF 位和 INTR位。但从可靠性来看，查 INTR 位比查 IBF 位或 OBF 位更可靠，这一点可从中断产生的条件看出。所以，在 1 方式下采用查询方式时，一般都是查询状态字中的 INTR 位。

（3）状态字中的 INTE 位是控制中断位，控制 82C55A 能否提出中断请求，INTE 置 1，允许中断请求；INTE 置 0，禁止中断请求。因此，它不是 I/O 操作过程中自动产生的状态，而是由程序通过按位置位/复位命令来置 1 或置 0 的。

例如，若允许 A 端口输入中断请求，则必须把状态位 INTE$_A$ 置 1，即在程序中利用按位置位/复位命令置 PC$_4$ = 1；若禁止中断请求，则置 INTE$_A$ = 0，即通过程序置 PC$_4$ = 0，其程序段如下。

```
MOV DX,303H          ;82C55A 命令端口
MOV AL,00001001B     ;置 PC₄=1,允许中断请求
OUT DX,AL
MOV AL,00001000B     ;置 PC₄=0,禁止中断请求
OUT DX,AL
```

6.7 定时/计数技术

在计算机系统、工业控制领域，乃至日常生活中，都存在定时、计时和计数问题，尤其是计

算机系统中的定时技术特别重要。

首先，微型计算机本身的运行与时间有关，因为 CPU 内部各种操作的执行都是严格按时间间隔定时完成的。其次，微型计算机的许多应用都与时间有关，尤其是在实时监测与控制系统中，如定时中断、定时检测、定时扫描、定时打印。在有的应用系统中，要求对外部事件进行计算，或者对 I/O 设备的运行速度和工作频率进行控制与调整，或者要求发声（报警），或者要求产生音乐等，这些功能的实现都与定时/计数技术有关。

6.7.1 定时、计数及二者的关系

1. 定时

定时和计时是最常见和最普通的事情。一天 24 h 的计量，称为日时钟；长时间的计时（日、月、年直到世纪的计时），称为实时钟。在监测系统中，对被测点定时取样；在打印程序中，查忙（BUSY）信号，一般等待 10 ms，若超过 10 ms，还是忙，就做超时处理；在读键盘时，为了去抖，一般延迟 10 ms 再读；在步进电动机速度控制程序中，利用在前一次和后一次发送相序代码之间延迟的时间间隔来控制步进电动机的转速。

2. 计数

计数使用得更多，如在生产线上对零件和产品的计数，对大桥和高速公路上车流量的统计，等等。

3. 定时与计数的关系

定时的本质是计数，只不过这里的"数"的单位是时间单位。例如，以 ns、μs、ms 和 s 为单位。如果把一小片一小片的计时单位累加起来，就可获得一段时间。例如，日常生活中，以秒（s）为单位来计数，计满 60 s 为 1 min，计满 60 min 为 1 h，计满 24 h 即为 1 d（天）。但在微型计算机系统中，以 s 为单位来计时太大了，一般都在 ns 级。而在微型计算机的一些应用系统中，计时单位才到 ms 级。

正因为定时与计数在本质上是一样的，且都是计数，因此，在实际应用中，常把定时操作当作计数操作来处理。典型的例子是，将 82C54A 用于音乐发生器中的节拍定时，就可采用 BIOS 软中断 INT 1CH 的调用次数（注意，这是计数）来定时。

6.7.2 微型计算机系统中的定时类型

微型计算机中的定时，可分为内部定时和外部定时两种定时系统。

1. 内部定时

内部定时产生运算器、控制器等 CPU 内部的控制时序，如取指周期、读/写周期、中断周期等，主要用于 CPU 内部指令执行过程的定时。计算机的每个操作都是严格按时间节拍（周期）执行。内部定时是由 CPU 硬件结构决定的，并且 CPU 一旦设计好了，就固定不变，用户无法更改。另外，内部定时的计时单位比外部定时的计时单位要小得多，一般是 ns 级。

2. 外部定时

外部定时是外设在实现某种功能时所需要的一种时序关系。例如，打印机接口标准 Centronics，就规定了打印机与 CPU 之间传输信息应遵守的工作时序。又如，82C55A 的 1 方式和 2 方式工作时有固定的时序要求。A/D 转换器进行数据采集时也有固定的工作时序。外部定时可由硬

件（外部定时器）实现，也可由软件（延时程序）实现，并且定时长短由用户根据需要决定。外部硬件定时系统独立于 CPU 工作，不受 CPU 控制，这给使用带来了很大的好处。外部定时的计时单位比内部定时的计时单位要大，一般为 ms 级，甚至 s 级。

内部定时和外部定时是彼此独立的两个定时系统，各按自身的规律进行定时操作。在实际应用中，外部定时与用户的关系比内部定时更密切。这是我们学习的重点。

内部定时是由 CPU 硬件决定的，固定不变。外部定时，由于外设或被控对象的任务不同，功能各异，因此是不固定的，往往需要用户根据外设的要求进行定时。当用户把外设和 CPU 连接成一个微型计算机应用系统，且考虑两者的工作时序时，不能脱离计算机内部的定时规定。即应以计算机的时序关系（即内部定时）为依据，设计外部定时机构，使其既符合计算机内部定时的规定，又满足外围设备的工作时序要求，这就是所谓的时序配合。

6.7.3　外部定时方法及硬件定时器

1. 定时方法

为实现外部定时，可采用软件定时和硬件定时两种方法。

1）软件定时

软件定时是利用 CPU 内部定时机构，运用软件编程，循环执行一段程序而产生的等待延时。例如，延时程序段：

$$
\text{DELAY}\left\{
\begin{array}{l}
\text{MOV BX,OFFH} \\
\text{DOV BX,OFFH} \\
\text{JNZDEL AY}
\end{array}
\right.
$$

其中，BX 的值称为延时常数，它决定延时的长短。加大 BX 的值，使延时增长；减少 BX 的值，使延时缩短。同样的一段延时程序，在不同工作频率（速度）的机器上运行，所产生的延时时间也会不同。所以，延时长短不仅与延时程序中的延时常数有关，而且会随主机工作频率不同而发生变化。

软件定时的优点是不需要增加硬件电路，只需要编制相应的延时程序以备调用。其缺点是 CPU 执行延时程序增加了 CPU 的时间开销，只适于短时间延时；并且，延时的时间与 CPU 的工作频率有关，随主机频率不同而发生变化，定时程序的通用性差。

2）硬件定时

硬件定时是指采用外部定时器进行定时。由于定时器是独立于 CPU 而自成系统的定时设备，因此，硬件定时不占用 CPU 的时间，定时时间可长可短，使用灵活；定时时间固定，不受 CPU 工作频率的影响；定时程序具有通用性。

2. 硬件定时器

硬件定时器有不可编程定时器和可编程定时器两种。

1）不可编程定时器

不可编程定时器是采用中小规模集成电路器件构成的定时电路。常见的定时器件有单稳触发器和 555 定时器、556 定时器等，利用其外接电阻、电容的组合，可实现一定范围的定时。例如，可采用 555 定时器来设计 watch dog。很明显，这种定时不占用 CPU 的时间，且电路简单。

但是电路一旦连接好，定时间隔和范围就不便改变，使用不灵活。

2）可编程定时器

可编程定时器的定时间隔和定时范围可由程序进行设定和改变，使用方便灵活。可编程定时电路一般都是用可编程定时/计数器，如 Intel 82C54A、MC6840、Zilog 的 CTC 等来实现的。

外部定时器对时间的计时有两种方式：一是正计时，将当前的时间加 1，直到与设定的时间相等时，提示设计的时间已到，如闹钟就使用这种工作方式；二是倒计时，将设计的时间减 1，直到为 0，提示设定的时间已到，如微波炉、篮球比赛计时器等，就使用这种计时方式。

6.7.4　可编程定时/计数器 82C54A

82C54A 的基本特点是，一旦设定某种工作方式并装入计数初值，启动后，便能独立工作；当计数完毕时，由输出信号报告计数结束或时间已到，完全不需要 CPU 再做额外的控制。所以，82C54A 是 CPU 处理实时事件的得力助手，在实时时钟、事件计数，以及速度控制等方面非常有用。

1. 2C54A 的外部连接特性与内容结构

1）82C54A 的外部连接特性

82C54A 的外部引脚信号如图 6-17 所示，它有两类连接信号线。

（1）面向 CPU 的信号线。数据线 $D_0 \sim D_7$；地址线 $\overline{CS}$（片选信号），A_0、A_1（片内端口地址）；读/写线 $\overline{RD}$（I/O 读信号）、$\overline{WR}$（I/O 写信号）。

（2）面向 I/O 设备的信号线。时钟脉冲信号 $CLK_0 \sim CLK_2$（输入），用于计数脉冲。

门控信号 $GATE_0 \sim GATE_2$（输入），用于定时/计数的启动/停止、允许/禁止。

输出信号 $OUT_0 \sim OUT_2$（输出），用于实现对 I/O 设备的定时/计数操作。

2）82C54A 的内部结构

82C54A 内部有 6 个模块，其结构框图如图 6-18 所示。

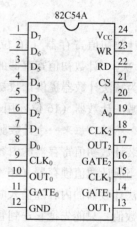

图 6-17　82C54A 的外部引脚信号

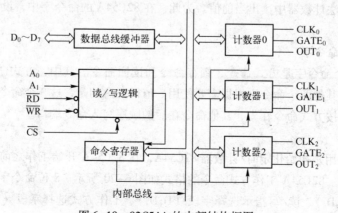

图 6-18　82C54A 的内部结构框图

其中，数据总线缓冲器、读/写逻辑和命令寄存器3个模块负责处理 CPU 与 82C54A 之间命令、数据、地址及数据的交换。计数器0、计数器1、计数器2负责完成对 I/O 设备的定时/计数操作。

82C54A 内部设置了3个独立的计数器，具有相同的结构。每个计数器由16位的计数初值寄存器、减法计数器和当前计数值锁存器三部分组成，如图6-19所示。

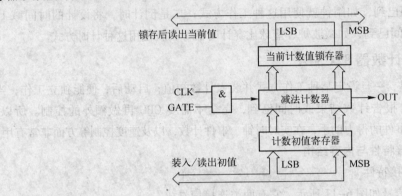

图6-19　计数器通道内部逻辑

计数初值寄存器（16位）用于存放计数初值，其长度为16位，故最大计数值为65 536（64K 次）。计数初值寄存器的计数初值，在计数过程中保持不变，其用途是在自动重装操作过程中为减法计数器提供计数初值，以便重复计数。

减法计数器（16位）用于进行减法计数操作。在装入计数初值寄存器的同时也装入减法计数器，然后，每来一个计数脉冲，它就减1，直至将计数初值减为零。如果要连续进行计数，则可重装计数初值寄存器的内容。

当前计数值锁存器（16位）用于锁存减法计数器的内容，以供读出和查询当前计数值。由于减法计数器的内容随输入时钟脉冲（计数脉冲）不断改变，所以为了读取这些不断变化的当前计数值，只能先把它送到暂存寄存器锁存起来，然后再读。

因此，如果想知道计数过程中的当前计数值，则必须将当前值锁存，然后从暂存寄存器读出，不能直接从减法计数器中读出当前值。为此，在 82C54A 的命令字中，设置了锁存命令和读回命令。

2. 82C54A 的命令字

82C54A 的3个命令字是方式命令、锁存命令和读回命令。其中，方式命令是在 82C54A 编程时必须使用的，其他两个命令则根据需要使用。值得注意的是，这3个命令使用同一个命令端口，即端口共用，按方式命令在先、其他命令在后的顺序写入命令端口。

1）方式命令

方式命令的作用是初始化定时/计数器 82C54A，在 82C54A 开始工作之前都要用方式命令对它进行初始化设置。82C54A 工作方式命令的格式如图6-20所示。8位命令字分为4个字段：计数器选择字段（D_7D_6）、读/写指示选择字段（D_5D_4）、工作方式选择字段（$D_3D_2D_1$）和计数码制选择字段（D_0）。

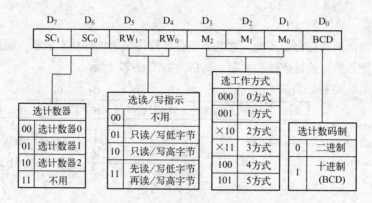

图 6-20　82C54A 工作方式命令格式

例如，选择计数 1，并要求它工作在方式 3，计数初值为 1234H，读/写指示为先低 8 位、后高 8 位，计数码制采用二进制，其方式命令字为 01110110H。

2）锁存命令

锁存命令是将当前计数值先锁存起来，再读。锁存命令只有当要求读取当前计数值时才使用，因此，不是程序中必须使用的。

8 位命令字分两个字段；计数器选择字段（$D_7 D_6$）和锁存命令特征值（$D_5 D_4$）。当（$D_5 D_4$）=00时，就是锁存命令；当（$D_5 D_4$）≠00 时，就是方式命令的读/写指示位。其余位（$D_3 \sim D_0$）与锁存命令无关。其格式如图 6-21 所示。

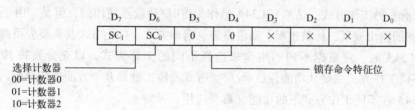

图 6-21　锁存命令格式

执行锁存命令只是把计数器的当前值锁存到暂存寄存器。要读出被锁存的内容，需要发一条读命令从暂存寄存器中读取。例如，要求读取计数器 1 的当前计数值，并把读取的计数值送入 AX 寄存器中。试编写实现这一要求的程序段。82C54A 的 4 个端口地址为 304H（计数器 0）、305H（计数器 1）、306H（计数器 2）、307H（命令寄存器）。

首先将计数器 1 的内容进行锁存，然后从暂存寄存器中读取。其汇编语言程序段如下：

```
MOV  AL,0100×××B        ;锁存计数器1，×××B必须是在前面方式命令中已经
                         规定过的内容
OUT  307H,AL
IN   AL,305H            ;读低字节
MOV  BL,AL
IN   AL,305H            ;读高字节
MOV  AH,AL
MOV  AL,BL
```

3）读回命令

读回命令与前面的锁存命令不同，它既能锁存计数值又能锁存状态信息，而且一条读回命令可以锁存 3 个计数器的当前计数值和状态。其格式如图 6-22 所示。

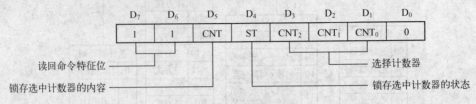

图 6-22　读回命令格式

8 位读回命令的最高两位是特征位，D7D6 = 11 表示读回命令；最低 1 位是保留位，必须写 0。其余 5 位的定义是 D1、D2、D3 分别用于选择 3 个计数器，并且写 1，表示选中；写 0，表示未选中。D4 和 D5 分别用于选择读取当前的状态还是读取当前的计数值，写 0，表示要读取；写 1，表示不读取。例如，读取计数器 2 的当前计数值，则读回命令 = 11011000B；读取计数器 2 的当前状态，则读回命令 = 11101000B；读取计数器 2 的当前计数值和状态，则读回命令 = 1101000B；读取全部 3 个计数器的当前计数值和状态，则读回命令 = 11001110B。

与执行锁存命令一样，执行读回命令只是把计数器的当前值与状态信息锁存到暂存寄存器。为了读出被锁存的内容，需要发一条读命令从暂存寄存器中读取。

3. 82C54A 的工作方式

82C54A 有 6 种工作方式。虽然 82C54A 是作为定时/计数器使用的，但是，由于工作方式不同，其计数器的输出波形、计数过程、初值重装、启动方式、停止方式及典型应用都有差别。因此，使用 82C54A 时，应根据不同的用途来选择不同的工作方式，以充分发挥其作用。区分 82C54A 的不同工作方式主要从功能、启动/停止方式及输出波形几个方面进行分析。

1）82C54A 在不同工作方式下的功能（典型应用）及特点

（1）0 方式功能。0 方式作为事件计数器，计数器的大小就是计数初值。其特点是，计数结束，输出端口 OUT 产生 0→1 的上升沿，利用 OUT 信号由低变高，可申请中断。改变计数初值就可以改变计数器的大小，由"软件"启动。计数结束，自动停止，不需外加停止信号。

（2）1 方式功能。1 方式作为可编程单稳态触发器，单稳延迟时间 = 计数初值×时钟脉宽。其特点是，延时期间输出低电平，低电平的宽度可由程序控制，即改变计数初值就可以改变延时时间。由"硬件"启动。计数结束，自动停止，不需外加停止信号。

（3）2 方式功能。2 方式作为频器，分频系数就是计数初值。其特点是，产生重复连续的负脉冲，负脉冲宽度等于时钟脉冲的周期。改变计数初值就可以改变输出负脉冲波形的频率。由"软件"启动。计数结束，不能自动停止，需外加停止信号。

（4）3 方式功能。3 方式作为方波发生器，其特点是产生占空比为 1：1 或接近 1：1 的重复连续方波，方波的周期等于计数初值×时钟脉宽的周期。改变计数初值就可以改变输出方波的频率。由"软件"启动。计数结束，不能自动停止，需外加停止信号。

（5）4 方式功能。4 方式作为单个负脉冲发生器，其特点是产生单个选通脉冲，脉冲宽度等于时钟脉冲的周期。改变计数初值就可以改变选通脉冲产生的时间。由"软件"启动。计数结束，自动停止，不需外加停止信号。

（6）5 方式功能。5 方式作为单个负脉冲发生器，其特点是产生单个选通脉冲，选通脉冲宽度等于时钟脉冲的周期。改变计数初值就可以改变选通脉冲产生的时间。由"硬件"启动。计数结束，自动停止，不需外加停止信号。

2）82C54A 不同工作方式下的启动/停止

82C54A 计数过程的启动分为"软件"启动和"硬件"启动；计数过程的停止分为强制停止和自动停止，它们与工作方式有关。

（1）计数过程的启动方式。82C54A 无论是定时还是计数，都需要一个起点，即从什么时候开始。这就需要一种启动（触发）信号来控制，并且满足一定的条件才能开始定时或计数，这就是所谓的启动方式。82C54A 有两种启动方式，分别描述如下。

① "软件"启动方式。在 GATE = 1 时，计数初值写入减法计数器，开始计数。很明显，这种启动是由 CPU 的写命令（IOW）信号在内部执行 OUT 指令时实现的，因此称为软件启动。软件启动的条件有二：GATE = 1，允许计数；当计数初值写到减法计数器时，开始计数。若 GATE = 0，则不能启动，GATE 由 0→1 的上升沿也不能启动。

82C54A 的 0、2、3、4 方式都采用软件启动来开始定时/计数过程。

② "硬件"启动方式。计数初值写入减法计数器并不是立即开始计数，而是要等到 GATE 信号由 0→1 的上升沿出现，才开始计数。可见，这种启动是由外部的信号来控制的，因此称为硬件启动。硬件启动的条件有二：计数初值已写到减法计数器；GATE 信号由 0→1 的上升沿，开始计数。若不写入计数初值，则不能启动，GATE = 1（高电平）或 GATE = 0（低电平），也不能启动。

82C54A 的 1 方式和 5 方式采用硬件启动。

（2）计数过程的停止方式：

① 强制停止方式。对于重复计数或定时过程，2 方式和 3 方式由于能自动重装计数初值，计数过程会反复进行，故不能自动停止其计数过程。所以，若要最后停止计数，就要外加控制信号，其方法是将 GATE 置 0。

② 自动停止方式。对于单次计数或定时过程，一旦开始计数或定时，到计数完毕或定时已到，自动停止，不需要外加停止的控制信号。例如，0、1、4、5 方式可以不加停止信号。但是，如果要求在计数过程中暂停计数，则需要外加中止的控制信号，其方法也是将 GATE 置 0。

3）82C54A 不同工作方式下的输出波形

（1）0 方式的输出波形。0 方式是计数结束输出正跳变信号（Out Signal on End of Count）方式，其输出波形如图 6-23 所示。

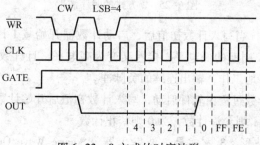

图 6-23　0 方式的时序波形

0 方式的基本波形是，当写入计数初值后，启动计数器开始计数，OUT 信号变为低电平，并维持低电平至减法计数器的内容到达 0 时，停止工作，OUT 信号变为高电平，并维持高电平到再次写入新的计数值。

从波形可以看出，计数过程由软件启动，写入计数初值后开始计数；门控信号 GATE 用于允许或禁止计数，GATE 为 1 则允许计数，为 0 则禁止计数。

（2）1 方式的输出波形。1 方式是硬件可重触发单稳（Hardware Retriggerable One – Shot）方式，其输出波形如图 6-24 所示。

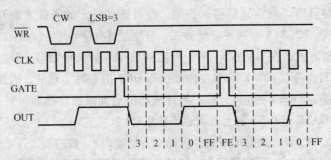

图 6-24　1 方式的时序波形

1 方式的基本波形是，当写入计数初值后，由 GATE 门信号启动计数，OUT 变为低电平，每来一个 CLK，计数器减 1 直到计数值减到 0 时，停止工作，OUT 输出高电平，并维持高电平到 GATE 门信号再次启动。

从波形可以看出，计数过程由硬件启动，GATE 出现 0→1 的跃变后开始计数；门控信号 GATE 用于计数过程的启动。

（3）2 方式的输出波形。2 方式是 N 分频器方式或速率波发生器（Rate Generator）方式，其输出波形如图 6-25 所示。

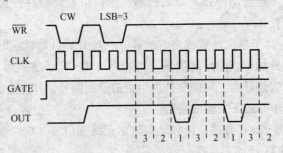

图 6-25　2 方式的时序波形

2 方式的基本波形是，当写入计数初值后，启动计数器开始减 1 计数，直到减到 1 时，OUT 输出一个宽度为时钟 CLK 周期的低电平，接着又变为高电平，且计数初值自动重装，开始下一轮计数，如此往复，不停地工作，输出连续的负脉冲。

从波形可以看出，计数过程由软件启动，写入计数初值后开始计数；门控信号 GATE 用于允许或禁止计数，GATE 为 1 则允许计数，为 0 则禁止计数。

（4）3 方式的输出波形。3 方式是方波发生器（Square Wave Output）方式，其输出波形如图 6-26 所示。

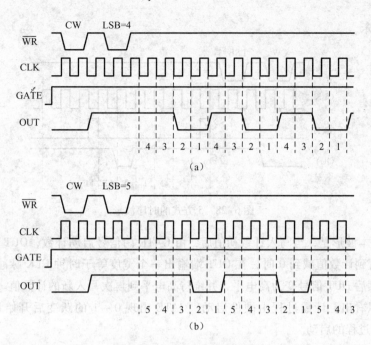

图 6-26　3 方式的时序波形

3 方式的基本波形是，当写入计数初值后，启动计数器开始计数，OUT 输出占空比为 1:1 或近似 1:1 的连续方波，且计数初值自动重装，开始下一轮计数，如此往复，不停地工作。当计数初值为偶数时，输出波形的占空比为 1:1。当计数初值为奇数时，输出波形的占空比近似 1:1。

从波形可以看出，计数过程由软件启动，写入计数初值后开始计数；门控信号 GATE 用于允许或禁止计数，GATE 为 1 则允许计数，为 0 则禁止计数。

（5）4 方式的输出波形。4 方式是软件触发选通（Software Triggered Strobe）方式，其输出波形如图 6-27 所示。

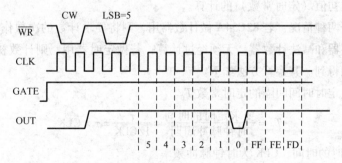

图 6-27　4 方式的时序波形

4 方式的基本波形是，当写入计数初值后，启动计数器开始计数，OUT 输出高电平，计数器减 1 直到计数值减到 0 时，在 OUT 端输出一个宽度等于时钟 CLK 脉冲周期的负脉冲，并停止工作。然后 OUT 信号变为高电平，并维持高电平到再次写入新的计数值。

从波形可以看出，计数过程由软件启动，写入计数初值后开始计数；门控信号 GATE 用于允许或禁止计数，GATE 为 1 则允许计数，为 0 则禁止计数。

（6）5 方式的输出波形。5 方式是硬件触发选通（Hardware Triggered Strobe）方式，其输出波形如图 6-28 所示。

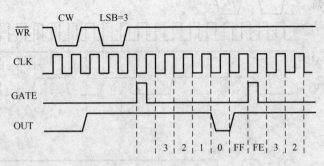

图 6-28　5 方式的时序波形

5 方式的基本波形是，当写入计数初值后，由 GATE 门信号启动计数，OUT 输出高电平，计数器开始减 1 直到计数值减到 0 时，在 OUT 端输出一个宽度等于时钟 CLK 脉冲周期的负脉冲，并停止工作。然后 OUT 信号变为高电平，并维持高电平到再次写入新的计数值。

从波形可以看出，计数过程由硬件启动，GATE 出现 0→1 的跃变后开始计数；门控信号 GATE 用于计数过程的启动。

4. 82C54A 的计数初值计算及装入

1）计数初值的计算

由于 82C54A 内部采用的是减法计数器，因此，在它开始计数（定时）之间，一定要根据计数（定时）的要求，先计算出计数初值（定时常数），并装入计数初值寄存器。然后，才能在门控信号 GATE 的控制下，由时钟脉冲 CLK 对减法计数器进行减 1 计数，并在计数器输出端 OUT 产生波形。当计数初值（定时常数）减为 0 时，计数结束（定时已到），如果要求继续计数（定时），就需要重新装入计数初值（定时常数）。可见，计数初值（定时常数）是决定 82C54A 的计数多少和定时长短的重要参数。

下面讨论计数初值（定时常数）的计算。

初值的计算分两种情况：若 82C54A 做计数器用，则将要求计数的次数作为计数初值，直接装入计数初值寄存器和减法计数器，无须经过计算；若做定时器用，则计数初值就是定时常数，需要经过换算才能得到。其换算方法如下。

（1）要求产生定时时间间隔的定时常数 T_C。

$$T_C = \frac{\text{要求定时的时间}}{\text{时钟脉冲周期}} = \frac{\tau}{1/\text{CLK}} = \tau \times \text{CLK}$$

其中，τ 为要求定时的时间，CLK 为时钟脉冲频率。

例如，已知 CLK = 1.193 18 MHz，τ = 5 ms，求 T_C，则

$$T_C = 5 \times 10^{-3} \text{ s} \times 1\,193\,180/\text{s} \approx 5\,965$$

（2）要求产生频率为 f 的信号波形的定时常数 T_C。

$$T_C = \frac{\text{时钟脉冲频率}}{\text{要求的波形频率}} = \frac{\text{CLK}}{f}$$

其中，f 为要求的波形频率。

例如，已知 CLK = 1.193 18 MHz，f = 800 Hz，则

$$T_C = \frac{1.193\,18 \times 10^6 \text{ Hz}}{800 \text{ Hz}} \approx 1\,491$$

2）计数初值的装入

由于 82C54A 内部的减法计数器和计数初值寄存器是 16 位，而 82C54A 外部数据线只有 8 位，故 16 位计数初值要分两次装入，并且按先装低 8 位，后装高 8 位的顺序写入同一个端口（计数器通道的数据口）。

若需要重复计数或定时，则应重新装入计数初值。82C54A 的 6 种工作方式中，只有 2 方式和 3 方式具有自动重装计数初值的功能，其他方式都需要用户通过程序人工重装计数初值。因此，只有 2 方式和 3 方式能输出连续波形，其他方式只能输出单次波形。

3）计数初值的范围

由于计数初值寄存器和减法计数器是 16 位的，故计数初值的范围对应二进制数的范围为 0000H ～ FFFFH；对应十进制数（BCD）为 0000 ～ 9999。其中，0000 为最大值，因为 82C54A 的计数是先减 1 后判断，所以，0000 代表的是二进制数中的 2^{16}（65 536）和十进制数中的 10^4（10 000）。在实际应用中，若所要求的计数初值或定时常数大于计数初值寄存器的范围，82C54A 就不能工作。此时，采用 2 个或多个计数器串联起来进行计数或定时。

5. 82C54A 的初始化

所谓 82C54A 的初始化，就是根据用户的设计要求，利用方式命令，编写一段程序，以确定使用 82C54A 的哪一个计数器通道、采用哪一种工作方式、哪一种读/写指示及哪一个计数码制。值得注意的是，若同时使用 82C54A 的 2 个（或 3 个）计数器通道，则需要分别写 2 个（或 3 个）不同的初始化程序段。这是因为 82C54A 内部 3 个计数通道是相互独立的。但是，这 2 个（或 3 个）初始化程序段都使用同一个方式命令端口，因此，82C54A 的命令端口是共用的，只有计数器的数据端口是分开的。

82C54A 初始化的内容有以下两项。

1）设置方式命令字

选择某一计数器，首先要向该计数器写入方式命令字，以确定该计数/定时器的工作方式。

2）设置计数初始值

在写入了方式命令字后，按方式命令字中的读写先后顺序，即按 $RW_1 RW_0$ 字段的规定写入计数初始值，具体如下：

当 $RW_1 RW_0$ =01 时，只写入低 8 位，高位自动置 0；

当 $RW_1 RW_0$ =10 时，只写入高 8 位，低位自动置 0；

当 $RW_1 RW_0$ =11 时，写入 16 位，先写低位，后写高位。

例如，选择 2 号计数器，工作在 3 方式，计数初值为 533H（2 个字节），采用二进制计数。其汇编语言初始化程序段如下：

```
MOV DX,307H              ;命令口
MOV AL,10110110B         ;2 号计数器的方式命令字
OUT  DX,AL
MOV DX,306H              ;2 号计数器数据口
```

```
MOV AX,533H                    ;计数初值
OUT  DX,AL                     ;先送低字节到 2 号计数器
MOV AL,AH                      ;取高字节送 AL
OUT DX,AL                      ;后送高字节到 2 号计数器
```

6.7.5　定时/计数器的应用

在实际中，用户应用定时/计数器分两种情况：一种是利用系统配置的定时/计数器资源，来开发自己的应用项目；一种是利用扩展的定时/计数器来开发应用系统。

两者的不同之处主要有以下两点。①端口地址不同。前者的端口地址由系统指定，如表6-1所示，并且用户不能更改；后者的端口地址由用户指定，如表6-3所示，用户可以更改。②前者的工作方式、计数器通道的具体用途等，已经通过系统初始化确定，固定不变；后者的工作方式、计数器的用途等，没有确定，由用户在设计时安排，不受系统初始化的限制，使用灵活。

下面先介绍定时/计数器82C54A在微型计算机系统中的应用设置及其初始化程序段，然后分别讨论上述两种情况的应用举例。

1. 82C54A 在微型计算机系统中的应用设置

在微型计算机中，82C54A是CPU外部定时系统的支持电路。作为微型计算机的系统资源，它的3个计数器通道在微型计算机系统中的用途是，OUT_0用于系统时钟中断，OUT_1用于动态存储器定时刷新，OUT_2用于发声系统音调控制，如图6-29所示。系统分配给82C54A的端口地址如表6-1所示。4个地址为0号计数器=40H，1号计数器=41H，2号计数器=42H，方式命令寄存器=43H。时钟脉冲频率为1.193 18MHz。

为了实现上述应用功能，系统对82C54A进行了相应的初始化和计数初值的设置，如表6-5所示。这些设置放在 ROM - BIOS 中，可以被用户使用，并且向上兼容。

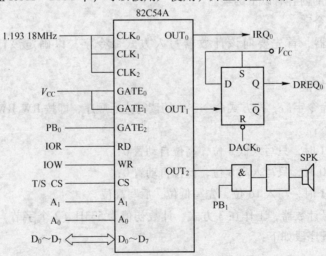

图6-29　82C54A 在微型计算机系统中的应用

2. 微型计算机系统的82C54A 初始化程序段

3 个计数器通道的汇编语言初始化程序段如下。

（1）计数器0：用于定时中断（约55ms申请1次中断）。

表6-5 82C54A 在系统中的应用设置

计数通道	读/写方式	工作方式	计数码制	计数初值	CLK/MHz	GATE	T_{out}	F_{out}	OUT	用途
0	高/低字节	3	二进制	0000H	1.193 18	+5 V	55 ms	18.2 Hz	ITQ_0	日时钟中断请求
1	只写低字节	2	二进制	12 H	1.193 18	+5 V	15 μs	66.3 kHz	$DREQ_0$	DRAM刷新请求
2	高/低字节	3	二进制	533H	1.193 18	PB_0控制	1.5 s	896 Hz	SPK	扬声器发声

汇编语言程序段：

```
MOV  AL,00110110B        ;初始化方式命令
OUT  43H,AL
MOV  AX,00H              ;初值为 00H(最大值)
OUT  40H,AL              ;先写低字节
MOV  AL,AH
OUT  40H,AL              ;再写高字节
```

（2）计数器1：用于 DRAM 定时刷新（每隔15μs请求1次 DMA 传输）。

汇编语言程序段：

```
MOV AL,01010100B        ;初始化方式命令
OUT 43H,AL
MOV AL,12H              ;初值为 12H
OUT 41H,AL              ;只写低字节
```

（3）计数器2：用于产生约900Hz的方波使扬声器发声。

汇编语言程序段：

```
MOV AL,01010100B        ;初始化方式命令
OUT 43H,AL
MOV AX,533H             ;初值为 533H
OUT 42H,AL              ;先写低字节
MOV AL,AH
OUT 42H,AL              ;后写高字节
```

3. 定时/计数器82C54A 的应用举例

下面举例说明用户扩展的定时计数器的应用。扩展的定时/计数器82C54A 端口地址如表6-3所示。4个地址为0号计数器 = 304H，1号计数器 = 305H，2号计数器 = 306H，方式命令寄存器 = 307H。时钟脉冲频率为1.193 18MHz。

【例6.3】 82C54A 用于测量脉冲宽度。

（1）要求。某应用系统中，要求测量脉冲的宽度。系统提供的输入时钟 CLK = 1 MHz，采用二进制计数。

（2）分析。首先确定脉冲宽度的测量方案，从 82C54A 的工作方式中可以发现，在软启动时，门控信号 GATE 的作用是允许或禁止计数，因此可以利用 GATE 门进行脉冲宽度测量，把被测脉冲作为 GATE 门信号连接到某个计数器通道的 GATE 端（如通道 1 的 $GATE_1$）即可。在被测脉冲信号（即 $GATE_1$）为低电平时，载入计数初值，当被测脉冲信号（即 $GATE_1$）变为高电平时，开始计数，直至被测脉冲信号（即 $GATE_1$）变为低电平，停止计数，并锁存。然后读出通道 1 的当前值 n，最后得到脉冲宽度是（65 536 − n）μs。

（3）设计。为此，选择计数器通道 1 工作在 0 方式。82C54A 用于测量脉冲宽度的原理如图 6-30 所示。

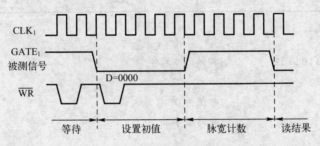

图 6-30　脉冲宽度测量原理图

为了充分利用计数器的长度，尽可能多计数，将计数初值设为最大值 0000H，设时钟脉冲为 1 MHz，所测得脉冲宽度的单位是 μs，故能够测得的最大脉冲宽度为 65 536 μs。

脉冲宽度测量汇编语言程序段：

```
MOV DX,307H          ;82C54A 的命令口
MOV AL,70H           ;方式命令
OUT DX,AL
MOV DX,305H          ;通道 1 数据口
MOV AX,0000H         ;定时常数低字节
OUT DX,AL
MOV DX,301H          ;82C54A 的命令口
MOV AL,AHH           ;定时常数高字节
OUT DX,AL
MOV  DX,307H         ;82C54A 的命令口
MOV AL,40H           ;通道 1 锁存存令
MOV DX,305H
IN   AL,DX           ;从通道 1 读当前计数值,保存到 BX
MOV BL,AL
IN   AL,DX
MOV BH,AL
MOV AX,0000H
SUB  AX,BX           ;65 536 − BX,可得被测脉冲的宽度
```

【例 6.4】82C54A 用于定时。

（1）要求。某应用系统中，要求每隔 5 ms 发出一个扫描负脉冲。系统提供的时钟 CLK 为 20 kHz，使用十进制计数。

（2）分析。

① 选择工作方式。为了产生每隔 5 ms 一次的连续的定时脉冲，选择 82C54A 的 2 方式是合适的。为此，利用 82C54 的计数器通道 2，将 OUT_2 作为定时脉冲输出。

③ 计算计数初值。将系统提供的 CLK 作为通道 2 的输入时钟 CLK_2，其周期 $T = 1/20\ kHz = 0.05\ ms$，按照要求定时时间为 5 ms，根据计算，可得定时常数为

$$T_C = 5\ ms/0.05\ ms = 100$$

（3）初始化程序。

汇编语言初始化程序段：

```
MOV DX,307H            ;82C54A 的命令口
MOV AL,95H             ;方式命令
OUT  DX,AL;
MOV DX,306H            ;通道 2 数据口
MOV AL,100             ;定时常数
OUT  DX,AL
```

【例 6.5】82C54A 用于分频。

（1）要求。某应用系统中，要求产生 $f = 1\ 000\ Hz$ 的方波。系统提供的输入时钟 $CLK = 1.193\ 18\ MHz$，采用二进制计数。

（2）分析。

① 选择工作方式。为了产生方波，选择 82C54A 的 3 方式是合适的。为此，利用 82C54A 的计数器通道 0，将 OUT_0 作为方波输出。

② 计算计数初值。将系统提供的 CLK 作为通道 0 的输入时钟 CLK_0，按照要求输出 $OUT_0 = 1\ 000\ Hz$ 的方波，根据计算，可得定时常数为

$$T_C = CLK_0/OUT_0 = 1.193\ 18\ MHz/1\ 000\ Hz = 1\ 193 = 4A9H$$

（3）初始化程序。

汇编语言初始化程序段：

```
MOV DX,307H            ;82C54A 的命令口
MOV AL,36H             ;方式命令
OUT DX,AL;
MOV DX,304H            ;通道 0 数据口
MOV AX,4A9H
OUT DX,AL             ;装入定时常数低字节
MOV AL,AH
OUT DX,AL             ;装入定时常数高字节
```

【例 6.6】82C54A 同时用于计数与定时。

（1）要求。某罐头包装流水线，一个包装箱能装 24 罐，要求每通过 24 罐，流水线要暂停 5 s，等待封箱打包完毕，然后重启流水线，继续装箱。按 Ese 键则停止生产。

（2）分析。为了实现上述要求，有两个工作要做：一是对 24 罐计数；二是对 5 s 停顿定时。并且，两者之间又是相互关联的。因此，选用定时器的通道 0 作为计数器，通道 1 作为定时器，并且把通道 0 的计数（24）输出信号 OUT_0，连接到通道 1 的 $GATE_1$ 线上作为外部硬件启动信号触发通道 1 的 5 s 定时，控制流水线的暂停与重启。其工作流程与定时器 82C54A 信号之间的关系如图 6-31 所示。

（3）设计：

① 硬件设计。硬件设计的电路结构原理如图 6-32 所示。82C54A 的端口地址如表 6-3 所示，其 4 个端口为 304H（通道 0）、305H（通道 1）、306H（通道 2）、307H（命令口）。

图 6-32 中虚线框是流水线工作台示意图，其中罐头计数检测部分的原理是，罐头从光源和光敏电阻（R）之间通过时，在晶体管（VT）发射极上会产生罐头的脉冲信号，将此脉冲信号作为计数脉冲，接到通道 0 的 CLK_0，对罐头进行计数。

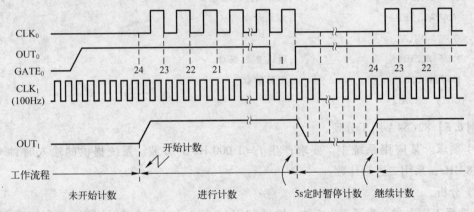

图 6-31　工作流程与定时器信号之间的关系

通道 0 作为计数器，工作在 2 方式，它的输出端 OUT_0 直接连到通道 1 的 $GATE_1$，用作通道 1 定时器的外部硬件启动信号，这样就可以实现一旦计数 24 罐，OUT_0 变高，$GATE_1$ 变高，触发通道 1 的定时操作。

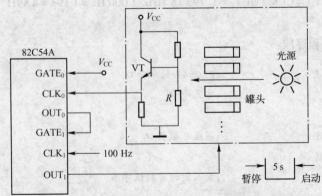

图 6-32　包装流水线计数定时装置电路结构原理

通道 1 作为定时器，工作在 1 方式，$GATE_1$ 由通道 0 的输出 OUT_0 控制，CLK_1 为 100Hz 时钟脉冲。输出端 OUT_1 送到流水线工作台，进行 5 s 的定时。OUT_1 的下降沿使流水线暂停，通道 0 也停止计数。经 5 s 后变高，其上升沿使流水线重新启动，继续工作，通道 0 又开计数。

流水线的工作过程是，在向通道 0 写入计数初值时，即开始对流水线上的罐头进行计数。计满 24 个罐头，计数器输出波形 OUT_0（即 $GATE_1$）的上升沿，触发通道 1 开始定时。定时器输出波形 OUT_1 的下降沿使工作台暂停，经过 5 s 后，OUT_1 的上升沿启动工作台，流水线又开始工作，通道 0 又继续进行计数。

为了方便读数，通道 0 和通道 1 均采用十进制计数。

② 软件设计。根据上述硬件设计的安排和设计目标的要求，可做以下设定。

通道 0 的方式命令为 0001 0101B = 15H，因为每箱只装 24 个罐头，故通道 0 的计数初值为 24 = 18H。

通道 1 的方式命令为 0111 0011B = 73H，因为每次只暂停 5 s，根据前式计算，可得通道 1 的定时常数为 $5 \times 200 = 1000 = 3E8H$。

包装流水线汇编语言程序段（只写出代码段）如下：

```
CODE SEGMENT
ASSUME CS:CODE,DS:DATA
START:
    MOV DX,307H              ;通道 0 初始化
    MOV AL,15H
    OUT DX,AL
    MOV DX,304H              ;写通道 0 计数初值
    MOV AL,24
    OUT DX,AL
    MOV DX,307H              ;通道 1 初始化
    MOV AL,73H
    OUT DX,AL
    MOV AX,1000             ;写通道 1 定时系数
    MOV DX,305H
    OUT DX,AL                ;先写低字节
    MOV AL,AH
    OUT DX,AL                ;后写高字节
CHECK:MOV AH,0BH             ;是否有键按下
    INT 21H
    CMP AL,00H
    JE   CHECK               ;无键,则等待
    MOV AH,08H               ;有键,是否为 Esc 键
    INT  21H
    CMP AL,1BH
    JEN CHECK
    MOV AX,4C00H            ;是 Esc 键,则返回 DOS
```

```
    INT  21H
    CODEENDS
    ENDSTART
```

（4）讨论。本例是 82C54A 作计数器使用，同时又做定时器使用，并且，把 0 号计数器的 OUT_0 的上升沿作为 1 号计数器的启动信号 $GATE_1$，启动定时器开始定时，两者相互作用。

应该指出的是，82C54A 作为计数器使用时，计数的次数（如本例的 24 罐）就是计数初值，无须换算，直接把计数次数写入计数器通道即可；而做定时器使用时，定时的时间（如本例的 5 s）不能直接作为计数初值（定时常数），需把定时的时间换算成定时常数（如本例的 1000），然后再写入计数器通道。

下面举例说明微型计算机系统中定时计数器的应用。

【例 6.7】 计时器设计。

（1）要求。设计一个计一天时间的日计时器——日时钟。

（2）分析。新计时单位的建立。

人们的计时习惯是以 s、min 和 h 为单位来计一天的时间的。但 82C54A 不能直接提供秒、分、小时的计时单位，因此，要利用 82C54A 来计一天的时间，就必须找到一个合适的新的计时单位。

事实上，时间也不一定要按照 s、min、h 这些单位去计量。因为，一天的时间是一个周期性的变量，可以把 24 h 看成一个常数，只要能够找到一个定时准确的新单位（不是秒、分、时），用这个单位去度量一天 24 h 里包含多少个这种计时单位就可以了。所以，问题归结为如何找到一个定时准确的度量时间的单位。82C54A 工作在 3 方式下，输出一系列方波，这种方波的周期是准确的，可以作为定时单位。例如，选用 82C54A 的计数器 0，让其工作在 3 方式下，计数初值设置为最大值 65 536。当输入时钟 $CLK_0 = 1.193\ 181\ 6$ MHz 时，则输出方波的频率为

$$F_{OUT0} = 1.193\ 181\ 6 \text{ MHz}/65\ 536 = 18.2 \text{ Hz}$$

输出方波的周期为

$$T_{OUT0} = 1/18.210\ 00 \text{ ms} = 54.945 \text{ ms}$$

这个方波的周期是准确的，可以利用这个 54.945 ms 作为计时单位。接下来的工作是如何利用 54.945 ms 这个新计时单位去计一天的时间。为此，用这个计时单位去除一天的时间，看一天时间内包含多少个 54.945 ms。

$$1 \text{ 天} = 2\ 460\ 601\ 000 \text{ ms}/54.945 \text{ ms} = 1\ 573\ 040（计时单位）$$

若以十六进制表示，则为 0018 00B0H 个计时单位。同理，可得 1 h 包含 65 543 个计时单位，1 min 包含 1 092 个计时单位，1 s 包含 18.2 个计时单位。换句话说，计满了 1 573 040 个计时单位就是 1 天，计满 65 543 个计时单位就 1 h，计满 1 092 个计时单位就是 1 min，计满 18.2 个计时单位就是 1 s。这就是新计时单位的计数机构。

至此，我们已找到了准确的计时单位——54.945 ms，也算出了一天 24 h 包含的计时单位数为 1 573 040。但如何把这些计时单位一个一个累积起来进行定时呢？可以利用将 82C54A 输出的方波 OUT_0 连到中断控制器 82C59A 的 IR_0 上，定时地申请中断，并在中断服务程序中进行加 1 操作的办法，来实现对新计时单位的累加，从而完成一天内计时的任务。

新计时单位的计数机构具体做法是，在 BIOS 数据区，开辟两个存储单元，即两个双字变量，以便存放每次中断加 1 的计数值。双字变量分别为高双字变量 TIMER_HI（地址 40H：6CH）和

低双字变量 TIMER_LO（地址 40H：6EH）。82C54A 输出的方波每隔 54.945 ms 申请 1 次中断，然后，进入中断服务程序，中断服务程序只做加 1 操作。也就是每隔 54.945 ms 申请 1 次中断，每 1 次中断就在双字变量中加 1。先在低双字变量中加 1。计满 65 536 次后复位，并向高双字变量中进 1，一直加到当 TIMER_LO = 00B0H，TIMER_HI = 0018H 时，就计到 24 h。然后清零，再重新在低双字变量中加 1，又开始第二天的计时。

（3）设计：

① 硬件设计。日时钟的硬件主要由定时/计数器 82C54A 和中断控制器 82C59A 构成，其工作原理如图 6-33 所示。该图还画出了在日时钟运行时对内存 RAM 的使用情况。

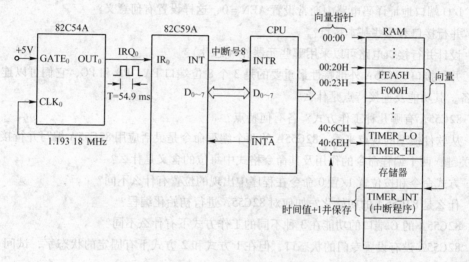

图 6-33　日时钟运行原理示意图

② 软件设计。在微型计算机中，日时钟定时中断是 82C54A 的 OUT_0 通过 IRQ_0 向 CPU 申请的可屏蔽中断 8。从计时的角度来看，中断 8 的服务程序的主要内容是在两个双字变量中加 1。然而，中断 8 还附带其他一些操作（如完成调用软中断 INT ICH），这些操作与计时无关，故不做讨论。

习　题　6

1. 接口技术在微型计算机应用中起什么作用？
2. 微型计算机接口技术的基本任务是什么？
3. 什么是接口分层次的概念？这一概念是基于什么原因提出的？它的提出对微型计算机接口技术的整合有什么意义？对微型计算机接口技术体系的形成有什么作用？
4. 什么是 I/O 设备接口？
5. I/O 设备接口一般应具备哪些功能？
6. I/O 设备接口由哪几部分组成？
7. I/O 设备接口与 CPU 之间交换数据有哪几种方式？
8. 分析与设计 I/O 设备接口的基本方法是什么？
9. 在接口电路中，如何实现设备选择功能？
10. 什么是端口？在一个接口电路中一般拥有几种端口？

11. 什么是端口共用技术？一般采用哪些方法处理端口地址共用问题？

12. 微型计算机系统中有哪两种 I/O 端口地址的编址方式？各有何特点？

13. 输入/输出指令（IN/OUT）与 I/O 读/写控制信号（RD/WR）有什么对应关系？

14. 在设计 I/O 设备接口时，为防止地址冲突，应该怎样选用 I/O 端口地址？

15. I/O 端口地址译码电路的作用是什么？试分析根据 I/O 地址译码电路的输出信号选择接口芯片的物理含义？

16. I/O 端口地址译码电路设计需要考虑哪几个问题？

17. I/O 端口地址译码电路设计的灵活性很大，体现在哪些方面？

18. I/O 端口地址译码电路中通常设置 AEN = 0，这样设置有何意义？

19. 并行接口有哪些基本特点？

20. 设计并行接口电路可以采用哪些元器件（芯片）？

21. 并行接口 82C55A 外部特性最重要的是 3 个 8 位端口 PA、PB 和 PC，它们可以连接任何并行设备，其功能及连接特点是什么？

22. 82C55A 有哪几种工作方式？各有何特点？

23. 从软件模型的观点来看，82C55A 的两个编程命令是灵活应用 82C55A 编写并行接口控制程序的关键，两个编程命令的作用及其命令格式中每位的含义是什么？

24. 方式命令和按位置 1/置 0 命令在程序中出现的位置有什么不同？

25. 什么是 82C55A 的初始化？如何对 82C55A 进行初始化编程？

26. 82C55A 的 C 端口的功能在 3 种不同的工作方式下有什么不同？

27. 82C55A 没有设置专门的状态口，但在 1 方式和 2 方式下有固定的状态字，试问 CPU 是从 82C55A 哪个端口读入状态字的？

28. 用目测就能够判断 99H 与 0FH 分别是 82C55A 的什么命令？为什么？

29. 如果将 0A4H 写入 82C55A 的命令寄存器，那么 A 组和 B 组的工作方式及引脚输入/输出的配置情况如何？

30. 如果要求将 82C55A 的 A 端口、B 端口和 C 端口设置为 0 方式，且 A 端口和 B 端口用于输入而 C 端口用于输出，那么应向命令寄存器写入什么方式的命令字？

31. 如果把 03H 代码写入 82C55A 的命令寄存器，那么这个"按位置 1/清 0"命令将对 C 端口的哪一位进行操作？该位是被置 1 还是清 0？

32. 试编写从 C 端口的 PC_7 引脚输出一个正脉冲和从 PC_3 引脚输出一个负脉冲的程序段？

33. 试编写一个从 PC_0 输出连续方波的程序段？

34. 如何利用 82C55A 设计一个声 – 光报警器接口？（可参考例 6.1）

35. 如何利用 82C55A 设计一个步进电动机接口？（可参考例 6.2）

36. 定时与计数技术在微型计算机系统中有什么作用？

37. 定时与计数是什么关系？

38. 微型计算机系统中有哪两种不同的定时系统？各有何特点？

39. 何谓时序配合？

40. 微型计算机系统中有哪两种外部定时方法？各有何优缺点？

41. 可编程定时/计数器 82C54A 的基本特点是什么？

42. 用软件模型的方法来分析定时/计数器 82C54A，它内部包含哪些寄存器？如何对其进行编程访问？

43. 82C54A 有 6 种工作方式，其中使用最多的是哪几种方式？区分不同工作方式应从哪三个方面进行分析？

44. 计数初值或定时常数有什么作用？如何计算 82C54A 的定时常数？

45. 计数初值可自动重装和不可自动重装对 82C54A 的输出波形会有什么不同？

46. 82C54A 初始化编程包含哪两项内容？

47. 82C54A 作为微型计算机系统重要的外围支持芯片，它的三个计数通道在微型计算机系统中的具体应用如何？

48. 在使用定时/计数器时，分两种情况，一是利用系统配置的定时/计数器，二是自行扩展定时/计数器。用户使用这两种资源时，所做的工作有哪些不同？

49. 假设 82C54A 的端口地址为 304H ～ 307H，试按下列要求，分别编写 3 个计数通道的初始化及计数器初值装入程序段（指令序列）。

计数器 0：二进制计数，工作在 0 方式，计数初值为 1234H。

计数器 1：BCD 码计数，工作在 2 方式，计数初值为 100H。

计数器 2：二进制计数，工作在 4 方式，计数初值为 55H。

50. 计数通道 0，工作在 0 方式，$GATE_0 = 1$，$CLK_0 = 1.193\,18$ MHz。若将十进制数 100 输入计数器，试计算直到计数通道 0 的输出端出现正跳边时的延迟时间？

51. 计数通道 1，工作在 1 方式，$CLK_1 = 1.193\,18$ MHz，$GATE_1$ 由外部控制，写入计数初值为十进制数 10。试问计数通道 1 的输出脉冲宽度是多少？

52. 计数通道 1，工作在 2 方式，$CLK_1 = 1.193\,18$ MHz，$GATE_1 = 1$，写入计数初值为十进制 18。试问输出负脉冲的宽度是多少？输出连续波形的周期是多少？

53. 若要求产生 25 kHz 的方波，则应向方波发声器写入的计数初值是多少？方波发声器的 GATE = 1，CLK = 1.193 18 MHz。

54. 若要求产生 1 ms 的定时，则应向定时器写入的计数初值是多少？定时器工作在 0 方式，GATE = 1，CLK = 1.193 18 MHz。

55. 采用计数通道 0，设计一个循环扫描器。要求扫描器每隔 10 ms 输出宽度为 1 个时钟的负脉冲。定时器的 $CLK_0 = 100$ kHz，$GATE_0 = 1$，端口地址为 304H ～ 307H。试编写初始化程序段和计数初值装入程序段。

56. 采用计数通道 1，设计一个分频器。输入的时钟信号 $CLK_1 = 1\,000$ Hz，要求 OUT_1 输出的高电平和低电平均为 20 ms 的方波。$GATE_1 = 1$，端口地址为 304H ～ 307H。试编写初始化程序段和计数初值装入程序段。

57. 已知 82C54A 的计数时钟频率为 1 MHz，若要求 82C54A 的计数通道 2，每隔 8 ms 向 CPU 申请 1 次中断，则如何对 82C54A 进行初始化编程和计数初值的计算与装入？

58. 如何利用 82C54A 设计一个分频器？（可参考例 6.4）

59. 如何利用 82C54A 设计一个在生产线上既作为计数又作为定时用的装置？（可参考例 6.5）

60. 如何利用 82C54A 设计一个定时器？（可参考例 6.6）

61. 如何利用 82C54A 设计一个发长短声音的发声器？（可参考例 6.7）

第7章 | 总 线 技 术

7.1 总线的作用及组成

7.1.1 总线的作用

从硬件的角度来说，任何一个基于 CPU 的微型计算机系统都是由 CPU、存储器系统和 I/O 系统 3 个部分通过总线互相连接而成的，如图 7-1 所示。

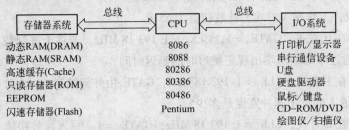

存储器系统	CPU	I/O系统
动态RAM(DRAM)	8086	打印机/显示器
静态RAM(SRAM)	8088	串行通信设备
高速缓存(Cache)	80286	U盘
只读存储器(ROM)	80386	硬盘驱动器
EEPROM	80486	鼠标/键盘
闪速存储器(Flash)	Pentium	CD-ROM/DVD
		绘图仪/扫描仪

图 7-1 微型计算机系统组成框图

总线是连接 CPU、存储器、外围设备构成微型计算机系统，进行各成员之间相互通信的公共通路。在这个通路上传送微型计算机系统运行程序所需要的地址、数据及控制（指令）信息。而传输信息所需要的载体就是一组传输线，即微型计算机总线，包括地址总线、数据总线和控制总线。因此，总线是微型计算机体系结构的重要组成部分，也是接口的直接连接对象，接口设计者都应该了解和熟悉。

总线最基本的任务是 CPU 对外连接和传输信息。存储器和外围设备是通过总线连接到系统中去的；CPU 运行程序所需要的指令、数据、状态信息是通过总线从存储器或外围设备获取与返回的。如果没有总线的连接和传输信息，CPU、存储器、外围设备各部分就不可能形成一个有机的整体来运行程序。

7.1.2 总线的组成

所谓总线，笼统地来讲，就是一组传输信息的信号线。微型计算机系统所使用的总线，都由以下几部分信号线组成。

1. 数据总线

数据总线传输数据，采用双向三态逻辑。ISA 总线是 16 位数据线，PCI 总线是 32 位或 64 位数据线。数据总线宽度表示总线的数据传输能力，反映了总线的性能。

2. 地址总线

地址总线传输地址信息，采用单向三态逻辑。总线中的地址线数目决定了该总线构成的微型计算机系统所具有的寻址能力。例如，ISA 总线有 20 位地址线，可寻址 1 MB；扩展后的地址线也只有 24 位，可寻址 16 MB；PCI 总线有 32 位或 64 位地址线，可寻址 4 GB 或 2^{64} B。

3. 控制总线

控制总线传输控制和状态信号，如 I/O 读/写信号线、存储器读/写线、中断请求/回答线、地址锁存线等。控制总线有的为单向，有的为双向；有的为三态，有的为非三态。控制总线是最能体现总线特色的信号线，它决定了总线功能的强弱和适应性。一种总线标准与另一种总线标准最大的不同就在控制总线上，而它们的数据总线、地址总线往往都是相同或相似的。

4. 电源线和地线

电源线和地线分别决定总线使用的电源种类及地线分布和用法，如 ISA 总线采用 ± 12 V 和 ±5 V，PCI 总线采用 +5 V 或 +3 V，笔记本式计算机 PCMCIA 总线采用 +3.3 V。电源已在向3.3 V、2.5 V 和 1.7 V 方向发展。这表明计算机系统正在向低电平、低功耗的节能方向发展。

以上几部分信号线所组成的系统总线，一般都做成标准的插槽形式。插槽的每个引脚都定义了一根总线的信号线（数据线、地址线或控制信号线），并按一定的顺序排列，这种插槽称为总线插槽。微型计算机系统内的各种功能模块（插板），就是通过总线插槽连接的。

7.2　总线标准及总线的性能参数

1. 总线标准

微型计算机系统各组成部件之间，通过总线进行连接和传输信息时，应遵守一些协议与规范。这些协议与规范称为总线标准，包括硬件和软件两个方面，如总线工作时钟频率、总线信号线定义、总线系统结构、总线仲裁机构与配置机构、电气规范、机械规范和实施总线协议的驱动与管理程序等。平时通常说的总线，实际上指的是总线标准，简称总线，如 ISA 总线、EISA 总线、PCI 总线。不同的标准，就形成不同类型和同一类型不同版本的总线。

除上述微型计算机系统内部的总线外还有外部总线，它们是系统之间或微型计算机系统与I/O 设备之间进行通信的总线，也有各自的总线标准。例如，微型计算机与微型计算机之间所采用的 RS - 232C/RS - 485 总线，微型计算机与智能仪器之间所采用的 IEEE - 488/VXI 总线，以及目前流行的微型计算机与 I/O 设备之间的 USB 和 IEEE1394 通用串行总线等。

2. 总线的性能参数

一般从如下几个方面评价一种总线的性能。

（1）总线频率。即总线的工作频率，以 MHz 表示，它是反映总线工作速率的重要参数。

（2）总线宽度。即数据总线的位数，用 bit（位）表示，如 8 位、16 位、32 位和 64 位总线宽度。

（3）总线传输率。即单位时间内总线上可传输的数据总量，用每秒最大传输数据量，单位用MB/s 表示。

$$总线传输率 = （总线宽度 \div 8 \ 位）\times 总线频率$$

例如，若 PCI 总线的工作频率为 33 MHz，总线宽度为 32 位，则总线传输率为 132MB/s。

（4）同步方式。同步的方式有同步和异步之分。在同步方式下，总线上主模块与从模块进行一次传输所需的时间（即传输周期或总线周期）是固定的，并严格按系统时钟来统一定时主、从模块之间的传输操作。只要总线上的设备都是高速的，总线的带宽便允许很宽。

在异步方式下，采用应答式传输技术，允许模块自行调整响应时间，即传输周期是可以改变的，故总线带宽减少。

（5）多路复用。若地址线和数据线共用同一物理线，即某一时刻该线上传输的是地址信号，而另一时刻传输的是数据或总线命令，则将这种一条线多用的技术，称为多路复用。若地址线和数据线在物理上是分开的，就属非多路复用。采用多路复用，可以减少总线的线数。

（6）负载功能。负载功能一般用"可连接的扩增电路板的数量"来表示。其实这并不严密，因为不同电路插板对总线的负载是不一样的，即使是同一电路插板在不同的工作频率的总线上，所表现出的负载也不一样，但它基本上反映了总线的负载能力。

（7）信号线数。信号线数表明总线拥有多少信号线，是数据线、地址线、控制线及电源线的总和，信号线数与性能不成正比，但与复杂度成正比。

（8）总线控制方式。总线控制方式包括传输方式（猝发方式）、设备配置方式（如设备自动配置）和中断分配及仲裁方式等。

（9）其他性能指标。其他性能指标有电源电压等级、能否扩展64位宽度等。

7.3　总线传输操作过程

总线最基本的任务是传输数据，而数据的传输是在主模块的控制下进行的，只有 CPU 及 DMA 这样的主模块才有控制总线的能力。从模块没有控制总线的能力，但可对总线上传来的地址信号进行地址译码，并且接受和执行总线主模块的命令及数据。总线完成一次数据传输操作（包括 CPU 与存储器之间或 CPU 与 I/O 设备之间的数据传输），就是一个传输周期，一般要经过 4 个阶段。

（1）申请与仲裁阶段。当系统中有多个主模块时，要求使用总线的主模块必须提出申请，并由总线仲裁机构确定把下一个传输周期的总线使用权给哪个主模块。

（2）寻址阶段。取得总线使用权的主模块通过总线发出本次打算访问的从模块的存储器地址或 I/O 端口地址及有关命令，并通过译码选中参与本次传输的从模块，开始启动。

（3）传输阶段。主模块和从模块之间进行数据传输，数据由源模块发出，经数据总线流入目的模块（源模块和目的模块都可能是主模块或从模块）。

（4）结束阶段。主从模块的有关信息均从系统总线上撤除，让出总线，为下一次传输做好准备或让给其他模块使用。

7.4　总线与接口的关系

前面谈到，外围设备是通过总线连接到系统中去的，但设备并非直接与总线连接，而是通过设备接口连接到总线上去的，接口才是直接挂在系统总线上的。因此，接口与总线的关系极为密切，接口技术是随着总线技术的发展而提升的。如果微型计算机系统采用的总线改变了，则接口设计也一定要做相应的改变，这就是接口对总线的依赖性，或接口与总线的相关性。

从设计的角度来看，总线是 I/O 接口面向 CPU 一侧的连接对象，直接与接口电路进行连接，因此，总线是 I/O 接口硬件设计中 I/O 设备之外的另一个必须考虑的因素。

现代微型计算机系统中采用多总线、多层次的总线结构，不同的总线，与之连接的接口也不同。例如，高速总线通过高速接口（桥）与高速设备连接，低速总线通过低速接口与低速设备连接，这是现代微型计算机中通常采用的方案。

下面从接口与总线的依赖性来讨论早期微型计算机和现代微型计算机两种不同总线结构下接口与总线的连接，以及总线结构变化对接口技术的影响。

7.5 ISA 总 线

ISA 总线是现代微型计算机系统中为了延续老的、低速 I/O 设备而保留的一个总线（层次）。因此，ISA 总线在早期微型计算机系统的总线结构中，称为系统总线，而在现代微型计算机系统的多总线结构中，称为本地总线或用户总线。

7.5.1 ISA 总线的特点

ISA 总线，亦称 AT 总线，是由 Intel 公司、IEEE 和 EISA 集团联合开发的与 IBM/AT 原装机总线意义相近的系统总线。它具有 16 倍数据宽度、24 位地址宽度，最高工作频率为 8 MHz，数据传输率达到 16 MB/s。其主要使用特点有以下几个方面：

（1）支持 16 MB 存储器地址的寻址能力和 64 KB I/O 端口地址的访问能力；

（2）支持 8 位和 16 位的数据读写能力；

（3）支持 15 级外部硬件中断处理和 7 级 DMA 传输能力；

（4）支持的总线周期，包括 8/16 位的存储器读/写周期、8/16 位 I/O 读/写周期、中断周期和 DMA 周期。

可见，ISA 总线是一种 16 位并且兼容 8 位微型计算机系统的总线，即 ISA 总线具有向上与 PC 总线兼容的特点，曾得到广泛的应用。

7.5.2 ISA 总线的信号线定义

ISA 总线 98 芯插槽引脚分布如图 7-2 所示，其中，62 线分 A/B 两面，32 线分 C/D 两面。98 根线分为地址线、数据线、控制线、时钟线和电源线 5 类。简要介绍如下：

1）地址线

$SA_0 \sim SA_{19}$ 和 $LA_{17} \sim LA_{23}$。$SA_0 \sim SA_{19}$ 是可以锁存的地址信号，$LA_{17} \sim LA_{23}$ 为非锁存地址信号，其中，$SA_{17} \sim SA_{19}$ 和 $LA_{17} \sim LA_{19}$ 是重复的。

2）数据线

$SD_0 \sim SD_{15}$。$SD_0 \sim SD_7$ 为低 8 位数据信号，$SD_8 \sim SD_{15}$ 为高 8 位数据信号。

3）控制线

（1）AEN 地址允许信号，高电平有效，输出线。AEN = 1，表明处于 DMA 周期中；AEN = 0，表示处于非 DMA 控制周期中。此信号用于 DMA 期间禁止 I/O 端口的地址译码。

（2）BALE 地址锁存允许信号，输出线。该信号由 8288 总线控制器提供，作为 CPU 地址的有效标志。当 BALE 为高电平时，CPU 发出地址到系统总线，其下降沿将地址信号 $SA_0 \sim SA_{19}$ 锁存。

（3）$\overline{\text{IOR}}$。I/O 读命令，输出线，低电平有效，表示从 I/O 端口（I/O 设备）读取数据。

（4）$\overline{\text{SMEMR}}$和$\overline{\text{SMEMW}}$。存储器读/写命令，低电平有效，用于对 $SA_0 \sim SA_{19}$ 这 20 位地址寻址的 1MB 内存的读/写操作。

（5）$\overline{\text{MEMR}}$和$\overline{\text{MEMW}}$。存储器读/写命令，低电平有效，用于 24 位地址线全部存储器周期或 16 位 I/O 周期。

（6）$\overline{\text{MEMCS}}_{16}$和$\overline{\text{I/OCS}}_{16}$。它们分别是存储器 16 位片选信号和 I/O 设备 16 位片选信号，指明当前的数据传输是 16 位存储器周期或 16 位 I/O 周期。

（7）SBHE。总线高字节允许信号，高电平有效，该信号有效表示数据总线上传输的是高位字节数据。

（8）$IRQ_3 \sim IRQ_7$ 和 $IRQ_{10} \sim IRQ_{15}$。I/O 设备的中断请求输入线，分别连到主 8259 和从 8259 中断控制器的输入端。其中，IRQ_0、IRQ_1 和 IRQ_8 分别作为日时钟、键盘及实时钟中断使用，IRQ_2 作为级联输入使用，IRQ_{13} 留给数据协 CPU 使用，它们都不在总线上出现。优先级排队是 IRQ_0 最高，依次为 IRQ_1、$IRQ_8 \sim IRQ_{15}$，然后是 $IRQ_3 \sim IRQ_7$。

（9）$DRQ_1 \sim DRQ_2$ 和 DRQ_0、DRQ_5、DRQ_6、DRQ_7。I/O 设备的 DMA 请求输入线，分别连到主 8237 和从 8237DMA 控制器输入端。DRQ_0 优先级最高，DRQ_7 最低。DRQ_4 用于主从 8237 的线联线，故不出现在总线上。

（10）$\overline{\text{DACK}}_1 \sim \overline{\text{DACK}}_3$ 和 $\overline{\text{DACK}}_0$、$\overline{\text{DACK}}_5$、$\overline{\text{DACK}}_6$、$\overline{\text{DACK}}_7$。DMA 回答信号，低电平有效。有效时，表示 DMA 请求被接受，DMA 控制器占用总线，而进入 DMA 周期。

（11）T/C。DMA 传输计数结束信号，输出线，高电平有效。有效时，表示 DMA 传输的数据已达到其程序预置的字节数，用于结束一次 DMA 数据块传输。

（12）$\overline{\text{MASTER}}$。输入信号，低电平有效。该信号由要求占用总线的有主控能力的 I/O 设备卡驱动，并与 DRQ 一起使用。I/O 设备的 DRQ 得到确认（DACK 有效）后，才驱动$\overline{\text{MASTER}}$，从此该设备保持对总线的控制直到$\overline{\text{MASTER}}$无效。

（13）RESET DRV。系统复位信号，输出线，高电平有效。当系统电源接通时为高电平，当所有的电平都达到规定后变为低电平。该信号用于复位和初始化

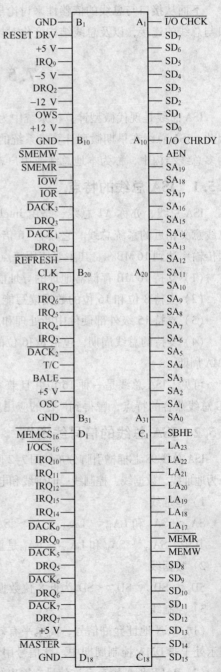

图 7-2　ISA 总线 98 芯插槽信号线分布

接口及 I/O 设备。

（14）$\overline{\text{I/OCHCK}}$。I/O 通道检查，输出线，低电平有效。当扩展卡上的存储器或 I/O 端口程序奇偶校验出错时，该信号有效，并产生一次不可屏蔽中断。

（15）I/O CHRDY。I/O 通道就绪，输入线，高电平有效，表示就绪。若扩展卡中的存储器或 I/O 设备速度慢而跟不上 CPU 的总线周期，则该信号变低，使微处理器在正常总线周期中插入等待状态 T_W，但最多不能超过 10 个时钟周期。可见，该信号作为提供低速 I/O 或存储器请求延长总线周期之用。

（16）$\overline{\text{OWS}}$。零等待状态信号。该信号为低电平时，无须插入等待周期。

（17）其他信号线。有时钟 OSC/CLK，以及电源 ±12 V、±5 V、地线等。

7.5.3 ISA 总线与 I/O 设备接口的连接

早期微型计算机采用单级总线即 ISA 总线，总线不分层次，各类外设和存储器都通过各自的接口电路连到同一个 ISA 总线上。用户可以根据自己的要求，选用不同类型的外设及设备相应的接口电路，把它们挂在 ISA 总线上，构成不同用途、不同规模的应用系统，如图 7-3 所示。

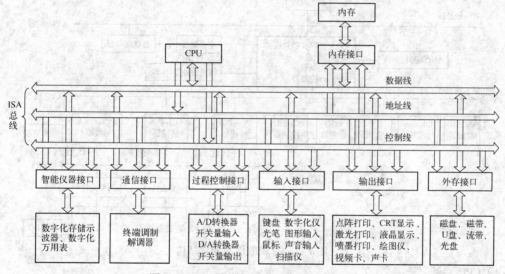

图 7-3　ISA 总线与 I/O 设备接口的连接

在这种单线总线结构下，接口也不需要分层次，设备进入系统只有一层接口。CPU 与设备之间的信息交换通过接口直接传递，无须进行映射。因此，早期 ISA 总线的接口设计比较容易实现。

7.6　现代微型计算机总线技术的新特点

本节先从现代微型计算机总线技术的特点开始，建立对总线技术发展的新概念和新技术的了解，现代微型计算机总线技术的重点是 PCI 总线接口设计，其内容比较复杂，技术难度较大。

7.6.1　多总线技术

随着微型计算机应用领域的扩大，所使用的 I/O 设备门类不断增加，且性能的差异越来越大，特别是传输速度的差异，微型计算机系统中传统的单一系统总线的结构已经不能适应发展的要求。为此，现代微型计算机系统中采用多总线技术，满足各种应用要求。因此，在继多处理器、多媒体技术之后，又出现了多总线技术。

所谓多总线是在一个微型计算机系统中同时存在几种性能不同的总线，并按其性能的高低分层次组织。高性能的总线如 PCI 总线，安排在靠近 CPU 总线的位置；低性能的总线加 ISA 总线，放在离 CPU 总线较远的位置。这样可以把高速的新型 I/O 设备通过桥挂在 PCI 总线上，慢速的传统 I/O 设备通过接口挂在 ISA 总线上。这种分层次的多总线结构，能容纳不同性能的设备，并各得其所。因此，多总线的应用使微型计算机系统的先进性与兼容性得到了比较好的结合。

7.6.2 总线的层次化结构

作为 CPU、存储器和 I/O 设备之间的信息通路的总线，往往成为微型计算机系统中信息流的瓶颈，因此需要高性能的总线；另一方面，由于 I/O 设备的多样性，外设中包含了一些低速的 I/O 设备，它们不能适应高性能的总线。为了解决这一矛盾，首先是在系统中增加总线的类型，其次是按总线的性能分层次，即所谓的多总线层次结构。

现代微型计算机系统中，采用多总线的层次化结构。层次化总线结构主要有 3 个层次；CPU 总线、PCI 总线、本地总线，如图 7-4 所示。

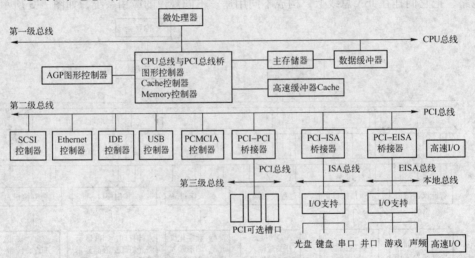

图 7-4　总线的层次变化结构

1）CPU 总线

CPU 总线提供系统的数据、地址、控制、命令等信号，同时也是系统中各功能部件传输代码的最高速度的通路，因此又称系统的 Host 总线。Host 总线与存储器及一些超高速的外围设备（如图形显示器）相连，以充分发挥系统的高速性能。

2）PCI 总线

PCI 总线是系统中信息传输的次高速通路，它处于 CPU 总线和本地总线 ISA 之间。一些高速外设（如磁盘驱动器、网卡）挂在 PCI 总线上，提供高速外设与 CPU 之间的通路。PCI 总线以其高性价比和跨平台特点，已成为不同平台的微型计算机乃至工作站的标准总线。

3）本地总线

本地总线又称用户总线，如 ISA 总线，是早期微型计算机使用的系统总线。提供系统与一般速度或慢速设备的连接，一般用户自己开发的功能模块可挂在 ISA 总线上。

PCI 总线和本地总线 ISA 两者均作为 I/O 设备接口总线。实际上，PCI 总线是为了适应高速

I/O 设备的需求而推出的一个总线（层次），而 ISA 总线是为了延续传统的、低速 I/O 设备而保留的一个总线（层次）。

7.6.3 总线桥

1）总线桥

在采用多个层次的总线结构中，由于各个层次总线的频宽不同，控制协议不同，故在总线的不同层之间必须有"桥"过渡，即要使用总线桥。

所谓总线之间的桥，简单来说就是一个总线转换器和控制器，也可以称为两种不同总线之间的"总线接口"，它实现 CPU 总线到 PCI 总线和 PCI 总线到本地总线（如 ISA 总线）的连接与转换，并允许它们之间相互通信。连接 CPU 总线与 PCI 总线的桥，称为北桥；连接 PCI 总线与本地总线（如 ISA 总线）的桥，称为南桥。桥的内部包含一些相当复杂的兼容协议及总线信号和数据的缓冲电路，以便把一条总线映射到另一条总线上，实现将 PnP 的配置空间也放在桥内。桥可以是一个独立的电路，即一个单独的、通用的总线桥芯片，也可以与内存控制器或 I/O 设备控制器组合在一起，如高速 I/O 设备的接口控制器中就包含总线桥的电路。

2）PCI 总线芯片

实现这些总线桥功能的是一组大规模集成专用电路，称为 PCI 总线芯片组成的 PCI 总线组件。随着 CPU 性能的迅速提高及产品种类增多，在保持微型计算机主板结构不变的前提下，只改变这些芯片组的设计，即可使系统适应不同 CPU 的要求。

为了使高速 I/O 设备能直接与 PCI 总线连接，一些 I/O 设备专业厂商推出了一大批 PCI 总线的 I/O 设备控制器大规模集成芯片。这些芯片带有 PCI 接口，将高速 I/O 设备通过桥挂到 PCI 总线上。

7.6.4 多层总线下接口与总线的连接

多级总线层次化结构，总线分层次，各类接口与总线的连接如图 7-5 所示，它与图 7-3 中单级总线下把所有的外设接口与一个总线连接的情况不同。从图 7-5 可以看出，各类外设和存储器都是通过各自的接口电路连到 3 种不同的总线上的。用户可以根据自己的要求，选用不同性能的外设，设置相应的接口电路，分别挂到本地总线或 PCI 总线上，构成不同层次上的、不同用途的应用系统。

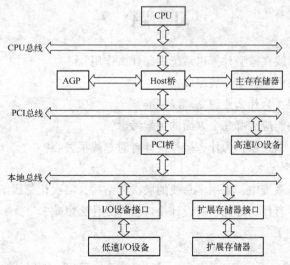

图 7-5 现代微型计算机接口与多级总线的连接

图 7-5 所示的低速 I/O 设备接口包括并行、串行、定时/计数、A/D、D/A 及各类输入/输出设备接口，它们与本地总线（如 ISA）相连接。而高速外设通过其内部的总线接口直接挂在 PCI 总线上。另外，扩展存储器的接口与低速 I/O 设备的接口类似，处在本地总线与扩展存储器之间。而高速主存储器通过自身的总线接口直接连到 Host 桥。

现代微型计算机按高速和低速设备分别连在不同层次的总线上，再通过这些总线逐级向 CPU 靠近。而早期微型计算机采用的是单线总线，故所有 I/O 设备和存储器的接口电路，不分高速和低速统统挂在一个单线总线上。

7.6.5　层次化总线结构对接口技术的影响

首先，从接口与总线的相关性观点来分析，总线结构的变化必然对接口带来影响。多总线的应用与总线结构层次化，使得现代微型计算机接口技术必须考虑多种形态的接口和引入接口应该分层次的新概念。

其次，桥的产生，是接口分层次的直接原因。自从微型计算机系统中采用 PCI 接口与总线开始，就出现了多总线结构，也就产生了总线之间的连接问题。由于 PCI 总线协议把系统中所有的硬件模块包括 CPU 和其他接口与总线都视为设备，称为 PCI 设备，因此，任何设备包括 CPU 和其他总线要与 PCI 总线连接都必须通过桥。

桥与接口最大的区别是传递信息的方法不同。桥是间接传递信息，桥两端的信息是一种映射关系，因此可动态改变。接口直接传递信息，接口两端的信息通过硬件传递信息流，是固定的关系。

由于桥的存在，要想在桥的一端访问桥的另一端的资源，如 CPU 对用户扩展的 I/O 端口、RAM 存储单元的访问，或用户对中断、DMA 资源的应用，就会遇到桥的阻隔。而在实际应用中，往往又会出现隔桥访问的需要，例如，用户在本地总线一侧开发的应用系统中所用的资源，都是映射到桥的对岸 PCI 总线的 CPU 一侧才能生效。总之，桥的存在，使设备与 CPU 的连接和访问复杂化了。

这意味着，除了设计直接面向设备的接口之外，还要设计 PCI 总线与 ISA 总线之间的桥，这就是现代微型计算机与传统微型计算机接口技术在硬件方面的主要不同之处。

习　题　7

1. 什么是总线？总线在微型计算机系统中起什么作用？
2. 微型计算机总线由哪些信号线组成？
3. 什么是总线标准？为什么要建立总线标准？
4. 评价一种总线性能应从哪几个方面的因素考虑？
5. 总线与接口有什么关系？为什么接口设计者对总线很关心？
6. ISA 总线有什么特点？
7. 现代微型计算机系统中，采用多总线的层次化结构，层次化总线结构分为几个层次？
8. 采用多总线技术有什么好处？对设计接口会产生什么影响？

第8章 中断技术

中断包括硬中断和软中断，是系统重要的资源，它的分配方案、使用方法、工作原理都很重要。

8.1 中　　断

中断是指 CPU 在正常运行程序时，由于外部/内部随机事件或由程序预先安排的事件，引起 CPU 暂时中断正在运行的程序，而转到为外部/内部事件或为预先安排的事件服务的程序中去，服务完毕，再返回继续执行被暂时中断的程序。

例如，用户使用键盘时，每击一键都发出一个中断信号，通知 CPU 有"键盘输入"事件发生，要求 CPU 读入该键的键值，CPU 就暂时中止正在进行的程序，转去处理键值的读取程序，在读取操作完成后，CPU 又返回原来的程序继续运行。

可见，中断的发生是事出有因，引起中断的事件就是中断源，中断源各种各样，因而出现多种中断类型。CPU 在处理中断事件时必须针对不同中断源的要求给以不同的解决方案，这就需要有一个中断处理程序（中断服务程序）加以解决。

从程序的逻辑关系来看，中断的实质就是程序的转移。中断提供快速转移程序运行环境的机制，获得 CPU 为其服务的程序段称为中断处理（服务）程序，被暂时中断的程序称为主程序（或调用程序）。程序的转移由 CPU 内部事件或外部事件启动，并且一个中断过程包含两次转移，首先是主程序向中断处理（服务）程序转移，然后是中断处理（服务）程序处理完毕后向主程序转移。由中断源引起的程序转移切换机制，可快速改变程序运行路径，这对实时处理一些突发事件很有效。

8.2 中 断 类 型

微型计算机中断系统的中断源大致可分为两类：一类是硬中断（外部中断）；另一类是软中断（内部中断）。下面分别讨论它们产生的条件、特点及其应用。

8.2.1 硬中断

硬中断是由来自外部的事件产生。硬中断的发生具有随机性，何时产生中断，CPU 预先并不知道。硬中断可分为可屏蔽中断 INTR 和不可屏蔽中断 NMI。

1. 可屏蔽中断 INTR

这是由外围设备通过中断控制器用中断请求线 INTR 向 CPU 申请而产生的中断，但 CPU 可以用 CLI 指令来屏蔽（禁止），即不响应它的中断请求，因此把这种中断称为可屏蔽中断。它要求 CPU 产生中断响应总线周期，发出中断回答（确认）信号予以响应，并读取外部中断源的中断号，用中断号去找到中断处理程序的入口，从而进入中断处理程序。

INTR 最适合处理 I/O 设备的一次 I/O 操作结束、准备再进入下一次操作的实时性要求，因此它的应用十分普遍。INTR 由外围设备提出中断申请而产生，由两片中断的控制器 82C59A 协助 CPU 进行处理，中断号为 08H ～ 0FH 和 070H ～ 077H。

2. 不可屏蔽中断 NMI

这是由外围设备通过另一根中断请求线 NMI 向 CPU 申请而产生的中断，但 CPU 不可以用 CLI 指令来屏蔽（禁止），即不能不响应它的中断请求，因此把这种中断称为不可屏蔽中断。不可屏蔽中断一旦出现，CPU 就立即响应。NMI 的中断号由系统指定为 2 号，故当外部事件引起 NMI 中断时，立即进入由第 2 号中断向量所指向的中断服务程序，而不需要外部提供中断号。

NMI 是一种"立即照办"的中断，其优先级别在硬件中断中最高。因此，它常用于紧急情况和故障的处理，如对系统掉电、RAM 奇偶校验错、I/O 通道校验错和协处理器运算错进行处理，由系统使用，一般用户不能使用。

8.2.2　软中断

软中断由用户在程序中发出中断指令 INT nH 产生，指令中的操作数 n 称为软中断号。软中断的中断号是在中断指令中直接给出，并且，何时产生软中断是由程序安排的，因此，软中断是在预料之中的。此外，在软中断处理过程中，CPU 不发出中断响应信号，也不要求中断控制器提供中断号，这一点与不可屏蔽中断相似。软中断包括 DOS 中断功能和 IBOS 中断功能两部分。

1. DOS 功能调用

DOS 是存放在磁盘上的操作系统软件，其中软中断 INT 21H 是 DOS 的内核。它是一个极其重要、功能庞大的中断服务程序，包含 0 ～ 6CH 个子功能，包括对设备、文件、目录及内存的管理功能，涉及各个方面，可供系统软件和应用程序调用。因此，它是用户访问系统资源的主要途径。同时，由于它处在 ROM - BIOS 层的上一个层次，与系统硬件层有 ROM - BIOS 在逻辑上的隔离，所以，它对系统硬件的依赖性大大减少，兼容性好。

2. BIOS 功能调用

BIOS 是一组存放在 ROM 中，独立于 DOS 的 I/O 中断服务程序。它在系统硬件的上一层，直接对系统中的 I/O 设备进行设备级控制，可供上层软件和应用程序调用。因此，它也是用户访问系统资源的途径之一。但对硬件的依赖性大，兼容性欠佳。

3. 软中断的应用

DOS 调用和 BIOS 调用，是用户使用系统资源的重要方法和基本途径，也是用户编写 MS - DOS 应用程序使用很频繁的重要内容，应学会使用。

除了上述硬中断和软中断两类中断外，微型计算机的中断系统还包括一些特殊中断。这些中断既不是由外围设备提出申请而产生的，也不是由用户在程序中发中断指令 INT nH 而发生的，而是由内部的突发事件所引起的中断，即在执行指令的过程中，CPU 发现某种突发事件时启动内部逻辑转去执行预先规定的中断号所对应的中断服务程序。这类中断也是不可屏蔽中断，其中断处理过程具有与软中断相同的特点，因此，有的教材把它们归入软中断这一类。这类中断有：

0 号中断——除数为零中断；

1 号中断——单步中断；

3 号中断——断点中断；

4 号中断——溢出中断。

8.3　中　断　号

8.3.1　中断号与中断号的获取

1. 中断号

中断号是系统分配给每个中断源的代号，以便识别和处理。中断号在中断处理过程中起到很重要的作用。在采用向量中断方式的中断系统中，CPU 必须通过它才可以找到中断服务程序的入口地址，实现程序的转移。为了在中断向量表中查找中断服务程序的入口地址，可由中断号(n)×4得到一个指针，指向中断向量（即中断服务程序的入口地址）存放在中断向量表的位置，从中取出这个地址（CS：IP），装入代码段寄存器和指令指针寄存器，即转移到中断服务程序。

2. 中断号的获取

CPU 对系统中不同类型的中断源，获取它们的中断号的方法是不同的。可屏蔽中断的中断号是在中断响应周期从中断控制器获取的。软中断（INT nH）的中断号（nH）是由中断指令直接给出的。不可屏蔽中断 NMI 及 CPU 内部一些特殊中断的中断号是由系统预先设置好的，如 NMI 的中断号为 02H，非法除数的中断号为 0H，等等。

8.3.2　中断响应周期

当 CPU 收到中断控制器提出的中断请求 INT 后，如果当前一条指令已执行完，且中断标志位 IF = 1（即允许中断）时，又没有 DMA 请求，那么 CPU 进入中断响应周期，发出两个连续中断应答信号 INTA，完成一个中断响应周期。图 8-1 所示为中断响应周期时序。

从图 8-1 可知，一个中断响应周期完成的工作有以下几点。

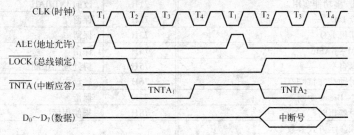

图 8-1　中断响应周期时序

1. 置位中断服务寄存器 ISR

当总线控制器发出第一个 INTA₁ 脉冲时，CPU 输出有效的总线锁定信号 LOCK（低电平），使总线在此期间处于封锁状态，防止其他处理器或 DMA 控制器占用总线。与此同时，82C59A 将判优后允许的中断级在 ISR 中的相应位置 1，以登记正在服务的中断级别，在中断服务程序执行完毕后，该寄存器自身不能清零，需要中断控制器发中断结束命令 EOI 才能清零。

2. 读取中断号

当总线控制器发出第二个 $\overline{INTA_2}$ 脉冲时，总线锁定信号 $\overline{LOCK}$ 撤除（高电平），总线被解封，地址允许信号 ALE 也变为低电平（无效），即允许数据线工作。恰好此时中断控制器将当前中断服务程序的中断号送到数据线上，由 CPU 读入。

8.3.3 中断号的分配

系统对外部中断和内部中断、硬中断和软中断一律统一编号，共有 256 个号，其中有一部分中断号已经分配给了中断源，尚有一部分中断号还空着，待分配，用户可以使用。微型计算机系统的中断号分配如表 8-1 所示。表中灰色区域是中断控制器 82C59A 主/从片的中断号。

表 8-1 微型计算机系统中断号分配表

中 断 号	名 称	中 断 号	名 称
0	除零数	25H	磁盘扇区读
1	单步	26H	磁盘扇区写
2	NMI	27H	程序终止驻留
3	断点	28H	等待状态处理
4	溢出	29H	字符输出处理
5	屏幕打印	2AH	保留
6	保留	2BH	保留
7	保留	2CH	保留
8	日时钟中断	2DH	
9	键盘中断	2EH	命令执行处理
0AH	从片中断	2FH	多路复用处理
0BH	串行口 2 中断	30H	内部使用
0CH	串行口 1 中断	31H	内部使用
0DH	并行口 2 中断	32H	保留
0EH	软盘中断		
0FH	打印机/并行口 1 中断		
10H	视频显示 I/O	67H	用户保留
11H	设备配置检测	68H	保留
12H	内存容量检测		
13H	磁盘 I/O	6FH	保留
14H	串行通信 I/O	70H	实时钟中断
15H	盒带/多功能实用	71H	改向 INT 0AH
16H	键盘 I/O	72H	保留
17H	打印机 I/O	73H	保留
18H	ROM – BASIC	74H	保留
19H	磁盘自举	75H	协处理器中断
1AH	日时钟/实时钟 I/O	76H	硬盘中断
1BH	Ctrl – Break 中断	77H	保留
1CH	定时器报时	78H	未使用区
1DH	视频显示方式参数		
1EH	软盘基数表	7FH	
1FH	图形显示扩展字符	80H	BASIC
20H	程序终止退出		
21H	系统功能调用	EFH	
22H	程序结束地址	F0H	内部使用区
23H	Ctrl – C 出口地址		
24H	严重错误出口地址	FFH	

应该指出的是，中断号是固定不变的，一经系统分配指定之后，就不再变化。而中断号所对应在的中断向量是可以改变的，即一个中断号所对应的中断向量在中断服务程序的入口不是唯一的。也就是说，中断向量是可修改的，这为用户使用系统中断资源带来了很大方便。当然，对有些系统的专用中断，不允许用户随意修改。

8.4 中断触发方式与中断排队方式

1. 中断触发方式

中断触发方式是指外围设备以什么逻辑信号去向中断控制器申请中断，中断控制器允许用边沿或电平信号申请中断，即边沿触发和电平触发两种方式。触发方式在中断控制器初始化时设定。微型计算机系统可屏蔽中断采用正跳变边沿触发方式，并在初始化中断控制器时确定，用户不能随意更改，只能以正跳变信号申请中断。

2. 中断排队方式

以上硬件中断、软件中断是按优先级提供服务的。微型计算机中断优先级的顺序是，软件中断—不可屏蔽中断—可屏蔽中断。软中断的优先级最高，可屏蔽中断的优先级最低。若 NMI 和 INTR 同时产生中断请求，则优先响应并处理 NMI 的中断。

当系统有多个中断源时，就可能同时有几个中断源都申请中断，而 CPU 在一个时刻只能响应并处理一个中断请求。为此，要进行中断排队，CPU 按"优先级高的先服务"的原则提供服务。中断排队的方式如下。

1）按优先级排队

根据任务的轻重缓急，给每个中断源指定 CPU 响应的优先级，任务紧急的先响应，可以暂缓的后响应。例如，给键盘指定较高优先级的中断，给打印机指定较低优先级的中断。安排了优先权后，当键盘和打印机同时申请中断时，CPU 先响应并处理键盘的中断申请。

2）循环轮流排队

不分级别高低，CPU 轮流响应各个中断源的中断请求。还有其他一些排队方式，但使用最多的是按优先级排队的方式。

3. 中断嵌套

在实际应用系统中，当 CPU 正在处理某个中断源，即正在执行中断服务程序时，会出现优先级更高的中断源申请中断的现象。为了使更紧急的、级别高的中断源及时得到服务，需要暂时打断（挂起）当前正执行的级别较低的中断服务程序，去处理级别更高的中断源。待处理完后，再返回到被打断了的中断服务程序继续执行。但级别相同或级别低的中断源不能打断级别高的中断服务，这就是所谓的中断嵌套。它是解决多重中断常用的一种方法。

INTR 可以进行中断嵌套。NMI 不可以进行中断嵌套。

8.5 中断向量与中断向量表

前面曾指出中断过程的实质是程序转移的过程，发生中断就意味着发生程序的转移，即由主程序（调用程序）转移到服务程序（被调用程序）。那么，如何才能进入中断服务程序，即如何找到中断服务程序的入口地址才是解决问题的关键。

为此，设置中断向量及中断向量表，通过中断向量表中的中断向量查找程序的入口地址。

8.5.1 中断向量与中断向量表

1. 中断向量

由于中断服务程序是预先设计好并存放在程序存储区的，因此，中断服务程序的入口地址由服务程序的段基址 CS（2 B）和偏移地址 IP（2 B）两部分共 4 B 组成。中断向量 IV（Interrupt Vector）就是指中断服务程序的这 4 B 的入口地址。因此找服务程序的入口地址就是找中断向量。有了中断向量，将中断向量中的段基址乘以 16（左移 4 次），再加上偏移地址，得到存放服务程序第一条指令的物理地址，服务程序从这里开始执行。可见，中断向量起到一个指向中断服务程序起始地址的作用。

2. 中断向量表

把系统中所有的中断向量集中起来存放到存储器的某一区域内，这个存放中断向量的存储区就是中断向量表 IVT（Interrupt Vector Table）或中断服务程序入口地址表（中断服务程序首址表）。微型计算机规定把存储器的 0000H ～ 03FFH 共 1024 个地址单元作为中断向量存储区，这表明中断向量表的起始地址是固定的，并且从存储器的物理地址 0 开始。中断向量表如图 8-2 所示。

每个中断向量包含 4 B，这 4 B 在中断向量表中的存放规律是向量的偏移量（IP）存放在两个低字节单元中，向量的基址（CS）存放在两个高字节单元中。

例如，8 号中断的中断向量 CS_8：IP_8 存放在存储器的什么位置？

8 号表示这个中断向量处在中断向量表中的第 8 个表项处，每个中断向量占用 4 个连续的存储字节单元，并且中断向量表是从存储器的 0000 单元开始的。所以，8 号中断的中断向量 CS_8：IP_8 在存储器中的地址为

$$地址 = 0000 + 8 \times 4 = 32D = 20H$$

其中，0000 表示中断向量表的基地址（向量

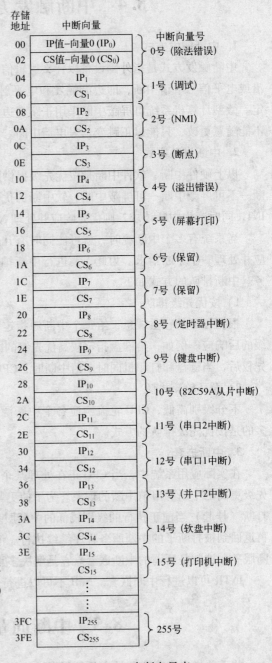

图 8-2 中断向量表

表在存储器中的起始地址）。这表示 8 号中断的中断向量存放在存储器的 20H 单元开始的连续 4 字节内。

　　根据中断向量的 4 字节在中断向量表中的存放规律可知，8 号中断服务程序的偏移 IP_8 在 20H ～ 21H 中，段基址 CS_8 在 22H ～ 23H 中。

　　于是，如何在中断向量表中查找服务程序的中断向量就很清楚了，其方法是 CPU 根据所获取的中断号，乘以 4 得到一个向量表的地址指针，该指针所指向的表项就是服务程序的中断向量，即服务程序的入口地址。

8.5.2　中断向量表的填写

　　中断向量表的填写，分系统填写和用户填写两种情况。

　　系统设置的中断服务程序，其中断向量由系统负责填写。其中，由 BIOS 提供的服务程序，其中断向量是在系统加电后由 BIOS 负责填写；由 DOS 提供的服务程序，其中断向量在启动 DOS 时由 DOS 负责填写。

　　用户开发的中断系统，在编写中断服务程序时，其中断向量由用户负责填写，可采用 MOV 指令直接向中断向量表中填写中断向量。

　　例如，假设 60H 号中断的中断服务程序的段基址是 SEG_ INTR60，偏移地址是 OFFSET_ INTR60，则填写中断向量表的程序段如下：

```
        ⋮
        CLI                      ;关中断
        CLD
        MOV AX,0                 ;设置中断向量表的基地址为 0
        MOV ES,AX
        MOV DI,4*60H             ;60H 中断向量在中断向量表中的位置
        MOV AX,OFFSET_INTR60     ;服务程序的偏移值装入 60H 号中断向量的低字段
        STOSW                    ;AX→[DI][DI+1]中,然后 DI+2
        MOV AX,SEG_INTR60        ;服务程序的段基址装入 60H 号中断向量的高字段
        STOSW                    ;AX→[DI+2][DI+3]
        STI                      ;开中断
        ⋮
```

　　也可以用下述程序段把服务程序的入口地址直接写入中断向量表。

```
        ⋮
        MOV AX,OOH
        MOV ES,AX
        MOV BX,4*60H             ;4*中断号→BX
        MOV AX,OFFSET_INTR60     ;中断服务程序偏移地址
        MOV ES:[BX],AX           ;装入 60H 号中断向量的低字段
        MOV AX,SEG_INTR60        ;中断服务程序段基址
        MOV ES:[BX+2],AX         ;装入 60H 号中断向量的高字段
```

8.6 中断处理过程

由于各类中断产生的原因和要求解决的问题不相同，其中断处理过程也不相同，但基本过程是相同的，其中以可屏蔽中断的处理过程较为典型。

8.6.1 可屏蔽中断的处理过程

可屏蔽中断 INTR 的处理过程具有典型性，全过程包括以下 4 个阶段。

1. 中断申请与响应握手

当外围设备要求 CPU 服务时，需向 CPU 发出中断请求信号，申请中断。CPU 若发现有外部中断请求，并且处在开中断条件（IF = 1），又没有 DMA 申请，则 CPU 在当前指令执行结束时，进入中断响应总线周期，响应中断请求，并且通过中断回答信号 $\overline{INTA_2}$，从中断控制器读取中断源的中断号，完成中断申请与中断响应的握手过程。这一阶段的主要目标是获取外部中断源的中断号。中断响应周期如图 8-1 所示。

2. 标志位的处理与断点保留

CPU 获得外部中断源的中断号后，把标志寄存器 FLAGS 压入堆栈，并将 IF 置 0，关闭中断；将 IF 置 0，可防止单步执行。然后将当前程序的代码段寄存器 CS 和指令指针 IP 压入堆栈，这样就把断点（返回地址）保存到了堆栈的栈顶。这一阶段的主要目标是做好程序转移前的准备。

3. 向中断服务程序转移并执行中断服务程序

将已获得的的中断号乘以 4 得到地址指针。在中断向量表中，读取中断服务的入口地址 CS：IP，再写入代码段和指令指示器，实现程序控制的转移。这一阶段的目标是完成主程序向中断服务程序的转移，或称为中断服务程序的加载。

在程序控制转移到中断服务程序之后，CPU 就开始执行中断服务程序了。

4. 返回断点

中断服务程序执行完毕后，要返回主程序，因此，一定要恢复断点和标志寄存器的内容，否则，主程序无法回到原来位置继续执行。为此，在中断服务程序的末尾，执行 IRET 指令，将栈顶的内容依次弹出到 IP、CS 和 FLAGS，就恢复了主程序的执行。实际上，这里的"恢复"与前面的"保存"是相反的操作。

8.6.2 不可屏蔽中断和软件中断的处理过程

由于不可屏蔽中断和软件中断的不可屏蔽性，其中断号的获取方法与可屏蔽中断不一样，所以其中断处理过程也有所差别。其主要差别是，不需通过中断响应周期获取中断号；中断服务程序结束，不需发中断结束命令 EOI。其他处理过程与可屏蔽中断一样。

8.7 中断控制器

中断控制器（Programable Interrupt Controller，PIC）82C59A 作为中断系统的核心器件，协助 CPU 管理外部中断，是一个十分重要的芯片。下面从 82C59A 的结构、功能、工作方式、初始化及应用等方面进行讨论。

8.7.1　82C59A 外部特性和内部寄存器

82C59A 的外部引脚与内部寄存器如图 8-3 所示。

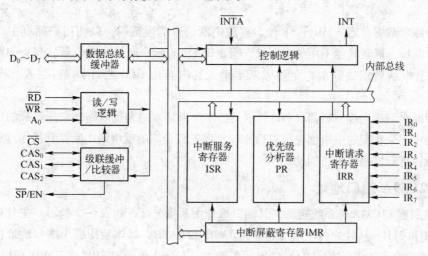

图 8-3　82C59A 的外部引脚与内部寄存器

1. 外部特性

82C59A 的外部引脚与其他外围芯片的不同之处是，它有 3 组信号线，其他外围芯片只有面向 CPU 和面向 I/O 设备的两组信号线。3 组信号线介绍如下。

（1）面向 CPU 的信号线：包括用于 CPU 发命令及读取中断号的 8 根数据线 $D_0 \sim D_7$，一对中断请求线 INT 和中断回答线 $\overline{INTA}$，以及 $\overline{WR}$、$\overline{RD}$ 控制线与地址线 $\overline{CS}$、A_0。

（2）面向外设的 8 根中断申请线 $IR_0 \sim IR_7$，其作用有二，一是接受外设的中断申请，二是做中断优先级排队用。采用完全中断嵌套排队方式时，IR_0 所连接的设备的优先级最高，IR_7 所连接的设备的优先级最低。

（3）面向同类芯片的中断级联信号线：用于扩展中断源，包括主/从芯片的设定线 $\overline{SP}/EN$ 及 3 根用以传送从片识别码的级联线 $CAS_0 \sim CAS_2$。

2. 内部寄存器

82C59A 内部有 4 个寄存器，其中，只有 3 个对外开放，用户可以访问。

（1）中断请求寄存器（IRR）：8 位，用逻辑 1 记录已经提出中断请求的中断级，以便等待 CPU 响应。当提出中断请求的外设发生中断时，由 82C59A 直接置位，直到中断被响应才自动清零。IRR 的内容可以由 CPU 通过 OCW_3 命令读出。

（2）中断服务寄存器（ISR）：8 位，用逻辑 1 记录已被响应并正在服务的中断线，包括那些尚未服务完中途被挂起的中断级，以便与后面新来的中断请求的级别进行比较。ISR 的记录由 CPU 响应中断后发回的第一个中断回答信号 $\overline{INTA_1}$ 直接置位。ISR 的记录（置 1 的位）清零非常重要，因为在中断服务完毕之后，该位并不自动复位，即一直占用那个中断级，使其余中断申请不能进来，所以服务完毕之后必须清零。有两个清零方式可供采用。其一是在第一个 $\overline{INTA_1}$ 信号将某一位置 1 后，接着由第二个 $\overline{INTA_2}$ 将该位清零，这叫自动清零。其二是非自动清零，即第二个$\overline{INTA}_2$不能使该位清零，而必须在中断服务程序中，用中断结束命令 EOI 强制清零。这也就是在可屏蔽中断服务程序中必须发出中断结束命令的原则。ISR 的内容可由 CPU 通过 OCW_3 命令读出。

（3）中断屏蔽寄存器（IMR）：8 位，存放中断请求的屏蔽码，以使用户拥有主动权去开放所希望的中断级，屏蔽其他不用的中断级。写逻辑 1，表示中断请求被屏蔽，禁止中断申请；写逻辑 0，表示中断请求被开放，允许中断申请。其内容由 CPU 通过 OCW_1 写入。该寄存器不可读。

（4）中断申请优先级分析器（PR）：这是一个中断请求的判优电路。它把新来的中断请求优先级与 ISR 中记录在案的中断优先级进行比较，优先级最高的就申请中断。其操作过程全部由硬件完成，故该寄存器是不可访问的。

8.7.2　82C59A 端口地址

中断控制器 82C59A 是系统资源，其端口地址由系统分配，如表 6-1 所示。主片的两个端口地址为 20H 和 21H；从片的两个端口地址为 0A0H 和 0A1H。具体使用哪个端口地址由初始化命令 ICW 和操作命令 OCW 的标志位 A_0 指示。例如，$A_0 = 0$ 表示对 20H 或 0A0H 端口进行访问；$A_0 = 1$ 表示对 21H 或 0A1H 端口进行访问。

8.7.3　82C59A 的工作方式

82C59A 提供了多种工作方式，如图 8-4 所示。这些工作方式使 82C59A 的使用范围大大增加。其中，有些方式是经常使用的，有些方式很少用到，对常用的工作方式要重点注意。

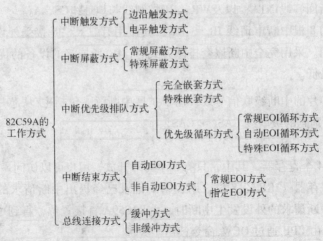

图 8-4　82C59A 的工作方式

1. 中断触发方式

中断触发方式，实际上是中断请求的启动方式，即表示有/无外设申请中断的方式。82C59A 有两种中断请求的启动方式。

（1）边沿触发方式。$IR_0 \sim IR_7$ 输入线上出现由低电平到高电平的跳变，表示有中断请求。

（2）电平触发方式。$IR_0 \sim IR_7$ 输入线出现高电平时，表示有中断请求。

2. 中断级联方式

82C59A 可以单片使用，也可以多片使用，两片以上使用时就存在级联问题。级联问题分两个方面：从主片看，它的哪一根或哪几根中断申请输入线 IR 上有从片连接；从从片看，它的中断申请输出线 INT 与主片的哪一根中断申请输入线 IR 相连。82C59A 可以处理 8 级级联的硬件中断。

3. 中断屏蔽方式

82C59A 的中断屏蔽是指对外设中断申请的屏蔽，即允许还是不允许外设申请中断，而不是对已经提出的中断申请响不响应的问题。82C59A 有两种中断申请的屏蔽方式。

（1）常规屏蔽方式。这是通过 82C59A 屏蔽寄存器写入 8 位屏蔽码来屏蔽或开放 8 个中断申请线（$IR_0 \sim IR_7$）上的中断申请。要屏蔽哪个中断申请，就将屏蔽码的相应位置 1；不屏蔽的，则相应位置 0。例如，屏蔽码 1111 1011B，表示仅开放 IR_2，其他位均屏蔽。常规屏蔽方式是最常用的屏蔽方式。

（2）特殊屏蔽方式。用于开放低级别的中断申请。允许比正在服务的中断级别低的中断申请，而屏蔽同级的中断再次申请中断。这种方式很少使用。

4. 中断优先级排队方式

82C59A 提供了 3 种中断优先级排队方式：完全嵌套方式、特殊完全嵌套方式和优先级轮换方式。其中，最常用的是完全嵌套方式。其要点是，当有多个"中断请求"同时出现时，CPU 是按中断源优先级别的高低来响应中断；而在响应中断后，执行中断服务程序时，能被优先级高的中断源所中断，但不能被同级或低级的中断源所中断。特殊完全嵌套方式和优先级轮换方式很少使用。

5. 中断结束方式

中断结束的实质是使 ISR 中被置 1 的位清零，即撤销该位相应的中断级，以便让低优先级中断源能够申请中断。如果服务完毕，不把置 1 的位清零，即不撤销该位的中断级，则一直占用这个中断级，那么低于该级的中断申请就无法通过。82C59A 提供自动结束和非自动结束两种方式。

（1）自动结束方式。这是中断响应之后，在中断响应周期，该中断源在 ISR 寄存器中被置 1 的位就自动清零。因此，在中断服务程序中，不需要向 82C59A 发出中断结束命令 EOI，使置 1 的位清零，故称自动结束。此方式较少使用。

（2）非自动结束方式。这是 ISR 中被置 1 的位，在服务完毕后，不能自动清零，而必须在中断服务程序中，向 82C55A 发出中断结束命令 EOI，才能清零，故称为非自动结束。

非自动结束方式是常用的方式，其有两种命令格式。

① 常规结束命令：该命令使 ISR 中优先级最高的置 1 位清零（复位）。它又称为不指定结束命令，因为，在命令代码中并不指明是哪一级中断结束，而是隐含地暗示使最高优先级结束。其命令代码是 20H。常规中断结束命令只用于完全嵌套方式。

② 指定结束命令：该命令明确指定 ISR 中哪一个置 1 的位清零，即服务完毕，具体指定哪一级中断结束。其命令代码是 6XH，其中 X = 0 ～ 7，表示与 $IR_0 \sim IR_7$ 相对应的 8 级中断。指定结束命令是一个使用最多的中断结束命令，可用于各种中断优先级排队方式。

8.7.4　82C59A 的编程命令

82C59A 的编程命令，是为建立上述中断工作方式和实现上述中断处理功能而设置的，共有

7 个命令，分为初始化命令（$ICW_1 \sim ICW_4$）和操作命令（$OCW_1 \sim OCW_3$）两类。初始化命令 ICW 确定中断控制器的基本配置或工作方式，而操作命令 OCW 执行由 ICW 命令定义的基本操作。下面分别加以说明。

1. 初始化命令

4 个初始化命令（$ICW_1 \sim ICW_4$）用来对 82C59A 的工作方式和中断号进行设置，包括中断触发方式、级联方式、排队方式及结束方式。另外，中断屏蔽方式是一种默认值，初始化时即进入常规屏蔽方式，因此，在初始化命令中不出现屏蔽方式的设置。若要改变常规屏蔽方式为特殊屏蔽方式，则在初始化之后，执行操作命令 OCW_3。初始化命令如图 8-5 所示，图中每条命令左侧的 A_0 表示该命令寄存器端口地址的第 0 位是 0 或 1。

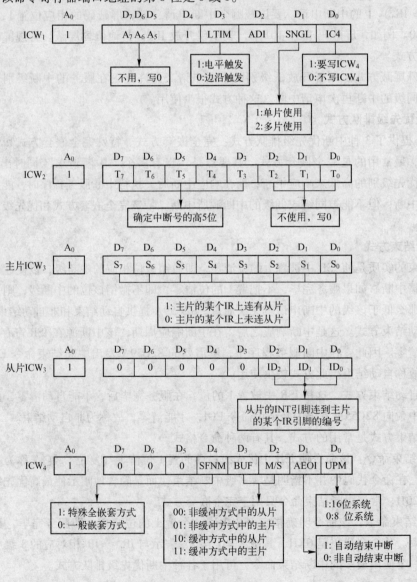

图 8-5　初始化命令格式

4 个初始化命令的作用如下：

（1）ICW_1 进行中断触发方式和单片/多片使用的设置。8 位，其中，D_3 位（LTIM）设置触发方式，D_1 位（SNGL）设置单/多片使用。

例如，若 82C59A 采用电平触发，单片使用，需要 ICW_4，则初始化命令 $ICW_1 = 00011011B$。其程序段如下：

```
MOV AL,1BH              ;ICW₁的内容
OUT 20H,AL             ;写入 ICW₁ 端口(A₀=0)
```

（2）ICW_2 进行中断号设置。8 位，初始化编程时只写高 5 位，低 3 位写 0。低 3 位的实际值由外设所连接的 IR_i 引脚编号决定，并由 82C59A 自动填写。

例如，在微型计算机中断系统中，硬盘中断类型号的高 5 位是 08H，它的中断请求线连到82C59A 的 IR_5 上，在向 ICW_2 写入中断类型号时，只写中断类型号的高 5 位（08H），低 3 位写 0。低 3 位的实际值为 5，由硬件自动填写。其程序段如下。

```
MOV AL,08H             ;ICW₂的内容(中断类型号高5位)
OUT 21H,AL            ;写入 ICW₂ 的端口(A₀=0)
```

（3）ICW_3 进行级联方式设置。8 位，主片和从片分开设置。主片级联方式命令 ICW_3 的 8 位，表示哪一个 IR_i 输入引脚上有从片连接。若有，该位写 1；若无，该位写 0。从片的 8 位表示它的INT 输出线连到主片哪一个 IR_i 上，若连到主片的 IR_4，则从片的 $ICW_3 = 04H$。

例如，假设主片的 IR_3 和 IR_6 两个输入端分别连接了从片 A 与从片 B 的 INT，所以主片的$ICW_3 = 01001000B = 48H$。

初始化主片的 ICW_3 程序段如下：

```
MOV AL,48H             ;ICW₃(主)的内容
OUT 21H,AL            ;写入 ICW₃(主)的端口(A₀=1)
```

从片 A 和从片 B 的请求线 INT 分别连到主片的 IR_3 和 IR_6，所以从片 A 的 $ICW_3 = 00000011B = 03H$，从片 B 的 $ICW_3 = 00000110B = 06H$。

初始化从片 A 的 ICW_3 程序段如下：

```
MOV AL,03H             ;ICW₃(从片 A)的内容
OUT 0A1H,AL          ;写入 ICW₃(从片 A)端口(A₀=1)
```

初始化从片 B 的 ICW_3 程序段如下：

```
MOV AL,06H             ;ICW₃(从片 B)的内容
OUT 0A1H,AL          ;写入 ICW₃(从片 B)端口(A₀=1)
```

（4）ICW_4 进行中断优先级排队方式中断结束方式的设置。8 位，其中，D_4 位（SFNM）设置中断排队方式，D_1 位（AEOI）设置中断结束方式。

例如，若 CPU 为 8086，82C59A 与系统总线之间采用缓冲器连接，非自动结束方式，只用 1 片 8259A，正常完全嵌套。其初始化命令字 $ICW_4 = 00001101B = 0DH$。初始化 ICW_4程序段如下：

```
        MOV AL,0DH                          ;ICW₄的内容
        OUT 21H,AL                          ;写入 ICW₄的端口(A₀=1)
```

又如，若 CPU 为 8080，采用非自动结束方式，使用两片 82C59A，非缓冲方式，为使从片也能提出中断请求，主片采用特定的完全嵌套方式。其中，初始化命令字 $ICW_4 = 00010100B = 14H$，则 ICW_4 的初始化程序段如下：

```
        MOV AL,14H                          ;ICW₄的内容
        OUT 21H,AL                          ;写入 ICW₄的端口(A₀=1)
```

2. 操作命令

3 个操作命令（$OCW_1 \sim OCW_3$）是对 82C59A 经初始化所选定的中断屏蔽、中断结束、中断排队方式进行实际操作。其中，中断屏蔽有两种操作：对常规的中断屏蔽方式，即默认的屏蔽方式，采用 OCW_1 进行屏蔽/开放操作；对特殊的中断屏蔽方式，采用 OCW_3 进行屏蔽/开放操作。中断结束由 OCW_2 执行。另外，中断排队的操作也分两种情况：对固定的完全嵌套方式，其排队操作是由 82C59A 的输入线 IR_i 硬件连接实现的；对优先级循环排队操作，由 OCW_2 来实现。操作命令格式如图 8-6 所示。

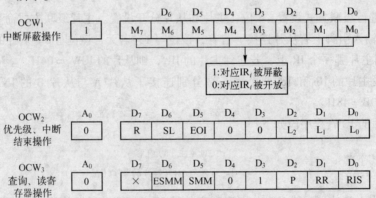

图 8-6 操作命令格式

3 个 OCW 命令中，OCW_1 的中断屏蔽/开放和 OCW_2 的中断结束是常用的，OCW_3 很少使用。3 个操作命令的作用如下：

（1）OCW_1 执行（常规的）屏蔽/开放操作。8 位，分别对应 8 个外部中断请求。置 1，屏蔽；置 0，开放。并且，对主片和从片要分别写 OCW_1。

例如，要使中断 IR_3 开放，其余均被屏蔽，其操作命令字 $OCW_1 = 1111\ 0111B$。在主程序中，在中断之前，要写以下程序段：

```
        MOV AL,0F7H                         ;OCW₁的内容
        OUT 21H,AL                          ;写入 OCW₁端口(A₀=1)
```

（2）OCW_2 执行中断结束操作和优先级循环排队操作。8 位，其中，D_6 位（SL）、D_5 位（EOI）、$D_0 \sim D_2$ 位（$L_0 \sim L_2$）用于进行中断结束操作，D_7 位（R）进行优先级循环的操作。OCW_2 中 R、SL、EOI 的组合功能如表 8-2 所示。

表 8-2　OCW$_2$ 中 R、SL、EOI 的组合功能

R	SL	EOI	功　能
0	0	1	不指定 EOI 命令，全嵌套方式
0	1	1	指定 EOI 命令，全嵌套方式，L$_2$~L$_0$ 指定对应 ISR 位清零
1	0	1	不指定 EOI 命令，优先级自动循环
1	1	1	指定 EOI 命令，优先级特殊循环，L$_2$~L$_0$ 指定最低优先级
1	0	0	自动 EOI，优先级自动循环
0	0	0	自动 EOI，取消优先级自动循环
1	1	0	优先级特殊循环，L$_2$~L$_0$ 指定最低优先级
0	1	0	无操作

例如，若对 IR$_3$ 中断采用指定中断结束方式，其操作命令字为 0110 0011B，则需在中断服务程序中，中断返回指令 IRET 之前，写如下程序段：

```
MOV AL,63H              ;OCW₂ 的内容
OUT 20H,AL              ;写入 OCW₂ 端口(A₀ =0)
```

又如，若对 IR$_3$ 中断采用不指定中断结束方式，其操作命令字为 0010 0000B，则需在中断服务程序中，中断返回指令 IRET 之前，写如下程序段，发中断结束命令：

```
MOV AL,00100000B        ;OCW₂ 的内容
OUT 20H,AL              ;写入 OCW₂ 端口(A₀ =0)
```

（3）OCW$_3$ 进行特定的屏蔽/开放操作。8 位，其中，D$_6$ 位（ESMM）和 D$_5$ 位（SMM）用于进行特定屏蔽/开放操作，D$_2$ 位做查询时读取状态及 RR、RIS 之用。

OCW$_3$ 中 ESMM、SMM 的组合功能如表 8-3 所示，OCW$_3$ 中 P、RR、RIS 的组合功能如表 8-4 所示。

表 8-3　OCW$_3$ 中 ESMM、SMM 的组合功能

ESMM	SMM	操　作
0	×	无操作
1	0	取消特殊屏蔽命令
1	1	设置特殊屏蔽命令

表 8-4　OCW$_3$ 中 P、RR、RIS 的组合功能

P	RR	RIS	操　作
0	0	×	无操作
0	1	0	读 IRR 命令，下一个读指令可以读回 IRR
0	1	1	读 ISR 命令，下一个读指令可以读回 ISR
1	×	×	读中断状态字命令，下一个读指令可以读回中断状态

8.7.5 82C59A 对中断管理的作用

在了解了中断控制器 82C59A 的特性和功能之后，现在归纳一下它为 CPU 分担了哪些可屏蔽中断的管理工作。

82C59A 与 CPU 组成微型计算机的中断系统，它协助 CPU 实现一些中断事务的管理功能。

1. 接收和扩充 I/O 设备的中断请求

I/O 设备的中断请求，并非直接连到 CPU，而是通过 82C59A 接收进来，再由它向 CPU 提出中断请求。一片 82C59A 可接收 8 个中断请求，经过级联可扩展至 8 片 82C59A。多片级联时，只有一片作为主片，其他作为从片。

2. 进行中断优先级排队

I/O 设备的中断优先级排队，并不是由 CPU 安排的，而是由 82C59A 按连接到它的中断申请输入引脚 $IR_0 \sim IR_7$ 顺序决定的，连到 IR_0 上的 I/O 设备中断优先级最高，连到 IR_7 上的 I/O 设备中断优先级最低，以此类推，这就是所谓的完全嵌套排队方式。完全嵌套排队方式是 82C59A 的一种常用的排队方式。除完全嵌套方式之外，82C59A 还提供特殊嵌套和循环优先级几种排队方式，供用户选择。

3. 向 CPU 提供中断号

82C59A 向 CPU 提供可屏蔽中断中断源的中断号。其过程是，先在 82C59A 初始化时，将中断源使用的中断号，写入 82C59A 的 ICW_2，然后 CPU 响应中断，进入中断响应周期时，用中断回答信号 $\overline{INTA_2}$，再从 82C59A 的 ICW_2 读取这个中断号。

4. 进行中断申请的开放与屏蔽

外部的硬件中断源向 CPU 申请中断，首先要经过 82C59A 的允许。若允许，即开放中断请求；若不允许，即屏蔽中断请求。进行中断申请的开放与屏蔽的方法是向 OCW_1 写入屏蔽码。需要指出的是，此处的开放与屏蔽中断请求和 CPU 开中断和关中断是完全不同的两件事。首先，前者是对中断申请的限制条件，后者是对中断响应的限制条件；其次，前者是由 82C59A 执行 OCW_1 命令，后者是由 CPU 执行 STI/CLI 指令；再次，前者是对 82C59A 的中断屏蔽寄存器（IMR）进行操作，后者是对 CPU 的标志寄存器（中断位）进行操作。

5. 执行中断结束命令

可屏蔽中断的中断服务程序，在中断返回之前，要求发中断结束命令。这个命令不是由 CPU 执行的，而是由 82C59A 执行 OCW_2 命令来实现的，并且 OCW_2 命令是对中断服务寄存器（ISR）进行操作。82C59A 提供了自动结束、不指定结束（常规结束）、指定结束几种中断结束方式，供用户选择。

习　题　8

1. 什么是中断？中断的实质是什么？
2. 采用中断方式传送数据有何优点？
3. 微型计算机中的中断有哪两种类型？
4. 什么是中断号？它有何作用？如何获取中断号？

5. 什么是中断触发方式？中断触发有哪两种方式？

6. 为什么要进行中断优先级排队？什么是中断嵌套？

7. 什么是中断向量和中断向量表？其作用如何？如何填写中断向量表？

8. 可屏蔽中断的处理过程一般包括几个阶段？

9. 中断控制器 82C59A 提供了哪些工作方式供用户使用时选择？

10. 中断控制器 82C59A 在微型计算机系统中协助 CPU 对中断事务管理做了哪些工作？

11. 82C59A 作为微型计算机系统的重要外围支持芯片，系统对 82C59A 的初始化设置做了哪些规定？

12. 中断向量修改的目的是什么？修改中断向量的方法与步骤？

13. 如何编写中断服务程序？中断服务程序的一般格式及需要注意的问题是什么？

14. 在实际中，对中断资源的应用有两种情况，一是利用系统的中断资源，二是自行设计中断系统。用户对这两种应用情况所做的工作有什么不同？用户是否可以对系统的中断控制器重新初始化？为什么？

15. 如何利用微型计算机系统的主片 82C59A 设计一个中断应用程序？

第9章 数-模、模-数转换器的接口

将数字信号转换为模拟信号的电路，称为数-模转换器（简称 D/A 转换器）。将模拟信号转换为数字信号的电路，称为模-数转换器（简称 A/D 转换器）。

9.1 D/A 转换器接口

9.1.1 D/A 转换器的工作原理

数字、模拟转换的核心有两部分，即运算放大器和电阻网络。电阻网络以往称为解码网络，其经历了从权电阻网络向 T 电阻网络的演变。

1. 运算放大器

运算放大器图形符号如图 9-1（a）所示。运算放大器的工作特点如下。

（1）输入阻抗极大，因此输入电流极小；导致输入电压很小，接近于地，称为虚地。

（2）输出阻抗很小，因此驱动电流很强。

（3）开环放大倍数很高，达几千倍。

运算放大器电路连接如图 9-1（b）所示，图中 G 为虚地点。对输入电路有 $I_1 = V_1 \div R_1$；由于运算放大器输入阻抗极大，I_1 很小，故有 $I_0 \approx I_1$；于是在 R_f 上的电压降为 $V_0 = -I_1 R_f = -R_f (V_1 \div R_1) = -V_1 (R_f \div R_1)$。因此有如下 3 点结论。

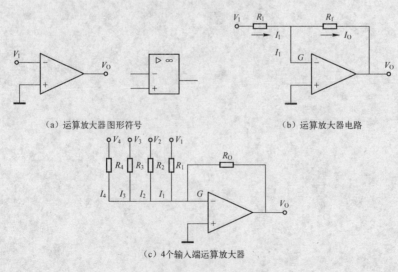

（a）运算放大器图形符号　　　　　　（b）运算放大器电路

（c）4个输入端运算放大器

图 9-1　运算放大器

① $V_O = -I_1 R_f$，当 R_f 一定时，输出电压和输入电流成正比。

② $V_O = -V_1(R_f \div R_1)$，当 V_1、R_f 一定时，输出电压和输入电阻成反比。

③ $V_O \div V_1 = -R_f \div R_1$，电压放大倍数等于反馈电阻和输入电阻之比。

电压放大倍数等于反馈电阻和输入电阻之比。

2. 电阻网络

当运算放大器的输入电路不是采用单路输入而是采用 8 路（对应于 8 位数字）输入时，输出电压为

$$V_O = -I_1 R_f = -(I_0 + I_1 + I_2 + I_3 + I_4 + I_5 + I_6 + I_7)R_f$$

因为 $I_1 = -V_1 \div R_1$（$I = 0$、1、2、3、4、5、6、7），若 R_1 是权电阻，则 I_1 是权电流。

权电阻网络如图 9-2 所示，V_{REF} 是参考电压，替代输入电压。参考电压由基准电源提供。在 D/A 转换中，基准电源的精度直接影响 D/A 转换的精度。

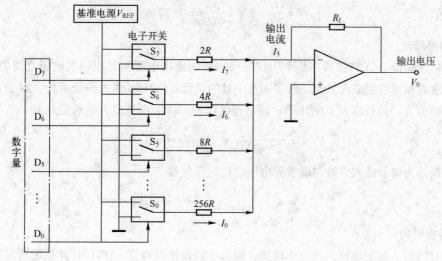

图 9-2 权电阻网络

电阻 R_1 称为权电阻，权电阻是精密电阻。权电阻网络的每一位电阻取值为

$$R_0 = 2^8 R = 256R, R_1 = 2^7 R = 128R, R_2 = 2^6 R = 64R, \cdots, R_7 = 2^1 R = 2R$$

因为 $I_1 = V_{REF}/R_1$，于是权电流有

$$I_0 = V_{REF}/R_0 = 2^0 I_0, I_1 = V_{REF}/R_1 = 2^0 I_0, I_2 = V_{REF}/R_2 = 2^2 I_0, \cdots, I_6 = 2^6 I_0, I_7 = 2^7 I_0$$

则输出电压为

$$V_O = -(I_0 + I_1 + I_2 + I_3 + I_4 + I_5 + I_6 + I_7)R_f$$
$$= -(2^7 + 2^6 + 2^5 + 2^4 + 2^3 + 2^2 + 2^1 + 2^0)I_0 R_f$$
$$= -(2^7 + 2^6 + 2^5 + 2^4 + 2^3 + 2^2 + 2^1 + 2^0)(V_{REF}/R_0)R_f$$
$$= -(2^7 + 2^6 + 2^5 + 2^4 + 2^3 + 2^2 + 2^1 + 2^0)(V_{REF}/2^8 R)R_f$$

通常取 $R_f/R = 1$，则

$$V_O = -(2^7 + 2^6 + 2^5 + 2^4 + 2^3 + 2^2 + 2^1 + 2^0)V_{REF}/2^8$$

D/A 转换器的转换原理简单清楚，但是它的转换精度主要决定于权电阻的精度及它们之间的比值。正因为如此，权电阻由于种类多（即阻值分散）、精度高，因而制造困难，于是出现了

一种新的 T 电阻网络。T 电阻网络和权电阻网络等效。

9.1.2　D/A 转换器的性能指标

目前 D/A 转换器的种类是比较多的，制作工艺也不相同，按输入数据字长可为 8 位、10 位、12 位及 16 位等；按输出形式可分为电压型和电流型等；按结构可分为有数据锁存器和无数据锁存器两类。不同类型的 D/A 转换器在性能上的差异较大，适用的场合也不尽相同。因此，弄清楚 D/A 转换器的一些技术参数是必要的，D/A 转换器主要有以下性能参数。

1. 分辨率

分辨率与 D/A 转换器能够转换的二进制数据的位数 n 有关，表示为输出满量程电压与 $2n$ 的比值，它反映了输出模拟电压的最小变化量。例如，具 12 位分辨率的 D/A 转换器，如果转换后的满量程电压为 5 V，则它能分辨的最小电压为

$$V = \frac{1}{2^{12}} \cdot 5\ \text{V} = \frac{5\ \text{V}}{4\ 096} \approx 1.22\ \text{mV}$$

2. 转换精度

转换精度是指 D/A 转换器在整个工作区间实际的输出电压与理想输出电压之间的偏差，可用绝对精度或相对精度来表示，一般采用数字量的最低 $\pm 1/2\text{LSB}$ 作为衡量单位。对于 $n = 8$ 位的 D/A 转换器而言，若精度为 $\pm 1/2\text{LSB}$，满量程电压 $V = 5$ V，则其最大绝对误差为

$$V_{\text{E}} = \pm \frac{1}{2} \cdot \frac{V}{2^n} = \pm \frac{1}{2} \cdot \frac{5}{2^8} \approx \pm 0.01\ \text{V}$$

相对误差为以上最大偏差与满量程电压之比的百分数

$$\Delta V = \pm \frac{1}{2} \cdot \frac{V}{2^n V} = \pm \frac{1}{2^9} \approx \pm 0.20\%$$

3. 转换时间

转换时间指从数字量输入到完成转换，输出达到最终误码差 $\pm 1/2\text{LSB}$ 并稳定所需要的时间，也称为稳定时间。不同类型的 D/A 转换器的转换速度差别较大，一般电流型 D/A 转换器较电压型 D/A 转换器速度快一些。

4. 线性误差

D/A 转换器在工作范围内的理想输出是与输入数字量成正比的一条直线。由于误差的存在，实际输出的模拟量是一条近似直线的曲线。实际的模拟输出与理想直线的最大偏移就是线性误差。一般该误差应小于 $1/2$ LSB。

D/A 转换器的其他性能指标还有输出电压范围、输出极性、数字输入特性、工作环境条件等。

9.1.3　D/A 转换芯片

通常用户除关心转换器的速度外，还关心转换器的分辨率。目前较常见的 D/A 转换器转换的位数有 8 位、12 位及 10 位、16 位等。常用的 D/A 转换芯片有 DAC0832、DAC1420、DAC1210 等，下面以常用的 8 位 DAC0832 为例来说明其使用。

1. DAC0832 的特性

DAC0832 是 8 位双缓冲 D/A 转换器。芯片内带有数据锁存器，可与数据总线直接相连。电路有极好的温度跟随性，使用了 CMOS 电流开关和控制逻辑以获得低功耗、低输出的泄漏电流

误差。芯片采用 R-2RT 型电阻网络，对参考电流进行分流完成 D/A 转换。转换结果以一组差动电流 I_{OUT1} 和 I_{OUT2} 输出。其主要特性如下：

（1）分辨率为 8 位。

（2）电流稳定时间为 1μs。

（3）可单、双缓冲数据输入或直接数据输入。

（4）只需在满量程下进行线性调整。

（5）单一电源供电（5～15 V）。

（6）低功耗（20 mW）。

2. DAC0832 的逻辑结构

DAC0832 的内部结构如图 9-3 所示。由图 9-3 可见，该芯片由 4 部分组成：8 位输入寄存器、8 位 DAC 寄存器、8 位 D/A 转换器和读写控制电路。

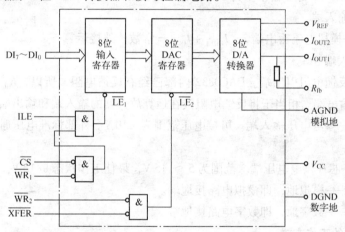

图 9-3　DAC0832 内部结构图

DAC0832 中有两级锁存器，第一级锁存器称为输入寄存器，它的锁存信号为 ILE；第二级锁存器称为 DAC 寄存器，它的锁存信号为传输控制信号 $\overline{XFER}$。因为有两级锁存器，DAC0832 可以工作在双缓冲器方式，即在输出模拟信号的同时采集下一个数字量，这样能有效地提高转换速度。此外，两级锁存器还可以在多个 D/A 转换器同时工作时，利用第二级锁存信号来实现多个转换器同步输出。

当 ILE 为高电平，片选信号 $\overline{CS}$ 和写信号 $\overline{WR_1}$ 为低电平时，输入寄存器控制信号为 1，在这种情况下，输入寄存器的输出随输入而变化。此后，当 $\overline{WR_1}$ 由低电平变高时，控制信号成为低电平，此时，数据被锁存到输入寄存器中，这样输入寄存器的输出端不再随外部数据的变化而变化。

对第二级锁存来说，传送控制信号 $\overline{XFER}$ 和写信号 $\overline{WR_2}$ 同时为低电平时，二级锁存控制信号为高电平，8 位的 DAC 寄存器的输出随输入而变化，此后，当 $\overline{WR_2}$ 由低电平变高时，控制信号变为低电平，于是将输入寄存器的信息锁存到 DAC 寄存器中。

3. DAC0832 的引脚特性

DAC0832 共有 20 条引脚，如图 9-4 所示。各引脚的特性如下。

（1）$\overline{CS}$——片选信号，输入，低电平有效。

（2）ILE——允许锁存信号，高电平有效。输入锁存器的信号 $\overline{LE_1}$ 由 ILE、$\overline{CS}$、$\overline{WR_1}$ 的逻辑组

合产生。$\overline{LE_1}$为高电平时，输入寄存器的状态随着输入线的状态变化，$\overline{LE_1}$跳变为低电平时，数据线上的信息被锁存到输入寄存器。

（3）$\overline{WR_1}$——写信号1，输入寄存器的写选通信号，输入，低电平有效。

（4）$\overline{WR_1}$——写信号2，将锁存在输入寄存器中的资料送到DAC寄存器中进行锁存（此时，传输控制信号$\overline{XFER}$必须有效）。

（5）$\overline{XFER}$——传输控制信号，输入，低电平有效。

（6）$DI_7 \sim DI_0$——8位数据输入端，DAC0832的数字量由此输入。

（7）I_{OUT1}——模拟电流输出端1。当DAC寄存器中全为1时，输出电流最大；当DAC寄存器中全为0时，输出电流为0。外接运算放大器"－"输入端。

（8）I_{OUT2}——模拟电流输出端2。$I_{OUT1} + I_{OUT2} =$ 常数。外接运算放大器"＋"输入端。

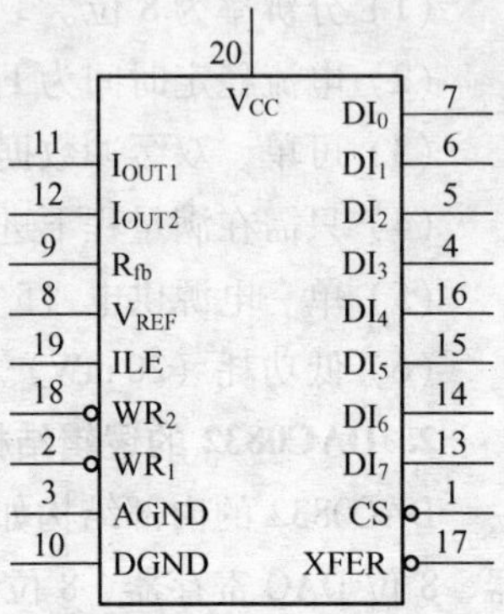

图9-4　DAC0832 引脚

（9）R_{fb}——反馈电阻引出端。DAC0832内部已经有反馈电阻，所以，R_{fb}端可以直接接到外部运算放大器的输出端。相当于将反馈电阻接在运算放大器的输入端和输出端之间。

（10）V_{REF}——参考电压输入端。可接电压范围为 ±10 V。外部标准电压通过V_{REF}与 T 型电阻网络相连。

（11）V_{CC}——芯片供电电压端。范围为 5 ～ 15 V，最佳工作状态是 15 V。

（12）AGND——模拟地，即模拟电路接地端。

（13）DGND——数字地，即数字电路接地端。

4. DAC0832 的工作方式

DAC0832 在不同信号组合的控制下可实现直通、单缓冲和双缓冲 3 种工作方式。

（1）直通方式：在图 9-4 中，将 ILE 接高电平，$\overline{CS}$、$\overline{WR_1}$、WR_2、$\overline{XFER}$ 全部接低电平，则 CPU 传输的数据不进行缓冲，而是直接送到 D/A 转换器进行变换。

（2）单缓冲方式：只将$\overline{WR_2}$、$\overline{XFER}$接低电平，ILE 接高电平，$\overline{CS}$、$\overline{WR_1}$有效后，DAC 寄存器为直通，而输入寄存器为选通。也就是只进行一级缓冲。

（3）双缓冲方式：ILE 接高电平，$\overline{CS}$、$\overline{WR_1}$控制输入寄存器，$\overline{WR_2}$、$\overline{XFER}$控制 DAC 寄存器，则进行两级缓冲。

5. D/A 转换器的接口

在 D/A 转换器接口的设计中，首先要解决数据缓冲问题，这是因为 CPU 输出的数据在数据总线上停留的时间只有几个时钟周期，非常短暂。如果 D/A 转换器内部含有输入锁存器，则可以与 CPU 直接相连，否则，在 CPU 与 D/A 转换器之间需外加锁存器来保存 CPU 送来的数据。

需要注意的是，当 CPU 的数据总线宽度小于 D/A 转换器的数据输入线宽度时，可以分两次传送。下面分别介绍 DAC0832 与计算机的接口。

1）单极性输出

如图 9-5 所示，DAC0832 工作在单缓冲方式，输出为正电压，电压范围为 0 ～ 5 V。如图所

示，$V_{REF} = -5\,V$，设输入数据为 DATA = 128，则输出电压为

$$V_0 = -DATA \times V_{REF}/2^8 = -128 \times (-5/256)V = 2.5\,V$$

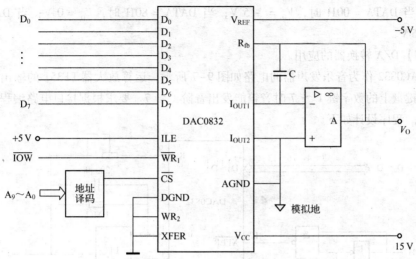

图 9-5 DAC0832 单极性输出接口图

设 DAC0832 的端口地址为 PORT，则输出 2.5 V 模拟电压的指令如下。

```
MOV  DX,PORT
MOV  AL,80H
OUT  DX,AL
```

2）双极性输出

双极性输出接口如图 9-6 所示，输出电压范围为 $-5 \sim +5\,V$。

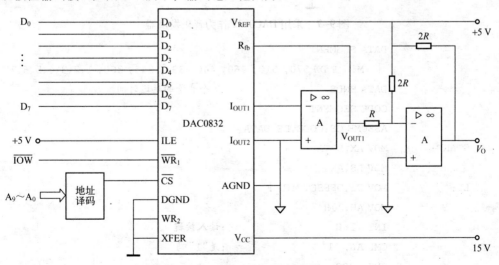

图 9-6 DAC0832 双极性输出接口图

图 9-6 中，$V_{REF} = 5\,V$，$V_{OUT1} = -DATA(V_{REF}/2^8)$ 为单极性输出，其中 DATA 为输入数字量，则输出电压为

$$V_0 = V_{OUT1} \times (2R/R) + (-V_{REF}) \times (2R/2R)$$

$$= V_{REF} \times (DATA - 128)/128$$
$$= (DATA - 128) \times (5/128)$$

可见，当 DATA = 00H 时，$V_0 = -5\,V$；当 DATA = 80H 时，$V_0 = 0\,V$；当 DATA = 0FFH 时，$V_0 = +5\,V$。

【例 9.1】 D/A 转换器的应用。

采用 DAC0832 作为音乐发声器的电路如图 9-7 所示，运算放大器 LF351 的输出接至有源音箱，当按动键盘上的数字键 1～7 时音箱能发出音阶 1～7。要求根据接口电路编程（设端口地址为 228H）。程序设计如下。

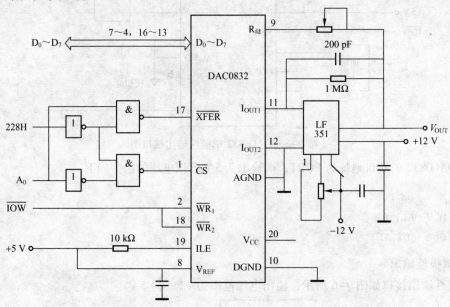

图 9-7 采用 DAC0832 作为音乐发声器

```
                DATA SEGMENT
                    MIU_F DW 570, 510, 460, 440, 390, 345, 300, 1、2、3、4、5、6、7
                DATA ENDS                    ;7 个音阶的延迟时间
                CODE SEGMENT
                ASSUME CS:CODE,DS:DATA
START:          MOV AX,DATA
                MOV DS,AX
LL:             MOV DI,OFFSET MIU_F
                MOV AH,00H
                INT 16H                      ;读入按键
                CMP AL,'1'                   ;是"1"吗
                JNZ SSS
AA:             ADD DI,0
                JMP MUSI
SSS:            CMP AL,'2'                   ;是"2"吗
                :
```

```
              CMP AL,'7'              ;是"7"吗
              JNZ  COATI
MM:           ADD DI,12
MUSI:         CALL MUSIC
CONTI:        CMP  AL,1BH             ;按 Esc 键退出
              JZ   EXIT
              JMP  LL
EXIT:         MOV AH,4CH
              INT  21H
MUSIC PROC MEAR
              MOV SI,0FH
PPP:          INC SI
              MOV CX,[DI]             ;取高电平延时时间
              MOV DX,228H
LLL:          MOV AL,20H
              OUT DX,AL
              INC  DX
              OUT DX,AL
              DEC  DX
              LOOP LLL
              MOV CX,[DI]             ;取低电平延时时间
              MOV DX,228H
LLL1:         MOV AL,00H
              OUT   DX,AL
              INC   DX
              OUT DX,AL
              DEC   DX
              LOOP LLLI
              CMP  SI,5FH
              JNZ  PPP
              RET
MUSIC ENDP
              CODE ENDS
              END START
```

9.2 A/D 转换器接口

9.2.1 A/D 转换器的工作原理

1. 逐次逼近法

逐次逼近型 A/D 转换器的结构如图 9-8 所示。由 N 位逐次逼近寄存器、N 位 D/A 转换器、

比较器、N 位输出缓冲器及逻辑控制电路构成。其工作原理为：把输入的模拟电压 V_{IN} 作为目标值，用对分搜索的方法来逼近该值。当启动信号 START 有效后，时钟信号 CLK 通过控制逻辑电路使 N 位寄存器的最高位置 1，其余各位为 0，此二进制代码经 D/A 转换器转换为电压 V_0，该值为满量程的一半。将 V_0 与输入电压 V_I 做比较，如 $V_I > V_0$，则保留这一位；否则该位清 0。然后，CLK 再对次高位置 1，并连同上一次转换结果进行 D/A 转换和比较，保留结果，重复以上过程直到比较完毕，发出转换结束信号 EOC，并将 N 位寄存器中的转换结果送至输出缓冲器。

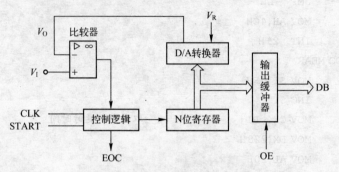

图 9-8　逐次逼近型 A/D 转换器原理图

2. 并行比较法

1 个 8 位并行比较型 A/D 转换器的原理框图如图 9-9 所示。整个电路由电阻分压器、电压比较器、段鉴别门和编码器组成。电阻分压器由（$2^8 + 1$）个电阻组成，将 V_{REF} 分为 2^8 个量化电压，

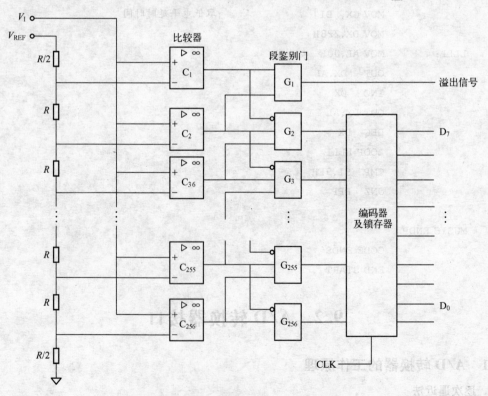

图 9-9　并行比较型 A/D 转换器原理图

量化误差为 1/2LSB。分压器输出的量化电压作为基准电压送至比较器，与输入电压 V_1 做比较，如 V_1 小于对应段的基准电平，则比较器输出 0，反之输出 1。比较器的输出结果送至段鉴别门。段鉴别门是 255 - 8（255 输入，8 输出）的编码电路，其输出即是 A/D 转换的结果。

3. 双积分法

双积分型 A/D 转换器的原理框图如图 9-10 所示。由积分器 A_1、检零比较器 A_2、计数器 A_3、逻辑控制器 A_4 等组成。双积分型 A/D 转换的方法与上面两种不同，前面两种是直接将模拟电压转换为数字电压，双积分型 A/D 转换器是先将模拟电压转换为与其平均值成正比的时间间隔，由时间间隔计数得到的计数值就是转换结果。整个转换过程分采样和比较计数两次积分完成，故称为双积分法，其工作原理如下：

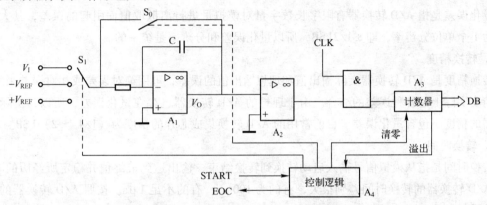

图 9-10 双积分型 A/D 转换器原理图

第一阶段为采样阶段。当启动脉冲 START 有效后，首先 S_1 接通 V_1，S_0 打开，积分器从 $V_0 = 0$ 的原理状态对 V_1 进行固定时间 T_1 的积分，T_1 结束时，S_1 打开，积分值为

$$V_{OUT1} = -\frac{1}{RC}\int_0^{T_1} V_1 \mathrm{d}t = -\frac{T_1}{RC}\overline{V}_1$$

式中，V_1 为输入电压在 T_1 时间内的平均值。

第二阶段为比较计数阶段，控制逻辑使 S_1 接通 V_{REF}，计数器从开始计数。在 T_2 时刻计数结束，积分器输出 0。即

$$V_{OUT2} = V_{OUT1} - \frac{1}{R_C}\int_0^{T_2} V_{REF}\mathrm{d}t$$

令 $V_{OUT2} = 0$，则

$$-\frac{T_1}{R_C}\overline{V}_1 = \frac{T_2}{R_C}V_{REF}$$

即

$$T_2 = -\frac{T_1}{V_{REF}}\overline{V}_1$$

式中，V_{REF} 与 V_1（平均值）极性相反。由于 T_1 和 V_{REF} 均为固定值，故 T_2 与 V_1 成正比，T_2 时间段内的计数值即是 A/D 转换的结果。

9.2.2 A/D 转换器的性能指标

目前，A/D 转换器的种类比较多，制作工艺也不尽相同，不同类型的 A/D 转换器在性能上

的差异较大，适用的环境也不相同。因此，必须清楚 A/D 转换器的一些技术参数。同 D/A 转换器类似，A/D 转换器主要有以下性能指标。

1. 分辨率（位数）和量化误差

分辨率表示转换器对微小输入量变化的敏感程度，通常用转换器输出数字量的位数来表示。n 位转换器，其数字量变化范围为 $0 \sim (2^n - 1)$，当输入电压满刻度为 XV 时，转换电路对输入模拟电压的分辨能力为 $X/(2^n - 1)$。常见的 A/D 转换器分辨率有 8 位、10 位、12 位及 16 位。例如，AD574 的分辨率为 12 位，可分辨 1LSB。如用占满量程的百分比来表示，则分辨率为 $(1/2^{12}) \times 100\% = 0.024\%$。

设其输入电压为 10V，则它能分辨出的模拟电压最小变化量为 $10 V \times 0.024\% = 2.4 mV$。

量化误差是指 A/D 转换器有限字长数字量对模拟量进行离散取值而引起的误差，其大小理论上为 1 个单位分辨率，即 $\pm 1/2LSB$，所以量化误差和分辨率是统一的。

2. 转换精度

转换精度是 A/D 转换器实际输出值和理想输出值的误差，可用绝对误差或相对误差来表示。转换精度实际上是各种误差的综合。由于理想的 A/D 转换器也存在量化误差，所以，实际 A/D 转换器的精度不包含量化误差。目前常用的 A/D 转换集成芯片的精度为 $(1/4 \sim 2)$ LSB。

3. 转换时间

转换时间是指从模拟信号输入启动转换到转换结束，输出达到最终值并稳定所经历的时间。不同 A/D 转换器的转换时间差别很大，有的为 $100 \mu s$，有的不足 $1 \mu s$。按照 A/D 转换器的转换时间分类，转换时间在 $20 \mu s$ 以下为高速，$20 \sim 300 \mu s$ 之间为中速，转换时间在 $300 \mu s$ 以下为低速。通常逐次逼近式 A/D 转换器的转换时间一般在 μs 数量级。例如，ADC0809 的工作频率为 640 kHz，转换时间为 $100 \mu s$。转换时间的倒数称为转换速率。

4. 线性误差

A/D 转换器的输出值在理论上与输入模拟量成正比，因而是一条直线。由于误差的存在，实际输出为一条近似直线的曲线。该曲线与理论直线的最大误差就是线性误差。

5. 量程

量程是指 A/D 转换器所能够转换的模拟量的输入电压范围，如 ADC0809 的量程为 $0 \sim +5V$。

A/D 转换器的其他性能指标有输入电压范围、供电电源、工作环境等。实际应用时要综合考虑，选择性能合适且性能价格比高的 A/D 转换器。

9.2.3 A/D 转换芯片

常见的 A/D 转换芯片有 ADC0801、ADC0808/ADC0809、AD7570/7574 等，下面以 ADC0809 芯片来进行介绍。

ADC0809 是采样分辨率为 8 位的、以逐次逼近原理进行模、数转换的器件。其内部有一个 8 通道多路开关，它可以根据地址码锁存译码后的信号，只选通 8 路模拟输入信号中的一个进行 A/D 转换。

1. ADC0809 的主要特性

（1）8 路输入通道，8 位 A/D 转换器，即分辨率为 8 位。

（2）转换方法：逐次逼近法。

（3）转换时间为 100 μs。

（4）单个 + 5 V 电源供电。

（5）模拟输入电压范围：8 路模拟电压均为 0 ～ + 5 V。

（6）工作温度范围为 – 40 ～ + 85℃。

（7）低功耗，约 15 mW。

2. ADC0809 的逻辑结构

ADC0809 的内部结构如图 9–11 所示，由 8 路模拟开关及其地址译码锁存电路、比较器、256 电阻分压器、树状开关、逐次逼近型寄存器 SAR、三态输出缓冲锁存器及控制逻辑等构成。

其中 8 路模拟开关带有锁存功能，可对 8 路 0 ～ 5 V 的输入模拟电压进行分时切换。通过适当的外接电路，ADC0809 可以对 – 5 ～ + 5 V 的双极性模拟电压进行 A/D 转换。

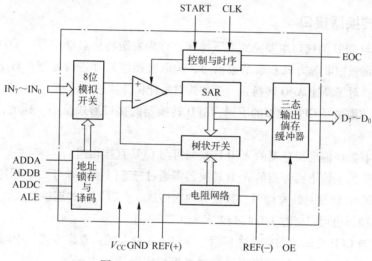

图 9–11 ADC0809 逻辑结构框图

首先输入 3 位地址，并使 ALE = 1，将地址存入地址锁存器中。此地址经译码选通 8 路模拟输入之一到比较器。START 上升沿将逐次逼近寄存器复位。下降沿启动 A/D 转换，之后 EOC 输出信号变低，指示转换正在进行。直到 A/D 转换完成，EOC 变为高电平，指示 A/D 转换结束，结果已存入锁存器，这个信号可用作中断申请。当 OE 输入高电平时，输出三态门打开，转换结果的数字量输出到数据总线上。

3. ADC0809 的引脚特征

ADC0809 芯片有 28 条引脚，采用双列直插式封装，如图 9–12 所示。下面说明各引脚的功能。

（1）IN_0 ～ IN_7：8 路模拟量输入端。

（2）D_7 ～ D_0：8 位数字量输出端。

（3）ADDA、ADDB、ADDC：3 位地址输入线，用于选通 8 路模拟输入中的一路。

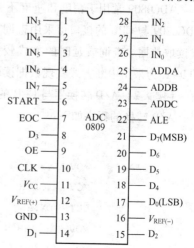

图 9–12 ADC0809 引脚图

（4）ALE：地址锁存允许信号，输入，高电平有效。

（5）START：A/D 转换启动脉冲输入端，输入一个正脉冲（至少 100 ns 宽）使其启动（脉冲上升沿使 0809 复位，下降沿启动 A/D 转换）。

（6）EOC：A/D 转换结束信号，输出，当 A/D 转换结束时，此端输出一个高电平（转换期间一直为低电平）。

（7）OE：数据输出允许信号，输入、高电平有效。当 A/D 转换结束时，此端输入一个高电平，才能打开输出三态门，输出数字量。

（8）CLK：时钟脉冲输入端。要求时钟频率不高于 640 kHz。

（9）$V_{REF(+)}$、$V_{REF(-)}$：基准电压端。

（10）V_{CC}：电源端，单一 +5 V。

（11）GND：地。

9.2.4 A/D 转换器接口

A/D 转换器与 CPU 的接口主要完成以下操作：首先发送转换启动信号，A/D 转换器开始工作，CPU 通过查询或中断等方式获取结束信号，读取转换结果并进行处理。对于多通道则进行多通道寻址操作，对于高速 A/D 转换，一般还要对采样保持器进行控制。

A/D 转换器的类型及 CPU 类型的不同，A/D 转换器的接口形式是不一样的，主要分为以下 3 种。

（1）内部带有数据输出锁存器的 A/D 转换器可与 CPU 直接相连。

（2）内部不带数据输出锁存器的 A/D 转换器需通过三态门锁存器与 CPU 相连。当 A/D 转换器的分辨率高于 CPU 数据总线宽度时，数据分两次传送，也需要此种连接方式。

（3）A/D 转换器也可以通过 I/O 接口芯片与 CPU 相连。

A/D 转换器与 CPU 之间的数据传送可以采取以下 3 种方式：查询方式、中断方式和 DMA 方式。其特点各有不同，用户在进行接口设计时可根据实际情况进行适当选择。下面以 ADC0809 为例讨论 A/D 转换器与 CPU 的连接问题。

ADC0809 常用于精度和速度不是很高的场合，尤其是多路模 – 数转换时更能体现其优势。ADC0809 与 CPU 的接口可采用查询方式或中断方式读取数据，也可以采用延时（100 μs）的方式读取数据。查询或延时的方式较为简单，容易实现，但效率低，中断的方式则提高了效率。图 9-13 为采用中断方式实现数据读取的接口电路。

【例 9.2】A/D 转换器与 CPU 的连接如图 9-14 所示。

A/D 转换的程序如下：

```
        ORG 1000H
START:  MOV AL,98H          ;8255A 初始化,方式 0,A 口输入,B 口输出
        MOV DX,0FFH         ;8255A 控制字端口地址
        OUT DX,AL           ;选 8255A 方式字
        MOV AL,0BH          ;选 IN₃ 输入端的地址锁存信号
        MOV DL,0FDH         ;8255A 的 B 口地址
        OUT DX,AL           ;送 IN₃ 通道地址
```

```
MOV   DX,DR1
IN    AL,DX          ;转换完,读入高 4 位
MOV   BH,AL          ;BH←高 4 位
MOV   DX,DR2
IN    AL,DX          ;读入低 8 位
MOV   BL,AL          ;BL←低 8 位
HLT
```

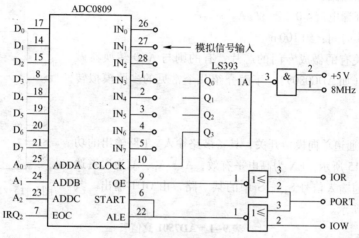

图 9-13　采用中断方式实现数据读取

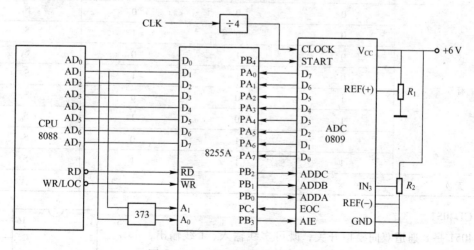

图 9-14　ADC0809 与 CPU 的连接图

9.3　多路模拟开关及采样保持电路

9.3.1　多路模拟开关

在数据采集系统中,被采集的模拟信号有可能不止一路,而计算机在任意时刻只能接收一路信号。因此,当有多路模拟信号输入时,需要多路模拟开关,按顺序轮流切换各路通道,以达到

分时检测的目的。多路模拟开关不影响系统的精度和速度，因此应具备以下特点。

（1）导通静态电阻不宜太大。

（2）开路静态电阻无穷大。

（3）切换速度越快越好。

目前，大多数 - 模拟开关的主要参数有如下几个。

（1）接通电阻：$100 \sim 400\,\Omega$。

（2）开关接通电流：约 $20\,mA$。

（3）开关断开漏电流：$0.2 \sim 2\,nA$。

（4）通道切换时间：约 $100\,ns$。

多路模拟开关有的做成专门的芯片，有的则与 A/D 转换器做在同一个芯片内（如 ADC0809）。下面介绍几个常见的多路模拟转换开关。

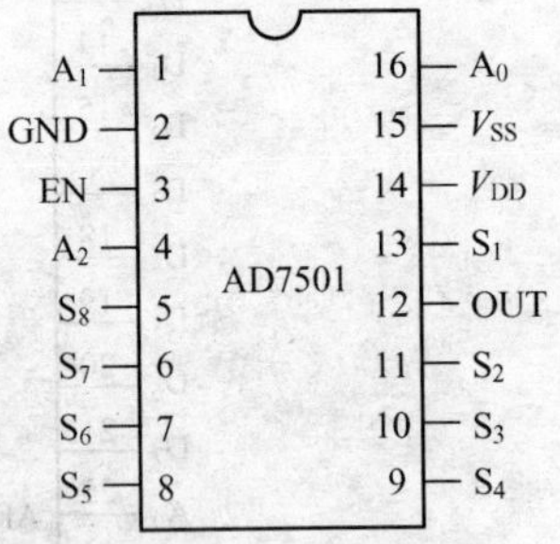

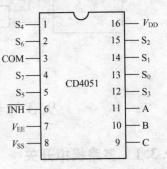

图 9-15　AD7501 引脚图

1. AD7501

AD7501 是 8 通道单向模拟开关，具备多路输入、1 路输出的功能。引脚如图 9-15 所示。EN 为高电平有效，A_2、A_1、A_0 为通道选择信号，负责选通输入信号 $S_8 \sim S_1$ 中的某一路，由 OUT 输出。其真值表如表 9-1 所示。

表 9-1　AD7501 真值表

EN	A_2	A_1	A_0	ON
	0	0	0	S_1
	0	0	1	S_2
	0	1	0	S_3
	0	1	1	S_4
有效	1	0	0	S_5
	1	0	1	S_6
	1	1	0	S_7
	1	1	1	S_8
无效	×	×	×	无

2. CD4051

CD4051 是 8 通道双向模拟开关，既可多线输入、1 线输出，又可 1 线输入、多线输出。其引脚如图 9-16 所示。

$\overline{\text{INH}}$ 为片选信号，低电平有效。C、B、A 为通道选择信号，当 CBA 为 $000 \sim 111$ 时，产生 8 位 1 信号，选中多路输入信号 $S_7 \sim S_0$ 中的某一路，由公共 COM 输出。也可以由 COM 端输入，输出到 A、B、C 选中的某一路，因此是双向通道。CD4051 的真值表同 AD7501 相似。

利用模拟开关集成芯片可以实现通道的扩展。例如，两片

图 9-16　CD4051 引脚图

CD4051 组成的 16 路模拟开关电路如图 9–17 所示进行连接。当数据线 $D_3 \sim D_0$ 在 0000 ～ 1111 之间变化时，可选中 16 个通道中的任一路。

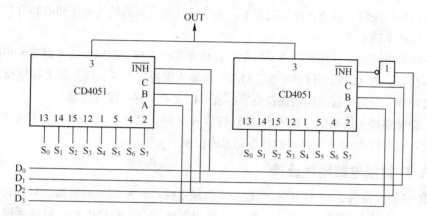

图 9–17　两片 CD4051 组成的 16 路模拟开关电路

9.3.2　采样–保持电路

A/D 转换器进行 A/D 转换需要一段时间。而模拟信号是动态的，如果信号变化较快，没有稳定的时间，就可能引起不确定误差。为保证 A/D 转换的精度，需要在转换时间内保持模拟信号不变。因此，需在 A/D 转制器前加入采样–保持电路。如果输入信号为直流或随时间变化比较缓慢，远小于 A/D 转换的速度，则可以不加采样–保持电路。

采样–保持电路包括采样和保持两种状态。采样时能够跟踪输入的模拟电压，转换为保持状态时，电路输出保持采样结束瞬间的模拟信号电平，直到转为下次采样状态为止。

基本的采样–保持电路如图 9–18 所示，由模拟开关 S、运算放大器 A_1、A_2 和保持电容 C 组成，其中，运算放大器 A_1 和 A_2 接成跟随器。电路的工作状态由方式控制输入决定。在采样状态下，开关 S 闭合，跟随器 A_1 很快地给保持电容 C 充电，输出则随输入变化而变化。当处于保持状态时，开关 S 断开，跟随器 A_2 具备较高的输入阻抗，因而具备隔离作用，电容 C 将保持 S 断开时的充电电压不变，直到进入下一次采样状态。

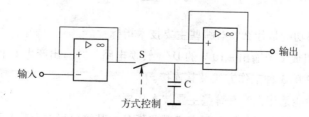

图 9–18　采样–保持电路原理图

采样–保持电路主要有以下参数。

（1）孔径时间（TAP）：是指从发出保持命令到开关完全打开所需要的时间。这样的延迟会引起转换误差，称为孔径误差。孔径误差与输入模拟信号的频率成正比，频率越高，孔径误差越大；反之，孔径误差越小，孔径时间一般为 10 ～ 20 ns。

（2）捕捉时间（TAC）：是指从开始采样到采样–保持电路的输出达到当前输入模拟信

号的值所需要的时间，该时间与保持电容大小、运算放大器频响时间及输入信号的变化幅度有关。

（3）保持电压压降：是指在保持状态下，由于运算放大器的输入电流和电容自身的漏电等引起的保持电压的下降。

采样－保持电路的参数还有馈通及电压增益精度等，采样－保持电路常做成专用的芯片，称为采样－保持器，如 AD582、LF198 等。AD582 由输入缓冲放大器、模拟开关和结型场效应管集成的放大器组成，只需外接合适的保持电容，就可以完成采样－保持功能。

采样－保持器接于模拟信号输入和 A/D 转换器之间，其工作状态可以由控制信息来控制，由编程实现；也可以由 A/D 转换器的状态信息来控制。

9.3.3 A/D 转换电路地线连接

在使用/转换芯片时，地线的连接问题必须引起重视。因为 D/A 转换器、A/D 转换器内部主要是模拟电路，但也包含数字电路；运算放大器内部则完全是模拟电路；但是系统中的其他芯片、CPU、82C55A、译码器、门电路等属于数字电路，所以这两类电路要分别用两组独立的电源供电。地线连接时要注意以下两点。

（1）把各个"模拟地"连在一起，各个"数字地"连在一起，不能彼此混连。

（2）在整个系统中，要把模拟地和数字地用一个共地点连接，以免造成回路信号干扰，如图 9-19 所示。

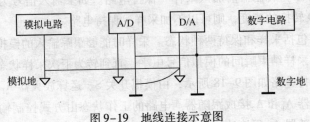

图 9-19　地线连接示意图

习　题　9

1. D/A 转换器的功能是什么？有哪些主要技术指标？

2. 用 DAC0832 组成 1 个输出 ±10 V 的 D/A 转换电路，并写出产生 1 个三角波的程序。

3. 简述 DAC0832 的 3 种工作方式及其连接。

4. A/D 转换器功能是什么？有哪些主要技术指标？

5. A/D 转换器的接口电路一般需要完成哪些任务？其接口形式有哪几种？

6. A/D 转换的方法主要有哪几种？各有何特点？

7. 一个 10 位逐次逼近型 A/D 转换器，满量程为 10 V，则对应 1/2LSB 的电压约为（　　　　）。

    A. 4.88 mV　　　　B. 5 mV　　　　C. 9.77 mV　　　　D. 10 mV

8. 试说明逐次逼近型 A/D 转换器和双积分型 A/D 转换器的工作原理。

9. 在 A/D 转换器中，双积分型与逐次逼近型相比，其抗干扰能力（　　　　）。

    A. 较差　　　　B. 更强　　　　C. 相同　　　　D. 不可比较

10. 试说明 ADC0809 的工作原理及工作方式。

11. 当 CPU 使用中断方式从 ADC0809 读取数据时，ADC0809 是用（　　　）引脚向 CPU 发出中断请求信号的。

  A. START   B. OE   C. EOC   D. INTR

12. A/D 转换器的量化误差是怎样定义的？当满刻度模拟输入电压为 5 V 时，8 位、10 位、12 位 A/D 转换器的量化误差各是多少？

13. 要求某电子秤的称重范围 0 ～ 500 g，测量误差小于 0.05 g，至少应该选用分辨率为多少位的 A/D 转换器？现有 8 位、10 位、12 位、14 位、16 位可供选择。

14. ADC0809 进行 A/D 转换是从 START 为＿＿＿＿时开始启动的，其上升沿将逐次逼近寄存器复位。下降沿启动 A/D 转换，之后 EOC 输出信号变低，指示转换正在进行。直到 A/D 转换完成，EOC 变为＿＿＿＿，指示 A/D 转换结束，结果数据已存入锁存器，这个信号可用作中断申请。当 OE 输入为＿＿＿＿电平时，输出三态门打开，转换结果的数据输出到数据总线上。

15. CPU 读取 A/D 转换器结果的方式有＿＿＿＿、＿＿＿＿、＿＿＿＿和＿＿＿＿。

16. 采样 - 保持器的主要功能是什么？在什么情况下必须选用采样 - 保持电路？

17. 多路模拟开关的主要功能是什么？有哪些主要技术指标？

参 考 文 献

[1] 张维廉. 数字电子技术基础 [M]. 6 版. 北京：高等教育出版社，1985.

[2] 秦增煌. 电工学 [M]. 6 版. 北京：高等教育出版社，2004.

[3] William Kleitz. 数字电子技术——从电路分析到技能实践 [M]. 陶国斌，赵玉峰，译. 北京：科学出版社，2008.

[4] 张义华. 三极管倒置状态的分析和应用 [J]. 硅谷，2010，3：137.

[5] 余孟尝. 模拟、数值及电力电子技术（上册）[M]. 北京：机械工业出版社，1999.

[6] 宋振辉，赵英杰. 数字逻辑与微型计算机原理 [M]. 北京：北京大学出版社，2012.

[7] 周明德. 微型计算机系统原理及应用 [M]. 5 版. 北京：清华大学出版社，2007.

[8] 戴梅萼，史嘉权. 微型计算机技术及应用 [M]. 3 版. 北京：清华大学出版社，2003.

[9] 周荷琴，吴秀清. 微型计算机原理与接口技术 [M]. 4 版. 合肥：中国科学技术大学出版社，2008.

[10] 孙俊杰，任天平，等. 微型计算机原理及应用 [M]. 郑州：郑州大学出版社，2005.

[11] 李继灿. 新编 16/32 位微型计算机原理及应用 [M]. 4 版. 北京：清华大学出版社，2008.

[12] 郑学坚，周斌. 微型计算机原理及应用 [M]. 3 版. 北京：清华大学出版社，2006.

[13] 余春暄. 80x86/Pentium 微型计算机原理及接口技术 [M]. 北京：机械工业出版社，2007.

[14] 郑岚，王洪海. 微型计算机原理与接口技术 [M]. 北京：北京理工大学出版社，2012.

[15] 李继灿. 微型计算机系统与接口 [M]. 2 版. 北京：清华大学出版社，2011.

[16] 王克义. 微型计算机原理与接口技术 [M]. 北京：清华大学出版社，2010.

[17] 林志贵. 微型计算机原理及接口技术 [M]. 北京：机械工业出版社，2010.

[18] 黄玉清，刘双虎，杨胜波. 微型计算机原理与接口技术 [M]. 北京：电子工业出版社，2011.

[19] 郭兰英，赵祥模. 微型计算机原理与接口技术 [M]. 北京：清华大学出版社，2006.

[20] （美）Barry B. Brey. Intel 微处理器 [M]. 8 版. 金惠华，艾明晶，尚利宏，等译. 北京：机械工业出版社，2010.

[21] 冯博琴，吴宁. 微型计算机原理与接口技术 [M]. 3 版. 北京：清华大学出版社，2011.

[22] 钱晓捷. 16/32 位微型计算机原理、汇编语言及接口技术教程 [M]. 北京：机械工业出版社，2011.